计算机网络实用技术人才培养丛书

锐 捷 职 业 认 证 系 列

网络设备互连

Interconnecting Networking Devices (IND)

学习指南

◎ 高 峡 陈智罡 袁宗福 编著

科学出版社
www.sciencep.com

内 容 简 介

本书详细介绍了构建园区网所涉及的交换、路由、安全等方面的知识，以及将园区网接入到互联网的相关技术。

全书由14章组成，包括网络基础知识、网络参考模型、交换机工作原理、VLAN、STP/RSTP、路由基础、RIP、OSPF、PPP、ACL和交换机端口安全、NAT、WLAN、网络规划与设计、常见网络故障分析与处理等相关技术。本书在每个章节中不仅对相关技术进行了详细的阐述，而且还介绍了如何部署和配置这些技术，并给出了相应的配置案例。

本书可与《网络设备互连实验指南》配套使用。

本书可作为网络设计师、网络工程师、系统集成工程师以及相关技术人员在实际构建园区网络中的技术参考用书。由于本书的专业性、实用性、易读性，现已被选为锐捷网络有限公司RCNA（锐捷认证网络工程师）认证指定教材。

本书配套的电子课件、各章的习题答案可访问http://www.labclub.com.cn、http://university.ruijie.com.cn获得。

需要本书或技术支持的读者，请与北京清河6号信箱（邮编：100085）发行部联系，电话：010-62978181（总机）转发行部，82702675（邮购），传真：010-82702698，E-mail：tbd@bhp.com.cn。

图书在版编目（CIP）数据

网络设备互连学习指南 / 高峡，陈智罡，袁宗福编著. —北京：科学出版社，2009.4

（计算机网络实用技术人才培养丛书）

ISBN 978-7-03-024167-2

Ⅰ. 网… Ⅱ. ①高… ②陈… ③袁… Ⅲ. 计算机网络—指南 Ⅳ. TP393-62

中国版本图书馆CIP数据核字（2009）第026923号

责任编辑：周凤明　　/ 责任校对：周　玉
责任印刷：双　青　　/ 封面设计：青青果园

科学出版社 出版
北京东黄城根北街16号
邮政编码：100717
http://www.sciencep.com

双青印刷厂 印刷

科学出版社发行　各地新华书店经销

*

2009年4月第　一　版　　开本：787×1092 1/16
2009年4月第一次印刷　　印张：23 1/2
印数：1-4000册　　字数：532 000

定价：39.00元

《网络设备互连学习指南》编委会

Interconnecting Networking Devices（IND）

编　著：高　峡　　陈智罡　　袁宗福

策　划：安淑梅

编　委：张选波　　方　洋　　汪双顶

“计算机网络实用技术人才培养丛书”

编审委员会

前 言

随着信息化的高速发展，人们已经把更多的生活、娱乐和学习等事务转移到了网络这个平台上。小到一个家庭，大到一个企业，甚至是一所高校，为了提高工作效率，进行更多的信息交流，就需要构建一个园区网，从而实现内部的高效沟通。如果希望能进一步和互联网中的其他地区甚至其他国家的人、组织机构进行信息交流，则需要将内部的园区网接入到互联网中。

本书详细介绍了构建园区网所涉及的交换、路由、安全等方面的知识，以及将园区网接入到互联网的相关技术，包括 VLAN、STP/RSTP、RIP、OSPF、PPP、ACL、WLAN、网络出口设计等。另外，在最后一章节还介绍了在网络故障维护中常用的思路、工具和命令，使读者可以在对网络进行维护与故障排除时借鉴。在本书的各个章节中，不仅对相关的技术进行了详细介绍，还介绍了为实现和部署这些技术，在网络设备上的配置方式，并且，在每章的最后提供了思考与练习。

本书是由计算机网络资深技术专家高峡、张选波、方洋，和具有丰富教学经验的陈智罡、袁宗福老师基于多年的网络工程经验、教学经验及对网络技术的深刻理解联合编写而成。

本书目标

本书的目标是帮助读者掌握网络基础知识、网络建设相关技术和网络设备的配置调试方法，帮助读者进行技术上的积累，以便在实际工作中恰当地运用这些技术，解决实际网络中遇到的各种问题。本书在介绍理论知识和技术原理的同时，还提供了大量的配置案例和示例，以达到理论和实践相结合的目的。每章末尾的思考与练习包括了相应章节的重点内容和主要知识点，能够帮助读者巩固所学的内容，并对自己的学习情况进行测试。

本书读者

本书的读者对象可以是本科类院校、高职类院校的学生、教师，也可以为准备参加RCNA考试的专业人士，以及希望学习更多园区网构建知识的技术人员。

阅读方法

本书共分 14 章，每章都对一项或几项协议及技术进行了详细的阐述。因为在理解后续章节内容时需要具备之前章节的知识，所以推荐读者根据章节顺序依次阅读本书。对于具有一定基础的读者也可以灵活地、有选择地对某些章节进行阅读。

本书配合有相应的实验指南，以达到理论与实践的融合，帮助读者更深入地了解技术内容，提高实际动手能力。

本书资源

为了保证课程在学校内的有效实施，及课程教学资源的长期提供，本课程建设了专门的课程实施教学俱乐部的网络资源共享基地，用来支持课程实施过程中的项目资源更新。读者可以访问 http://www.labclub.com.cn、http://university.ruijie.com.cn，免费获得配套电子课件、各章节的复习题答案以及更多的教学资源。

本书结构

本书由 14 章及附录组成，对园区网相关的技术进行了全面介绍，具体结构如下。

第 1 章　网络基础

主要介绍计算机网络的基础知识，包括计算机网络概述、计算机网络的发展历程、网络的结构和传输介质、OSI 七层参考模型和 TCP/IP 参考模型、重要的网络协议如 IP、TCP、UDP 等，以及计算机中常用的数制和数制之间的转换方法。

第 2 章　交换技术

主要介绍以太网的概念、发展历程、帧格式、CSMA/CD 算法、以太网交换机的工作原理和如何配置交换机。实验部分可参照《网络设备互连实验指南》中的“实验 1　交换机的基本配置”、“实验 2　在交换机上配置 Telnet”。

第 3 章　虚拟局域网（VLAN）

主要介绍 VLAN 技术的原理、802.1q 协议、VLAN 和 Trunk 的配置等，以及利用 SVI 和单臂路由两种方法实现 VLAN 间路由的方法。实验部分可参照《网络设备互连实验指南》中的“实验 3　跨交换机实现 VLAN”、“实验 4　利用单臂路由实现 VLAN 间路由”、“实验 5　利用三层交换机实现 VLAN 间路由”。

第 4 章　局域网中的冗余链路

主要介绍局域网中存在的交换环路所带来的问题，以及解决该问题的方法，即生成树协议、快速生成树协议和以太网端口聚合的技术以及配置方法。实验部分可参照《网络设备互连实验指南》中的“实验 6　快速生成树配置”、“实验 7　端口聚合配置”。

第 5 章　IP 协议及子网规划

主要介绍 IP 协议的相关内容，包括 IP 报文格式、IP 地址分类等，以及如何进行子网划分和关于 IPv6 的内容。

第 6 章　路由技术

主要介绍路由技术的基础内容、路由器的工作原理、路由算法的概念、静态路由与动态路由等，静态路由的相关概念以及浮动静态路由等相关技术的配置。实验部分可参照《网络设备互连实验指南》中的“实验 8　路由器的基本操作”、“实验 9　在路由器上配置 Telnet”、“实验 10　静态路由配置”。

第 7 章　RIP 路由协议

主要介绍 RIP 路由协议的概念、RIP 的工作过程、路由环路的产生与防止，RIP 版本 1 和版本 2 的区别以及配置方法。实验部分可参照《网络设备互连实验指南》中的“实验 11　RIP 路由协议基本配置”、“实验 12　RIPv2 配置”。

第 8 章　OSPF 路由协议

主要介绍 OSPF 的工作原理、OSPF 的工作过程和相关概念和 OSPF 路由协议的单区域配置。实验部分可参照《网络设备互连实验指南》中的“实验 13　OSPF 基本配置”、“实验 14　OSPF 单区域配置”。

第 9 章　点对点协议（PPP）

主要介绍 PPP 协议的概念、工作过程，PPP 的两种认证方法 PAP 和 CHAP，以及如何配置 PPP 协议。实验部分可参照《网络设备互连实验指南》中的“实验 15　广域网协议的封装”、“实验 16　PPP PAP 认证”、“实验 17　PPP CHAP 认证”。

第 10 章　园区网安全

主要介绍网络安全的现状和解决思路，交换机端口安全的概念和配置方法，访问控制列表的概念和工作原理，基于 IP 的标准和扩展访问控制列表的配置方法。实验部分可参照《网络设备互连实验指南》中的“实验 18　交换机的端口安全”、“实验 19　利用 IP 标准访问列表进行网络流量的控制”、“实验 20　利用 IP 扩展访问列表实现应用服务的访问限制”、“实验 21　利用访问列表进行 VTY 访问限制”。

第 11 章　网络地址转换（NAT）

主要介绍 NAT 技术的起因和工作过程，以及如何配置 NAT。实验部分可参照《网络设备互连实验指南》中的“实验 22　利用动态 NAPT 实现局域网访问互联网”、“实验 23　利用 NAT 实现外网主机访问内网服务器”。

第 12 章　无线局域网（WLAN）

主要介绍无线局域网的基础知识、IEEE 802.11 系列标准、无线局域网所用设备和组建无线局域网的方法。实验部分可参照《网络设备互连实验指南》中的“实验 24　建立开放式的无线接入服务”、“实验 25　配置单频多模的无线网络”、“实验 26　搭建采用 WEP 加密方式的无线网络”。

第 13 章　网络规划与设计

介绍设计网络方案的基本原则，并以一个案例对如何进行网络方案设计进行了讲解。

第 14 章　常见网络故障分析与处理

主要介绍网络故障排除的相关思路、工具、命令等，然后通过实际的故障排除案例向读者介绍常见故障的排除方法。

附录 A　术语表

解释书中出现的全部术语和常见计算机技术术语。

附录 B　锐捷职业认证体系

命令语法规范

本书中使用的命令语法规范与产品命令参考手册中的命令语法相同。

- 竖线“|”：表示分隔符，用于分开可选择的选项。
- 星号“*”：表示可以同时选择多个选项。
- 方括号“[ ]”：表示可选项。
- 大括号“{ }”：表示必选项。
- **粗体字**：表示按照显示的文字输入的命令和关键字。在配置的示例和输出中，粗体字表示需要用户手工输入的命令（例如 **show** 命令）。
- *斜体字*：表示需要用户输入的具体值。

本书使用的图标

本书中使用的图标示例如下所示。

接入交换机　固化汇聚交换机　模块化汇聚交换机　核心交换机　二层堆栈交换机　三层堆栈交换机

中低端路由器　高端路由器　Voice 多业务路由器　SOHO 多业务路由器　IPv6 多业务路由器　服务器

单路 AP　双路 AP　无线网卡 1　无线网卡 2　无线网桥　无线交换机

带无线网卡的笔记本　室外天线　台式机　笔记本　SAM 服务器　认证客户端

黑客 1　黑客 2　黑客 3　打印机　电话　IP 电话

磁带库　磁盘阵列　防火墙　VPN 网关　IDS 入侵检测系统　IPS 入侵保护系统

编者

目　录

第 1 章　网络基础

本章重点

- 计算机网络基础
- 计算机网络模型
- 重点协议介绍
- 数制转换

现在，人们的生活已经和计算机网络息息相关，密不可分了，越来越多的日常学习和工作都需要使用到计算机网络。网络，已经成为信息社会的命脉和现代知识经济的重要基础，掌握有关网络的各项技术内容是极其重要的。

1.1　计算机网络基础

20 世纪 60 年代末，计算机网络一经诞生就引起了人们极大的兴趣，发展到现在已经有了 40 多年的历史，其间随着计算机技术和通信技术的高速发展及相互渗透结合，计算机网络迅速扩散到日常民生的各个方面，政府、军队、企业和个人都越来越多地将自己的重要业务依托于网络运行，越来越多的信息被放置于网络之中。

现在，我们已经进入信息社会，计算机网络对信息的收集、传输、存储和处理起着非常重要的作用，信息高速公路更是离不开它。因此，计算机网络对整个信息社会都有着极其深刻的影响，已引起人们的高度重视。

1.1.1　计算机网络概述

要想学习计算机网络，首先需要回答什么是计算机网络？

一般地说，将分散在不同地点的多台计算机、终端和外部设备用通信线路互连起来，彼此间能够互相通信，并且实现资源共享（包括软件、硬件、数据等）的整个系统就叫做计算机网络。

连入网络的每台计算机本身都是一台完整独立的设备，它自己可以独立工作。将这些计算机用双绞线、电话线、同轴电缆和光纤等有线通信介质，或者使用微波、卫星等无线媒体连接起来，再安装上相应的软件（这些软件就是实现网络协议的一些程序。就像讲不同语言的人无法进行对话一样，计算机网络中的双方也需遵守共同的规则和约定才能进行通讯，这些规则和约定就叫计算机网络协议，由它解释、协调和管理计算机之间的通信和相互间的操作），就可以形成一个网络系统。

1. 计算机网络的发展

计算机网络的发展经历了一下 4 个阶段。

（1）第一代计算机网络（早期的计算机网络）

早期的计算机系统是高度集中的，所有的设备都安装在单独的机房中，人们要使用计算机时，只能在机房内排队等候，待系统空闲时才可使用。后来出现了批处理和分时系统，分时系统所连接的多个终端连接着主计算机，这样就可以让多个用户同时使用计算机资源。到了 20 世纪 50 年代中后期，许多系统都将地理上分散的多个终端通过通信线路连接到一台中心计算机上，出现了第一代计算机网络。

当时的计算机网络定义为“以传输信息为目的而连接起来，以实现远程信息处理或进一步达到资源共享的计算机系统”，这样的计算机系统具备了通信的雏形。

（2）第二代计算机网络（现代计算机网络的发展，远程大规模互连）

第二代网络将多个主机通过通信线路互连，为用户提供服务，兴起于 20 世纪 60 年代后期。60 年代出现了大型主机，因而也提出了对大型主机资源远程共享的要求。同时，以程控交换为特征的电信技术的发展为这种远程通信需求提供了实现手段。在这种网络中，主机之间不是直接用线路相连的，而是由接口报文处理机（IMP）转接后互连的。IMP 和它们之间互连的通信线路一起负责主机间的通信任务，构成通信子网。通信子网互连的主机负责运行程序，提供资源共享，组成了资源子网。

两个主机之间要想通信，就必须对传送信息内容的理解、信息的表示形式，以及各种情况下的应答信号遵守一个共同的约定，这就是“协议”。

现代意义上的计算机网络是从 1969 年美国国防部高级研究计划局（DARPA）建成的 ARPAnet 实验网开始的，该网络当时只有 4 个结点，以电话线路为主干网络，两年后，建成了 15 个节点，进入工作阶段，此后规模不断扩大，20 世纪 70 年代后期，网络结点超过 60 个，主机 100 多台，地理范围跨越美洲大陆，连通了美国东部和西部的许多大学和研究机构，而且通过通信卫星与夏威夷和欧洲地区的计算机网络相互连通。在 ARPAnet 中，将协议按功能分成了若干层次。如何分层，以及各层中具体采用的协议总和，称为网络体系结构。

ARPAnet 的特点主要是：①资源共享；②分散控制；③分组交换；④采用专门的通信控制处理机；⑤分层的网络协议。这些特点被认为是现代计算机网络的一般特征。

20 世纪 70 年代后期是通信网络大力发展的时期，各发达国家的政府部门、研究机构和电报电话公司都在发展分组交换网络。这些网络都以实现计算机之间的远程数据传输和信息共享为主要目的，通信线路大多租用电话线路，少数铺设专用线路，这一时期的网络称为第二代网络，以远程大规模互连为主要特点。

第二代计算机网络开始以通信子网为中心，是以能够相互共享资源为目的，是互连起来的具有独立功能的计算机的集合体。

（3）第三代计算机网络（计算机网络标准化阶段）

随着计算机网络技术的成熟，网络应用越来越广泛，网络规模增大，通信变得复杂。各大计算机公司纷纷制定了自己的网络技术标准。IBM 于 1974 年推出了系统网络结构 SNA（System Network Architecture），为用户提供能够互连的成套通信产品；1975 年 DEC（Digitul Equipment Corporation，美国数字设备公司）公司宣布了自己的数字网络体系结构 DNA（Digital Network Architecture）；1976 年 UNIVAC 宣布了该公司的分布式通信体系结构 DCA（Distributed Communication Architecture）。

但是，这些网络技术标准只是在一个公司范围内有效，只有同一公司生产的同构型设备才能遵从共同的标准，才能够互连。网络通信市场这种各自为政的状况使得用户在投资方向上无所适从，也不利于多厂商之间的公平竞争。1977 年 ISO 组织开始着手制定开放系统互连参考模型。

OSI/RM 参考模型的出现标志着第三代计算机网络的诞生。此时的计算机网络在共同遵循 OSI 标准的基础上，形成了一个具有统一网络体系结构，并遵循国际标准的开放式和标准化的网络。OSI/RM 参考模型把网络划分为七个层次，并规定，计算机之间只能在对应层之间进行通信，大大简化了网络通信原理，成为公认的新一代计算机网络体系结构的基础，为普及局域网奠定了基础。

（4）第四代计算机网络（电脑局域网的发展时期，互联网出现）

20 世纪 80 年代末，局域网技术发展成熟，出现了光纤及高速网络技术，整个网络就像一个对用户透明的、大规模的计算机系统。以 Internet 为代表的计算机网络获得了高速发展，这就是直至现在还在发展的第四代计算机网络时期。

此时，计算机网络定义为“将多个具有独立工作能力的计算机系统，通过通信设备和线路互连在一起，由功能完善的网络软件实现资源共享和数据通信的系统”。

1972 年，Xerox 公司发明了以太网，1980 年 2 月 IEEE（Institute of Electrical and Electronics Engineers，美国电气和电子工程师协会）组织了 802 委员会，开始制定局域网标准。1985 年美国国家科学基金会（National Science Foundation，NSF）利用 ARPAnet 协议建立了用于科学研究和教育的骨干网络 NSFnet。1990 年 NSFnet 取代 ARPAnet 成为国家骨干网，并且走出了大学和研究机构进入社会。从此，网上的电子邮件、文件下载和信息传输受到人们的欢迎和广泛使用。1992 年，Internet 委员会成立，该委员会把 Internet 定义为“组织松散的、独立的国际合作互连网络”，“通过自主遵守计算协议和规程，以支持主机对主机的通信”。1993 年，伊利诺斯大学国家超级计算中心开发成功网上浏览工具 Mosaic（后来发展为 Netscape），同年，美国宣布正式实施国家信息基础设施（National Information Infrastructure）计划。从此，在世界范围内开展了争夺信息化社会领导权和制高点的竞争。与此同时，NSF 不再向 Internet 注入资金，完全使其进入商业化运作。20 世纪 90 年代后期，Internet 以惊人速度发展。

从此，网络技术蓬勃发展并迅速走向市场，走进了平民百姓的生活。

（5）下一代计算机网络

NGN，普遍认为是互联网、移动通信网络、固定电话通信网络的融合，IP 网络和光网络的融合；是可以提供包括语音、数据和多媒体等各种业务的综合开放的网络构架；是业务驱动、业务与呼叫控制分离、呼叫与承载分离的网络；是基于统一协议的、基于分组的网络。

其主要思想是在一个统一的网络平台上以统一管理的方式提供多媒体业务，在整合现有的市内固定电话、移动电话的基础上，增加多媒体数据服务及其他增值型服务。其中，话音的交换将采用软交换技术，而平台的主要实现方式为 IP 技术。

NGN 正朝着具有定制性、多媒体性、可携带性和开放性的方向发展，毫无疑问，下一代计算机网络将提高人们的生活质量，为消费者提供种类更丰富、更高质量的话音、数据和多媒体业务。

2. 计算机网络的分类

对计算机网络进行分类的角度很多，例如，从网络的交换功能来看，可以将网络分为电路交换网络、报文交换网络、分组交换网络等。从通信资源的分配角度来看，“交换”就是按照某种方式动态地分配传输线路的资源。电路交换在双方通信之前，通过用户的呼叫（即拨号），即可由网络预先给用户分配线路资源，从主叫端到被叫端建立起一条物理通路，然后双方才能进行通信，而当通信结束后则自动释放这条物理通路。电路交换的典型例子是电话网络。

电路交换的优点是传输速率高、可靠性有保证，缺点是对带宽资源的浪费较大，固定的传输线路也不够灵活。因此开发者提出了存储转发的概念，即分组交换，也被称为包交换，它是现代计算机网络的技术基础。将整块的数据（报文）划分成一个个更小的等长数据段，添加上首部（header）信息后即形成了分组，或者“包”，分组的首部也称为“包头”。分组通过首部中携带的目的地址、源地址等重要信息，再经过一系列的分组交换机才能够到达正确的目的地。

分组交换网络具有高效（在分组传输过程中动态分配传输带宽）、灵活（每个结点均有智能，可根据情况决定路由，并对数据做必要的处理）、迅速（以分组作为传送单位，在每个结点存储转发）、可靠（完善的网络协议、分布式多路由的通信子网）的优点，但也带来了一些新的问题，例如，分组在各个结点存储转发时，因为要排队，总会造成一定的时延，分组的首部也会造成额外的开销等。

当然，并不仅仅分组交换是基于存储转发的，报文交换也是。报文交换将直接传送整个报文，而不是将报文继续分割成为更小的分组，早期的电报通信就是采用这样基于存储转发原理的报文交换方式。

另一种计算机网络的分类方式是依据网络的拓扑结构。按照拓扑结构，网络可分为集中式网络和分布式网络等。在集中式网络中，所有的信息流必须经过中央处理设备（即交换结点），链路都从中央交换结点向外辐射，这个中心结点的可靠性基本决定了整个网络的可靠性。集中式网络的典型结构就是星形拓扑。

分布式网络则不同。分布式网络中的任意一个结点都至少和其他两个结点直接相连，因而可靠性大幅提高。分布式网络的典型结构是网状拓扑。

计算机网络的拓扑结构将在下一个小节详细介绍。

第三种计算机网络的分类方式是依据网络的作用范围。广域网 WAN（Wide Area Network）的作用范围通常为几十到几千公里；局域网 LAN（Local Area Network）则局限在较小的范围内（不会超过几公里）；介于两者之间的是城域网 MAN（Metropolitan Area Network），其作用范围大致是一个城市，其范围约为

5km~50km。

依据构造网络的通信系统所使用的介质，还可以将计算机网络分为有线网络和无线网络两类。有线网络使用同轴电缆、双绞线、光纤等通信介质，无线网络则使用卫星、微波、红外线、激光等通信介质。现在，越来越多的人相信，无线是未来的潮流。无线 LAN、无线 WAN 不断地出现在人们的视线之中，它正逐渐改变着我们的生活方式。

3. 互联网

世界上有许多计算机网络，它们常常使用了不同的硬件和软件，而且连接到一个网络中的人们常常希望与连接到另一个网络中的人们进行通信，要想做到这一点，就要求那些相互之间不兼容的不同的网络连接起来。有时候，通过一台称为“网关（gateway）”的机器就可以完成这种连接，并且由它提供必要的转换，包括硬件层次上的转换和软件层次上的转换。这样，一组相互连接起来的网络称为一个互联网（internetwork 或者 internet）。我们通常用 Internet（首字母大写，中文也称互联网）来表示特定的、世界范围内的互联网，相比之下，互联网这个术语表示了更为广泛的含义。

互联网的一种组成形式是，通过一个 WAN 将多个 LAN 组织起来，也就是说，把多个不同的网络相互连接起来的时候，就构成了互联网。

1.1.2 计算机网络拓扑结构

计算机网络的拓扑结构是指用传输媒体互连各种设备的物理布局，常见的有星形拓扑、总线形拓扑、环形拓扑和网状拓扑等。

1. 星形拓扑结构

星形拓扑的网络以一台中央处理设备（通信设备）为核心，其他入网的机器仅与该中央处理设备之间有直接的物理链路，所有的数据都必须经过中央处理设备进行传输。大家每天都使用的电话网络就属于这种结构，现在的以太网也采取星形拓扑结构或者分层的星形拓扑结构，如图 1-1 所示。

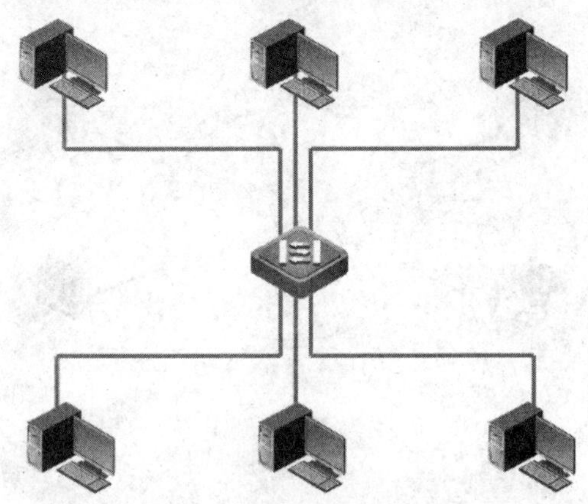

图 1-1 星形拓扑结构

星形拓扑的特点是结构简单，便于管理（集中式），不过每台入网的主机均需与中央处理设备互连，线路的利用率低；中央处理设备需处理所有的服务，负载较重；在中央处理设备处会形成单点故障，中央处理设备的故障将导致网络的瘫痪。

2. 总线形拓扑结构

早期的以太网采用的是一种总线形的拓扑结构，所有计算机共用一条物理传输线路，所有的数据发往同一条线路，并能够被连接在线路上的所有设备感知。如图 1-2 所示。

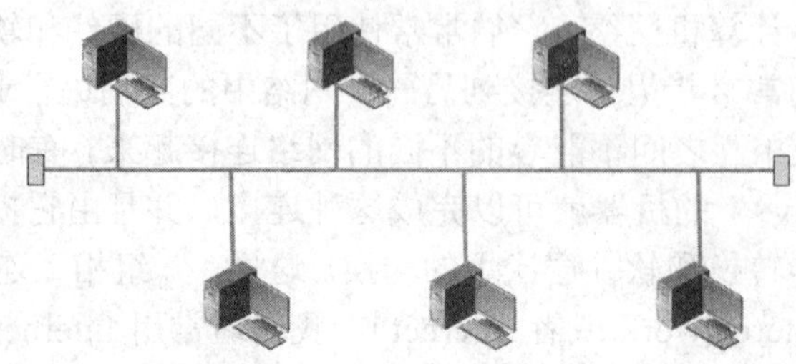

图 1-2　总线形拓扑结构

在总线形拓扑结构中，多台机器共用一条传输信道，信道的利用率较高。但是，同一时刻只能有两台计算机进行通信，并且某个结点的故障不影响网络整体的工作。不过，这种结构的网络的延伸距离有限，结点数有限。

使用这种结构必须解决的一个问题是，要确保端用户使用媒体发送数据时不能出现冲突，以太网解决这个问题的方法是：带有冲突检测的载波侦听多路访问（Carrier Sense Multiple Access/Collision Derect，CSMA/CD）。本书后续会有详细介绍。

使用环形拓扑的典型网络是令牌环网，是 IBM 公司于 20 世纪 70 年代开发出来的，现在这种网络比较少见。
在这种网络中，有一种专门的帧，称为“令牌”，在环路上持续地传输来确定一个结点何时可以发送包。
老式的令牌环网中，数据传输速度为 4 Mbps 或 16 Mbps，新型的快速令牌环网速度可达 100 Mbps。

3. 环形拓扑结构

另一种在 LAN 中使用较多的是环型拓扑结构。这种结构中的传输媒体从一个端用户连接到另一个端用户，直到将所有的端用户连成环型，如图 1-3 所示。显而易见，这种结构消除了端用户通信时对中心系统的依赖性。

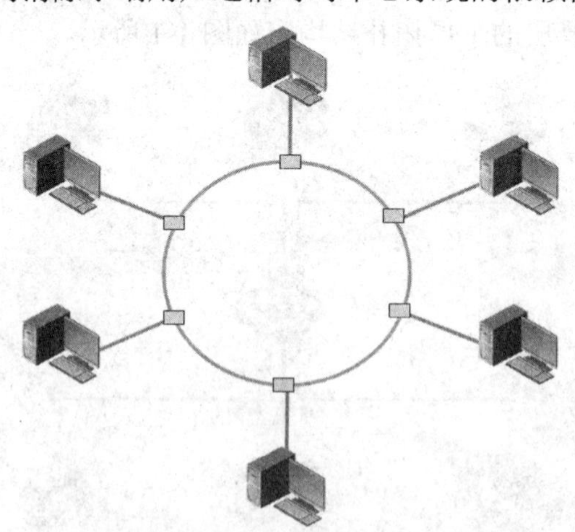

图 1-3　环形拓扑结构

环行结构的特点是每个端用户都与两个相临的端用户相连，并且环形网的数据传输具有单向性，一个端用户发出的数据只能被另一个端用户接收并转发。环形拓扑的传输控制机制比较简单，但是单个环网的结点数有限，一旦某个结点发生故障，将导致整个网络瘫痪。

4. **网状拓扑结构**

最后要介绍的是网状拓扑结构。网络通常利用冗余的设备和线路来提高网络的可靠性，因此，结点设备可以根据当前的网络信息流量有选择地将数据发往不同的线路，如图 1-4 所示。

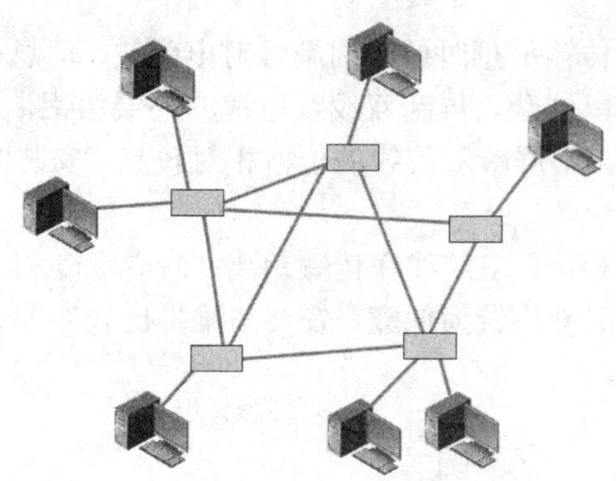

图 1-4　网状拓扑结构

最极端的情况是网络中任意两台设备之间都直接相连，用这种方式形成的网络称为全互连网络。全互连网络的可靠性无疑是最高的，但代价也是显而易见的，如果要连的设备有 n 个，则所需的线路将达到 n（n-1）/2 条。因此，实际中往往只是将网络中任意一个结点都至少和其他两个结点互连在一起，这样已经可以提供令人满意的可靠性保证。

现在，一些网络常把主要的骨干网络做成网状拓扑结构的，而非骨干网络则采用星形的拓扑结构。

1.1.3　网络传输介质

有很多的物理介质（也称为传输媒体、传输媒介）可以实际用于网络中比特流的传输过程。每一种传输介质都有它自己的特性，包括带宽、延迟、成本，以及安装和维护的难易程度。传输介质大致可分为有线介质（双绞线、同轴电缆、光纤等）和无线介质（微波、红外线、激光等）两种类型，下面将分别进行介绍。

1. **双绞线**

双绞线也称为双扭线，它是最古老也是最常用的传输介质。将两根互相绝缘的铜导线并排放在一起，然后用规则的方法绞合起来就构成了双绞线。采用这种绞合起来的结构是为了减少对相邻的导线的电磁干扰。每一根导线在传输中辐射的电磁波会被另一根线上发出的电磁波抵消。如果把一对或多对双绞线放在一个绝缘套管中，便成了双绞线电缆。在双绞线电缆内，不同线对具有不同的扭绞长度。一般地说，扭绞长度在 38.1 cm 至 14 cm 内，按逆时针方向扭绞。目前，双绞线可分为非屏蔽双绞线（UTP：Unshilded Twisted Pair）和屏蔽双绞线（STP：

Shielded Twisted Pair）。

使用双绞线最多的地方就是随处可见的电话系统，几乎所有电话都是用双绞线连接到电话交换机上的。

虽然双绞线主要是用来传输模拟声音信息的，但它同样适用于数字信号的传输，且特别适用于较短距离的信息传输。信号在双绞线中传输时，衰减比较大，并且会产生波形畸变。采用双绞线局域网的带宽取决于所用导线的质量、长度及传输技术。只要精心选择和安装双绞线，就可以在有限距离内达到每秒几百万位的可靠传输率。

由于利用双绞线传输信息时要向周围幅射电磁波，信息很容易被窃听，因此要花费额外的代价加以屏蔽。屏蔽双绞线电缆的外层由铝泊包裹，以减小幅射，但并不能完全消除辐射。屏蔽双绞线的价格相对较高，安装时要比安装非屏蔽双绞线电缆困难。

与其他传输介质相比，双绞线在传输距离、信道宽度和数据传输速度等方面均受到一定的限制，但价格较为低廉，安装与维护比较容易，因此得到了广泛的使用，如图 1-5 所示。

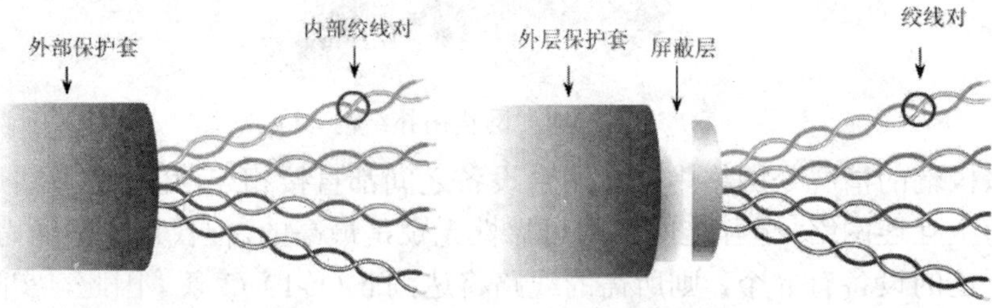

图 1-5　非屏蔽双绞线和屏蔽双绞线

1991 年，美国电子工业协会 EIA（Electronic Industries Association）和电信工业协会 TIA 联合发布了一个标准 EIA/TIA-568，它的名称是“商用建筑物电信布线标准”。这个标准规定了用于室内传送数据的非屏蔽双绞线和屏蔽双绞线的标准。随着局域网上数据传送速率的不断提高，EIA/TIA 在 1995 年将布线标准更新为 EIA/TIA-568-A，此标准规定了 5 个种类的 UTP 标准（从 1 类线到 5 类线）。2001 年相继对编制的 10 个多版本进行了修改，2002 年 6 月 TIA/EIA-568-B 铜缆双绞线 6 类线标准正式出台。UTP 的各种类型如表 1-1 所示。

以太网的类型将在下一节详细介绍。

表 1-1　EIA/TIA 线缆类别

UTP 线缆的类别	用途	说明
1 类线缆	电话	不适合传输数据
2 类线缆	令牌环网	支持 4 Mbps 的令牌环网
3 类线缆	电话和 10BASE-T	20 世纪 80 年代以广泛使用的 3 类线缆为基础的 10BASE-T 网络出现
4 类线缆	令牌环网	支持 16 Mbps 的令牌环网
5 类线缆	以太网	支持 10BASE-T、100BASE-T
5e 类线缆	以太网	使用与 5 类线缆相同的介质，但要经过更严格的端接和线缆测试，支持吉比特以太网
6 类线缆	以太网	支持 1 Gbps 的以太网，也可用 6 类线缆建立 10 Gbps 的网络

2. 同轴电缆

同轴电缆由内导体铜质芯线（单股实心线或多股绞合线）、绝缘层、网状编织的外导体屏蔽层（也可以是单股的）以及保护塑料外层所组成。同轴电缆的这种结构，使它具有高带宽和极好的噪声抑制特性。同轴电缆的带宽取决于电缆的长度。1km 的电缆可以达到 1Gbps~2Gbps 的数据传输速率。若使用更长的电缆，传输率会降低，可以使用中间放大器来防止传输率的降低。

当需要把计算机连接到同轴电缆的某一处时，连接方法要比用双绞线麻烦得多。通常，是利用 T 型接头（或称为 T 型连接器）进行连接。T 型接头主要有两种，一种必须先把电缆剪断，然后再进行连接，另一种虽然不必剪断电缆，但要用另一种较昂贵的、特制的插入式分接头，利用螺丝分别将两根电缆的内外导线连接好。保持电缆接头处的接触良好是使用同轴电缆作为传输介质时必须特别注意的地方。

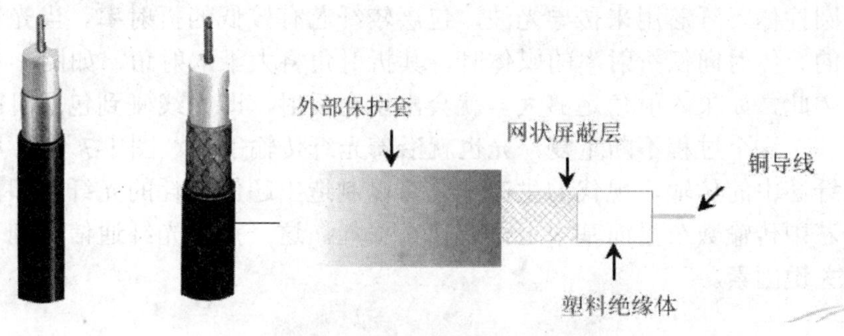

同轴电缆

T 型连接头

图 1-6　同轴电缆和 T 型连接头

有两种广泛使用的同轴电缆。一种是 50 Ω 同轴电缆，用于数字传输，由于多用于基带传输，也叫基带同轴电缆。用这种同轴电缆以 10 Mbps 的速率将基带数字信号传送 1 km 是完全可行的。一般来说，传输速率越高，所能传送的距离越短。

另一种是 75 Ω 同轴电缆，用于模拟传输系统，它是有线电视系统 CATV 中的标准传输电缆。在这种电缆上传送的信号采用了频分复用的宽带信号，因此，75 Ω 同轴电缆又称为宽带同轴电缆。宽带同轴电缆用于传送模拟信号时，其频率可高达 300 MHz~450 MHz 或更高，而传输距离可达 100 km。但在传送数字信号时，必须将其转换成模拟信号，而接收时，则要把收到的模拟信号转换成数字信号。

目前，同轴电缆大量被光纤取代，但仍广泛应用于有线电视和某些局域网。

3. 光缆

光纤通信就是利用光导纤维（以下简称光纤）传递光脉冲来进行通信。有光脉冲相当于 1，没有光脉冲相当于 0。由于可见光的频率非常高，约为 10^8 MHz 的量级，因此一个光学通讯系统的传输带宽远远大于目前其他各种传输媒体的带宽。

光纤是光纤通信的传输媒体。在发送端有光源，可以采用发光二极管或半导体激光器，它们在电脉冲的作用下能产生出光脉冲。在接收端利用光电二极管做成光检测器，在检测到光脉冲时可还原出电脉冲。

光纤通常由非常透明的石英玻璃拉成细丝制成，主要由纤芯和包层构成双层通信圆柱体。纤芯用来传导光波，包层较纤芯有较低的折射率。当光线从高折射率的媒体射向低折射率的媒体时，其折射角将大于入射角，如图 1-7（a）所示，因此，如果入射角足够大，就会出现全反射，即光线碰到包层时就会折射回纤芯。这个过程不断重复，光也就沿着光纤传输下去。图 1-7（b）展示了光波在纤芯中的传输，现代的生产工艺可以制造出超低损耗的光纤，即做到光线在纤芯中传输数公里而基本上没有什么损耗。这一点是光纤通信得到飞速发展的最关键因素。

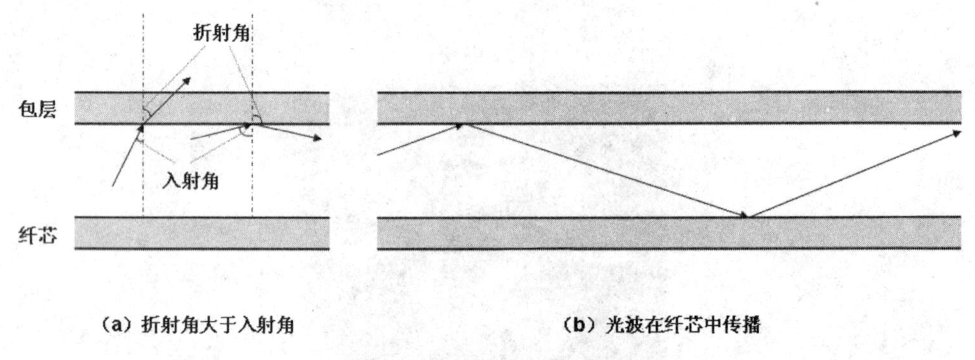

图 1-7　光波在光纤中的传输

根据传输点模数的不同，光纤可分为单模光纤和多模光纤。所谓“模”是指以一定角速度进入光纤的一束光。单模光纤采用固体激光器做光源，多模光纤则采用发光二极管做光源。多模光纤允许多束光在光纤中同时传播，从而形成模分散（因为每一个“模”进入光纤的角度不同，它们到达另一端点的时间也不同，这种特征称为模分散），模分散技术限制了多模光纤的带宽和距离，因此，多模光纤的芯线粗，传输速度低、距离短，整体的传输性能差，但其成本比较低，一般用于建筑物内或地理位置相邻的建筑物间的布线环境下。

单模光纤只允许一束光传播，所以单模光纤没有模分散特性，因而，单模光纤的纤芯相应较细，传输频带宽、容量大，传输距离长，但因其需要激光源，成本较高，通常在建筑物之间或地域分散时使用。同时，单模光纤是当前计算机网络中研究和应用的重点，也是光纤通信与光波技术发展的必然趋势。

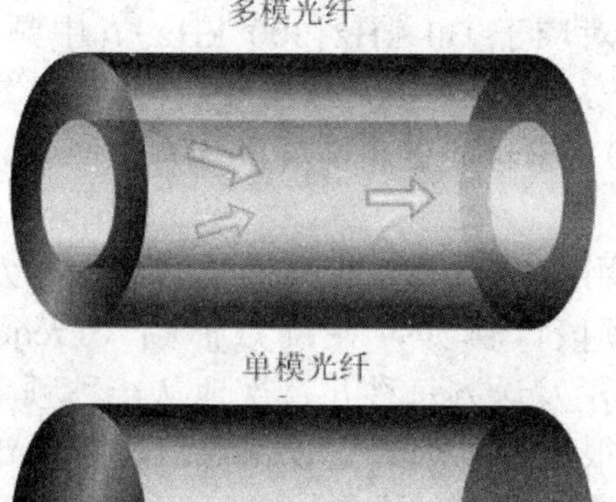

图 1-8 单模光纤和多模光纤

μm（微米），1 微米=10^{-6}米

光纤的结构和同轴电缆相似，只是没有网状屏蔽层。光纤中心是光传播的玻璃芯。在多模光纤中，纤芯的直径是 15 μm~50 μm，大致与人头发的粗细相当。而单模光纤的纤芯直径为 8 μm~10 μm。芯外面包围着一层折射率比芯低的玻璃封套，以使光纤保持在芯内。再外面的是一层薄塑料外套，用来保护封套。光纤通常被扎成束，外面有外壳保护。纤芯通常是由石英玻璃制成的、横截面积很小的双层同心圆柱体，它质地脆、易断裂，因此需要外加一个保护层，其结构如图 1-9 所示。

UWB 技术是一种使用 1 GHz 以上带宽的无线通信技术，其通信速度可以达到几百 Mbps 以上。UWB 的特点在于不使用载波，直接发出瞬间尖波形电波——也就是所谓的脉冲电波，按照 0 或 1 发送出去。由于只在需要时发送出脉冲电波，因而大大减少了耗电量。

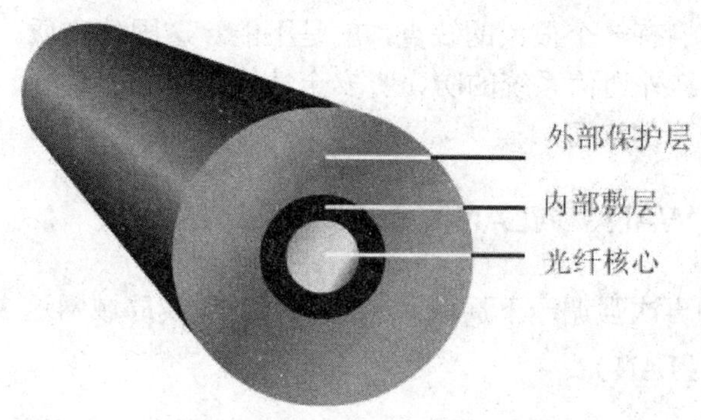

图 1-9 光纤结构

4. 无线传输

近年在信息通信领域中，发展最快、应用最广的就是无线通信技术。在移动中实现的无线通信又被称为移动通信，人们把二者合称为无线移动通信。这一应用已深入到人们生活和工作的各个方面。其中，WLAN（Wireless Local Area Network，无线局域网）、3G、UWB（Ultra Wideband，超宽带无线技术）、蓝牙、宽带卫星系统都是 21 世纪最热门的无线通信技术的应用。

无线传输所使用的频段很广。人们现在已经利用了无线电、微波、红外

ITU 是一个隶属于联合国的国际电信管理组织,定期召集各会员国开会决定无线电频率的分配及使用。

线以及可见光这几个波段进行通信。国际电信联合会 ITU（International Telecommunication Union）规定了波段的正式名称，例如低频（LF，长波，波长从 1 km~10 km，对应于 30 kHz~300 kHz）、中频（MF，中波，波长从 100m~1000 m，对应于 300 kHz~3000 kHz）、高频（HF，短波，波长从 10 m~100 m，对应于 3 MHz~30 MHz），更高的频段还有甚高频、特高频、超高频、极高频等。

大多数传输都使用窄的频段以获得最佳的接收能力，然而，在有些情况下，也会使用宽的频段。例如，在跳频扩频（Frequency Hopping Spread Spectrum，FHSS）中，发送方每秒几百次地从一种频率跳到另一种频率。这种技术在军事通信中很流行，因为它使得通信过程很难被检测到，对方也就不太可能干扰通信。最近几年，这项技术已经应用到了商业领域，802.11 和蓝牙都用到了这项技术。

另一种扩频的形式是直接序列扩频（Direct Series Spread Spectrum，DSSS），它将信号展开在一个很宽的频段上，这项技术在商业领域也很受欢迎，因为它有很好的光谱效率、抗噪声能力和其他一些特性，WLAN 中就应用了这项技术。

无线电微波通信在数据通信中占有重要地位。微波的频率范围为 300 MHz~300 GHz，但主要是使用 2 GHz ~40 GHz 的频率范围。微波在空间中主要是直线传播，因此它们可以被聚成窄窄的一束进行传播，从而获得极高的信噪比，要求是发射端和接收端的天线必须精确地互相对齐。远距离传输时，两个终端之间需要建立若干个中继站。微波通信可传输电话、电报、图像、数据等信息。

无导向的红外线和毫米波被广泛地应用于短距离通信。电视机、录像机等家用电器的遥控器都用到了红外线通信。相对来说，它们有方向性、便宜、易于制造的优点，但它们有一个很大的缺点，就是不能穿透固体物质。当然，这也是一个优势，它使得红外通信系统的防窃听安全性比无线电系统好，而且经营红外线系统并不需要政府的许可。

1.1.4 LAN、WAN、WLAN

最后，我们再次强调一下局域网、广域网、无线局域网这 3 个重要的概念。

1. 局域网（LAN）

局域网是指在较小的地理范围内，将两台以上的计算机通过传输电缆连接起来，实现资源共享。局域网的传输速度通常在 10 Mbps～1000 Mbps 之间，主干 1000 Mbps、桌面 100 Mbps 是目前的主流技术。局域网的设计通常是针对于一座建筑物内，提高资源和信息的安全性，用于减少管理者的维护操作等。客户/服务系统（C/S-B/S）是现代局域网的一个新应用，目前主要是用在客户/服务数据库系统中。客户端向服务器发送请求，服务器再将处理结果返回给浏览器或者客户端程序。

2. 广域网（WAN）

广域网是在一个较大的地理范围内，将多台计算机连接起来，相互进行通信、共享资源的网络。与局域网相比，广域网的传输速度相对要慢得多。在线路连接形式上有电话线、专线等几种。在人们的思想中，总认为 WAN 与 LAN 的区别在于，WAN 是一种通过租用运营商的线路（专线等）来实现地理位置相隔很远的异地间进行通信的网络。但随着通信技术与网络技术的发展，这个定义已经不再确切，相应地人们将逐步淡化 WAN 与 LAN 之间的界限，也可以说，将异地的局域网连在一起便形成广域网。

3. 无线局域网（WLAN）

从 20 世纪 70 年代，人们就开始了无线局域网（WLAN）的研究。在整个 80 年代，伴随着以太网的迅猛发展，以具有不用架线、灵活性强等优点的无线局域网以己之长补“有线”所短，也赢得了特定市场的认可，但也正是因为当时的无线局域网是作为有线以太网的一种补充，遵循了 IEEE 802.3 标准，使直接架构于 802.3 上的无线网产品存在着易受其他微波噪声干扰、性能不稳定、传输速率低且不易升级等弱点，不同厂商的产品相互也不兼容，这一切都限制了无线网的进一步应用。

这样，制定一个有利于无线局域网自身发展的标准就提上了议事日程。到 1997 年 6 月，IEEE 终于通过了 802.11 标准。

802.11 标准是 IEEE 制定的无线局域网标准，主要是对网络的物理层和介质访问控制子层（MAC）进行了规定，其中对 MAC 子层的规定是重点。各厂商的产品在同一物理层上可以互操作，逻辑链路控制子层（LLC）是一致的，即 MAC 层以下对网络应用是透明的。这样就使得无线局域网的两种主要用途——“（同网段内）多点接入”和“多网段互连”，易于质优价廉地实现。

1.2 计算机网络模型

网络发展中一个重要的里程碑便是 ISO（Internet Standard Organization，国际标准化组织）对 OSI（Open System Interconnect，开放系统互连）七层模型的定义。它不但成为以前的和后续的各种网络技术评判、分析的依据，也成为网络协议设计和统一的参考模型，对研究网络技术具有重要意义。

服务说明某一层为上一层提供一些什么功能，接口说明上一层如何使用下层的服务，而协议涉及如何实现本层的服务。

建立协议分层模型主要是为解决异种网络互连时所遇到的兼容性问题。它的最大优点是将服务、接口和协议这三个概念明确地区分开来；也使网络的不同功能模块分担起不同的职责。这样带来的好处是：

- 减轻问题的复杂程度，一旦网络发生故障，可迅速定位故障所处层次，便于查找和纠错。
- 在各层分别定义标准接口，使具备相同对等层的不同网络设备能实现互操作，各层之间则相对独立，一种高层协议可放在多种低层协议上运行。
- 能有效刺激网络技术革新，因为每次更新都可以在小范围内进行，不需对整个网络动大手术。
- 便于研究和教学。

在网络设计中，协议分层的设计思想体现了在许多工程设计中都具有的结构化思想，是一种合理的划分。OSI 模型包括 7 个分离的但又相关的层次，在其中的每一层都定义了通过网络传送信息的一些过程。掌握了 OSI 模型的基本概念后，就有了更深入学习网络的基础。这些知识对网络中故障的排除也极具帮助。

1.2.1 OSI 参考模型

OSI 参考模型（OSI/RM）的全称是开放系统互连参考模型（Open System Interconnection Reference Model，OSI/RM），它是由国际标准化组织 ISO 提出的一个网络系统互连模型。

OSI 参考模型的下三层：物理层、数据链路层、网络层也被统称为通信子网。

OSI 参考模型共分为 7 层，包括物理层、数据链路层、网络层、传输层、会话层、表示层和应用层。其中，物理层、数据链路层、网络层、传输层通常被称作低层（面向通信），是网络工程师所研究的对象；会话层、表示层和应用层则被称作高层（面向用户），是用户所面向和关心的内容如图 1-10 所示。

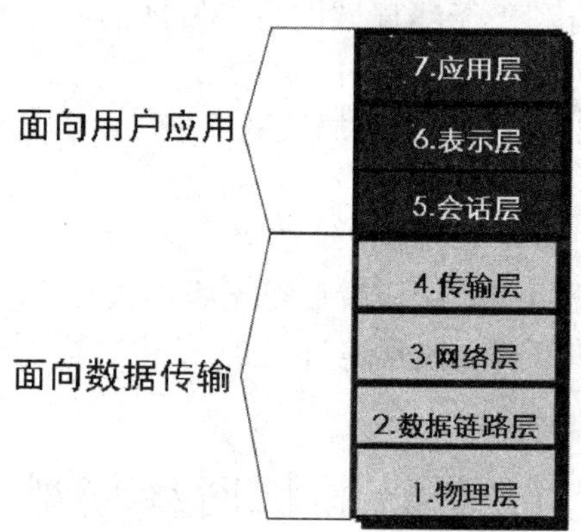

图 1-10　OSI 七层参考模型

在开发这个模型时，设计者提取了发送数据过程中的最基本的要素。他们找出了与一些用途相关的联网功能，并将其分成为一些不同的族，然后再构成这些层次。每一层定义了一族功能，并和其他层的功能族不同。这样定义功能，使功能局部化，设计者就创建了既有丰富功能又很灵活的体系结构。最重要的是，OSI 模型使本来不兼容的系统变成完全可互操作的了。

模型中的每一层都依赖于近邻自身的上层和下层完成网络信息的交互。OSI 七层参考模型对网络中两节点之间交互的过程进行了理论化的描述。如图 1-11 所示为设备 A 将一个报文发送到设备 B 时所涉及到的一些层。位于中间的节点一般只涉及到 OSI 模型中的下三层。

在单台网络设备中，每一个层调用紧挨着它的下一层的服务。例如，第 3 层使用第 2 层提供的服务，同时向第 4 层提供服务。在网络设备之间，则是一个网络设备中的第 X 层与另一个网络设备的第 X 层进行通信。这种通信是由一些协议来控制的，而协议就是事先都同意的一组规则和约定。在每一个网络设备的某个给定层上进行通信的进程称为对等进程。因此，在网络设备之间的通信就是使用某个给定层的协议的对等进程之间的通信。

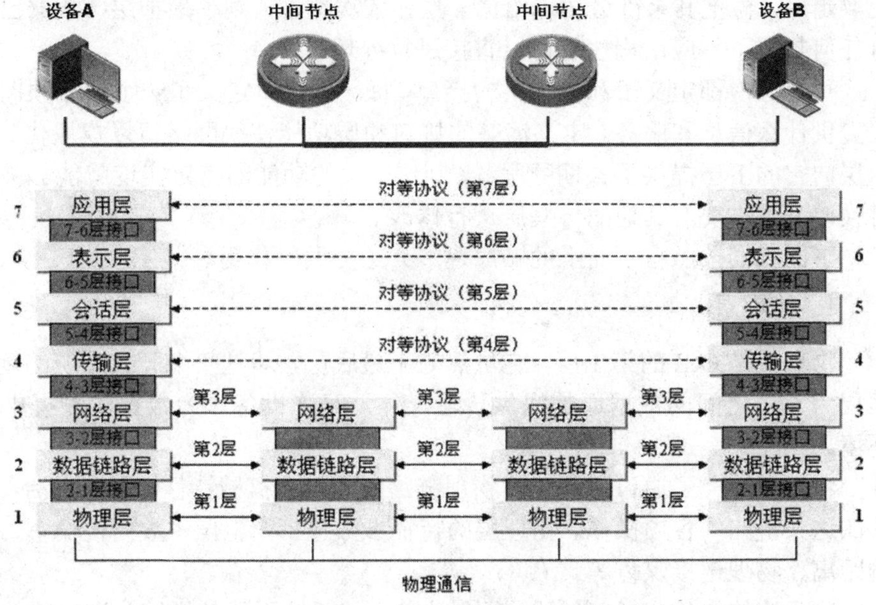

图 1-11　分层模型中的数据通信

数据在每一层的流动都需要附加上属于这一层的一些控制信息（封装），以便它的上一层或者下一层能够知道如何处理这些数据，例如，在图 1-12 中，设备 A 想要将数据发送给设备 B，但在更高的层，通信必须先通过设备 A 的各层向下移动，到了设备 B 后，再经过各层向上移动。在发送设备的每一层要在它从紧挨着的上层收到报文时，添加上本层的信息，然后将整个包装好的报文传递给紧挨着的下层。

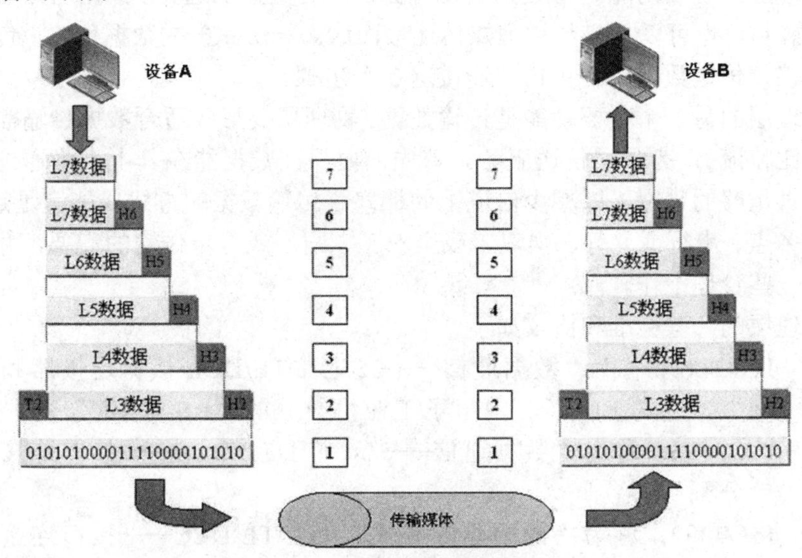

图 1-12　数据的封装与解封装

在第 1 层，整个的报文包要转换成可向接收设备传送的形式，即转换成二进制的比特流才能进行传输。在接收机器上，报文要逐层被打开，每一个进程接收数据，然后取出对该层有意义的数据（解封装）。例如，第 2 层把对第 2 层有意义的数据单元取走后，把其余部分传递给第 3 层；第 3 层把对它有意义的数据单元取走后，再把其余部分传递给第 4 层，依次类推；到了最顶层，数据已经不带有任何封装了，应用程序就可以直接进行处理了。

每个层次都定义了和上下层的接口，每一个接口定义了一个层必须向它的上层提供什么信息和服务。定义清楚的接口和层功能使得网络可以模块化。只要一个层向它的上层提供了预期的服务，则这个层的功能的特定实现就能够被修改或替换，而不需要对其他的一些层进行修改。

下面我们按照自下而上的顺序逐一介绍各层的作用。

1. 物理层

物理层是 OSI 的第 1 层，它虽然处于最底层，却是整个开放系统的基础。物理层为设备之间的数据通信提供传输媒体及互连设备，为数据传输提供可靠的环境。

物理层定义了通讯网络之间物理链路的电气或机械特性，以及激活、维护和关闭这条链路的各项操作。物理层的特征参数包括：电压、数据传输率、最大传输距离、物理连接媒体等。

物理连接媒体包括双绞线、同轴电缆、光纤、无线信道等。通信用的互连设备指 DTE（Data Terminal Equipment，数据终端设备）和 DCE（Data Communications Equipment，数据通信设备）间的互连设备。DTE 又称物理设备，如计算机、终端等都包括在内。而 DCE 则是电路连接设备，如调制解调器等。数据传输通常是经过 DTE-DCE，再经过 DCE-DTE 的路径。互连设备指将 DTE、DCE 连接起来的装置，如各种插头、插座。LAN 中的各种粗、细同轴电缆、T 型接头、接收器、发送器、中继器等都属于物理层的媒体和连接器。

物理层的主要功能是为数据端设备提供传送数据的通路。数据通路可以是一个物理媒体，也可以是多个物理媒体连接而成。一次完整的数据传输，包括激活物理连接、传送数据、终止物理连接这 3 个步骤。

物理层的另一个主要功能是传输数据。物理层要形成适合数据传输需要的实体（即比特流），为数据传送服务。首先，要保证数据能在其上正确通过，其次是要提供足够的带宽，以减少信道上的拥塞。传输数据的方式要能满足点到点、一点到多点、串行或并行、半双工或全双工、同步或异步传输的需要，并完成物理层的一些管理工作。

物理层的一些标准和协议如下。

- ISO2110：称为“数据通信——25 芯 DTE/DCE 接口连接器和插针分配”，它与 EIA（美国电子工业协会）的“RS-232-C”基本兼容。
- ISO2593：称为“数据通信——34 芯 DTE/DCE——接口连接器和插针分配”。
- ISO4092：称为“数据通信——37 芯 DTE/DEC——接口连接器和插针分配”，其功能与 EIARS-449 兼容。
- CCITT V.24：称为“数据终端设备（DTE）和数据电路终接设备之间的接口电路定义表”，其功能与 EIA RS-232-C 及 RS-449 部分兼容。

物理层的典型设备是中继器（Repeater，RP），连接网络线路的一种装置。中继器常用于两个网络节点之间物理信号的双向转发工作，连接两个（或多个）网段，对信号起中继放大的作用。中继器对所有送达的数据不加选择地予以传送，其仅仅按位传递信息，完成信号的复制、调整和放大功能，以此来延长网络的长度。

中继器的局限性在于它只能连接具有相同物理层协议的网络。当网络负载较重，网段间使用不同的访问方式，或需要数据过滤时，不能使用中继器。从理论上讲，中继器的使用是无限的，网络也因此可以无限延长，不过事实上这是不可能的，因为网络标准中都对信号的延迟范围作了具体的规定，中继器只能在此规定范围内进行有效的工作，否则会引起网络故障。在业界内，中继器的使用应该遵循 5-4-3 规范。

物理层的另一个典型设备是集线器。通过集线器，可以将多台设备以星形的拓扑结构连接起来组成网络，每台设备使用自己专用的传输介质连接到集线器，各节点发回来的信号再通过集线器集中，集线器再把信号整形、放大后发送到所有节点上。不过，基于集线器的网络仍然是一个共享介质的局域网，这里的“共享”介质其实就是集线器的内部总线，所以，当网络上的两台设备同时发送数据时，仍然会存在信号碰撞的现象。因此，集线器不能单独应用于较大型的网络中。

2. **数据链路层**

数据链路可以粗略地理解为数据通道。物理层要为终端设备间的数据通信提供传输媒体及其连接。传输媒体虽然是长期的，但连接是有生存期的。在连接生存期内，收发两端可以进行不等的一次或多次数据通信，每次通信都要经过建立通信链接和拆除通信链接两个过程。这种建立起来的数据收发关系就叫作数据链路。而在物理媒体上，传输的数据难免受到各种不可靠因素的影响而产生差错，为了弥补物理层上的不足，为上层提供无差错的数据传输，就要能对数据进行检错和纠错。数据链路的建立、拆除，对数据的检错、纠错是数据链路层的基本任务，其主要手段就是将数据分成帧，以数据帧为单位进行传输。

链路层的主要功能包括：

- 链路连接的建立、拆除、分离。
- 帧定界和帧同步。链路层的数据传输单元是帧，这样可以在传输中发生差错后，只将出错的有限数据进行重发。协议不同，帧的长短和格式也有所差别，但无论如何必须对帧进行定界，以便接收方能够明确地从物理层收到的比特流中区分出帧的起始与终止位置。
- 顺序控制，指对帧的收发顺序的控制。
- 差错控制。通信系统必须具备检错的能力，并采取恰当的措施来纠正之。
- 流量控制。由于接收端和发送端使用的设备不同，工作速率和缓冲存储空间都会存在差异，可能出现发送端的发送能力大于接收端的接收能力的现象，此时若不对发送端的发送速率（即链路上的信息流量）做适当的限制，前面来不及接收的帧将被后面不断发送来的帧“淹没”，从而造成帧的丢失而出错，因此，有必要进行流量控制。需要注意的是，流量控制并非数据链路层特有的功能，很多高层协议都提供流量控制的功能，只是控制的对象不同而已。

网桥和交换机是数据链路层的典型设备。

网桥（Bridge）是一个局域网与另一个局域网之间建立连接的桥梁。它的作用是扩展网络和通信手段，在各种传输介质中转发数据信号，扩展网络的距离，同时又有选择地将有地址的信号从一个传输介质发送到另一个传输介质，并能有效地限制两个介质系统中无关紧要的通信。现在，网桥的使用已经很少了，更多的被交换机所替代。

交换机由网桥发展而来，与网桥一样，交换机按每一个包中的MAC地址相对简单地决策信息的转发。而这种转发决策一般不考虑包中隐藏的更深的其他信息。与网桥不同的是，交换机转发延迟很小，远远超过了普通桥接互连网络之间的转发性能。交换机能经济地将网络分成小的冲突网域，为每个工作站提供更高的带宽。

局域网交换机根据使用的网络技术可以分为：以太网交换机、令牌环交换机、FDDI交换机、快速以太网交换机等。

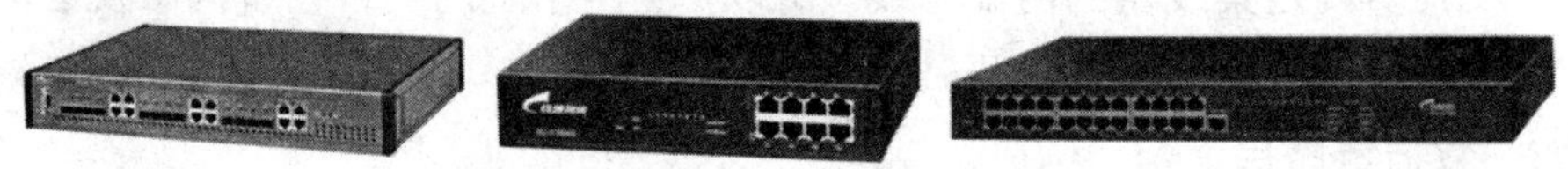

图 1-13　锐捷以太网交换机

3. 网络层

网络层的产生也是网络发展的结果。在联机系统和线路交换的环境中，网络层的功能没有太大意义；当数据终端增多时，它们之间有中继设备相连，此时会出现一台终端要求不只是与唯一的一台终端通信，而是和多台终端通信的情况，这就产生了把任意两台数据终端设备的数据链接起来的问题，也就是路由或者叫寻径。另外，当一条物理信道建立之后，如果仅被一对用户使用，往往有许多空闲时间被浪费掉，人们自然会希望让多对用户共用一条链路，为解决这一问题，就出现了逻辑信道技术和虚拟电路技术，这也是网络层经常会采取的一种复用技术。

具体来讲，网络层将数据分成一定长度的分组，并在分组头中加入标识源和目的节点的逻辑地址，这些地址就像街区、门牌号一样，成为每个节点的标识；网络层的核心功能便是根据这些地址来获得从源到目的的路径，当有多条路径存在的情况下，还要负责进行路由选择。

网络层主要的功能包括：

- 路由选择和中继；
- 激活、终止网络连接；
- 采取分时复用技术在一条数据链路上复用多条网络连接；
- 差错检测与恢复；
- 排序，流量控制；
- 服务选择；
- 网络管理。

网络层的典型设备是路由器，其工作模式与二层交换机相似，但路由器工作在第三层，这个区别决定了路由和交换在传递数据时使用不同的控制信息，因为控制信息不同，实现功能的方式就不同。

路由器的内部有一个路由表，这个表所描述的是如果要去某一个地方，下一步应该向哪里走，如果能从路由表中找到数据包下一步往哪里走，则把转发端口的数据链路层信息加在包上转发出去；如果不能知道下一步走向哪里，则将此包丢弃，然后返回一个出错信息，交给源地址。

路由技术从实质上说有两种功能：决定最优路由和转发数据包。路由表中写入各种信息，由路由算法计算出到达目的地址的最佳路径，然后由相对简单直接的转发机制发送数据包。接收数据的下一台路由器依照相同的工作方式继续转发，依此类推，直到数据包到达目的路由器。

由于路由器需要做大量的路径计算工作，一般处理器的工作能力直接决定其性能的优劣。当然这一判断还是对中低端路由器而言，因为高端路由器往往采用分布式处理系统体系设计。

图 1-14　锐捷路由器

4. 传输层

传输层是两台计算机经过网络进行数据通信时第一个端到端的层次，具有缓冲作用。当网络层的服务质量不能满足要求时，它将服务质量加以提高，以满足高层的要求；当网络层的服务质量较好时，它只需做很少的工作。传输层还可进行复用，即在一个网络连接上创建多个逻辑连接。传输层也称为运输层，传输层只存在于端开放系统中，是介于低 3 层通信子网系统和高 3 层之间的一层，它具有重要的作用，因为它是源端到目的端对数据传送进行控制从低到高的最后一层。

传输层提供对上层透明（不依赖于具体网络）的可靠的数据传输。它的功能主要包括：流控、多路技术、虚电路管理和纠错及恢复等。其中，多路技术使多个不同应用的数据可以通过单一的物理链路共同实现传递；虚电路是数据传递的逻辑通道，在传输层建立、维护和终止；纠错功能则可以检测错误的发生，并采取措施（如重传）解决问题。

一个现实情况是，世界上的各种通信子网在性能上存在着很大差异。例如，电话交换网、分组交换网、公用数据交换网、局域网等通信子网都可互连，但它们提供的吞吐量、传输速率、数据延迟、通信费用各不相同。对于会话层来说，却要求有一个性能恒定的界面。传输层就承担了这一功能，它采用分流/合流，复用/解复用技术来调节上述通信子网的差异，提供对会话层透明的服务。

此外，传输层还要具备差错恢复、流量控制等功能，以此对会话层屏蔽通信子网在这些方面的细节与差异。传输层面对的数据对象已不是网络地址和主机地址，而是和会话层的界面端口。上述功能的最终目的是为会话提供可靠的、无误的数据传输。传输层的服务一般要经历传输连接建立阶段、数据传送阶段、传输连接释放阶段3个阶段，才算完成一个完整的服务过程。

传输层是一个真正的端到端的层，其中的所有处理都是按照从源端到目的端来进行的。换句话说，源机器上的一个程序利用报文头与控制信息，与目标机器上的一个类似的程序进行对话。在其下面的各层上，协议存在于每台机器与它的直接邻居之间，而不存在于最终的源机器和目标机器之间，源机器和目标机器可能被许多中间路由器隔离开了。第 1 层到第 3 层是被串连起来的，而第4层到第7层是端到端的。在图1-11分层模型中的数据通信中，可以清晰地看到这种区别。

5. 会话层

会话层提供的服务可使应用程序建立和维持会话，并能使会话获得同步。会话层的校验点功能可使通信会话在通信失效时，从校验点处继续恢复通信。这种能力对于传送大文件极为重要。会话层、表示层、应用层构成开放系统的高 3 层，面对应用进程提供分布处理、对话管理、信息表示、恢复最后的差错等功能。

会话层同样要担负应用进程服务要求，而传输层不能完成的那部分工作则由会话层加以弥补。会话层的主要功能包括：为会话实体间建立连接、数据传输和连接释放。

6. 表示层

表示层对上层数据或信息进行变换，以保证一个主机应用层信息可以被另一个主机的应用程序理解。表示层的数据转换包括数据的加密、压缩、格式转换等。

在表示层以下的各层中，它们最关注的是如何传递数据位，而表示层则关注的是所传递的信息应该如何表示。不同的计算机可能会使用不同的数据表示法，为了让这些计算机能够互相通信，它们所交换的数据结构必须以一种更加抽象的方式来定义；同时，表示层还定义了标准的编码方法，用来表达网络线路上所传递的数据。表示层管理这些抽象的数据结构，并允许定义和交换更高层的数据结构（比如银行账户记录）。

7. 应用层

应用层为操作系统或网络应用程序提供访问网络服务的接口。

应用层包含了各种各样的协议，这些协议往往直接针对用户的需要。一个被广泛使用的应用协议是 HTTP（HyperText Transfer Protocol，超文本传输协议），它也是 WWW（World Wide Web，万维网）的基础。当浏览器需要一个 Web 页面的时候，它利用 HTTP 将所要页面的名字发送给服务器，然后服务器将页面送回给浏览器。其他还有一些应用协议，用于文件传输、电子邮件以及网络新闻等。

1.2.2　TCP/IP 参考模型

TCP/IP 参考模型的前身是由美国国防部在 20 世纪 60 年代末为 ARPAnet 而开发的。由于低成本和可以在多个平台间通信的可靠性，TCP/IP 迅速流行并发展起来。TCP/IP 协议现在得到了全世界的公认，但它实际上并没有一个完整的体系结构。TCP/IP 协议栈得名于两个最重要的协议：传输控制协议（Transmission Control Protocol，TCP）和网际协议（Internet Protocol，IP）。它还有一个鲜为人知的名字，叫做网际协议栈（Internet Protocol Suite），这是官方的 Internet 标准文档中使用的术语。在本书中，我们将用 TCP/IP 表示整个协议栈。TCP/IP 协议栈中的各个协议如图 1-15 所示。

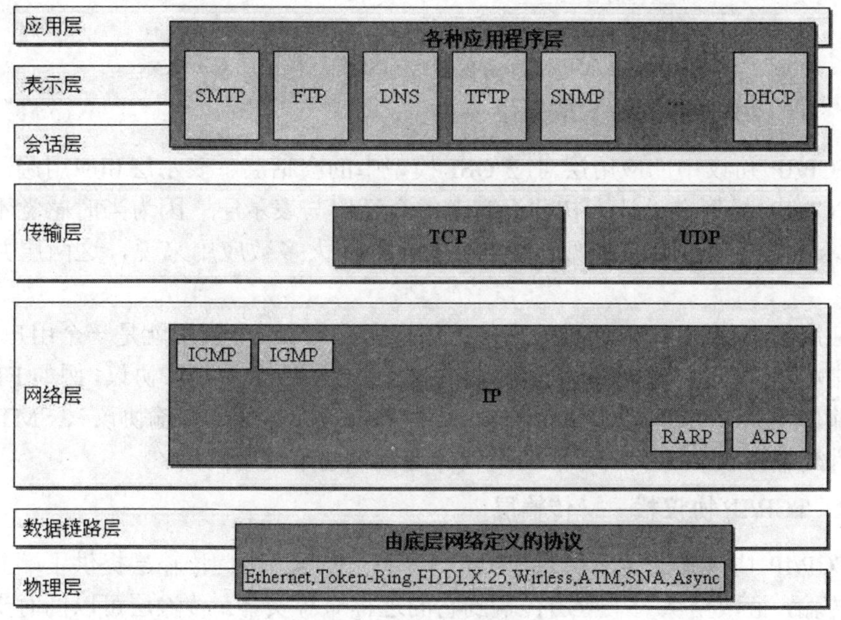

图 1-15　TCP/IP 协议栈

TCP/IP 在 OSI 模型开发之前就开始开发了。因此，TCP/IP 协议栈的层次无法准确地和 OSI 模型对应起来。TCP/IP 是一个四层的体系结构，它包括应用层、传输层、互联网络层和网络接口层。但从实质上讲，TCP/IP 只有三层，即应用层、传输层和互联网络层，因为最下面的网络接口层并没有什么具体内容。因此，在有些参考资料中往往采取折衷的办法，也就是综合 OSI 和 TCP/IP 的优点，采用一种原理体系结构，它只有五层：应用层、传输层、网络层、数据链路层和物理层。它的下四层与 OSI 的下四层相对应，提供物理标准、网络接口、网际互联以及传输功能。然而 OSI 的上三层在 TCP/IP 中则用应用层来表示。

在本书中，我们将采用 TCP/IP 的四层体系结构来介绍，并主要介绍应用层、传输层和互联网络层这三层，如图 1-16 所示。

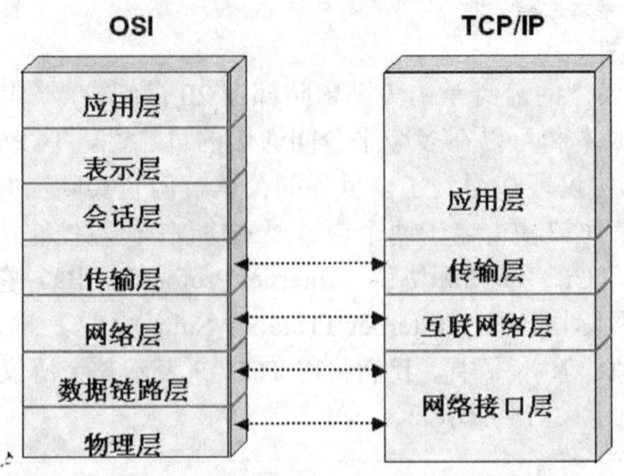

图 1-16　TCP/IP 参考模型与 OSI 七层模型的对应关系

1. TCP/IP 协议栈——应用层

TCP/IP 协议中的应用层对应 OSI 模型中的会话层、表示层和应用层。实际上，TCP/IP 模型在设计之初并没有考虑会话层与表示层，因为当时感觉不需要它们，现在已经证明这种观点是正确的：对于大多数应用来说，这两层并没有用处。

应用层由使用 TCP/IP 进行通信的程序所提供。一个应用就是一个用户进程，它通常与其他主机上的另一个进程合作。它包含了所有的高层协议，例如 FTP（文件传输协议）、TFTP（普通文件传输协议）、HTTP（超文本传输协议）、SMTP（简单邮件传输协议）等。所有的应用软件通过该层来使用网络。

2. TCP/IP 协议栈——传输层

TCP/IP 协议中的传输层对应 OSI 模型中的传输层。传输层提供了端到端的数据传输，把数据从一个应用传输到它的远程对等实体。传输层可以同时支持多个应用，负责数据报文传输过程中端到端的连接，并负责提供流控制、错误校验和排序服务。

这一层包括两个协议：TCP（Transport Control Protocol，传输控制协议）和 UDP（User Datagram Protocol，用户数据报文协议）。

TCP 是一个可靠的、面向连接的协议，提供了面向连接的可靠的数据传送、重复数据抑制、拥塞控制以及流量控制。它允许从一台机器发出的字节流正确无误地递交到互联网上的另一台机器上。它先把输入的字节流分割成单独的小报文，并把这些报文传递给互联网络层。在目标方，负责接收数据的 TCP 进程把收到的一系列小报文重新装配到输出流中。TCP 还负责处理流控制，以便保证一个快速的发送方不会因为发送太多的报文，超出了一个慢速接收方的处理能力，而把它淹没掉。

UDP 提供了一种无连接的、不可靠的、尽力传送（best-effort）的服务。UDP 协议主要用于那些“不想使用 TCP 提供的序列化或者流控制功能，而希望自己提供这些功能”的应用程序。通常，对于那些需要快速传输的机制并能容忍某些数据丢失的应用，可以使用 UDP，比如传输语音和视频。

3. TCP/IP 协议栈——互联网络层

TCP/IP 协议中的互联网络层对应 OSI 模型中的网络层。互联网络层也称为互联网层（Internet 层）或网络层（Network Layer），它是将整个网络体系贯穿在一起的关键层。该层的任务是，允许主机将分组发送到任何网络上，并且让这些分组独立地到达目标段（目标端有可能位于不同的网络上）。这些分组到达的顺序可能与它们被发送时候的顺序不同，在这种情况下，如果有必要保证顺序递交的话，则重新排列这些分组的任务由高层来负责。

这一层包括 IP（网际协议）、ICMP（网际控制报文协议）、IGMP（网际组报文协议）以及 ARP（地址解析协议）。IP 是这一层最核心的协议。它是一种无连接协议，不负责下面的传输可靠性。IP 不提供可靠性、流量控制或者差错恢复。这些功能必须由更高层提供。IP 提供了路由功能，它试图把发送的消息传输到它们的目的地，分组路由和避免拥塞是这里最主要的问题。IP 网络中的消息单位为 IP 数据报（IP Datagram）。这是 TCP/IP 网络上传输的基本信息单位。

在 TCP/IP 参考模型中，互联网络层下面的网络接口层是一片空白。它并没有明确规定这里应该有哪些内容，它只是指出，主机必须通过某个协议连接到网络上，以便可以将分组发送到网络上。参考模型没有定义这样的协议，而且，不同的主机、不同的网络使用的协议也不尽相同。

1.2.3 OSI 参考模型和 TCP/IP 参考模型的比较

OSI 和 TCP/IP 参考模型有很多共同点。两者都以协议栈的概念为基础，并且协议栈中的协议彼此相互独立。而且，两个模型中各个层的功能也大体相似，例如，在两个模型中，传输层以及传输层以上的各层都为希望进行通信的进程提供了一种端到端的、与网络无关的服务。

除了这些基本的相似之处以外，两个模型也有许多不同的地方。对于 OSI 模型，以下三个概念是它的核心：

- 服务；
- 接口；
- 协议。

OSI 模型最大的贡献是使这 3 个概念的区别变得更加明确了。每一层都为它的上一层提供服务。服务的定义指明了该层该做些什么，而不是上一层的实体如何访问这一层，或这一层是如何工作的。它定义了这一层的语义。

每一层的接口告诉它上面的进程应该如何访问本层。它规定了有哪些参数，以及结果是什么。但是它并没有说明本层内部是如何工作的。

最后，每一层上用到的对等协议是本层自己内部的事情。它可以使用任何协议，只要它能够完成任务就行（也就是说能够提供所承诺的服务）。它也可以随意地改变协议，而不会影响它上面的各层。

最初，TCP/IP 模型并没有明确地区分服务、接口和协议三者之间的差异，但是在它成型以后，人们已经努力对它进行了改进，以便更加接近于 OSI。例如，互联网络层提供的真正服务只有发送 IP 分组（SEND IP PACKET）和接收 IP 分组（RECEIVE IP PACKET）。

造成 OSI 协议不能流行的原因之一是模型与协议自身的缺陷。

会话层在大多数应用中很少用到，表示层几乎是空的。在数据链路层与网络层有很多的子层插入，每个子层都有不同的功能。OSI 参考模型对“服务”与“协议”的定义结合起来，使得参考模型变得格外复杂，将它实现起来是困难的。同时，寻址、流控与差错控制在每一层里都重复出现，必然要降低系统效率。虚拟终端协议最初安排在表示层，现在安排在应用层。关于数据安全性、加密与网络管理等方面的问题也在参考模型的设计初期被忽略了。

总之，OSI 参考模型与协议缺乏市场与商业动力，结构复杂，实现周期长，运行效率低，这是它没有能够达到预想的重要原因。

因此，OSI 模型中的协议比 TCP/IP 模型中的协议有更好的隐蔽性。当技术发生变化的时候，OSI 模型中的协议相对更加容易被替换为新的协议。而最初采用分层协议的主要目的之一就是能够做这样的替换。

OSI 参考模型是在协议发明之前就已经产生的。这种顺序关系意味着 OSI 模型不会偏向于任何某一组特定的协议，因而该模型更加具有通用性。不过带来的缺点就是，设计者在这方面没有太多的经验可以参考，因此不知道哪些功能应该放在哪一层上。OSI 参考模型与协议的设计者从工作的开始，就试图建立一个完美的理想状态，但遗憾的是并没有获得成功。

TCP/IP 却正好相反：协议先出现，TCP/IP 模型只是这些已有协议的一个描述而已。所以，协议一定会符合模型，而且吻合得非常好。唯一的问题在于，TCP/IP 模型并不适合任何其他的协议栈，因此，要想描述其他非 TCP/IP 网络，该模型并不很有用。

最后，是两个参考模型之间一些显而易见的区别。

OSI 模型有 7 层，而 TCP/IP 模型只有 4 层，它们都有网络层（互联网络层）、传输层和应用层，但其他的各层并不相同。

另一个区别在于无连接的和面向连接的通信范围有所不同。OSI 模型的网络层同时支持无连接的和面向连接的通信，但是传输层上只支持面向连接的通信，这是由该层的特点所决定的（因为传输服务对于用户是可见的）。TCP/IP 模型的网络层上只有一种模式——无连接的通信，但是在传输层上同时支持两种通信模式，这样可以给用户一个选择的机会，这种选择机会对于简单的请求——应答协议特别重要。

1.3 重点协议介绍

本小节将对 3 个关键的网络协议进行详细的介绍，它们是 IP、TCP 和 UDP，另外还要介绍一个相关的重要概念：端口号。

1.3.1 IP 协议

IP（网际协议）位于 OSI 模型的网络层，TCP/IP 模型的 Internet 层。IP 是一种不可靠的无连接数据报协议，它不保证数据的可靠传输。IP 不提供任何校验，但是在 TCP/IP 协议栈中，有更高层的协议可以确保 IP 信息的正确传输。

IP 是一种不可靠的协议，它提供尽力而为的服务。就像邮局尽最大努力传递邮件，但并不永远成功。如果一封非挂号信丢失了，那只能由发信人或预期的收信人来发现丢失，并采取补救措施。邮局本身不对每一封信进行跟踪，也不通知发信人有关信件丢失或损坏的情况。IP 假定了底层是不可靠的，因此尽力而为将数据报传输到目的端，但不保证将数据传输给目的端。

IP 也是一种无连接协议，它是为使用数据报的分组交换网而设计的。这就表示每一个分组独立地进行处理，而每一个分组使用不同的路由传送到终点。这表明如果一个源端向同一个目的端发送多个数据报，那么这些数据报有可能不按顺序到达。有一些数据报也可能丢失，而有些在传输过程中可能会受到损伤。这时，IP 要依靠更高层的协议来解决这些问题。当可靠性很重要时，IP 必须与可靠的协议（如 TCP）配合起来使用。

在 IP 层的分组叫做数据报或数据包（Packet）。图 1-17 给出了 IP 数据报的格式。数据报是可变长度分组，它由两部分组成：首部和数据。首部可以有 20 字节～60 字节，包含有关路由选择和交互的重要信息；载荷数据的长度也可变，整个 IP 数据包的最大长度可达 65535 字节（Bytes）。

TOS字段的详细描述见RFC 1340、1349

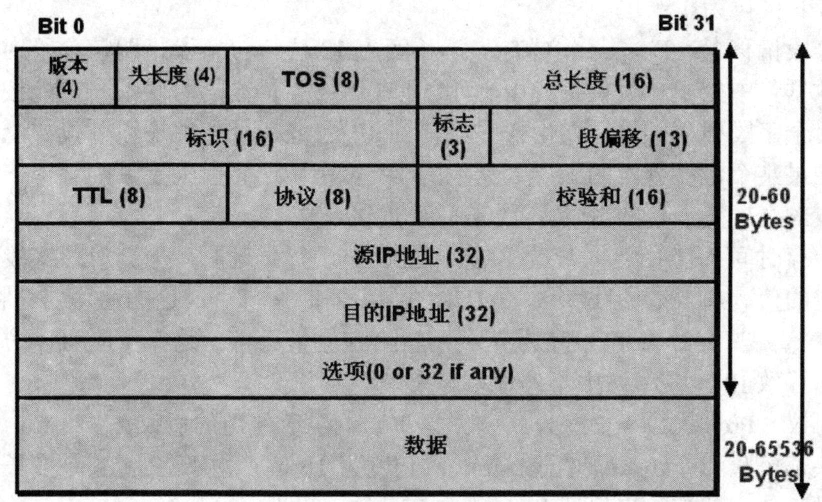

图 1-17　IP 包格式

版本号（Version）：长度为 4 位（bit）。标识目前采用的 IP 协议的版本号。一般的 IPv4 的值为 0100，IPv6 的值为 0110。

IP 包头长度（Header Length）：长度为 4 位。这个字段的作用是描述 IP 包头的长度，因为在 IP 包头中有变长的选项部分。IP 包头的最小长度为 20 字节，而变长的可选部分的最大长度可能是 60 字节。

服务类型（Type of Service）：长度为 8 位。这个字段可以拆分成两个部分：优先级（Precedence，3 位）和 4 位标志位（最后 1 位保留未用）。优先级主要用于 QoS，表示从 0（普通级别）到 7（网络控制分组）的优先级。4 个标志位分别是 D、T、R、C 位，代表 Delay（更低的时延）、Throughput（更高的吞吐量）、Reliability（更高的可靠性）、Cost（更低费用的路由）。TOS 只是表示用户的请求，不具有强制性，在实际应用中很少使用，路由器通常忽略 TOS 字段。

IP 包总长度（Total Length）：长度为 16 位，指明 IP 包的最大长度 65535 字节。

标识符（Identifier）：长度为 16 位。该字段和 Flags 和 Fragment Offest 字段联合使用，对大的上层数据包进行分段（fragment）操作。IP 数据包在实际传送过程中，所经过的物理网络帧的最大长度可能不同，当长 IP 数据包需通过短帧子网时，需对 IP 数据包进行分段与组装。IP 协议实现分段与组装的方法是给每个 IP 数据包分配一个唯一的标识符，并配合以分段标记和偏移量。IP 数据包在分段时，每一段需包含原有的标志符。为了提高效率、减轻路由器的负担，重新组装工作由目的主机来完成。

标记（Flags）：长度为 3 位。该字段第一位不使用。第二位是 DF 位（不分段位，Don't Fragment），DF 位设为 1 时表明路由器不能对该上层数据包分段。如果一个上层数据包无法在不分段的情况下进行转发，则路由器会丢弃该上层数据包并返回一个错误信息。第三位是 MF 位（更多分段位，More Fragment），当路由器对一个上层数据包分段时，路由器会在除了最后一个分段的 IP 包的包头中将 MF 位设为 1。

分段偏移量（Fragment Offset）：长度为 13 位。该字段指明该分段内容在原上层数据包中处于什么位置。由于 IP 包在网络上传送的时候不一定能按顺序到达，这个字段保证了目标路由器在接受到 IP 包之后，能够还原分段的上层数据包。如果某个包含分段的上层数据包的 IP 包在传送时丢失了，则整个一系列包含分段的上层数据包的 IP 包都会被要求重传。

生存时间（TTL）：长度为 8 位。当 IP 包进行传送时，先会对该字段赋予某个特定的值。当 IP 包经过每一个沿途的路由器时，每个沿途的路由器会将 IP 包的 TTL 值减 1。如果 TTL 减为 0，则该 IP 包会被丢弃。这个字段可以防止由于故障而导致 IP 包在网络中不停地被转发。

协议（Protocol）：长度为 8 位。标识了上层所使用的协议。

头部校验和（Header Checksum）：长度为 16 位，由于 IP 包头是变长的，所以提供一个头部校验来保证 IP 包头中信息的正确性。

源地址和目标地址（Source and Destination Addresses）：这两个字段都是 32 位。标识了这个 IP 包的源地址和目标地址。

可选项（Options）：这是一个可变长的字段。该字段由起源设备根据需要改写。可选项包含以下内容。

- 安全（Security）：指明了信息的秘密程度。
- 宽松的源路由（Loose source routing）：给出一连串路由器接口的 IP 地址。IP 包必须沿着这些 IP 地址传送，但是允许在相继的两个 IP 地址之间跳过多个路由器。
- 严格的源路由（Strict source routing）：给出一连串路由器接口的 IP 地址。IP 包必须沿着这些 IP 地址传送，如果下一跳不在 IP 地址表中，则表示发生了错误。
- 路由记录（Record route）：当 IP 包离开每个路由器的时候，记录路由器出站接口的 IP 地址。
- 时间戳（Timestamps）：当 IP 包离开每个路由器的时候记录时间。

1.3.2 端口号

TCP/IP 协议栈为传输层指明了两个协议：UDP 和 TCP。IP 是负责主机到主机的通信。作为网络层协议，IP 只能将报文传送给目的计算机。但是，这是一种不完整的传输。这个报文还必须送到正确的进程。这正是像 UDP 或 TCP 这样的传输层协议所要做的事情。UDP 就是负责将报文转发给适当的进程。图 1-18 给出了 TCP 和 UDP 所作用的范围。

图 1-18　TCP 和 UDP 协议的作用范围

一个远程计算机在同一时间可支持多个服务，正像许多本地计算机可在同一时间运行一个或多个客户程序一样。对通信来说，我们必须定义本地主机、本地进程、远程主机、远程进程。

本地主机和远程主机是用 IP 地址来定义的。要定义进程，我们需要第二个标识符，叫做端口号。在 TCP/IP 协议栈中，端口号是 0～65535 之间的整数。

客户端应用程序进程使用端口号定义它自己，这个端口号由运行在客户主机上的系统随机选取。这个端口号叫做临时端口号。

服务器端应用服务进程也必须用一个端口号来定义自己。但是这个端口号不能选取。如果在服务器端的计算机运行服务器程序，并指派了一个随机数作为其端口号，那么在客户端想接入到这个服务器并使用其服务时，将不知道这个端口号。因此，TCP/IP 决定让服务器使用全局端口号：这样的端口号叫做熟知端口号。

端口号的使用如图 1-19 所示。

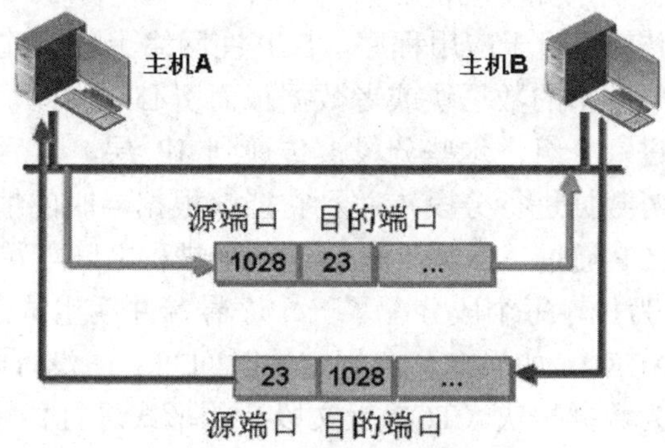

图 1-19　端口号

IANA（Internet Assigned Numbers Authority，互联网地址指派机构）将端口号划分为 3 个范围：熟知的、注册的和动态的（或私有的）。

- 熟知端口：0～1023，由 IANA 指派和控制。表 1-2 和表 1-3 分别是 UDP 和 TCP 的部分熟知端口。

- ❑ 注册端口：1024～49151，IANA 不指派也不控制。它们只能在 IANA 注册以防止重复。
- ❑ 动态端口：49152～65535，既不用指派也不用注册。它们可以由任何进程来使用，是临时的端口。

表 1-2　UDP 的熟知端口

端口	协议	说明
7	Echo	将收到的数据报回送到发送端
53	DNS	域名服务
69	TFTP	简单文件传输协议
161	SNMP	简单网络管理协议
162	SNMP	简单网络管理协议（陷阱）

表 1-3　TCP 的熟知端口

端口	协议	说明
7	Echo	将收到的数据报回送到发送端
20	FTP（Data）	文件传送协议（数据连接）
21	FTP（Control）	文件传送协议（控制连接）
23	TELNET	远程登录
25	SMTP	简单邮件传送协议
53	DNS	域名服务
80	HTTP	超文本传送协议

1.3.3　TCP 协议

TCP 是一种标准协议，协议号为 6。TCP 为应用提供了比 UDP 更多的功能，特别是差错恢复、流控及可靠性等功能。TCP 是一个面向连接的协议，这与 UDP 不一样，大多数用户应用协议使用 TCP 协议，如 HTTP、FTP、Telnet 等协议。

TCP 为应用提供了如下功能。

①流型数据传输。对于应用程序，TCP 在网络上传输连续性字节流。应用程序不必为数据分成基本的数据块或者数据报而费心。为此，TCP 通过以 TCP 分段的形式对数据进行分组，这些分段被传递到 IP 层，然后传输到目的地。TCP 本身确定了如何对数据进行分段，并且它能够根据当时的情况对数据进行转发。

②可靠性。TCP 通过三次握手来保证两个进程之间能可靠地建立连接，如图 1-20 所示。TCP 为传输每个段分配了一个序号，并期望从接收端的 TCP 得到一个肯定的确认（ACK）。如果在一个规定的时间间隔内没有收到一个 ACK，则数据会被重传。因为数据按块（TCP 报文段）的形式进行传输，所以只有 TCP 报文段中的每一个数据段的序列号被发送到目的主机。当报文段无序到达时，接收端 TCP 使用序列号来重排 TCP 报文段，并删除重复发送的报文段。

TCP 三次握手建立连接的过程如下。

- ❑ 初始化主机通过一个 SYN 标志置位的数据段发出会话请求。
- ❑ 接收主机通过发回具有以下项目的数据段表示回复：SYN 标志置位、即将发送的数据段的起始字节的顺序号，ACK 标志置位、期望收到的下一个数据段的字节顺序号。

- 请求主机再回送一个数据段，ACK 标志置位，并带有对接收主机的确认序列号。

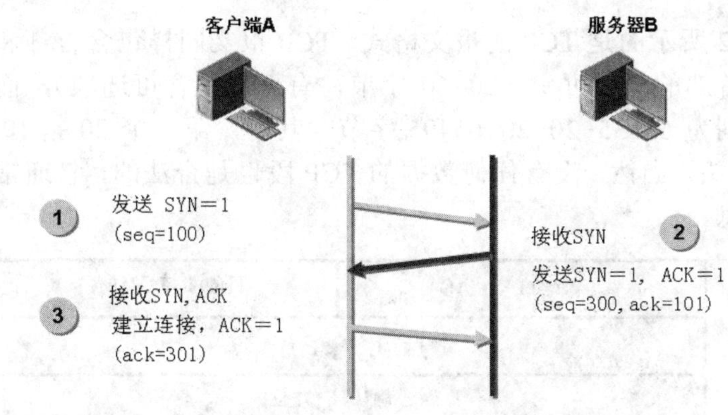

图 1-20 TCP 的三次握手

③流控。接收端 TCP 在把一个 ACK 返回发送方时，它也向发送方指明除了最后一次接收到的 TCP 段外它能够接收的字节数，从而避免在它的内部缓冲区中出现超出（overrun）和溢出（overflow）。在 ACK 中，用它能够接收的不会出错的最大序列号进行发送。这种机制也称为窗口机制（Window）。

④多路复用。通过使用端口而实现。

⑤逻辑连接。TCP 为每种数据流进行初始化，并为它们维护某种状态信息。这种状态的合并，包括 IP、端口号、序号和窗口大小，称为一个逻辑连接。每个连接由发送进程和接收进程使用的 IP 和端口号来标识。

⑥全双工。TCP 提供了双向并发数据流。因此，TCP 释放连接时需要进行一个 4 次断开的过程——可将 TCP 的全双工连接看成一对单工连接，每个单工连接都被单独释放，互相之间独立进行。图 1-21 展示了 TCP 的 4 次断开过程。

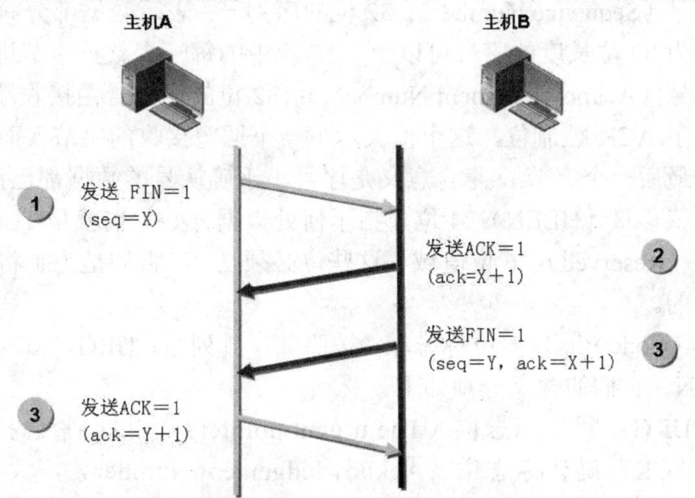

图 1-21 TCP 的 4 次断开过程

为了释放一个连接，任何一方都可以发送一个 FIN 位置位的 TCP 数据段，这表示它已经没有数据要发送了，当 FIN 数据段被确认时，这个方向上就停止传送新数据。然而，另一个方向上可能还在继续传送数据，只有当两个方向都停止的时候，连接才被释放。

TCP 的报文格式

图 1-22 所示的是 TCP 的报文格式，TCP 报文同样包含首部和数据 2 个组成部分，首部的长度可变（20~60 字节，有可能包含可选项），而数据部分的最大长度则为 65535−20−20=65495 字节。其中，第一个 20 指 IP 头，第二个 20 指 TCP 头。当然，没有任何数据的 TCP 段也是合法的，它通常被用于确认和控制消息。

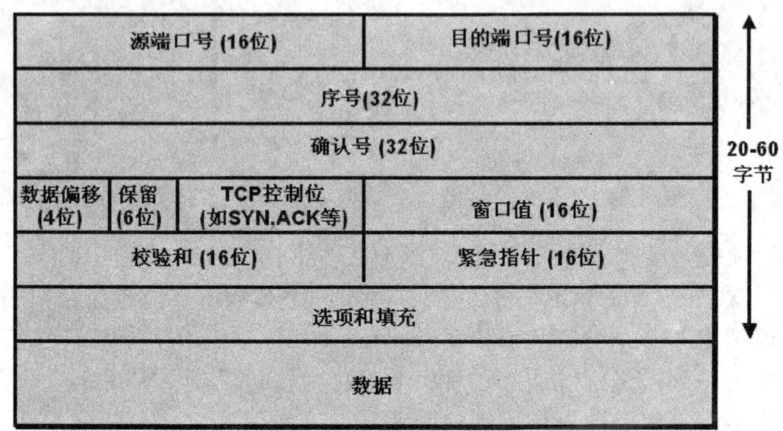

图 1-22　TCP 格式

源端口号（Source Port）：16 位的源端口号指明发送数据的进程。源端口和源 IP 地址的作用是标识报文的返回地址。

目的端口号（Destination Port）：16 位的目的端口号指明目的主机接收数据的进程。源端口号和目的端口号合起来唯一地表示一条连接。

序列号（Sequence Number）：32 位的序列号，表示数据部分第一个字节的序列号，因为 32 位长度的序号可以将 TCP 流中的每一个数据字节进行编号。

确认号（Acknowledgment Number ）：32 位的序列号由接收端计算机使用，如果设置了 ACK 控制位，这个值表示下一个期望接收的字节（而不是已经正确接收到的最后一个字节），隐含意义是序号小于确认号的数据都已正确地被接收。

数据偏移量（HLEN）：4 位，指示何处数据开始，也就是 TCP 头的大小。

保留（Reserved）：6 位值域。这些位必须是 0，它们是为了将来定义新的用途所保留的。

标志（Code Bits）：6 位标志域。按照顺序排列是：URG、ACK、PSH、RST、SYN、FIN，它们的含义分别如下。

- URG：紧急标志位（The urgent pointer），说明紧急指针有效。
- ACK：确认标志位（Acknowledgement Number），大多数情况下该标志位是置位的，说明确认序列号有效。
- PSH：推（PUSH）标志位，该标志置位时，接收端在收到数据后应立即请求将数据递交给应用程序，而不是将它缓冲起来直到缓冲区接收满为止。在处理 telnet 或 rlogin 等交互模式的连接时，该标志总是置位的。

- ❑ RST：复位标志，用于重置一个已经混乱（可能由于主机崩溃或其他的原因）的连接。该位也可以被用来拒绝一个无效的数据段，或者拒绝一个连接请求。
- ❑ SYN：同步标志（Synchronize Sequence Numbers），说明序列号有效。该标志仅在三次握手建立 TCP 连接时有效。它提示 TCP 连接的服务端检查序列号，该序列编号为 TCP 连接初始端（一般是客户端）的初始序列编号。
- ❑ FIN：结束标志，带有该标志置位的数据包用来结束一个 TCP 会话，但对应端口仍处于开放状态，准备接收后续数据。

窗口大小（Window Size）：16 位，指明了从被确认的字节算起可以发送多少个字节。当窗口大小为 0 时，表示接收缓冲区已满，要求发送方暂停发送数据。

校验和位（Checksum）：16 位校验和提供了额外的可靠性，它校验的范围包括头部、数据以及概念性的伪首部（一部分的 IP 包头和几个 TCP 头字段）。源端机器计算一个校验和数值，如果数据报在传输过程中被第三方篡改或者由于线路噪音等原因受到损坏，发送和接收方的校验计算值将不会相符，由此 TCP 协议可以检测是否出错。

紧急指针（Urgent Pointer）：16 位，指向数据中优先部分的最后一个字节，通知接收方紧急数据共有多长，在 URG 标志设置了时才有效。如果 URG 标志没有被设置，紧急指针字段作为填充。

选项（Option）：长度可变，但长度必须以 4 字节为单位变化，必要时可以填充“0”。常见的选项如下。

- ❑ 最长报文段（Maximum Segment Size，MSS）选项：用于告诉对方“我的缓冲区所能接收的报文段的最大长度是 MSS”。
- ❑ 窗口扩大选项：使 TCP 的窗口定义从 16 位增加到 32 位，这并不是通过修改 TCP 首部来实现的，TCP 首部仍然使用 16 位，它是通过定义一个选项实现对 16 位的扩大操作来完成的。
- ❑ 时间戳选项：使发送方在每个报文段中放置一个时间戳值。接收方在确认中返回这个数值，从而允许发送方为每一个收到的 ACK 计算 RTT（Round-trip Time，往返时间）。
- ❑ 选择性确认（Selective Acknowledgment，SACK）选项：使 TCP 只重新发送丢失的包，不用发送后续所有的包，此选项提供相应的机制，使接收方能告诉发送方哪些数据丢失，哪些数据重发了，哪些数据已经提前收到等。

1.3.4 UDP 协议

UDP 协议（User Datagram Protocol），即用户数据报协议，主要用来支持那些需要在计算机之间快速传输数据（相应的对传输可靠性要求不高）的网络应用。包括网络视频会议系统在内，众多的客户/服务器模式的网络应用都需要使用 UDP 协议。

UDP 数据段同样由首部和数据两部分组成，UDP 报头包括 4 个域，其中每个域各占用 2 个字节，总长度为固定的 8 字节，具体如图 1-23 所示。

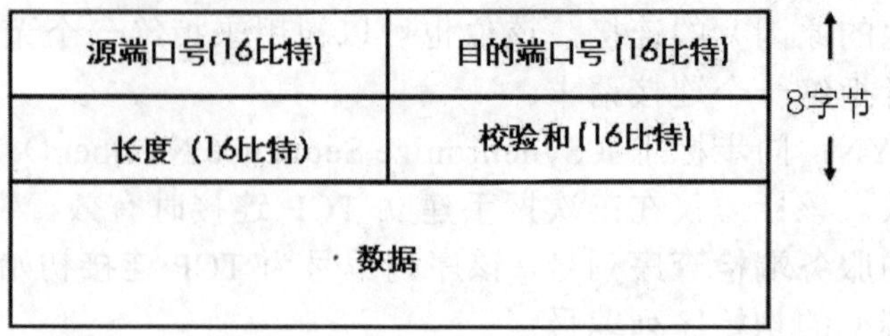

图 1-23　UDP 报文格式

源和目的端口号（Source and Destination Port）：UDP 协议同 TCP 协议一样，使用端口号为不同的应用进程保留其各自的数据传输通道。数据发送一方（可以是客户端或服务器端）将 UDP 数据报通过源端口发送出去，而数据接收一方则通过目标端口接收数据。

长度（Length）：是指包括报头和数据部分在内的总的字节数。因为报头的长度是固定的，所以该域主要被用来计算可变长度的数据部分（又称为数据负载）。数据报的最大长度根据操作环境的不同而各异。从理论上说，包含报头在内的数据报的最大长度为 65535 字节。不过，一些实际应用往往会限制数据报的大小，有时会降低到 8192 字节。

校验和（Checksum）：校验和计算的内容超出了 UDP 数据报文本身的范围，实际上，它的值是通过计算 UDP 数据报及一个伪包头而得到的。同 TCP 一样，UDP 协议使用报头中的校验和来保证数据的安全。

需要明确指出的是，UDP 并不考虑流量控制、差错控制，在收到一个坏的数据段之后它也不重传，所有这些工作都留给用户进程。UDP 所做的事情是提供一个接口，并且在接口中增加解复用的特性，通过端口将数据段解复用到多个进程中，仅此而已。

UDP 尤其适用的一个领域是在客户/服务器的情形下。通常，客户给服务器发送一个短的请求，并且期望一个短的应答回来。如果这里的请求或者应答丢失了，客户就会超时，此时只需重试即可。这样，不但程序代码编写起来简单，而且只需要很少的控制消息，比起那些要求事先建立连接的协议来说简单多了。

1.4　数制转换

在本章最后，我们来回顾一下计算机常用的数制及数制之间的转换。

1.4.1　计算机常用的数制

1. 二进制数

在二进制数中，基数为 2。因此，在二进制数中出现的数字字符只有两个：0 与 1。每一位计数的原则为“逢二进一”。

二进制数提供了所有计算机操作的基础。计算机的工作是操纵电流的通和断。二进制系统中的 0 和 1 这两个符号，可以很自然地对应于“通”和“断”这两个状态。

在二进制系统中，每一位的权重等于 2 的乘方，乘方的数值取决于这个权重的位置，为位置数减 1。例如，在数字的最右端（低位），也就是第一位，它的权重是 2^{1-1} 即 2^0，等于 1；在第二位，它的权重是 2^{2-1} 即 2^1，等于 2；依此类推。

2. 八进制数

在八进制数中，基数为 8。因此，在八进制数中出现的数字字符有 8 个：0，1，2，3，4，5，6，7。每一位计数的原则为“逢八进一”。

在八进制系统中，每一位的权重是 8 的乘方，乘方的数值的计算方法和二进制系统相同，第 N 位的权重即为 8^{N-1}。

3. 十六进制数

在十六进制数中，基数为 16。因此，在十六进制数中出现的数字字符有 16 个：0，1，2，3，4，5，6，7，8，9，A，B，C，D，E，F，其中，A、B、C、D、E、F 分别表示值 10，11，12，13，14，15。十六进制数中的每一位计数原则为“逢十六进一”。

同样的，每一位十六进制数的权重为 16^{N-1}。

不同数制的数可用括号加下标的方式来表示，例如 $(21)_8$ 和 $(21)_{16}$，如果没有任何下标的话，则默认为十进制数。十六进制数也经常在数前面加“0x”来表示。

1.4.2 数制之间的转换

1. 十进制到二进制的转换

要将十进制整数转换为二进制整数，可以采用“除 2 取余”法：将十进制数除以 2，得到一个商数和余数，再将商数除以 2，又得到一个商数和余数。这个过程一直做下去，直到商数为 0 为止，每次得到的余数即为对应二进制数的各位数字。

实例：将十进制数 23 转换为二进制数。

```
2| 23
2| 11     余数 1
2| 5      余数 1
2| 2      余数 1
2| 1      余数 0
 0        余数 1
```

结果为 $(23)_{10} = (10111)_2$

对于小数部分，则采取“乘 2 取整”法。如果小数部分是 5 的倍数，则以最后小数部分为 0 为止，否则以约定的精确度为准，最后将所取整数按顺序排列。

实例：将十进制数 0.25 转换为二进制数。

```
  0.2 5
X    2
———————
  0.5 0        ...取整数位 0
X    2
———————
  1.0 0        ...取整数位 1
```

结果为$(0.25)_{10} = (0.01)_2$

与二进制数类似，将十进制整数转换为八进制整数可以采用“除 8 取余”法；将十进制小数转换为八进制小数可以采用“乘 8 取整”法。

而十进制数与十六进制数的转换，也是采取“除 16 取余”法和“乘 16 取整”法。

2. 二进制到十进制的转换

从二进制数转换为十进制数，只需将二进制数按权重展开，再求和即可。

实例：将二进制数 1101.101 转换为十进制数。

$$1101.101 = 1\times2^3 + 1\times2^2 + 0\times2^1 + 1\times2^0 + 1\times2^{-1} + 0\times2^{-2} + 1\times2^{-3} = 8 + 4 + 1 + 0.5 + 0.125 = 13.625$$

结果为$(1\ 1\ 0\ 1.1\ 0\ 1)_2 = (13.625)_{10}$

八进制数和十六进制数转换为十进制数的方法也是类似的，按照相应的权重展开求和即可。

3. 二进制数到十六进制数的转换

由于十六进制的基数为 $16=2^4$，所以一个二进制数转换为十六进制数，如果是整数，只要从它的低位到高位每 4 位组成一组，然后将每组二进制数所对应的数用十六进制表示出来即可。如果是带小数的数，则从小数点开始，分别向左右两边按照上述方法进行分组计算。

实例：将二进制数 111010111100010111 转换为十六进制数。

二进制数	11	1010	1111	0001	0111
十六进制数	3	A	F	1	7

结果为$(111010111100010111)_2 = (3AF17)_{16}$

二进制数转换为八进制数的方法也是类似的，八进制的基数是 $8=2^3$，因此只要从小数点开始向左右两边，每 3 位分成一组进行转换即可。

4. 十六进制数到二进制数的转换

十六进制数转换为二进制数，只要从它的低位开始，将每位上的数用二进制表示出来即可。如果是带小数的数，则从小数点开始，分别向左右两边按照上述方法进行转换。

实例：将二进制数 6FBE4 转换为十六进制数。

十六进制数	6	F	B	E	4
二进制数	110	1111	1011	1110	0100

结果为$(6FBE4)_{16}=(1101111101111100100)_2$

八进制数转换为二进制数的方法与上述方法相同。

1.5 总　结

本章详细介绍了网络的一些基础知识，包括计算机网络的概念、网络的参考模型及 IP、TCP、UDP 等重要协议，还回顾了有关计算机使用的数制的内容。

计算机网络是将分散在不同地点的多台计算机、终端和外部设备用通信线路互连起来，彼此间能够互相通信，并且实现资源共享（包括软件、硬件、数据等）的一个整体系统。计算机网络产生于 20 世纪 60 年代，到现在已经经过了 4 代的发展，并产生了互联网这样的全球互联网。其中，使用了分层的设计思想，并产生了 OSI 和 TCP/IP 两种参考模型。

OSI 参考模型分为 7 层，从下至上分别为物理层、数据链路层、网络层、传输层、会话层、表示层、应用层。OSI 的七层模型更加系统，服务、接口和协议三个概念的划分更加明确，对于我们研究网络有着极大的意义。但这种模型由于设计复杂、实现困难、有些功能的层次定位不明确等问题，没有得到实际的应用。与之不同的是，TCP/IP 参考模型却是依据已在使用的协议而制定的，它只有四层：网络接口层、互联网络层、传输层、应用层。因其简单实用而得到了广泛的支持和应用。现在的网络系统基本都是基于 TCP/IP 协议栈的。

TCP/IP 协议栈中包含的协议很多，最重要的是 IP 协议、TCP 协议和 UDP 协议。IP 协议负责寻址、路由和数据包的分片与重组；TCP 提供可靠的端到端传输（利用在传输数据前建立连接的机制，TCP 通过三次握手的过程建立连接，而通过四次断开的过程释放连接），而 UDP 则提供快速却不太可靠的端到端传输。

最后，我们回顾了计算机中常用的数制：二进制、八进制和十六进制，以及数制之间的转换，包括十进制数和二进制数、八进制数和十六进制数之间的转换（除 N 取余法和乘 N 取整法，以及按权重展开求和法），及二进制数、八进制数和十六进制数彼此之间的转换。

1.6 思考与练习

1. 选择题

（1）关于“互联网”的概念，以下说法中正确的是？

A．是局域网

B．是广域网

C．是一组相互连接起来的网络

D．就是互联网

（2）以下哪种拓扑结构提供了最高的可靠性保证？

A．星形拓扑

B．环形拓扑

C．总线形拓扑

D．网状拓扑

（3）当比特流到达目的主机后，会进行什么处理过程？

A．封装

B．解封装

C．分段

D．编码

（4）LAN 的主要特点有以下哪几项？

A．运行在有限的地理范围内

B．至少包含一台服务器

C．允许多个用户接入高带宽介质

D．将旅行中的雇员接入公司网络

（5）以下关于 OSI 参考模型的描述正确的是哪些？

A．一组用于建立可靠、高效网络的标准和协议

B．定义了每一层的功能

C．会话层定义了关于数据加密的标准

D．在世界上得到了广泛的应用

（6）OSI 的哪一层处理物理寻址和网络拓扑结构？

A．物理层

B．数据链路层

C．网络层

D．传输层

（7）TCP/IP 的哪一层保证传输的可靠性、流量控制和检错与纠错？

A．网络接口层

B．互联网络层

C．传输层

D．应用层

（8）中继器的作用是什么？

A．解决两个节点之间距离太远的问题

B．解决网络带宽不足的问题

C．解决高速设备与低速网络的匹配问题

D．解决网络上设备的兼容性问题

（9）IP 包头中与分段和重组有关的字段是哪些？

A．TOS

B．标识符

C．标志

D．分段偏移

（10）二进制数 11011001 的十进制表示是多少？

A．186

B．202

C．217

D．222

2. **问答题**

（1）什么是计算机网络？计算机网络有什么功能？

（2）简述计算机网络发展的过程？

（3）计算机网络是如何分类的？

（4）常见的网络拓扑结构有哪些？其特点是什么？

（5）简述 OSI 参考模型各层的功能？

（6）什么是协议？举例说明。

（7）举例说明 TCP 头部中 6 个标志位的作用。

第 2 章　交换技术

交换的概念是伴随着电话系统产生的。随着互联网技术的迅猛发展以及全球电信管制的开放，交换技术也从传统的电路交换、分组交换发展到现在以 IP 为核心的宽带分组交换，再到光交换。交换技术已经占据了目前网络的主导地位。

在局域网中，则是以太网占据了统治地位。为了适应网络应用深化带来的挑战，网络的规模和速度都在急剧发展，局域网的速度已从最初的 10 Mbps 提高到 1000 Mbps，万兆也进入了我们的生活。那么，什么是以太网呢？

2.1　以太网

在学习以太网的相关技术之前，首先需要了解数据链路层的两个子层：MAC 子层和 LLC 子层。不同的局域网在这两层上也是不同的，下面着重以以太网为出发点对这两个重要的子层进行介绍。

2.1.1　MAC 子层和 LLC 子层

IEEE 802 系列局域网标准主要包括：IEEE 802.1（基本局域网）、IEEE 802.1D(生成树标准）、IEEE 802.2（LLC 子层)、IEEE 802.3（以太网标准)、IEEE 802.4（令牌总线网)、IEEE 802.5（令牌环网）等。

局域网的种类繁多，其媒体接入控制的方法也各不相同，远远不像广域网那样简单，为了使局域网的数据链路层不至于过于复杂，在常见的 IEEE 802 系列局域网标准中，将数据链路层分为两个部分：逻辑链路控制（Logical Link Control，LLC）子层和媒体访问控制（Medium Access Control，MAC）子层。

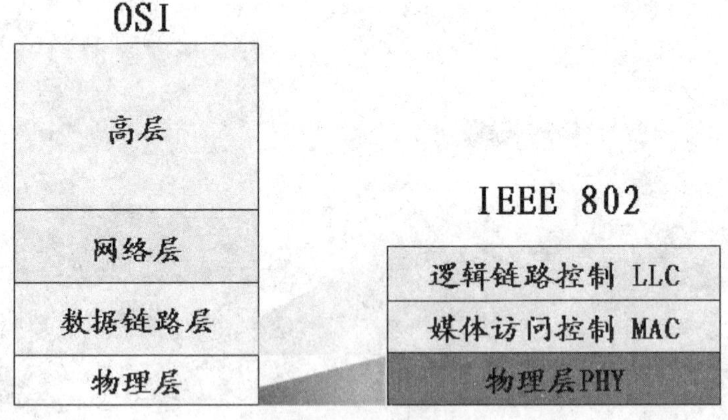

图 2-1　LLC 子层和 MAC 子层

更靠近物理层的 MAC 子层制定如何使用传输媒体的通信协议。如在 IEEE 802.3 以太网标准的 CSMA/CD 协议中，MAC 子层规定如何在总线型网络结构下使用传输媒体。它的功能主要有 2 个：①数据帧的封装和解封装，包括寻址和错误检测；②介质管理，包括介质分配（避免碰撞）和竞争裁决（碰撞处理）。

MAC 子层直接作为网络媒体的接口，利用 MAC 地址识别物理设备。在遵循 IEEE 802 标准的局域网中，MAC 地址是为网络设备（如计算机或交换机）的适配器提供的唯一硬件号码。对于不遵循 IEEE 802 标准的网络，其节点地址被称为数据链路控制地址。

MAC 地址又被称为硬件地址或物理地址，在以太局域网中，MAC 地址也被称为以太网地址。MAC 地址通常表示为 12 个 16 进制数（即 48 位，6 字节），通常采用以下格式之一：

MM:MM:MM:SS:SS:SS 或 MM-MM-MM-SS-SS-SS

在上述格式中，前 24 位是网络设备生产厂家自己的标识，叫做组织唯一标识符（Organizationally Unique Identifier，OUI ID），前 24 位的 MAC 需要生产厂家到 IEEE 进行申请。后 24 位是识别 LAN（局域网）节点的标识。通过 MAC 地址，可以唯一地识别局域网中的一台终端或者一个接口。通常，MAC 地址是固定不变的，并且无论网络设备安装于何处。

MAC 地址在传输时是逐字节从左到右发送的，但是对于每一个字节来说，最先发送的是最低位，最后发送的是最高位。

MAC 地址共有 3 类：单播、多播和组播。在单播地址中，第 1 个字节的最低位为 0；在多播地址中，第 1 个字节的最低位为 1；而广播地址则是 48 个 1，如图 2-2 所示。

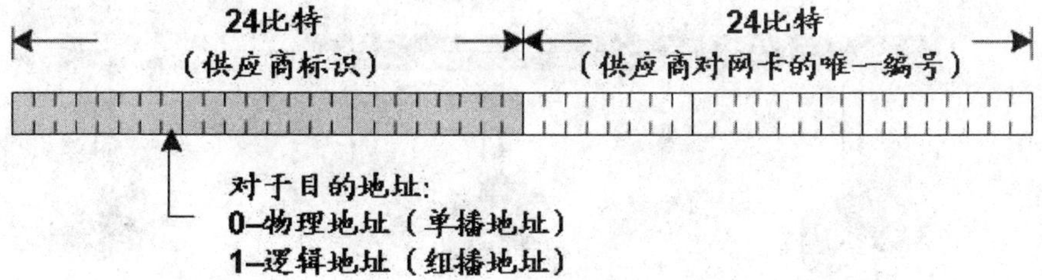

图 2-2　MAC 地址的结构

在 MAC 子层之上即是 LLC 子层，它的主要工作是控制信号交换和数据流量，解释上层通信协议传来的命令并且产生响应，以及克服数据在传送的过程中可能发生的种种问题（如数据发生错误，重复收到相同的数据，接收数据的顺序与传送的顺序不符等）。LLC 子层对上层可以提供面向连接或者无连接的服务。在 LLC 子层方面，IEEE 802 系列标准中只制定了一种标准，各种不同的 MAC 子层都使用相同的 LLC 子层通信标准，使更高层的通信协议可以不依赖局域网的实际架构。

为了达到这种功能，LLC 子层提供了所谓的“服务访问点”（Service Access Point，SAP），通过它可以简化数据转送的处理过程。为了能够辨认出 LLC 子层通信协议间传送的数据属于谁，每一个 LLC 数据封装中都有“目的服务访问点”（Destination Service Access Point，DSAP）和“源服务访问点”（Source Service Access Point，SSAP）。一对 DSAP 与 SSAP 之间即可形成通信连接。

现在生活中经常使用的另一种局域网标准是 802.11 无线局域网 WLAN，它和 802.3 以太网在物理层和 MAC 子层上是不相同的，但是，它们都具有共同的 LLC 子层，所以，在这两种网络中，与网络层的接口都是相同的。

2.1.2 以太网概述

最早的以太网产生于 Xerox（施乐）公司。20 世纪 70 年代，Xerox 公司就已经设计并制造了后来被称为个人计算机的机器，但是，这些机器都是孤立的。于是，公司的研究人员 Bob Metcalfe 和 David Boggs 一起设计并实现了第一个局域网络，他们称之为以太网（Ethernet）。

最初的以太网使用的传输介质是一根粗的同轴电缆，其长度可以达到 2.5 km（每 500 m 之间需要一个中继器），一共可以有 256 台计算机连接到局域网系统中。这些计算机使用粗同轴电缆为共享介质进行连接，无论哪一台主机发送数据，其余的所有主机都能够收到（也就是所谓的共享式以太网）。因此，就可能出现这样的情况，一台主机正在发送数据的时候，另一台主机也开始发送数据，或者两台主机同时开始发送数据，它们的数据信号就会在信道内碰撞在一起，互相干扰，使信号变成不能识别的垃圾。

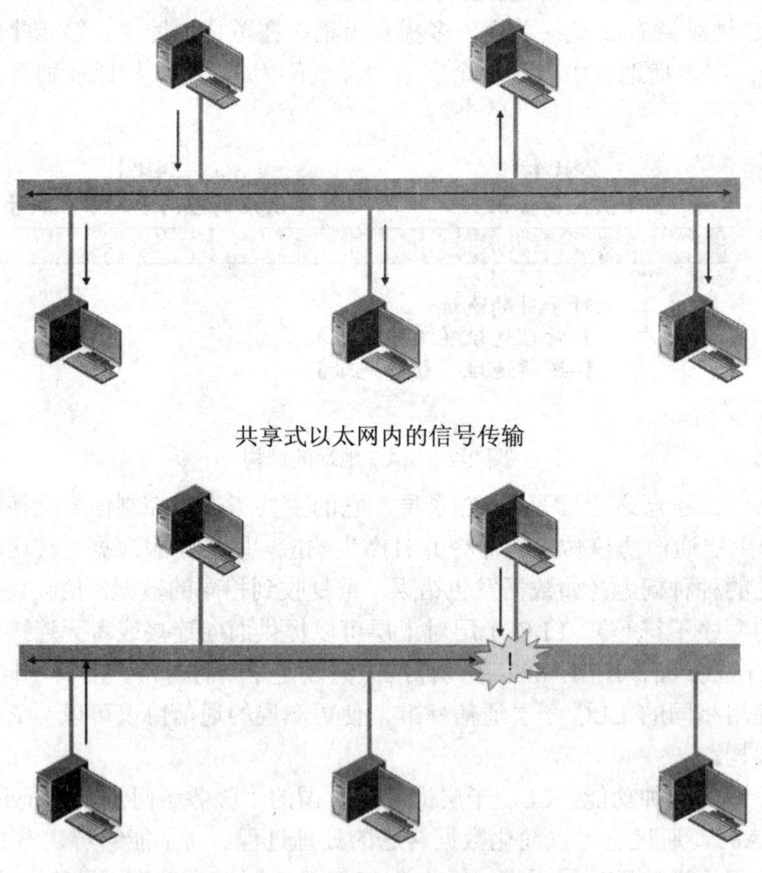

图 2-3　共享式以太网和冲突

为了解决这些计算机同时发送数据产生的冲突，设计者让计算机在传输数据之前先监听电缆上的信号，看是否有其他的计算机也在传输信息。如果有的话，则计算机先等待，直到该电缆上当前的传输工作完成。这样做可以避免干扰现有的传输任务，从而获得比较高的传输效率。

尽管计算机在传输之前要先监听电缆上的信号，但是这里仍然存在一个问题：如果两台或者多台计算机都在等候当前的传输任务结束，然后同时开始传输数据，则依然会产生冲突。解决的方法是，让每台计算机在它自己的传输过程中也进行监听，如果检测到有冲突，则阻塞电缆以警告所有的发送者，然后退回来等待一段随机时间之后再次开始尝试。

这个在共享信道内解决冲突的方法，被称为带有冲突检测的载波侦听多路访问（Carrier Sense Multiple Access/Collision Derect，CSMA/CD），它的详细工作过程将在后面的小节进行讨论。

Xerox 公司的以太网获得了极大成功。1978 年，DEC 公司、Intel 公司和 Xerox 拟定了一个针对 10Mbps 以太网的标准，称为 DIX 标准。经过两次很小的修改以后，DIX 标准于 1983 年变成 IEEE 802.3 标准。

之后，以太网的标准继续发展（至今仍在发展）。100 Mbps、1000 Mbps，甚至万兆的以太网版本相继出台，电缆技术也有了改进，交换技术和其他的特性也加入了进来。

2.1.3 CSMA/CD

带冲突检测的载波侦听多路访问（Carrier Sense Multiple Access/Collision Derect，CSMA/CD）是半双工的以太网的工作方式，它应用于 OSI 参考模型的数据链路层，是一种常用的采用争用方法来决定对传输信道的访问权的协议。

其中，3 个关键术语的含义如下。

- 载波侦听：发送结点在发送数据之前，必须侦听传输介质（信道）是否处于空闲状态。
- 多路访问：具有两种含义，既表示多个结点可以同时访问信道，也表示一个结点发送的数据可以被多个结点所接收。
- 冲突检测：发送结点在发出数据的同时，还必须监听信道，判断是否发生冲突（同一时刻，有无其他结点也在发送数据）。

这个过程如图 2-4 所示。

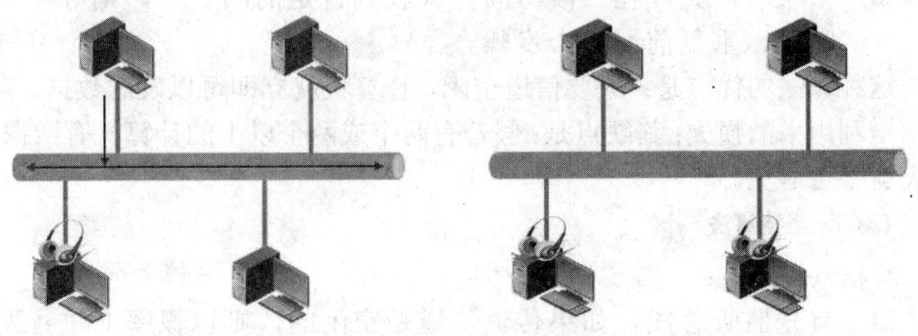

（a）主机在发送数据之前监听信道，如果信道忙，则退避；如果空闲，则发送

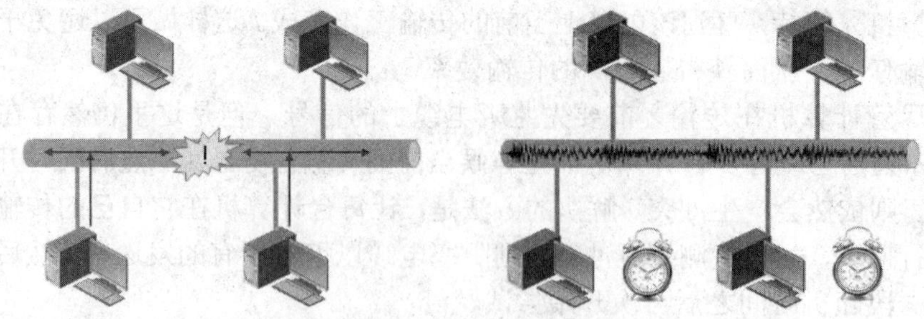

（b）同时发送数据会导致冲突，发送阻塞信号并退避等待

图 2-4　CSMA/CD 的工作原理

1. CSMA

载波侦听多路访问 CSMA 的技术，也被称做先听后说 LBT（Listen Before Talk）。要传输数据的站点首先对传输信道上有无载波进行监听，以确定是否有别的站点在传输数据。如果信道空闲，该站点便可传输数据；否则，该站点将避让一段时间后再做尝试。这就需要有一种退避算法来决定避让的时间，常用的退避算法有非坚持、1-坚持、P-坚持 3 种。

（1）非坚持算法

算法规则如下：

- 如果传输信道是空闲的，则可以立即发送。
- 如果信道是忙的，则等待一个由概率分布决定的随机重发延迟后，再重复前一步骤。
- 采用随机的重发延迟时间可以减少冲突继续发生的可能性。

非坚持算法的缺点是：由于大家都在延迟等待过程中，致使传输信道虽然可能处于空闲状态，却没有计算机发送数据，使用率被降低。

（2）1–坚持算法

算法规则如下：

- 如果传输信道是空闲的，则可以立即发送。
- 如果信道是忙的，则继续监听，直至检测到信道空闲，然后立即发送。
- 如果有冲突（在一段时间内未收到肯定的回复），则等待一个随机时间，重复前面 2 个步骤。

这种算法的优点是：只要信道空闲，计算机就立即可以发送数据，避免了传输信道利用率的损失；其缺点是：假若有两个或两个以上的计算机有数据要发送，冲突就不可避免。

（3）P–坚持算法

算法规则如下：

- 首先监听总线，如果传输信道是空闲的，则以概率 P 进行发送，而以（1-P）的概率延迟一个时间单位。一个时间单位通常等于最大传输时延的 2 倍。
- 延迟一个时间单位后，再重复第一步。

❑ 如果传输信道是忙的，则继续监听，直至信道空闲并重复第一步。

P-坚持算法是一种既能像非坚持算法那样减少冲突，又能像 1-坚持算法那样减少传输信道空闲时间的折中方案。关键在于如何选择 P 的取值，才能使两方面保持平衡。

2. CSMA/CD

在 CSMA 中，由于信道传播时延的存在，总线上的两个站点可能没有监听到载波信号而发送数据，仍会导致冲突。由于 CSMA 算法没有冲突检测功能，即使冲突已经发生，仍然会将已破坏的帧发送完，使数据的有效传输率降低。

一种 CSMA 的改进方案是，使发送站点在传输过程中仍继续监听信道，以检测是否发生冲突。如果发生冲突，信道上可以检测到超过发送站点本身发送的载波的信号幅度，由此判断出冲突的存在。当一个传输节点识别出一个冲突后，就立即停止发送，并向总线上发一串阻塞信号，这个信号使得冲突的时间足够长，让其他的节点都能发现。其他节点收到拥塞信号后，都停止传输，等待一个随机产生的时间间隙（回退时间，Backoff Time）后重发。这样，信道容量就不致因白白传送已受损的帧而浪费，可以提高总线的利用率。这就是 CSMA/CD，带冲突检测的载波侦听多路访问。

CSMA/CD 控制方式的优点是：原理比较简单，技术上也容易实现，网络中各工作站处于平等地位，不需集中控制，不提供优先级控制。但在网络负载增大时，发送时间增长，发送效率急剧下降。它的代价是用于检测冲突所花费的时间。

为了检测冲突，还产生了以太网帧最小长度的限制。

可以想象这样一种情况：一个短帧还没有到达电缆远端的时候，发送端就已经发送出了帧的最后一位，认为这个帧已被正确传输；但是，在电缆的远处，该帧却可能与另一帧发生了冲突，而它的发送端却毫不知情。为了避免这种情况的发生，人们规定，一个帧的最小长度应当满足以下要求：当这个帧的最后一位发出之前，第一位就能够到达最远端并将可能的冲突信号传送回来。对一个最大长度为 2500 m、具有 4 个中继器的 10 Mbps 以太网来说，这个时间要求大约是 50 μs，在传输速率为 10 Mbps 的情况下，传输 1 位需要 100 ns，所以 500 位是保证可以工作的最小帧长度。考虑到需要增加一点安全余量，该数字被增加到了 512 位，也就是 64 字节。这就是以太网最小帧长度的来历。

ns，纳秒，时间单位，$1ns=10^{-9}s$，$1\mu s=1000ns$。

当然，随着以太网技术的发展（100Mbps、1000Mbps 等），最小帧长度也随之成比例地增加，不过为了保持以太网技术的向下兼容性，设计者选择了另一种解决方法，也就是成比例地减小最大电缆的长度。

最小帧长度的限制还有另一个意义，当一个节点检测到冲突的时候，它会截断当前的帧，这意味着冲突帧中已经发送出的位将会继续在电缆上传播。为了更加容易地区分有效帧和垃圾数据，64 字节的最小帧长度限制也是必要的。如果一帧的数据部分过短的话，则使用填充位来填充该帧，以便达到最小帧长度的要求。

2.1.4 以太网帧格式

网络层的数据包被加上帧头和帧尾，就构成了可由数据链路层识别的以太网数据帧。虽然帧头和帧尾所用的字节数是固定不变的，但根据被封装数据包大小的不同，以太网数据帧的长度也随之变化，变化的范围是 64 字节~1518 字节（不包括 7 字节的前导码和 1 字节的帧起始定界符）。

以太网帧格式的发展历程如下：

- ❑ 1980 年，DEC、Intel、Xerox 制订了 DIX Ethernet I 标准。
- ❑ 1982 年，DEC、Intel、Xerox 又制订了 DIX Ethernet II 标准。
- ❑ 1982 年，IEEE 开始研究 Ethernet 的国际标准 802.3，定义了 802.3 SAP 帧格式。
- ❑ 1983 年，迫不及待的 Novell 基于 IEEE 802.3 的原始版开发了专用的 Ethernet 帧格式。
- ❑ 1985 年，IEEE 推出 IEEE 802.3 规范，后来为解决 Ethernet II 与 802.3 帧格式的兼容问题，推出了折衷的 802.3 SNAP 格式。

其中，早期的 Ethernet I 已经完全被其他帧格式取代了，所以现在以太网中只能见到后面几种帧格式。

目前，最常见的以太网帧结构是 Ethernet II 的格式。Ethernet II 和 802.3 两种标准的帧是用“类型/长度”字段的值来区分（即源地址后的 2 字节内容）的，该字段的值大于或等于 0x0600 时，表示上层数据使用的协议类型，例如 0x0806 表示 ARP 请求或应答，0x0800 表示 IP 协议；该字段的值小于 0x0600 时，表示以太网用户数据的长度。

Ethernet II 标准的以太网帧结构如图 2-5 所示。

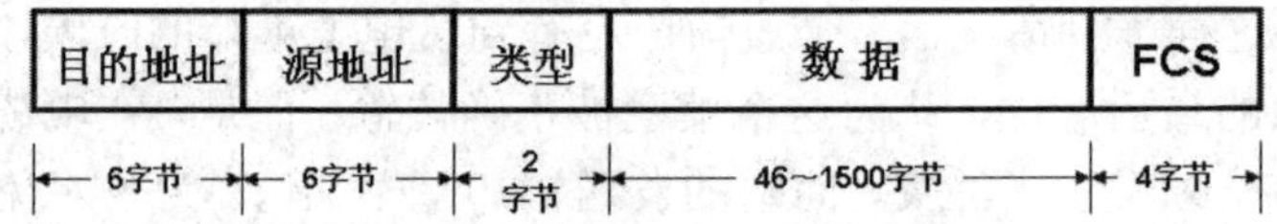

图 2-5　Ethernet II 标准的以太网帧结构

其中各个字段意义如下。

- ❑ 目的地址：接收端的 MAC 地址，长度为 6 字节。
- ❑ 源地址：发送端的 MAC 地址，长度为 6 字节。
- ❑ 类型：数据包的类型（即上层协议的类型），长度为 2 字节。
- ❑ 数据：被封装的数据包，长度为 46 字节~1500 字节。
- ❑ 校验码：错误检验，长度为 4 字节。

Ethernet II 的主要特点是通过类型域标识了封装在帧里的上层数据所采用的协议，类型域是一个有效的指针，通过它，数据链路层就可以承载多个上层（网络层）协议。但是，Ethernet II 的缺点是没有标识帧长度的字段。

对于 IEEE 802.3 标准的帧结构，由于没有了类型域（代之以长度域），所以为了区别 802.3 数据帧中所封装的数据类型，IEEE 引入了 802.3 SAP 和 802.3 SNAP 的标准。它们都工作在数据链路层的 LLC 子层。通过在 802.3 帧的数据字段中划分出被称为服务访问点（SAP）的新区域来解决识别上层协议的问题，这就是 802.3 SAP。每个 SAP 的长度为 1 字节，而其中仅保留了 6 位用于标识上层协议，所能标识的协议数有限。因此，人们又开发出另外一种解决方案，在 802.3

SAP 的基础上又新添加了一个 3 字节的组织唯一标识符（OUI ID）域和一个 2 字节的类型域（同时将 SAP 的值置为 AA），使其可以标识更多的上层协议类型，这就是 802.3 SNAP。

802.3 标准的以太网帧结构如图 2-6 所示。

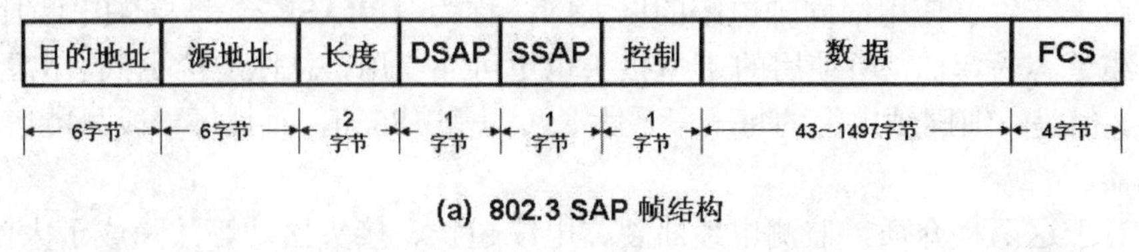

(a) 802.3 SAP 帧结构

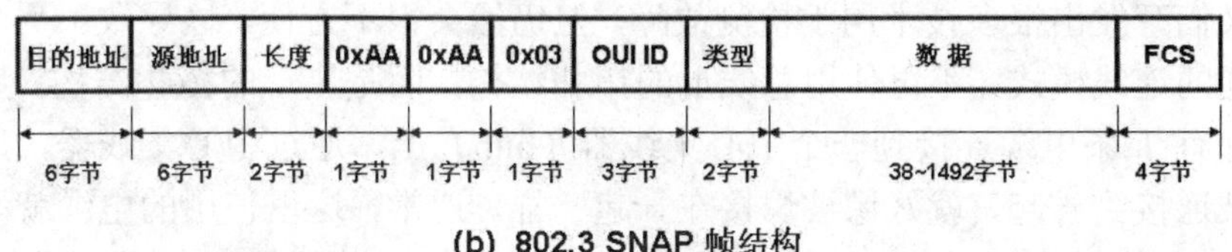

(b) 802.3 SNAP 帧结构

图 2-6　802.3 SAP 和 SNAP 标准的以太网帧结构

从图中可以看出，在 Ethernet 802.3 SAP 帧中，新增的 802.2 LLC 首部包括两个服务访问点：源服务访问点（SSAP）和目的服务访问点（DSAP）。它们用于标识以太网帧所携带的上层数据类型，如 16 进制数 0x06 代表 IP 协议数据，16 进制数 0xE0 代表 Novell 类型协议数据，16 进制数 0xF0 代表 IBM NetBIOS 类型协议数据等。

至于 1 字节的“控制”域，则用于指明该帧是信息帧、监控帧，还是无编号帧，通常情况下，该字段被设为 0x03，指明是采用无连接服务的 802.2 无编号数据帧。

而 802. 3 SNAP 类型以太网帧格式和 802. 3 SAP 类型以太网帧格式的主要区别在于：

- ❑ 2 字节的 DSAP 和 SSAP 字段内容被固定下来，其值为 16 进制数 0xAA。
- ❑ 1 字节的“控制”字段内容被固定下来，其值为 16 进制数 0x03。
- ❑ 增加了 SNAP 字段，由下面两项组成：
- ➢ 3 字节的组织唯一标识符（Organizationally Unique Identifier，OUI ID）字段，其值通常等于 MAC 地址的前 3 字节，即网络适配器厂商代码。
- ➢ 2 字节的“类型”字段，用来标识以太网帧所携带的上层数据类型。

附带一提的是，在以太网帧中，数据部分的最大长度为 1500 字节的这个限制，在制定 DIX 标准时，取值带有一定的随意性。当时最主要的依据是，结点需要足够的内存（RAM）来存放一个完整的帧，而 RAM 在 1978 年时还很昂贵，这个值越大，就意味着需要更多的 RAM，因而网络结点的造价就会更高。

2.1.5　以太网技术的发展

最早期使用粗同轴电缆的以太网，也被称为 **10BASE5**，其含义是：运行在

10Mbps 的速率上、使用基带信令，并且所支持的分段长度可以达到 500 m。其中，10 代表以 Mbps 为单位的速度值，单词 BASE 表明它使用基带传输，BASE 后面的部分代表传输介质，此处的 5 则是指电缆的最大长度（不使用中继器的情况下）。

后来产生了使用细同轴电缆的以太网，称为 **10BASE2**。细同轴电缆比粗同轴电缆更容易弯曲，所使用的 T 型接头也更可靠易用，总体造价更低，也更容易安装。但是，细同轴电缆的每一段最大长度只有 185 m，而且每一段只能容纳 30 台机器。

对于这两种介质，监测电缆断裂、电缆超长、接头松动等故障成了大问题，虽然人们开发出很多技术用于检测故障，但仍然会很不方便，这导致了另一种完全不同的连线模式，不再使用总线形的拓扑结构，而是星形的拓扑结构。所有的结点都有 1 条电缆连接到一个中心集线器（hub）上，通过中心集线器，所有的结点被连接到一起，就好像被焊接在一起一样。通常，这里使用的电缆就是电话公司的双绞线，因为办公楼里往往有大量这样的空闲双绞线可以利用。此时的以太网，也就被称为 **10BASE-T**，T 代表双绞线。

另外，还有 **10BASE-F** 的以太网，F 代表光纤。使用光纤作为传输介质成本很高，但这种以太网具有良好的抗噪声性能和安全性（可以防窃听），传输距离也很远（上千米），适用于楼与楼之间的连接，或者两个远距离的集线器之间的连接。

但是，随着以太网中接入的结点越来越多，流量也急速上升，最终，LAN 会达到饱和。冲突的次数会越来越多，以至于主机无法正常地发送帧。虽然可以通过提高速度解决问题，但也只是一时解决，随着主机数量和通信量的增长，迟早还会达到饱和。所以，为了处理不断增长的负载，20 世纪 90 年代初，**交换式以太网**被设计出来。

这种系统的核心是一个交换机（switch）。交换机具有多个连接器，每个连接器有一个 10BASE-T 双绞线接口，可以连接一台主机。交换机还具有一块高速的底板，用于在连接器之间高速传输数据。

当一台主机希望传送一个以太网帧的时候，它向交换机送出一个标准帧，交换机收到这个帧后，会查看帧的目标地址，以判断应该从哪一个机器中发送出去，然后将这个帧复制到那里。

在这种结构中，每个接口构成了自己的**冲突域（collision domain）**。冲突域是冲突在其中发生并传播的区域。在交换式以太网之前，共享介质上竞争同一带宽的所有节点，属于同一个冲突域，冲突会在共享介质上发生。而现在，每个冲突域只有一个结点，冲突就不可能发生，因而提高了性能。

当然，这些网络上的结点仍然属于同一个**广播域（broadcast domain）**。接收同样广播消息的节点的集合被称为一个广播域，在该集合中的任何一个节点传输一个广播帧，则所有其他能收到这个帧的节点都被认为是该广播域的一部分。由于许多设备都极易产生广播，如果不维护，就会消耗大量的带宽，降低网络的效率，而这个问题，则必须由更高层的设备（路由器）去解决。

随着网络的使用越来越广泛，网络上需要传输的数据越来越多，多媒体应用不断地吃掉带宽，人们迫切需要一个更快速的 LAN。于是 IEEE 在 1992 年重新召集起 802.3 委员会，并于 1995 年 3 月推出了 802.3u 标准，即**快速以太网（fast Ethernet）**。它的设计思想非常简单，为了向后兼容以太网，保留了原来的帧格式、接口和过程规则，并和 10BASE-T 一样使用集线器和交换机作为连接设备，只是将位时间从 100 ns 降低到 10 ns；传输介质除了 3 类双绞线和光纤之外，还增加了 5 类双绞线。

使用 3 类双绞线的快速以太网被称为 **100BASE-T4**，使用 5 类双绞线的快速以太网被称为 100BASE-TX，使用光纤的快速以太网则被称为 **100BASE-FX**，F 代表光纤。

紧随着快速以太网，1998 年 6 月 IEEE 又推出了**千兆以太网（gigabit Ethernet）**规范 802.3z。802.3z 委员会的目标与 802.3u 基本一致：使以太网再快上 10 倍，并且仍然与现有的所有以太网标准保持向后兼容。

千兆以太网的所有配置都是点到点的，每根以太网电缆都恰好只能连接 2 个设备，而且千兆以太网支持两种不同的操作模式：全双工模式和半双工模式。“正常”的模式是**全双工模式**，它允许两个方向上的流量可以同时进行。这种配置下，所有的线路都具有缓存能力，每台计算机或者交换机在任何时候都可以自由地发送帧，不需要事先检测信道是否有别人正在使用，因为根本不可能发生竞争，冲突也就不存在了。

由于这里不会发生冲突，所以不需要使用 CSMA/CD 协议，因此，电缆的最大长度是由信号强度来决定的，而不是由突发性噪声在最差情况下传回到发送方所需的时间来决定的。交换机可以自由地混合和匹配各种速度。

而在另一种操作模式——**半双工模式**中（如果千兆以太网卡和集线器相连接，就会造成这种状况，但这非常少见），一次只有一个方向的流量可以在电缆上传输，如果电缆两端的设备同时发送数据，仍然有可能产生冲突，所以还需要使用 CSMA/CD。因为现在一个最小长度的帧正在以 100 倍于早期以太网的速度进行传输，所以为了保证冲突能够被检测得到，最远传输距离也得同比例缩小 100 倍，即 25m，这是不可接受的。

802.3z 委员会考虑到这一点，因此允许千兆以太网的收发设备对以太网帧进行扩展，以达到 512 字节的长度，方法是在普通帧后填充一些字节，或者将多个帧串在一起进行传输。由于这些功能是硬件执行的，软件并不知情，所以现有的软件不需做任何改变。

千兆以太网既支持双绞线，也支持光纤。运行于双绞线上时，称为 **1000BASE-T**，运行于光纤上时，根据使用的光纤规格不同，有 **1000BASE-SX**（多模光纤，最大段距离 550m）和 **1000BASE-LX**（单模或者多模光纤，最大段距离 5000m）两种。

以太网再发展就进入到万兆时代。

2002 年 7 月，IEEE 通过了**万兆以太网**标准（802.3ae）。初始之时，万兆以太网仅采用了全双工与光纤的技术，但同年 11 月间，IEEE 就提出了铜缆上实现万兆以太网的建议，并于 2003 年 1 月成立了一个专门的研究小组解决这个问题。

万兆以太网仍属于以太网家族，保持着和其他以太网技术的向后兼容性，不需要修改以太网的 MAC 子层协议或帧格式。万兆以太网技术非常适合于为企业和电信运营商网络建立交换机到交换机的连接（例如在园区网中），或者用于交换机与服务器之间的互连（例如在数据中心 IDC 中）。由于万兆以太网能够与 10M/100M 或千兆位以太网无缝地集成在一起，因而符合当今网络使用的基本设计准则，得到了越来越广泛的应用。

2007 年，IEEE 又提出了 802.3ba 标准，目标是设计 40Gbps 或者 100Gbps 的以太网。

以太网技术已经发展了 30 多年，在发展过程中还没有出现真正有实力的竞争者，所以应该还会持续发展很多年。以太网之所以具有如此强大的生命力，和它的简单性与灵活性是分不开的。在实践中，简单性带来了可靠、廉价、易于维护等特性，在网络中增加新的设备也非常容易。

另一个原因则是，以太网和 IP 协议能够很好地配合工作——两者都是无连接的。IP 协议非常适合以太网，而 TCP/IP 已经在实践中占据了主导地位。

最后，以太网自身的发展速度也是显著的。速率提升了几个数量级，交换机这样的设备也被引入进来，与此同时，上层软件却不需要跟着变化。这些优势，导致了以太网的大获成功。

2.2 交换基础

共享式的以太网在扩展性能上很差，因为共享以太网网段上的设备越多，发生冲突的可能性就越大，因此无法应对大型网络环境。解决这个问题的思路是通过减少每个网段上用户的数量，来消除冲突和争用的问题，这样，交换式以太网被设计了出来。

交换机和网桥连接的每个网段（每个接口）都使一个独立的冲突域，因为在一个网段上发生冲突不会影响其他网段。通过增加网段数，减少了每个网段上的用户数，如果一个交换机接口只连接一位用户，则一个网段上就只有一位用户，从而消除了冲突。

从功能上说，第 2 层交换机与网桥相同，但交换机的吞吐率更高、接口密度更大、每个接口的成本更低且更为灵活，因此，第 2 层交换机取代了网桥，成为交换式以太网中的核心设备。

2.2.1 交换机工作原理

交换机和网桥根据第 2 层 MAC 地址，通过一种确定性的方法在接口之间转发帧。帧的封装中必不可少的信息是：

- ❑ 源和目的 MAC 地址；
- ❑ 高层协议标识；
- ❑ 错误检测信息。

第 2 层交换机通过源 MAC 地址来获悉与特定接口相连的设备的地址，并根据目的 MAC 地址来决定如何处理这个帧，它的 3 项主要功能如下。

- ❑ 学习；

- ❑ 转发/过滤；
- ❑ 消除环路。

具体来说就是：以太网交换机通过查看收到的每个帧的MAC地址，来学习每个接口连接的设备的 MAC 地址，地址到接口的映射被存储在被称为“**MAC 地址表**”的数据库中。

收到帧后，以太网交换机通过查找MAC地址表来确定通过哪个接口可以到达目的地。如果在MAC地址表中找到了目标地址，则只将帧转发到相应的接口；如果没有找到，则将帧转发到除入站接口外的所有接口。

当为实现冗余而在网络中有多条路径时，以太网交换机必须防止帧不断地在多条路径之间传输。在第2层链路上，相同源端和目的端的多条路径被称为环路，环路导致帧不断地传输，直到耗尽所有带宽，导致网络崩溃。由于可能出现环路，因此必须避免出现多条活动路径，生成树协议（Spanning Tree Protocol，STP）可用于避免环路，同时允许存在多条备用路径，供链路出现故障时使用。

STP协议将在后面的章节中详细讨论，现在我们着重看一下“学习”和“转发/过滤”这两个功能是如何实现的。

1. 地址学习

交换机通过以太网帧的源地址来确定设备的位置。交换机维护一个MAC地址表，用于记录与其相连的设备的位置。交换机根据这个表来决定是否需要将分组转发到其他网段。图2-7是一个初始的MAC地址表。初始化之前，交换机不知道主机连接的是哪个接口。MAC地址表为空，交换机收到帧后，将把接收到的数据帧从除了接收接口之外的所有接口发送出去，这被称为泛洪。然后，主机A要给主机C发送数据帧，这个帧的源地址是主机A的MAC地址00-D0-F8-00-11-11，目的地址则是主机C的MAC地址00-D0-F8-00-33-33。由于此时的MAC地址表是空的，所以交换机的处理方法是把帧从E1、E2、E3这3个接口广播出去。

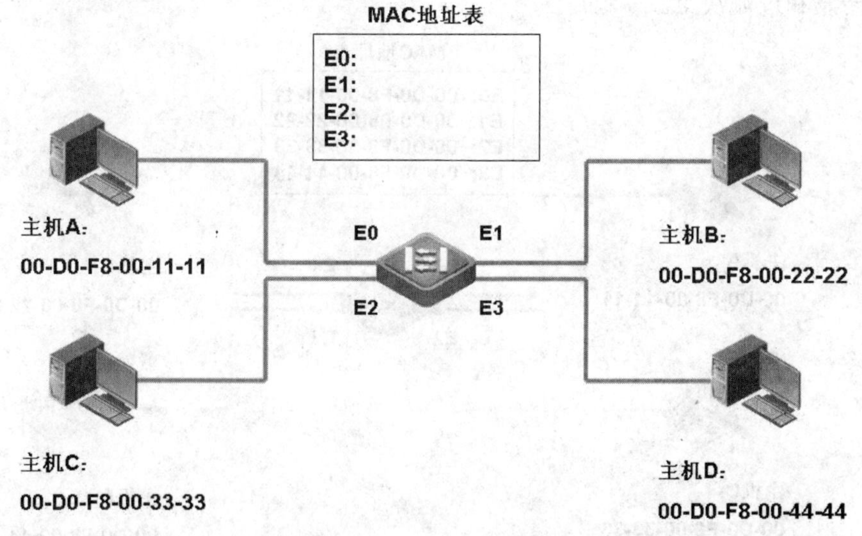

图2-7 初始的MAC地址表

同时，在这个过程中，交换机也获得了这个帧的源地址，在MAC地址表中增加一个条目，将这个 MAC 地址和接收接口对应起来。至此，交换机就知道主机 A 位于接口 E0 了，如图 2-8 所示。

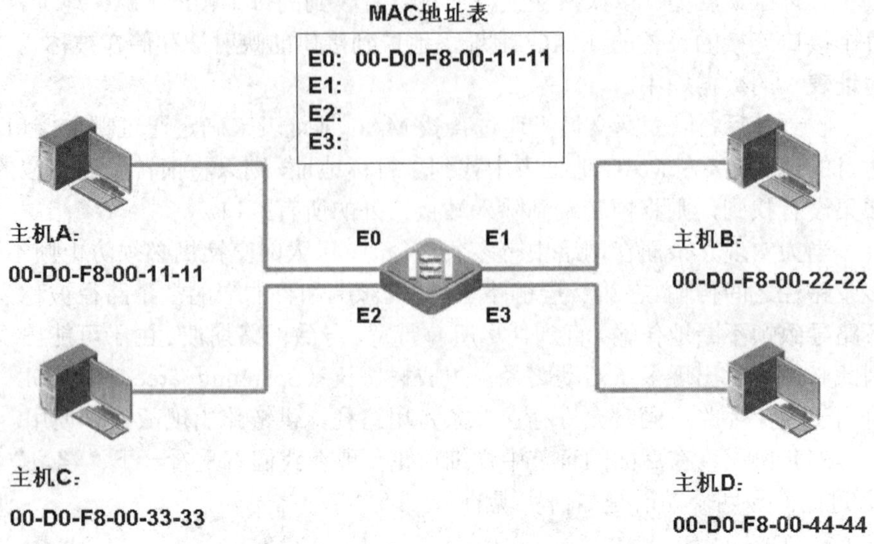

图 2-8　在 MAC 地址表中添加地址

网段上的其余的主机收到这个帧之后，只有真正的目的端主机 C 会响应这个帧，其余的主机则是丢弃这个帧。返回的响应帧到达交换机后，它的目的 MAC 地址为主机 A 的 MAC 地址，由于这个地址已经存在于 MAC 地址表中，交换机就可以把它按照表中对应的接口 E0 转发出去。同时，交换机在 MAC 地址表中再将添加一条新的记录，将响应帧的源 MAC 地址（主机 C 的 MAC 地址）和接口（E2）对应起来。

随着网络中的主机不断发送帧，这个学习的过程也将不断进行下去，最终，交换机得到了一张完整的 MAC 地址表，如图 2-9 所示。表中的条目将被用于做出转发和过滤决策。

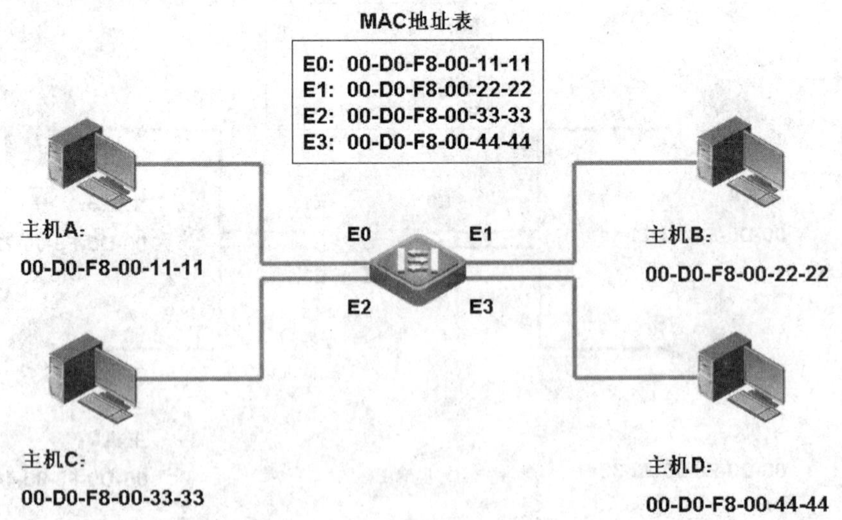

图 2-9　完整的 MAC 地址表

需要注意的是，MAC 地址表中的条目是有生命周期的，如果在一定的时间内（锐捷交换机的 MAC 地址老化时间为 300 秒）交换机没有从该接口接收到一个相同源地址的帧（用于刷新 MAC 地址表中记录），交换机会认为该主机已经不再连接在这个接口上，于是这个条目将从 MAC 地址表中移除。

相应的，如果从该接口收到帧的源地址发生了改变，交换机也会用新的源地址去改写 MAC 地址表中该接口对应的 MAC 地址。这样，交换机中的 MAC 地址表就一直能够保持最新，以提供更准确的转发依据。

2. **转发/过滤决策**

交换机收到目标 MAC 地址已知的帧后，将其从相应的接口——而不是所有接口，转发出去。

例如，在图 2-10 所示的网络中，主机 A 再次将一个帧发送给主机 C。由于目标 MAC 地址（主机 C 的 MAC 地址：00-D0-F8-00-33-33）已经存在于 MAC 地址表中，交换机可以通过查找 MAC 地址表直接将帧从相应接口转发出去。主机 A 向主机 C 发送帧的过程可以描述如下。

- 交换机将帧的目的 MAC 地址和 MAC 地址表中的条目进行比较。
- 发现可以通过接口 E2 到达该目的主机，于是将帧从该接口转发出去。
- 交换机不会将帧从接口 E1 和 E3 转发出去，这节省了带宽，这种操作被称为帧过滤。

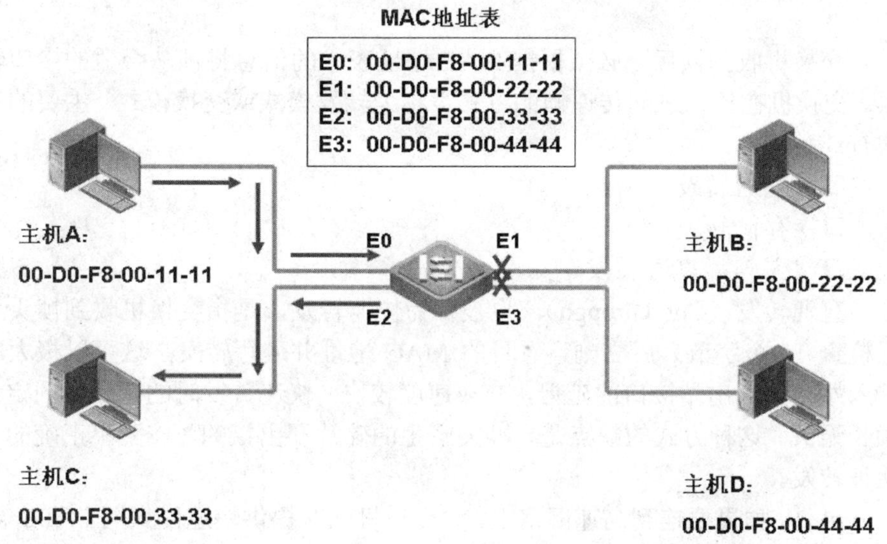

图 2-10　交换机的转发/过滤决策

如果交换机接口连接的是一台集线器，同时有多台主机与集线器相连，则当交换机学习到这些主机的地址后，对于这些主机之间传输的帧，交换机不会将它们转发到其他接口，如图 2-11 所示。

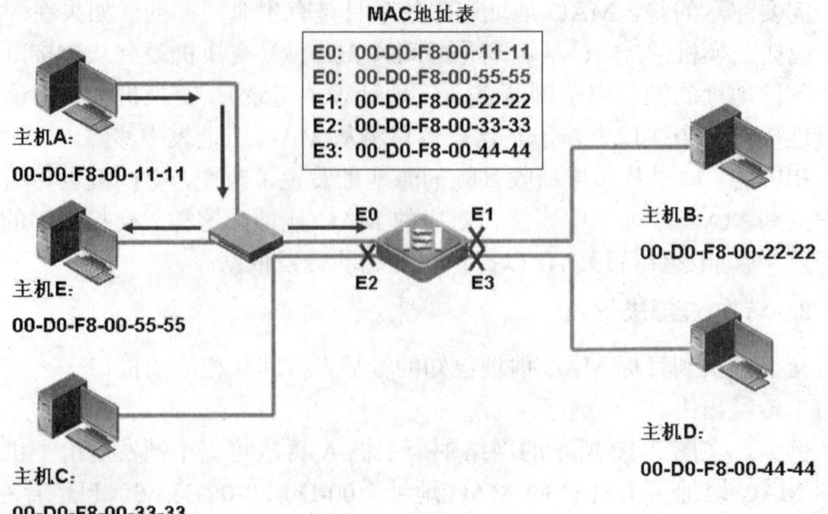

图 2-11　交换机接口连接多台主机

在以太网中，广播地址为 FF-FF-FF-FF-FF-FF。目的地址为 FF-FF-FF-FF-FF-FF 的帧是发送给所有设备的，而组播地址则以 01 打头，代表多台主机。广播地址和组播地址只能用于目标地址，对于目标为这两种地址的帧，交换机的处理方式相同——把它从除了接收接口之外的所有接口转发出去。

2.2.2 帧转发方式

交换机收到帧后，必须根据 MAC 地址表中的信息将帧从合适的接口转发出去。交换机在接口之间传递帧的方式被称为转发模式或交换模式，主要的转发模式有 3 种。

- ❑ 直通转发；
- ❑ 存储转发；
- ❑ 无碎片直通转发。

延迟指的是数据报文穿越网络设备的时间

直通转发（Cut Through），也被称为快速转发，是指交换机收到帧头（通常只检查 14 个字节）后立刻察看目的 MAC 地址并进行转发。这可以极大地降低从入站接口到出站接口的延迟，交换速度较快。快速转发时的延迟是固定的，与帧长无关。这种方式的缺点是，冲突产生的碎片和出错的（校验不正确的）帧也将被转发。

另外，如果要连到高速网络上，如交换机同时提供快速以太网（100Base-TX）和千兆以太网（1000Base-TX）连接时，就不能简单地将输入、输出接口“接通”，因为输入、输出接口的速度有差异；而且当交换机的接口增加时，交换矩阵将变得越来越复杂，实现起来比较困难。

存储转发（Store and Forward）时，交换机要收到完整的帧之后，读取目的和源 MAC 地址，执行循环冗余校验，和帧尾部的 4 字节校验码进行对比，如果结果不正确，则帧将被丢弃。这种方式保证了被转发的帧都是正确有效的，但这种方式增加了转发延迟。帧穿过交换机的延迟将随着帧长而异。

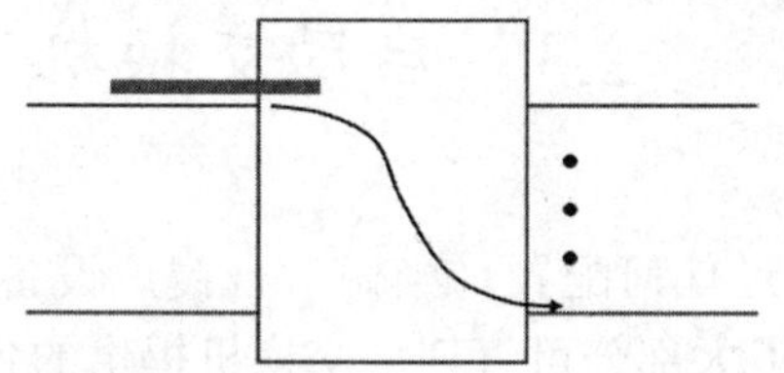

图 2-12　交换机的直通转发

存储转发是计算机网络领域使用得最为广泛的技术之一。虽然它在处理数据包时延迟时间比较长，但它可对进入交换机的数据包进行错误检测，并且能支持不同速度的输入、输出接口间的数据交换。

支持不同速度接口的交换机必须使用存储转发方式，否则就不能保证高速接口和低速接口间的正确通信。例如，当需要把数据从 10Mbps 接口传送到 100 Mbps 接口时，就必须缓存来自低速接口的数据包，然后再以 100Mbps 的速度进行发送。

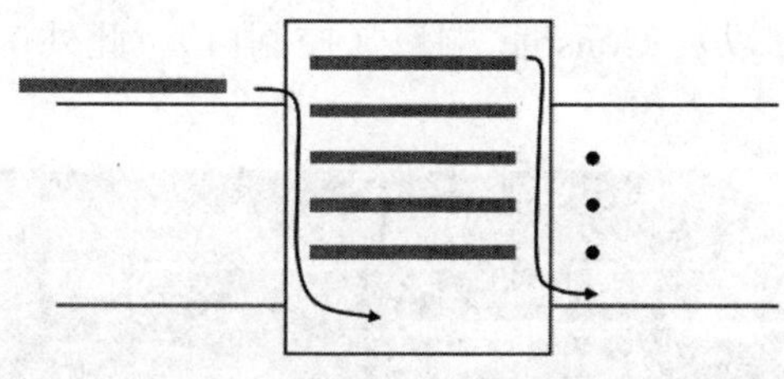

图 2-13　交换机的存储转发

无碎片直通转发（Fragment Free Cut Through），也被称为分段过滤。这种转发方式介于前二种方式之间，交换机读取前 64 个字节后开始转发。冲突通常在前 64 个字节内发生，通过读取前 64 个字节，交换机能够过滤掉由冲突产生的帧碎片。不过，校验不正确的帧依然会被转发。

碎片是指在信息发送过程中由于冲突而产生的残缺不全的帧（残帧）。碎片是无用的信息。

该方式的数据处理速度比存储转发方式快，但比直通式慢。由于能够避免部分残帧的转发，所以，此方式被广泛应用于低档交换机中。

该方式使用了一种特殊的缓存。这种缓存采用先进先出（FIFO，First In First Out）的方式工作，即帧从一端进入，然后再以同样的顺序从另一端离开。当帧被接收时，它被保存在 FIFO 缓存中。如果帧以小于 512 位的长度结束，那么 FIFO 缓存中的内容（碎片）就会被丢弃。因此，不存在直通转发交换机存在的碎片转发问题，能够在较大程度上提高网络的工作效率。

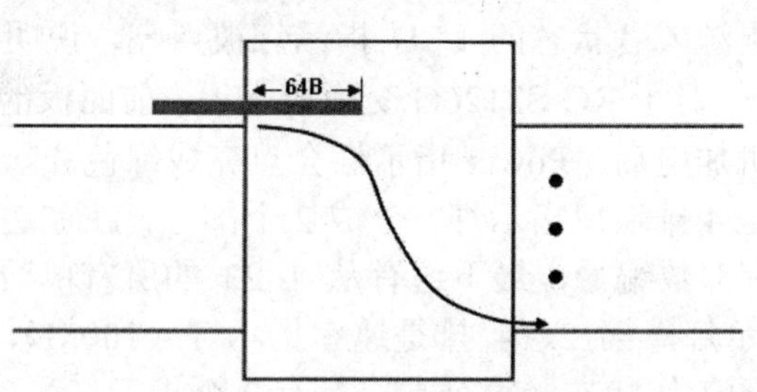

图 2-14　交换机的无碎片直通转发

2.3 启动交换机

交换机可以不经过任何配置，当做一台傻瓜设备加电后直接在局域网内使用，不过这样就浪费了大部分可管理型交换机提供的各项功能，局域网内各种提高安全性、可靠性的技术也不能实现。因此，我们需要对交换机进行一定的配置和管理。

下面以锐捷的 RG-S2126G 交换机为例，来简单了解一下交换机这种设备，以及如何配置交换机。

2.3.1 交换机的端口和指示灯

图 2-15 所示是锐捷的 RG-S2126G 交换机，我们可以看到，它具有 24 个百兆端口和 2 个扩展端口插槽（在背板上，可提供最大 2 个百兆/千兆的单/多模光纤端口或电端口），以及 Console 端口（控制口）。此外，还有一系列的 LED 指示灯。

图 2-15　锐捷 RG-S2126G 系列增强型安全智能多层交换机

交换机上的网络端口都具有编号，以便管理配置使用。其编号由两个部分组成：插槽号和端口在插槽上的编号。例如，端口所在的插槽编号为 2，端口在插槽上的编号为 3，则端口对应的接口编号为 2/3。对于可以选择介质类型的设备，端口包括两种介质（光口和电口），无论使用哪种介质，都使用相同的端口编号。例如，另一种型号的三层交换机 RG-S3750，25、26、27、28 这 4 个端口可以使用双绞线，也可以使用光纤，但无论使用什么介质，端口的编号都相同。

Console 端口是一个特殊的端口，一般位于交换机面板的最左端或者最右端，它是设备的控制端口，实现设备的初始化或远程控制，Console 端口使用配置专用连线直接连接至计算机的串口上，利用终端仿真程序（如 Windows 下的“超级终端”）进行本地配置。对于 RG-S2126G 交换机，Console 端口在最右端。

交换机一般不具有电源开关，只能通过电源的接通连接或断开。当交换机加电后，会有指示电源或者状态的 LED 指示灯被点亮，说明交换机的工作状态是开、关，或者故障。对于 RG-S2126G 交换机来说，前面板的最左端有一个 Power 指示灯，在交换机加电后，Power 指示灯会点亮成绿色。

在端口右端是 4 排端口指示灯，分成 2 个部分，在左边的指示灯中，最上边有从 2~24 的所有双数编号，最下边有从 1~23 的所有单数编号，第 1、3 排是“Link/ACK”指示灯，第 2、4 排是速率指示灯（100M），它们代表了所有 24 个 10/100M 端口的工作状态（每个端口具有 2 个指示灯）。右边是 2 个模块插槽上的接口状态，M1、M2 代表了模块插槽，“Link/ACK”、“100M”、“1000M”则代表了这 2 个端口的工作状态。

当交换机加电启动后，所有的“Link/ACK”指示灯都会点亮（绿色），在启动完毕后（大约需要十几秒钟的时间），没有连接双绞线或者光纤连线的端口的指示灯会熄灭。一旦插入连线，相应端口的指示灯会再次点亮，“Link/ACK”指示灯会呈现绿色，如果端口工作在 100Mbps 速率下，“100M”的速率指示灯会点亮，呈现橘色，如果端口工作在 10Mbps 速率下，则这个指示灯会熄灭。此时如果有数据流正在经过此端口，“Link/ACK”指示灯的颜色保持绿色，并且会不停闪烁。

2.3.2 交换机的访问方式

对交换机的访问有以下 4 种方式。

- 通过带外方式对交换机进行管理。
- 通过 Telnet 对交换机进行远程管理。
- 通过 Web 对交换机进行远程管理。
- 通过 SNMP 管理工作站对交换机进行远程管理。

第一次配置交换机时，必须通过带外管理方式来配置管理交换机的管理地址。因为这种配置方式是用计算机的串口直接连接交换机的 Console 端口进行配置，并不占用网络带宽，因此被称为带外管理（Out of band）。因为其他方式往往需要借助于 IP 地址、域名或设备名称才能实现，而新出厂的交换机显然不可能内置这些参数，所以第一次配置交换机时需要使用这种方式。

使用后面 3 种方式配置交换机时，配置命令均要通过网络传输，因此也被称为带内方式，可以根据需要来禁止用户通过这 3 种访问方式中的一种或几种来访问交换机，例如，可以通过关闭驻留在交换机上的 Telnet Server、Web Server、SNMP Agent 来分别禁用这 3 种访问方式，如图 2-16 所示。

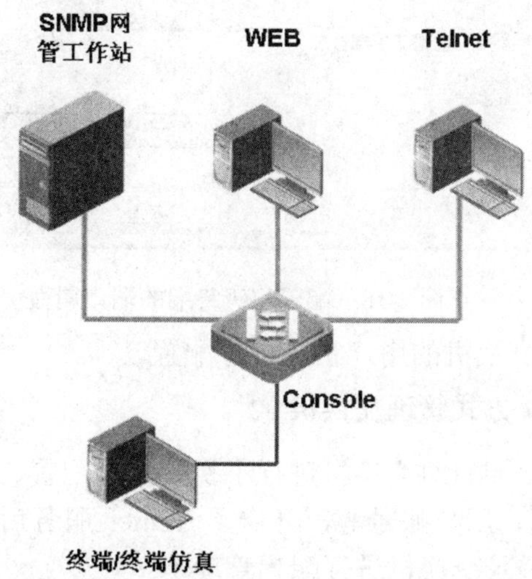

图 2-16 管理交换机的方式

1. 通过带外方式管理交换机

不同类型的交换机 Console 端口所处的位置并不相同，不过在该端口的上方或侧方都会有 Console 字样的标识，如图 2-17 所示。

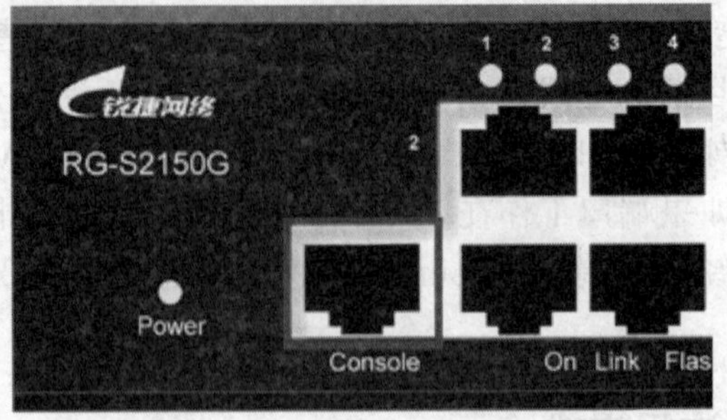

图 2-17　交换机上的 Console 端口

利用交换机附带的 Console 线缆将交换机的 Console 端口与主机的串口连接起来，启动交换机，就可以用主机上的终端软件进行连接管理了，例如 Windows 系统自带的超级终端。选择“开始”→“程序”→“附件”→“超级终端”命令，打开超级终端，按照提示进行配置。其中，在端口设置里面，各项参数如下：每秒位数（波特率）为 9600，数据位为 8，奇偶校验为“无”，停止位为 1，数据流控制为“无”，如图 2-18 所示。

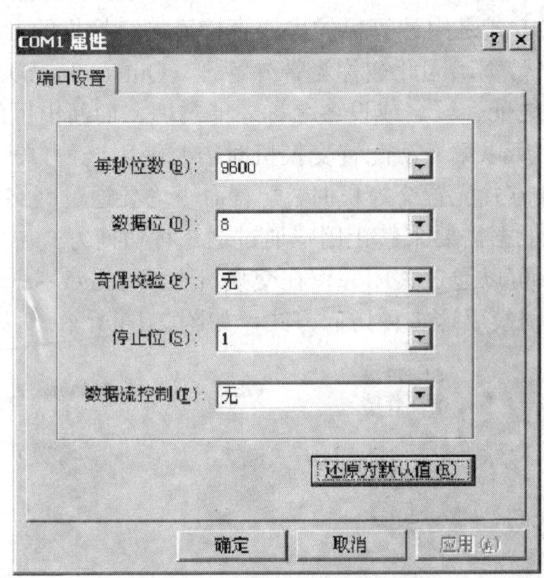

图 2-18　配置超级终端的端口属性

然后即可进入交换机的用户状态进行配置。

2. 通过 Telnet 方式管理交换机

当通过 Console 端口对交换机进行了初始化的配置，包括配置交换机的管理 IP 地址、特权密码、用户账号等，开启了 Telnet 服务后，就可以通过网络，以 Telnet 的方式远程登录交换机进行配置管理了。

Telnet 协议是一种远程访问协议，可以用它登录远程计算机、网络设备或专用 TCP/IP 网络。Windows 系统自带有 Telnet 连接工具，使用方法是在命令行界面中直接输入 telnet 命令，如图 2-19 所示。登录成功后，配置界面和直接用 Console 端口连接时是完全一致的。

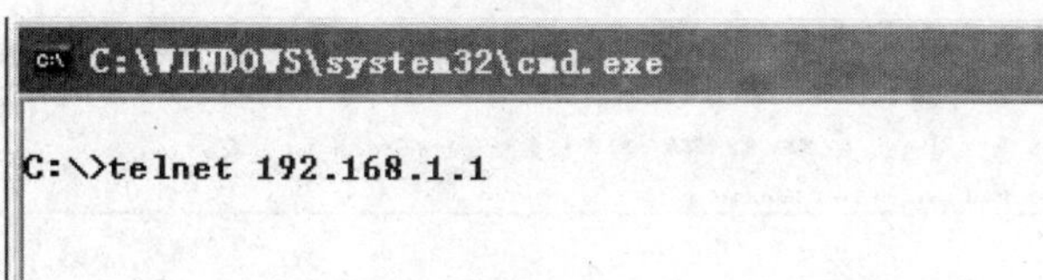

（a）通过 Windows 自带的 telnet 工具进行连接

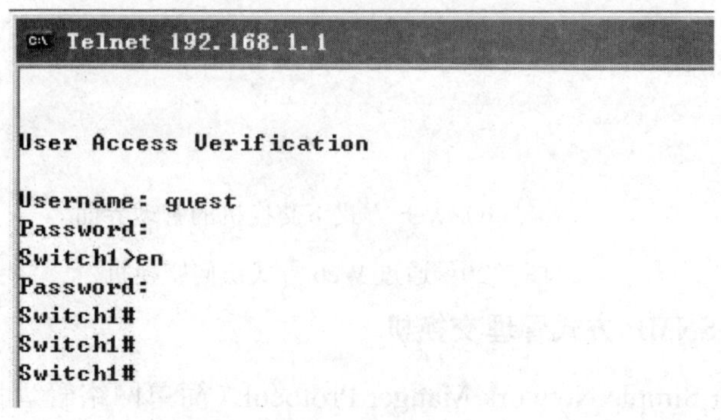

（b）Telnet 远程登录到交换机

图 2-19　通过 Telnet 方式管理交换机

3. 通过 Web 方式管理交换机

另一种方式是通过 Web 方式，就像访问 Internet 上的网站一样，使用浏览器，直接输入交换机管理地址，从而在交换机和访问的 PC 机之间实现人机交互界面来管理交换机。通常，在浏览器地址栏中输入要管理的交换机的管理地址后，会弹出身份验证的对话框，输入账号密码，即可进入交换机的管理界面，如图 2-20 所示。从而可以对交换机进行简单的规划，并可通过浏览器修改交换机的各种参数，并对交换机进行管理。

事实上，通过 Web 界面，可以对交换机的许多重要参数进行修改和设置，并可实时查看交换机的运行状态。不过，在利用 Web 浏览器访问交换机之前，需要配置交换机的管理 IP 地址，建立拥有管理权限的用户账户和密码，并开启 HTTP 服务。

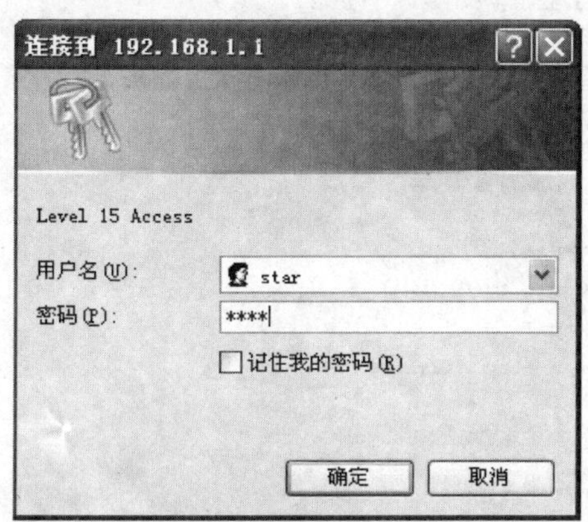

（a）身份验证对话框

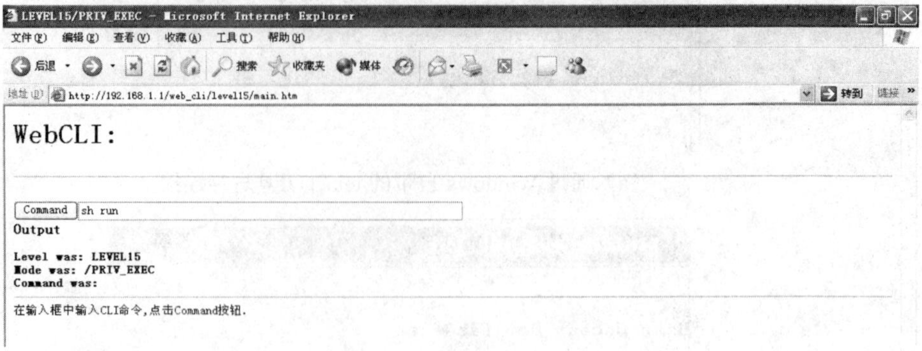

（b）Web 方式下交换机的管理界面

图 2-20　通过 Web 方式访问交换机

4. 通过 SNMP 方式管理交换机

SNMP 是 Simple Network Manger Protocol（简单网络管理协议）的缩写，是目前事实上的网管标准，适合于要求对网络环境的整体情况进行监控的场合。利用 SNMP 协议，网络管理员可以对网络上的节点进行信息查询、网络配置、故障定位、容量规划，网络监控和管理是 SNMP 的基本功能。

锐捷的网管交换机都支持 SNMP。要通过 SNMP 管理交换机，除了主机和交换机之外，还需要一套网络管理软件，安装了网络管理软件的主机被称为网管工作站或者网管服务器，它和网络相连接，对网络内发生的各类事件进行监控，并可对开放了权限的设备进行配置和管理。

要通过 SNMP 方式管理交换机，交换机除了要配置管理 IP 地址之外，还要对 SNMP 的一些参数进行配置，才能够接受网管工作站的管理。这时，在网管工作站的网管软件界面内，就可以看到相应的交换机信息了，如图 2-21 所示。如果具有权限的话，还能够进行一定的配置。

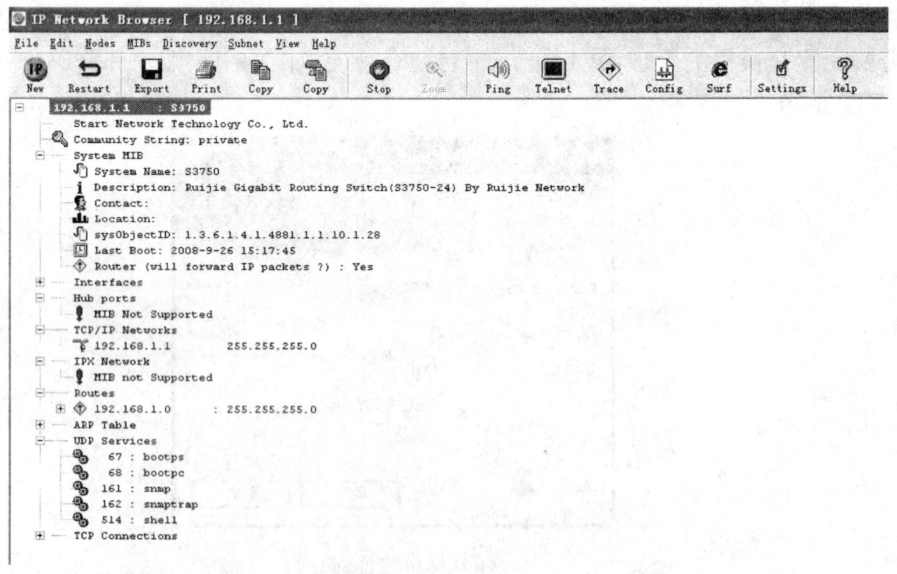

图 2-21　通过 SNMP 方式管理交换机

2.3.3 使用命令行界面

1. 命令模式

锐捷设备管理界面分成若干不同的模式，用户当前所处的命令模式决定了可以使用的命令。当进入一个命令模式后，在命令提示符下输入问号键（?）可以列出该命令模式下支持使用的命令。

根据配置管理的功能的不同，锐捷网络交换机可分为 3 种工作模式。

- ❑ 用户模式。
- ❑ 特权模式。
- ❑ 配置模式（全局模式、接口配置模式、VLAN 工作模式、线程工作模式等）。

当用户和设备管理界面建立一个新的会话连接时，用户首先处于用户模式（User EXEC 模式），可以使用用户模式的命令。在用户模式下，只可以使用少量命令，并且命令的功能也受到一些限制，例如像 show 命令等。在用户模式下，命令的操作结果不会被保存。

要使用所有的命令，首先必须进入特权模式（Privileged EXEC 模式）。通常，在进入特权模式时必须输入特权模式的口令。在特权模式下，用户可以使用所有的特权命令，并且能够由此进入全局配置模式。

使用配置模式（全局配置模式、接口配置模式等）的命令，会对当前运行的配置产生影响。如果用户保存了配置信息，这些命令将被保存下来，并在系统重新启动时再次执行。要进入各种配置模式，首先必须进入全局配置模式。从全局配置模式出发，可以进入接口配置模式等各种配置子模式。

表 2-1 列出了命令的模式、如何访问每个模式、模式的提示符。这里假定交换机的名字为默认的 Switch。

表 2-1　命令模式

工作模式		提示符	启动方式
用户模式		Switch>	开机自动进入
特权模式		Switch#	Switch>enable
配置模式	全局模式	Switch(config)#	Switch#configure terminal
	VLAN 模式	Switch(config-vlan)#	Switch(config)#vlan 100
	接口模式	Switch(config-if)#	Switch(config)#interface fa0/0
	线程模式	Switch(config-line)#	Switch(config)#line console 0

下面对每一种工作模式进行详细解释和说明。

- ❑ 用户模式 Switch>。

  访问交换机时首先进入该模式，输入 exit 命令离开该模式。使用该模式可以进行基本测试、显示系统信息。

- ❑ 特权模式 Switch#。

  在用户模式下，使用 enable 命令进入该模式。要返回到用户模式，输入 disable 命令。

- ❑ 全局配置模式 Switch(config)#。

在特权模式下，使用 configure 或 configure terminal 命令进入该模式。要返回到特权模式，输入 exit 命令或 end 命令，或者输入 Ctrl+Z 组合键。

- 接口配置模式 Switch(config-if)#。
  在全局配置模式下，使用 interface 命令进入该模式。要返回到特权模式，输入 end 命令，或输入 Ctrl+Z 组合键。要返回到全局配置模式，输入 exit 命令。在 interface 命令中必须指明要进入哪一个接口配置子模式。使用该模式配置交换机的各种接口。
- VLAN 配置模式 Switch(config-vlan)#。
  在全局配置模式下，使用 vlan vlan_id 命令进入该模式。使用该模式配置 VLAN 参数。要返回到特权模式，输入 end 命令，或输入 Ctrl+Z 组合键。要返回到全局配置模式，输入 exit 命令。

2. **获得帮助**

用户可以在命令提示符下输入问号键（?）列出每个命令模式支持的命令。用户也可以列出相同开头的命令关键字或者每个命令的参数信息。当然，用户也可以使用 TAB 键，以便自动补齐剩余命令单词。详细的使用方法如表 2-2 所示。

表 2-2 获得帮助的方法

命令	说明
Help	在任何命令模式下获得帮助系统的摘要描述信息
命令字符串+?	获得相同开头字母的命令关键字字符串 例子： Switch# **di**? dir disable
命令字符串+<Tab>	使命令的关键字完整 例子： Switch# **show conf<Tab>** Switch# **show configuration**
?	列出该命令的下一个关联的关键字 例子： Switch# **show ?**
命令 ?	列出该关键字关联的下一个变量 例子： Switch(config)# **snmp-server community ?** WORD SNMP community string

3. **简写命令**

如果想简写命令，只需要输入命令关键字的一部分字符，只要这部分字符足够识别唯一的命令关键字即可。

例如，show running-config 命令可以写成：

Switch# show run

如果输入的命令字符不足以让系统唯一地标识命令，则系统会给出“Ambiguous command:”的提示。

例如，要查看 access-lists 的信息，按如下输入则不完整。

```
Switch# show access
% Ambiguous command: "show access"
```

4. 使用命令的 no 和 default 选项

几乎所有命令都有 no 选项。通常，使用 no 选项来禁止某个特性或功能，或者执行与命令本身相反的操作。例如：

```
Switch#configure terminal
Switch(config)#interface gigabitEthernet 0/4
Switch(config-if)#shutdown
！使用 shutdown 命令关闭接口
Switch(config-if)#no shutdown
！使用 no shutdown 命令打开接口
```

配置命令大多有 default 选项，命令的 default 选项将命令的设置恢复为默认值。大多数命令的默认值是禁止该功能，因此，在许多情况下 default 选项的作用和 no 选项是相同的，如上述的 shutdown 命令。然而部分命令的默认值是允许该功能，在这种情况下，default 选项和 no 选项的作用是相反的。这时 default 选项打开该命令的功能，并将变量设置为默认的允许状态。例如，在三层设备上默认 IP 路由是打开的，则 default ip routing 命令的效果相当于 ip routing，而不是 no ip routing。

5. 理解 CLI 的提示信息

表 2-3 列出了用户在使用 CLI 管理设备时可能遇到的几个常见错误提示信息。

表 2-3 常见的 CLI 错误信息

错误信息	含义	如何获取帮助
% Ambiguous command: "show c"	用户没有输入足够的字符，网络设备无法识别唯一的命令	重新输入命令，紧接着发生歧义的单词输入一个问号。可能输入的关键字将被显示出来
% Incomplete command.	用户没有输入该命令的必需的关键字或者变量参数	重新输入命令，输入空格再输入一个问号。可能输入的关键字或者变量参数将被显示出来
% Invalid input detected at ‘^’ marker.	用户输入命令错误，符号（^）指明了产生错误的单词的位置	在所在的命令模式提示符下输入一个问号，该模式允许的命令的关键字将被显示出来

6. **使用历史命令**

系统提供了用户最近输入的命令的记录。该特性在重新输入长而且复杂的命令时将十分有用。要从历史命令记录中重新调用输入过的命令，可执行表 2-4 所示的操作。

表 2-4　使用历史命令

操作	结果
Ctrl+P 或上方向键	在历史命令表中浏览前一条命令。从最近的一条记录开始，重复使用该操作可以查询更早的记录
Ctrl+N 或下方向键	在使用了 Ctrl+P 或上方向键操作之后，使用该操作在历史命令表中回到更近的一条命令。重复使用该操作可以查询更近的记录

2.3.4　交换机文件系统的管理

所谓文件系统是指一个负责存取和管理辅助存储设备上文件信息的机构，交换机提供了串行 Flash 作为辅助存储器，用于存储和管理交换机的网络操作系统文件，以及一些交换机的配置文件。对文件系统的操作包括以下几个方面。

1. **复制文件**

复制文件到一个目录中或者一个文件中。在特权用户模式下，按如下步骤配置 copy 命令可以实现文件到目录或文件到文件的拷贝，如表 2-5 所示。

表 2-5　复制文件

命令	作用
Switcht# **copy flash:** *filename* **flash:** *directoryname*	将文件复制到指定的目录中
Switcht# **copy flash:** *filename* **sour** *directoryname*	复制文件到指定的文件中

2. **移动文件**

在特权用户模式下，将指定的文件移动到指定的目录或者文件，操作命令如表 2-6 所示。

表 2-6　移动文件

命令	作用
Switcht# **rename flash:** *old_filename* **flash:** *new_filename*	将名字为*old_filename*文件命名成名字为*new_filename*的文件

3. **删除文件**

在特权用户模式下，按如表 2-7 所示的命令设置来完成永久删除一个文件的功能。

表 2-7　删除文件

命令	作用
Switcht# **delete** *filename*	删除指定的文件

4. 查看配置文件

在特权用户模式下，可以使用如表 2-8 所示的命令查看配置文件的内容。

表 2-8　查看配置文件

命令	作用
Switcht#**more config.text**	查看指定的文件
Switcht#**show running-config**	查看RAM里当前生效的配置信息
Switcht#**show startup-config**	查看保存在flash里面的配置文件

2.3.5 交换机的初始配置

当使用 Console 线缆将交换机的控制口和计算机上的 com 接口连接好后，启动计算机的超级终端，按照正确的参数配置好，这时，再给交换机插上电源，交换机的初始化启动信息会显示在超级终端的屏幕上，如示例 2-1 所示。其中，包括了交换机的型号、操作系统版本和有关交换机硬件的数据等内容。

示例 2-1　交换机的启动信息

```
RG21 Ctrl Loader Version 03-11-02
Base ethernet MAC Address: 00:D0:F8:8B:CA:33

Initializing File System...

DEV[0]: 24 live files, 23 dead files.
DEV[0]: Total bytes: 32456704
DEV[0]: Bytes used: 5690384
DEV[0]: Bytes available: 26766152
DEV[0]: File system initializing took 7 seconds.

Executing file: flash:s2126g.bin CRC ok
Loading "flash:s2126g.bin"...................................OK
Entry point: 0x00014000
executing...

RuiJie Internetwork Operating System Software
S2126G (50G26S) Software (RGiant-21-CODE) Version 1.68
Copyright (c) 2001-2005 by RuiJie Network Inc.
Compiled Apr 25 2007, 14:51:50.

Entry point: 0x00014000
Initializing File System...
DEV[1]: 24 live files, 23 dead files.
DEV[1]: Total bytes: 32456704
```

```
DEV[1]: Bytes used: 5690384
DEV[1]: Bytes available: 26766152

    --- System Configuration Dialog ---

At any point you may enter a question mark '?' for help.
Use ctrl-c to abort configuration dialog at any prompt.
Default settings are in square brackets '[]'.
Continue with configuration dialog? [yes/no]:
```

在 RG-S2126G 交换机上成功引导启动之后，可以看到提示符，进入初始配置。这时，可以选择使用对话方式进行系统配置，或者通过手工方式进行配置。如示例 2-2 所示，在提示是否进入配置对话的时候，输入字母“y”，就会进入对话界面，开始配置对话，反之，如果输入字母“n”，就会进入命令行界面，手工进行配置。

示例 2-2 选择使用对话方式或者手工方式

```
Continue with configuration dialog? [yes/no]:y
Would you like to assign a ip address?[yes/no]:

或者：
Continue with configuration dialog? [yes/no]:n

Switch>
```

1. 使用对话方式进行初始配置

选择使用对话方式进行配置后，系统会使用一个个的问题来询问配置信息，只需按照系统的提示一步步进行下去，将各个配置内容填入即可，如示例 2-3 所示。

示例 2-3 系统配置对话

```
Continue with configuration dialog? [yes/no]:y
Would you like to assign a ip address?[yes/no]:y
Enter IP address:192.168.1.1
Enter IP netmask:255.255.255.0
Would you like to enter a default gateway address? [yes/no]:n
Enter host name [Switch]:TestSwitch-2126
The enable secret is a one-way cryptographic secret use
instead of the enable password when it exists.
Enter enable secret:star
Would you like to configure a Telnet password? [yes/no]:y
Enter Telnet password:star
Would you like to disable web service?[yes/no]:y
```

在完成所有需要的配置之后，配置程序会显示所有的配置内容，并等待对配置内容的确认，如示例 2-4 所示。

示例 2-4　确认所做的配置

```
The following configuration command script was created:

interface VLAN 1
ip address 192.168.1.1 255.255.255.0
!
hostname TestSwitch-2126
enable secret 5 $2R:>H.Y3u_;C,tZ4U0<D+S (Qj9=G1X)
enable secret level 1 5 $2>H.Y*T3;C,tZ[V4<D+S (\WQ=G1X) sv
no enable services web-server
!
end
Use this configuration? [yes/no]:y

Building configuration...

Initializing...
Done
```

在这里输入字母“y”，上面所做的配置就开始生效了，并且被保存了起来。

2. 使用手工方式进行初始配置

在使用 **enable** 命令进入特权模式后，再使用 **configure terminal** 命令进入全局配置模式，就可以开始配置了。

（1）配置主机名

配置交换机的第一步就是配置名称，应当使用一个具有意义、可帮助网络管理者区别网络内每一台交换机的名字为交换机命名，锐捷提供全局配置模式下的命令来配置交换机的名称：

Switch(Config)# **hostname** *name*

名称必须由可打印字符组成，长度不能超过255个字符。可以在全局配置模式下使用**no hostname**将系统名称恢复为默认值。

（2）配置特权模式密码

接下来需要配置进入特权模式的密码。锐捷设备可以使用以下命令来设置和改变安全口令：

Switch(config)# **enable secret** [**level** *level*] ***0|5*** *encrypted-password*

设置安全口令，使用口令加密算法将口令加密为密文保存。关键参数“0”表示可以输入一个明文口令，“5”则表示需要输入一个已经加密的口令。参数 level 表示用户级别（可选），其范围从 1 到 15，1 是普通用户级别，如果不指明用户的级别，则默认为 15 级（最高授权级别）。

需要注意的是，RG-S2126G 交换机上要配置 Telnet 的登录密码时，必须指定一个 level 1 的密码，否则将不能登录。

(3) 配置管理 IP 地址

接下来就需要给交换机配置管理 IP 地址了。首先要进入 Vlan 的虚拟接口，因为二层接口不能配置 IP 地址，因此需要给三层的 SVI（Switch virtual interface，交换虚拟接口）配置 IP 地址，通过该管理接口，管理员可管理设备。创建一个 SVI 或修改一个已经存在的 SVI 的命令是：

Switch(config)# **interface vlan** *vlan-id*

然后即可进入 SVI 接口配置模式，进行 IP 地址的配置。因为一个设备只有配置了 IP 地址，才可以接收和发送 IP 数据报，接口配置了 IP 地址，说明该接口允许运行 IP 协议。要分配一个接口的 IP 地址，在接口配置模式中执行以下命令：

Switch(config-if)# **ip address** *ip-address mask*

配置了 IP 地址后，再使用 **no shutdown** 命令打开接口就可以了。

(4) 配置 Telnet

如果希望能够以 Telenet 的方式配置交换机，则还需要继续进行 Telnet 服务的相关配置。

Telnet 在 TCP/IP 协议族中属于应用层协议，它给出了通过网络提供远程登录和虚拟终端通讯功能的规范。要使用 Telnet 服务需要有 Telnet 的客户端和服务器端，当希望通过这种方式配置交换机时，我们使用的主机上应当有 Telnet 客户端软件工具，而交换机应当提供 Telnet 服务。

首先，交换机上应该开启 Telnet 服务，系统默认是开启的，如果没有开启，可以用下面的命令开启：

Switch(config)# **enable service telnet-server**

RG-S2126G 交换机同时只能建立一个 telnet 连接，想要对 telnet 连接的参数进行设置，要在全局配置模式下用 **line vty** 命令进入线程配置模式进行配置。默认情况下，我们不需要进行配置。另外，Telnet 上的登录认证功能默认是关闭的，这时用户登录的密码将直接通过交换机本地保存的密码（enable secret level 1 的密码）进行验证：

Switch(config)# **enable secret level 1** ***0|5*** *encrypted-password*

(5) 查看并保存配置

如果要查看配置，可以在特权模式下，使用 **show running-config** 命令查看当前生效的配置情况。最后，如果希望这些配置永久生效，需要对配置进行保存，可使用的命令为：

Switch # **write** [memory]

或者：

Switch# **copy running-config startup-config**

下面是以上所有配置的示例，以及最终配置完成后，show running-config 的输出结果。

示例 2-5 交换机基本配置

```
Switch>enable
Switch#configure terminal
```

```
Enter configuration commands one per line.  End with CNTL/Z.
Switch(config)#hostname TestSwitch-2126
TestSwitch-2126(config)#enable secret 0 star
TestSwitch-2126(config)#enable secret level 1 0 ruijie
TestSwitch-2126(config)#
TestSwitch-2126(config)#interface vlan 1
TestSwitch-2126(config-if)#ip address 192.168.1.1 255.255.255.0
TestSwitch-2126(config-if)#no shutdown
TestSwitch-2126(config-if)#exit
TestSwitch-2126(config)#exit
TestSwitch-2126#write
Building configuration...
[OK]
TestSwitch-2126#
TestSwitch-2126#
TestSwitch-2126#show running-config

System software version : 1.68 Build Apr 25 2007 Release

Building configuration...
Current configuration : 260 bytes

!
version 1.0
!
hostname TestSwitch-2126
vlan 1
!
enable secret level 1 5 &Z>H.Y*T2YC,tZ[V5UD+S (\WY=G1X) sv
enable secret level 15 5 $2tj9=G13/7R:>H.41u_;C,tQ8U0<D+S
!
interface vlan 1
 no shutdown
 ip address 192.168.1.1 255.255.255.0
!
end

TestSwitch-2126#
```

现在，我们就完成了对这台交换机的初始化配置。此时，已经可以通过 telnet 方式登录这台交换机进行配置了，如图 2-22 所示，在第一次提示输入密码时，输入口令“ruijie”，即可进入交换机，输入特权模式密码“star”，就可进入特权模式进行配置了。

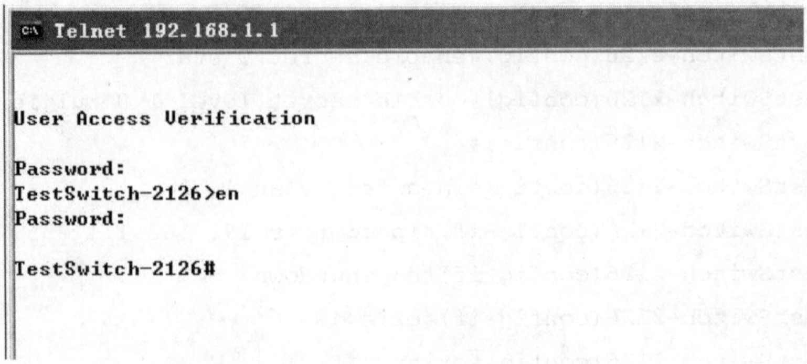

```
Telnet 192.168.1.1

User Access Verification

Password:
TestSwitch-2126>en
Password:

TestSwitch-2126#
```

图 2-22　通过 Telnet 方式登录交换机

2.4　总　结

本章详细介绍了局域网中使用的交换技术，包括数据链路层的 2 个子层、MAC 子层和 LLC 子层，以太网技术和交换机的工作原理，如何使用锐捷交换机等内容。

以太网是现在主流的局域网技术，产生于 20 世纪 70 年代。初期设计于使用同轴电缆这样的共享介质上，采用 CSMA/CD 算法来解决对信道的争用和避免冲突的问题，随着人们对网络规模和速度要求的不断提升，以太网由最初的 10BASE5 发展到现在的 1000BASE-T——千兆全双工的交换式以太网，甚至达到更高的速率。以太网以其易于实现、维护简单、组网灵活、成本低廉等特性，一直被广泛使用。

交换式以太网的核心设备是以太网交换机。交换机的主要功能有学习、转发/过滤和消除环路。交换机通过构造 MAC 地址表，将接收到的帧与 MAC 地址表对照来判断转发接口，如果是未知单播帧，则和广播帧一样，向除了接收接口之外的所有其他接口泛洪。交换机的转发方式有 3 种：直通转发、存储转发和无碎片直通转发。

交换机的使用非常简单，对于可网管型的交换机，我们可以对其进行配置管理。访问交换机的方式有多种，可以通过 Console 口直接连接，或者通过 Telnet 方式、Web 方式或者 SNMP 方式进行访问。对一台交换机的初始配置包括：配置主机名、特权模式密码、管理 IP 地址、启动 Telnet 服务、保存配置等。

2.5　思考与练习

1. 选择题

（1）LLC 子层的功能是什么？

A. 数据帧的封装和解封装

B．控制信号交换和数据流量

C．介质的管理

D．解释上层通信协议传来的命令并且产生响应

E．克服数据在传送过程中可能发生的种种问题

（2）在以太网内，何时会发生冲突？

A．信道空闲的时候发送数据帧

B．信道忙的时候发送数据帧

C．有两台主机同时发送数据帧

D．网络上的主机都以广播方式发送帧

（3）什么是冲突域？

A．一个局域网就是一个冲突域

B．连接在一台网络设备上的主机构成一个冲突域

C．发送一个冲突帧，能够接收到的主机的集合称为一个冲突域

D．冲突在其中发生并传播的区域

（4）快速以太网可以工作的最高速率是多少？

A．5 Mbps

B．10 Mbps

C．100 Mbps

D．1000 Mbps

（5）交换机依据什么决定如何转发数据帧？

A．IP 地址和 MAC 地址表

B．MAC 地址和 MAC 地址表

C．IP 地址和路由表

D．MAC 地址和路由表

（6）下面哪一项不是交换机的主要功能？

A．学习

B．监听信道

C．避免冲突

D．转发/过滤

（7）下面哪种提示符表示交换机现在处于特权模式？

A．Switch>

B．Switch#

C．Switch（config）#

D．Switch（config-if）#

（8）在第一次配置一台新交换机时，只能通过哪种方式进行？

A．通过控制口连接进行配置

B．通过 Telnet 连接进行配置

C．通过 Web 连接进行配置

D．通过 SNMP 连接进行配置

（9）要在一个接口上配置 IP 地址和子网掩码，正确的命令是哪个？

A．Switch（config）#ip address 192.168.1.1

B．Switch（config-if）#ip address 192.168.1.1

C．Switch（config-if）#ip address 192.168.1.1 255.255.255.0

D．Switch（config-if）#ip address 192.168.1.1 netmask 255.255.255.0

（10）应当为哪个接口配置 IP 地址，以便管理员可以通过网络连接交换机进行管理？

A．Fastethernet 0/1

B．Console

C．Line vty 0

D．Vlan 1

2. **问答题**

（1）简述 CSMA/CD 的工作原理。

（2）如何区分 Ethernet II 格式和 802.3 格式的以太网帧？

（3）简述什么是冲突域，为什么需要分割冲突域？

（4）交换机如何构造 MAC 地址表？

（5）交换机如何转发单播数据帧？

（6）交换机的三种帧转发方式各自有什么特点？

（7）要初始化配置一台新出厂的锐捷交换机，通常应该执行哪些步骤？

第 3 章　虚拟局域网（VLAN）

本章重点

- VLAN 概述
- VLAN 的定义方法
- VLAN 的标准
- VLAN 和 Trunk 的配置
- 配置 VLAN 间的通信
- VLAN 排错

局域网在现在的社会中覆盖率越来越高，大部分的机关、学校、企事业单位都已经有了自己的交换式局域网，但随着局域网内的主机数量日益增多，由大量的广播报文带来的带宽浪费、安全等问题变得越来越突出。

为了解决这个问题，我们可以使用的方法之一是将网络改造成用路由器连接的多个子网，但这样会增加网络设备的投入；另一种成本较低却又行之有效的方法就是采用 VLAN（Virtual Local Area Network，虚拟局域网）。

3.1　VLAN 概述

交换网络从结构上说是一种平面的网络设计，使用交换设备可以很容易地将系统互连到单个广播域中，但单个的广播域存在着很多不足，如网络通信问题、安全性、没有本地管理等。因此，虚拟局域网 VLAN 这个概念被引入到平面交换网络设计中，用于将单个的广播域分割成多个广播域。

3.1.1　VLAN 的概念

VLAN 是虚拟局域网的简称，是指位于一个或多个局域网的设备经过配置能够像连接到同一个信道中那样进行通信，而实际上它们分布在不同的局域网段中。

VLAN 是一种可以把局域网内的交换设备逻辑地而不是物理地划分成一个个网段的技术，也就是从物理网络上划分出来的逻辑网络。VLAN 有着和普通物理网络同样的属性，除了没有物理位置的限制，其他和普通局域网都相同。第二层的单播、广播和多播帧在一个 VLAN 内转发、扩散，而不会直接进入其他的 VLAN 之中。VLAN 内的各个用户就像在一个真实的局域网内（可能 VLAN 的用户位于很多的交换机上，而非一个交换机上）一样可以互相访问，同时，不是本 VLAN 的用户也无法通过数据链路层的方式访问本 VLAN 内的成员。

由于 VLAN 是基于逻辑连接而不是物理连接，所以它可以提供灵活的用户/主机管理、带宽分配以及资源优化等服务。

VLAN 分割广播域如图 3-1 所示。

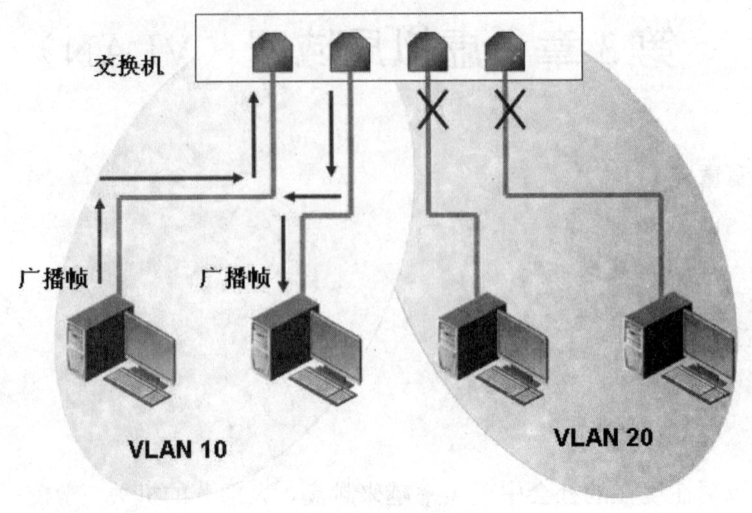

图 3-1　VLAN 分割广播域

不过，如果一个 VLAN 内的主机想要同另一个 VLAN 内的主机通信，则必须通过一个三层设备（例如路由器）才能实现。其原理和路由器连接不同的子网是一样的。

IEEE 于 1999 年颁布了用以标准化 VLAN 实现方案的 802.1q 协议标准草案。VLAN 技术目前发展很快，世界上主要的网络设备生产厂商在他们的交换机设备中都实现了 VLAN 协议。

3.1.2　VLAN 的用途

在同一个 VLAN 中的工作站，不论它们实际与哪个交换机连接，它们之间的通信就好像在独立的交换机上一样。同一个 VLAN 中的广播只有 VLAN 中的成员才能听到，而不会传输到其他的 VLAN 中去，这样可以很好地控制不必要的广播报文的扩散，提高了网络内带宽资源的利用率，也减少了主机接收这些不必要的广播所带来的资源浪费。

通过将企业网络划分为虚拟网络 VLAN 网段，可以强化网络管理和网络安全。在企业或者校园的园区网络中，由于地理位置和部门的不同，而对网络中相应的数据和资源就有不同的权限要求，例如财务部和人事部的数据就不允许其他部门的人员看到或者侦听截取到，以提高数据的安全性。在普通的二层设备上无法实现广播帧的隔离，只要人员在同一个基于二层的网络内，数据、资源就有可能不安全。利用 VLAN 技术来限制不同工作组之间用户二层之间的互访，这个问题就可以得到很好的解决。

此外，VLAN 的划分可以依据网络用户的组织结构进行，形成一个个虚拟的工作组。这样，网络中工作组就可以突破共享网络中地理位置的限制，而完全根据管理功能来划分了。这种基于工作流的分组模式，大大提高了网络的管理功能。

图 3-2 就是使用 VLAN 构造的与物理位置无关的逻辑网络的例子，并且，其按照企业的组织结构划分了虚拟工作组。

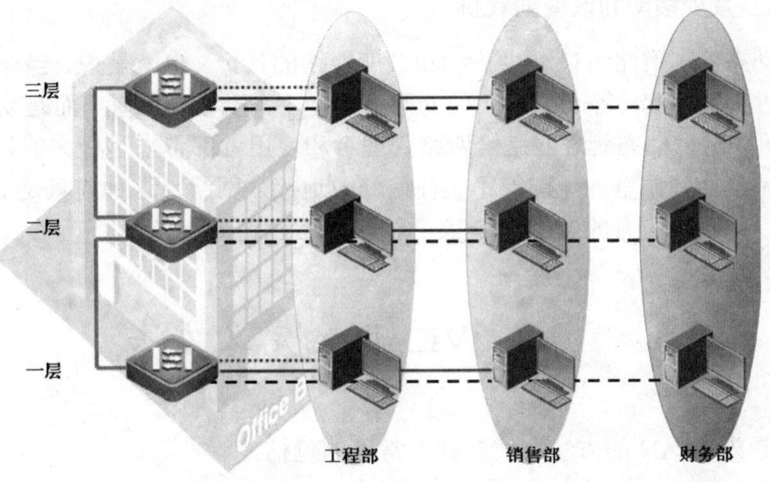

图 3-2　与物理位置无关的 VLAN

同时，若没有路由的话，不同的 VLAN 之间不能相互通信，这样就增加了企业网络中不同部门之间的安全性。网络管理员可以通过配置 VLAN 之间的路由来全面管理企业内部不同管理单元之间的信息互访。

3.1.3　VLAN 的优点

VLAN 具有以下优点。

1. 限制广播包

根据交换机的转发原理，如果一个数据帧找不到应该从哪个接口转发出去，那么交换机就会将该数据帧向所有的其他接口发送，即数据帧的泛洪。这样的结果毫无疑问是极大地浪费了带宽，如果配置了 VLAN，当一个数据包不知该如何转发时，交换机只会将此数据包发送到所有属于该 VLAN 的其他接口，而不是所有的交换机的接口，这样，就将数据包限制到了一个 VLAN 内。在一定程度上节省了带宽。

2. 安全性

由于配置了 VLAN 后，一个 VLAN 的数据包不会发送到另一个 VLAN 中，这样，其他 VLAN 的用户在网络上是收不到任何该 VLAN 的数据包的，从而就确保了该 VLAN 的信息不会被其他 VLAN 的人窃听，从而实现了信息的保密。

3. 虚拟工作组

虚拟工作组的目标是建立一个动态的组织环境。例如，在校园网中，同一个科系的终端就好像在同一个 LAN 上一样，很容易互相访问、交流信息，同时，所有的广播包也都限制在该虚拟 LAN 上，而不影响其他 VLAN 的人。如果一个人从一个办公地点换到了另外一个办公地点，而他仍然在该科系，那么，他的配置无须改变。而如果一个人虽然办公地点没有变，但他换了一个科系，那么，只需网络管理者配置相应的 VLAN 参数即可。当然，要实现这些变化，还需要包括数据管理服务器等方面的支持。

4. **减少移动和改变的代价**

动态管理网络可以减少移动和改变网络的代价。也就是说，当一个用户从一个位置移动到另一个位置时，他的网络属性不需要重新配置，而是动态地完成网络管理，这种动态管理网络给网络管理者和使用者都带来了极大的好处。一个用户，无论他到哪里，他都能不做任何修改地接入网络，这种前景是非常美好的。当然，并不是所有的VLAN定义方法都能做到这一点。

3.2 VLAN的定义方法

定义VLAN的方法有很多种，常见的包括：

- ❑ 基于接口的VLAN；
- ❑ 基于MAC地址的VLAN；
- ❑ 基于网络层的VLAN；
- ❑ 基于IP组播的VLAN。

不同的VLAN定义方法适用于不同的场合，下面我们一一进行介绍。

3.2.1 基于接口的VLAN

基于接口的VLAN是划分虚拟局域网最简单也是最有效的方法。这种定义VLAN的方法是根据以太网交换机的接口来划分，实际上就是交换机上某些接口的集合。网络管理员只需要管理和配置交换机上的接口，而不用管这些接口连接什么设备。例如，RG-S2126G的3、5、7、9接口划入VLAN 10，而交换机的19、21~24接口划入VLAN 20。这些属于同一VLAN的接口可以不连续，并且即使同属于一个VLAN的接口也可以跨越数个以太网交换机。

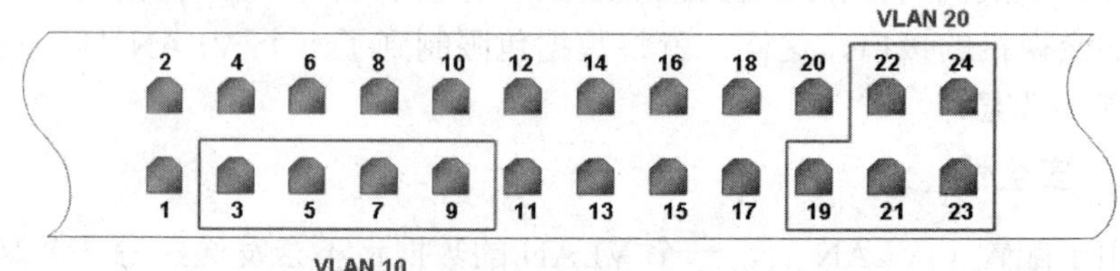

图3-3 基于接口的VLAN

根据接口划分是目前定义VLAN的最广泛的方法，IEEE 802.1q规定了依据以太网交换机的接口来划分VLAN的国际标准。这种划分方法的优点是定义VLAN成员时非常简单，只要将所有的接口都定义一次就可以了。它的缺点是如果某VLAN的用户离开了原来的接口，在移到一个新的交换机的接口时，就必须重新定义。

由于在这种定义VLAN的方法中，接口属于哪一个VLAN是固定不变的（除非手工修改了接口的划分），也被称为静态VLAN。后面我们将要介绍的三种定义VLAN的方法，则属于动态VLAN，此时接口属于哪一个VLAN则要根据所连主机的配置来决定。

3.2.2 基于 MAC 地址的 VLAN

这种划分 VLAN 的方法是根据每个主机网卡的 MAC 地址来划分的，即每个 MAC 地址的主机都被固定地配置属于一个 VLAN。这种划分 VLAN 的方法的最大优点就是当用户物理位置移动时，即从一个交换机换到其他的交换机时，VLAN 不用重新配置。所以，可以认为这种根据 MAC 地址的划分方法是基于用户的 VLAN。这种方法的缺点是初始化时，所有主机的 MAC 地址都必须进行记录，然后划分 VLAN。如果有几百个甚至上千个用户的话，配置工作量是非常巨大的。而且这种划分的方法也导致了交换机执行效率的降低，因为在每一个交换机的接口都可能存在很多个 VLAN 组的成员，这样就无法限制广播包了。另外，对于使用笔记本电脑的用户来说，他们的网卡可能经常更换，这样，VLAN 就必须不停地配置。

3.2.3 基于网络层的 VLAN

这种划分 VLAN 的方法是根据每个主机的网络层地址或协议类型（如果支持多协议）进行划分的，虽然这种划分的方法可能是根据网络地址，比如 IP 地址，但它不是路由，不要与网络层的路由混淆。它虽然查看每个数据包的 IP 地址，但由于不是路由，所以，没有 RIP、OSPF 等路由协议，而是根据生成树算法进行桥交换。

这种方法的优点是用户的物理位置改变时，不需要重新配置他所属的 VLAN，而且可以根据协议类型来划分 VLAN，这对于网络管理者来说很重要，还有，这种方法不需要附加的帧标签来识别 VLAN，这样可以减少网络的通信量。

这种方法的缺点是效率低，因为检查每一个数据包的网络层地址是很费时的（相对于前面两种方法），一般的交换机芯片都可以自动检查网络上数据包的以太网帧头，但要让芯片能检查 IP 帧头，需要更高的技术，同时也更费时。当然，这也跟各个厂商的实现方法有关。

3.2.4 基于 IP 组播的 VLAN

IP 组播实际上也是一种 VLAN 的定义，即认为一个组播组就是一个 VLAN，这种划分的方法将 VLAN 扩大到了广域网，因此这种方法具有更大的灵活性，而且也很容易通过路由器进行扩展，当然这种方法不适合局域网，主要是效率不高，对于局域网的组播，有二层组播协议 GMRP（GARP Multicast Registration Protocol，GARP 组播注册协议）。

> GARP 组播注册协议（GMRP）是通用属性注册协议（GARP）的一种应用，主要提供一种类似于 IGMP 探查技术的受限组播扩散功能。GMRP 和 GARP 都是由 IEEE 802.1p 定义的工业标准协议。

通过上面的介绍可以看出，各种不同的 VLAN 定义方法有各自的优缺点，网络管理者可以根据自己的实际需要进行选择。

3.3 VLAN 的标准

以前，各个厂商都声称他们的交换机实现了 VLAN，但各个厂商实现的方法都不相同，所以彼此是无法互连的。而现在，VLAN 的标准是 IEEE 提出的 802.1q 协议，只要支持相同的开放标准，就能保证网络的互连互通。

此外，如果一个 VLAN 的成员分布于不同的交换机上，它们之间互通时，如果只能在每个 VLAN 内连接一条链路，必然会造成交换机接口的极大消耗，如图 3-4 所示，每台交换机上可以连接主机的接口数量随着 VLAN 数量的增加会大大减少。802.1q 的出现，也很好地解决了这个问题。

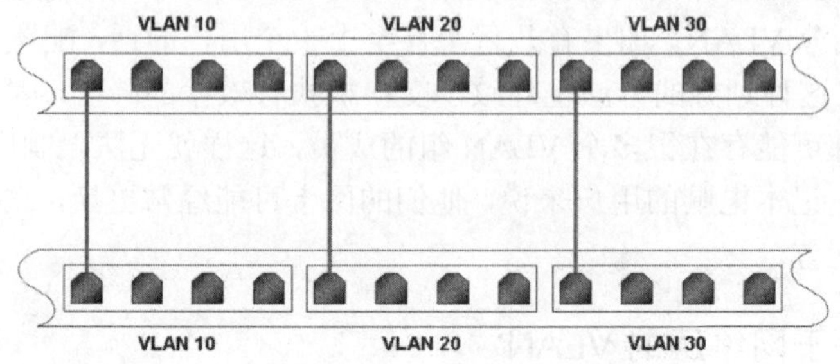

图 3-4　跨越多台交换机的 VLAN 间通信问题

3.3.1　IEEE 802.1q

802.1q 协议定义了基于接口的 VLAN 模型，这是使用得最多的一种方式。

IEEE 802.1q 规范为标识带有 VLAN 成员信息的以太帧建立了一种标准方法。IEEE 802.1q 标准定义了 VLAN 网桥操作，从而允许在桥接局域网结构中实现定义、运行以及管理 VLAN 拓朴结构等操作。802.1q 标准主要用来解决如何将大型网络划分为多个小网络，如此广播和组播流量就不会占据更多带宽的问题。此外，802.1q 标准还提供更高的网络段间安全性。

IEEE 802.1q 完成以上各种功能的关键在于标签。支持 802.1q 的交换接口可被配置来传输标签帧或无标签帧。一个包含 VLAN 信息的标签字段可以插入到以太帧中。如果接口连接的是支持 802.1q 的设备（如另一个交换机），那么这些标签帧可以在交换机之间传送 VLAN 成员信息，这样 VLAN 就可以跨越多台交换机了。如图 3-5 所示，VLAN10、20、30 内主机所发出的帧会打上不同的标签，然后在同一条链路里面传输，这就解决了不同交换机上的相同 VLAN 内主机之间互相通信的问题。

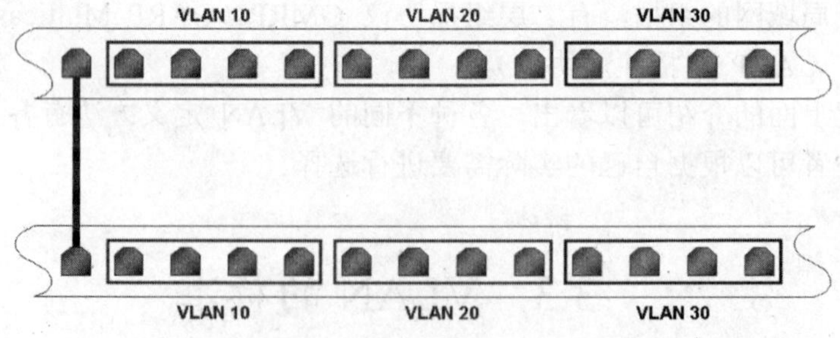

图 3-5　使用 VLAN 标签

但是，对于不支持 802.1q 的设备相连的接口，则必须确保它们用于传输无标签帧，这一点非常重要。很多PC机和打印机的 NIC 并不支持 802.1q，一旦它们收到一个标签帧，它们会因为读不懂标签而丢弃该帧。

需要注意的是，在 802.1q 中，用于标签帧的最大合法以太网帧大小已由 1518 字节增加到 1522 字节，这样就会使网卡和旧式交换机由于帧的“尺寸过大”而丢弃标签帧。另外，添加了标签后，原来以太网帧的校验和（FCS 值）需要重新计算。这样做是必需的，因为以太网帧的长度增加了。

如图 3-6 所示，每一个支持 802.1q 协议的主机，在发送数据包时，都在原来的以太网帧头中的源地址后增加了一个 4 字节的 802.1q 帧头，之后接原来以太网的长度或类型域。

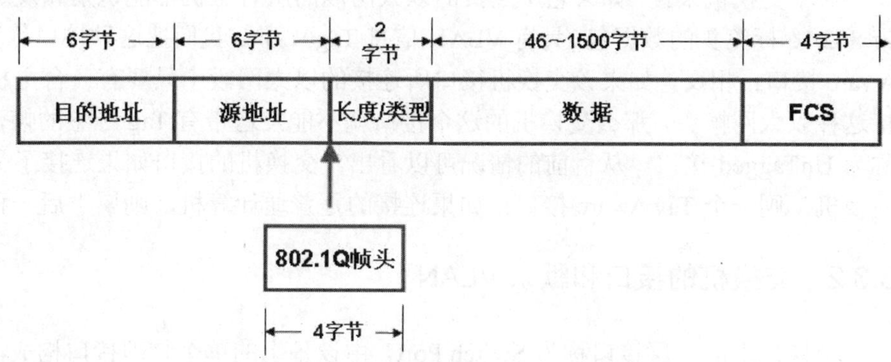

图 3-6　带有 802.1q 标签头的以太网帧

这个4字节的802.1q标签头包含了2字节的标签协议标识TPID（Tag Protocol Identifier，它的值是 0x8100），和 2 字节的标签控制信息 TCI（Tag Control Information），TPID 是 IEEE 定义的新类型，表明这是一个加了 802.1q 标签的文本，图 3-7 显示了 802.1q 标签头的详细内容。

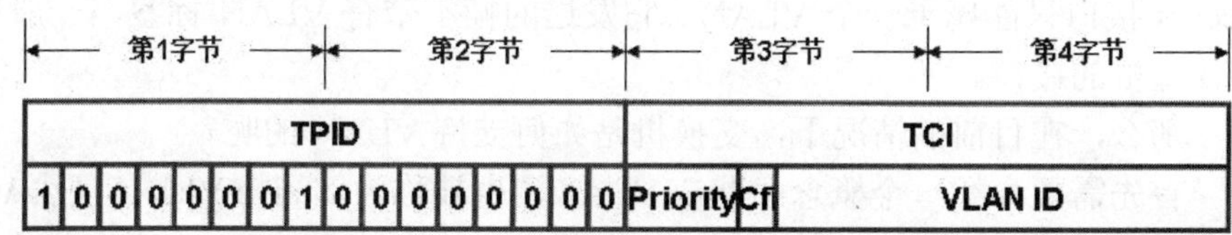

图 3-7　802.1q 帧头格式

该帧头中的信息解释如下。

TPID：标签协议标识字段，值为固定的 0x8100，说明该帧具有 802.1q 标签。

TCI：标签控制信息字段，包括用户优先级（User Priority）、规范格式指示器（Canonical Format Indicator）和 VLAN ID。

- ❑ Priority：这 3 位指明帧的优先级。一共有 8 种优先级，主要用于当交换机发生拥塞时，优先发送哪个数据包。
- ❑ Canonical Format Indicator（CFI）：这一位主要用于总线型的以太网与 FDDI、令牌环网交换数据时的帧格式。在以太网交换机中，规范格式指示器总被设置为 0。由于兼容特性，CFI 常用于以太网类网络和令牌环类网络之间。

- VLAN Identified（VLAN ID）：这是一个 12 位的域，指明 VLAN 的 ID，每个支持 802.1q 协议的主机发送出来的数据包都会包含这个域，以指明自己属于哪一个 VLAN。该字段为 12 位，理论上支持 4096（2^{12}）个 VLAN 的识别。不过在 4096 个可能的 VLAN ID 中，VLAN ID＝0 用于识别帧优先级，4095（0xFFF）作为预留值，所以 VLAN 配置的最大可能值为 4094。

前面已经提到，802.1q 标签中的 4 字节是由支持 802.1q 标准的设备新增加的，由于目前我们使用的计算机网卡多数并不支持 802.1q，所以计算机发送出去的数据包的以太网帧头一般不包含这 4 字节，同时也无法识别这 4 字节。

对于交换机来说，如果它所连接的以太网段的所有主机都能识别和发送这种带 802.1q 标签头的数据包（具有 VLAN 信息 Tag），那么我们把这种接口称为 Tag Aware 接口；相反，如果该交换机接口所连接的以太网段中只要有一台主机不支持这种以太网帧头，那么交换机的这个接口就不能发送带有 Tag 标签的帧，我们称为 UnTagged 接口。从目前的情况可以看出，交换机的接口如果连接了另一台交换机，则一个 Tag Aware 接口；如果连接的是普通计算机，则属于后一种。

3.3.2 交换机的接口和默认 VLAN

“干道”这个名词来源于收音机和电话技术，干道链路虽然是单一的通信线路，但可以承载许多通路的信号。现在，干道的原理被应用到网络交换技术中。一个干道是网络中两个交换机之间的物理和逻辑连接。

必须将本端设备 Trunk 端口的缺省 VLAN 和相连的对端设备 Trunk 端口的缺省 VLAN 配置为一致，否则端口可能无法正确转发报文。

交换机上的二层接口称为 Switch Port，由设备上的单个物理接口构成，只有二层交换功能。该接口可以是一个 Access 接口（UnTagged 接口），即接入接口；或一个 Trunk 接口（Tag Aware 接口），即干道接口。可以通过 Switch Port 接口配置命令，把一个接口配置为一个 Access 接口或者 Trunk 接口。Switch Port 被用于管理物理接口和与之相关的第二层协议，并且不处理路由和桥接。

Trunk 接口可以允许多个 VLAN 通过，它发出的帧一般是带有 VLAN 标签的，所以可以接收和发送多个 VLAN 的报文，一般用于交换机之间连接的接口。而 Access 接口只能属于一个 VLAN，它发送的帧不带有 VLAN 标签，一般用于连接计算机的接口。

那么，在目前的情况下，交换机是如何支持 VLAN 的呢？

首先需要介绍一个概念：默认 VLAN，也被称为 Native Vlan（自然 Vlan）。

一个 802.1q 的 Trunk 接口有一个默认 VLAN 的 ID 值。802.1q 不为默认 VLAN 的帧打标签。因此，一般的终端主机也可以读取没有标签的默认 VLAN 的帧，但是不能读取打了标签的，如图 3-8 所示。

Access 接口只属于一个 VLAN，所以它的默认 VLAN 就是它所在的 VLAN，不用设置；Trunk 接口属于多个 VLAN，所以需要设置默认 VLAN ID。默认情况下，Trunk 接口的默认 VLAN 为 VLAN 1。Trunk 接口将传输所有 VLAN 的帧，为了减轻设备的负载，减少对带宽的浪费，可通过设置 VLAN 许可列表来限制 Trunk 接口传输哪些 VLAN 的帧。

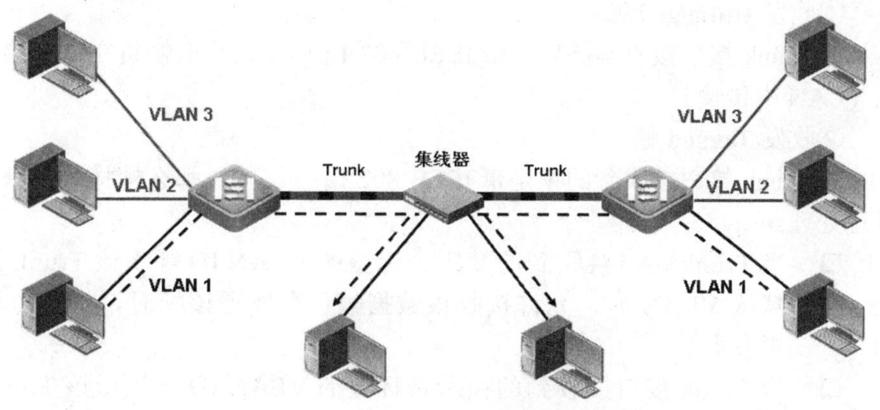

图 3-8　默认 VLAN 中的帧不会被打标签

如果设置了接口的默认 VLAN ID，当接口接收到不带 VLAN 标签的报文后，则将报文转发到属于默认 VLAN 的接口；当接口发送带有 VLAN Tag 的报文时，如果该报文的 VLAN ID 与接口默认的 VLAN ID 相同，则系统将去掉报文的 VLAN Tag，然后再发送该报文。

具体来说，Access 接口和 Trunk 接口收发帧时的处理过程如下。

1. **Access 接口**

Access接口发送出的数据帧是不带IEEE 802.1q标签的，且它只能接收以下3种格式的帧：

- ❑ Untagged 帧；
- ❑ VLAN ID 为 Access 接口所属 VLAN 的 Tagged 帧；
- ❑ VLAN ID 为 0 的 Tagged 帧。

①收发**Untagged**帧。

- ❑ 接收：Access 接口接收不带 IEEE 802.1q 标签的帧，并为无标签帧添加默认 VLAN 的标签，然后发送出去。
- ❑ 发送：发送帧前，先去掉帧上附带的 VLAN 标签，再发送。

②收发 **Tagged** 帧。

Access 接口接收到的数据帧带有 VLAN 标签时，将按照以下条件进行处理。

- ❑ 当标签的 VLAN ID 与默认 VLAN ID 相同时，接收该数据帧，并在发送时去掉 VLAN 标签后发送。
- ❑ 当标签的 VLAN ID 为 0 时，接收该数据帧。在标签中，VLAN ID＝0 用于识别帧优先级。
- ❑ 当标签的 VLAN ID 与默认 VLAN ID 不同且不为 0 时，丢弃该帧。

2. **Trunk 接口**

Trunk 接口可接收 Untagged 帧和接口允许 VLAN 范围内的 Tagged 帧。Trunk 接口发送的非默认 VLAN 的帧都是带标签的，而发送的默认 VLAN 的帧都不带标签。

①收发 **Untagged** 帧。

若 Trunk 接口接收到的帧不带 IEEE 802.1q 标签，那么帧将在这个接口的默认 VLAN 中传输。

②收发 **Tagged** 帧。

若 Trunk 接口接收到的帧是带 IEEE 802.1q 标签的，那么帧将按照以下条件进行处理。

- 当 Trunk 接口接收到的帧所带标签的 VLAN ID 等于该 Trunk 接口的默认 VLAN 时，允许接收该数据帧；在发送该帧时，将去掉标签后再发送。
- 当 Trunk 接口接收到的帧所带标签的 VLAN ID 不等于该 Trunk 接口的默认 VLAN，但 VLAN ID 是该接口允许通过的 VLAN ID 时，接收该数据帧；发送时，将保持原有标签。
- 当 Trunk 接口接收到的帧所带标签的 VLAN ID 不等于该 Trunk 接口的默认 VLAN，且 VLAN ID 是该接口不允许通过的 VLAN ID 时，丢弃该报文。

3.4 VLAN 和 Trunk 的配置

在交换机上，可以添加、删除、修改 VLAN 2~VLAN 4094。VLAN 1 是由交换机自动创建的，并且不可被删除。可以使用接口配置模式来配置一个接口为 Trunk 接口还是 Access 接口，如果是 Access 接口，可以将它加入或者移出一个 VLAN。

下面就来详细看看如何进行这些配置。

3.4.1 VLAN 的配置

1. 添加或者修改 VLAN

在特权模式下，通过如下步骤，可以创建或者修改一个 VLAN。

①Switch#**configure terminal**

进入全局配置模式。

②Switch(config)#**vlan** *vlan-id*

输入一个 VLAN ID。如果输入的是一个新的 VLAN ID，则交换机会创建该 VLAN，如果输入的是已经存在的 VLAN ID，则修改相应的 VLAN。可以配置的 VLAN ID 的范围是 1~4094，其中，VLAN 1 默认存在且不能被删除。

该命令运行后即进入了 VLAN 的配置模式，提示符是 Switch（config-vlan）#，在这个模式下，可以继续用命令 **vlan** *vlan-id* 添加 VLAN。

③Switch(config-vlan)#**name** *vlan-name*（可选）

为 VLAN 取一个名字。如果没有进行这一步，则交换机会自动为它起一个名字 VLAN xxxx，其中 xxxx 是用 0 开头的 4 位 VLAN ID 号。例如，VLAN 0004

就是 VLAN 4 的默认名字。如果想把 VLAN 的名字改回默认，输入 no name 命令即可。

④Swtich(config-vlan)#end

回到特权命令模式。

⑤Switch#**show vlan** {**id** *vlan-id*}

检查一下刚才的配置是否正确。如果需要保存 VLAN 配置，可以继续使用 write 命令或者 copy 命令保存配置。

2. 删除 VLAN

在特权模式下，使用如下步骤可以删除一个VLAN。

①Switch#**configure terminal**

进入全局配置模式。

②Switch(config)#**no vlan** *vlan-id*

输入一个 VLAN ID，删除它。注意：VLAN 1 不能被删除。

③Swtich(config)#exit

回到特权命令模式。

④Switch#**show vlan** {**id** *vlan-id*}

检查一下刚才的配置是否正确。

⑤如果需要保存刚才的删除结果，可以继续使用 write 命令或者 copy 命令保存配置。

示例 3-1 是一个具体的例子，我们在一台锐捷交换机上添加 VLAN 10、VLAN 20、VLAN 30 这 3 个 VLAN，并分别命名为 gongcheng、xiaoshou、caiwu。

示例 3-1　VLAN 的添加与修改

```
Switch#configure terminal
Enter configuration commands, one per line.  End with CNTL/Z.
Switch(config)#vlan 10
Switch(config-vlan)#name gongcheng
Switch(config-vlan)#vlan 20
Switch(config-vlan)#name xiaoshou
Switch(config-vlan)#vlan 30
Switch(config-vlan)#name caiwu
Switch(config-vlan)#end
Switch#
Switch#show vlan id 10
VLAN Name                             Status    Ports
---- -------------------------- --------- --------------------
10   gongcheng                        active
Switch#show vlan id 20
VLAN Name                             Status    Ports
---- -------------------------- --------- ----------------------
20   xiaoshou                         active
```

```
Switch#show vlan id 30
VLAN Name                             Status    Ports
---- -------------------------------- --------- -------------------------------
30   caiwu                            active
Switch#show vlan
VLAN Name                             Status    Ports
---- -------------------------------- --------- -------------------------------
1    default                          active    Fa0/1 ,Fa0/2 ,Fa0/3
                                                Fa0/4 ,Fa0/5 ,Fa0/6
                                                Fa0/7 ,Fa0/8 ,Fa0/9
                                                Fa0/10,Fa0/11,Fa0/12
                                                Fa0/13,Fa0/14,Fa0/15
                                                Fa0/16,Fa0/17,Fa0/18
                                                Fa0/19,Fa0/20,Fa0/21
                                                Fa0/22,Fa0/23,Fa0/24
10   gongcheng                        active
20   xiaoshou                         active
30   caiwu                            active
Switch#copy running-config startup-config
Building configuration...
[OK]
```

示例 3-2 演示了在刚才的例子中如何删除 VLAN 30。

示例 3-2　VLAN 的删除

```
Switch#configure terminal
Enter configuration commands, one per line.  End with CNTL/Z.
Switch(config)#no vlan 30
Switch(config)#exit
Switch#show vlan id 30
VLAN Name                             Status    Ports
---- -------------------------------- --------- -------------------------------
Switch#show vlan
VLAN Name                             Status    Ports
---- -------------------------------- --------- -------------------------------
1    default                          active    Fa0/1 ,Fa0/2 ,Fa0/3
                                                Fa0/4 ,Fa0/5 ,Fa0/6
                                                Fa0/7 ,Fa0/8 ,Fa0/9
                                                Fa0/10,Fa0/11,Fa0/12
                                                Fa0/13,Fa0/14,Fa0/15
                                                Fa0/16,Fa0/17,Fa0/18
                                                Fa0/19,Fa0/20,Fa0/21
```

```
                                                  Fa0/22,Fa0/23,Fa0/24
10   gongcheng                          active
20   xiaoshou                           active
Switch#copy running-config startup-config
Building configuration...
[OK]
```

3.4.2 向 VLAN 内添加接口

在特权模式下，利用如下步骤可以将一个接口分配给一个 VLAN。

①Switch#**configure terminal**

进入全局配置模式。

②Switch(config)# **interface** *interface-id*

输入想要加入 VLAN 的接口编号。运行该命令即进入接口配置模式。

如果有大量接口要加入同一个 VLAN，可以使用这个命令来批量设置接口。

Switch(config)#**interface range** {*port-range*}

其中，port-range 指定若干接口范围段，每个接口范围段包括一定范围的接口。每个接口范围段使用逗号（,）隔开，范围段内的连续接口用由（-）连接的起止编号表示。

可以使用该命令同时配置多个接口。配置的属性和配置单个接口完全相同。当进入 interface range 配置模式时，此时所进行的设置将应用于所选范围内的所有接口。

注意：同一条命令中的所有接口范围段中的接口必须属于相同类型。

③Switch(config-if)# **switchport mode access**

定义该接口的 VLAN 成员类型（二层 Access 接口）。

④Switch(config-if)# **switchport access vlan** *vlan-id*

将这个接口分配给一个 VLAN。

⑤Swtich(config-vlan)#end

回到特权命令模式。

⑥Switch#**show vlan** {**id** *vlan-id*}

检查一下刚才的配置是否正确。

也可以使用下面的命令直接查看接口的完整信息，来检查配置是否正确。

Switch#**show interfaces** *interface-id* **switchport**

⑦如果需要保存刚才的删除结果，可以继续使用 write 命令或者 copy 命令保存配置。

示例 3-3 演示了如何向 VLAN 内添加接口，并将接口 5 和接口 7 加入刚才建立的 VLAN 10，接口 8 和接口 10~接口 15 加入 VLAN 20。

示例 3-3 向 VLAN 内添加接口

```
Switch#configure terminal
Enter configuration commands, one per line.  End with CNTL/Z.
Switch(config)#interface fastEthernet 0/5
```

```
Switch(config-if)#switchport mode access
Switch(config-if)#switchport access vlan 10
Switch(config-if)#exit
Switch(config)#interface fastEthernet 0/7
Switch(config-if)#switchport mode access
Switch(config-if)#switchport access vlan 10
Switch(config-if)#exit
Switch(config)#
Switch(config)#interface range fastEthernet 0/8,0/10-15
Switch(config-if-range)#switchport mode access
Switch(config-if-range)#switchport access vlan 20
Switch(config-if-range)#end
Switch#show vlan id 10
VLAN Name                             Status    Ports
---- -------------------------------- --------- -------------------------------
10   gongcheng                        active    Fa0/5 ,Fa0/7
Switch#show vlan id 20
VLAN Name                             Status    Ports
---- -------------------------------- --------- -------------------------------
20   xiaoshou                         active    Fa0/8 ,Fa0/10,Fa0/11
                                                Fa0/12,Fa0/13,Fa0/14
                                                Fa0/15
Switch#show vlan

VLAN Name                             Status    Ports
---- -------------------------------- --------- -------------------------------
1    default                          active    Fa0/1 ,Fa0/2 ,Fa0/3
                                                Fa0/4 ,Fa0/6 ,Fa0/9
                                                Fa0/16,Fa0/17,Fa0/18
                                                Fa0/19,Fa0/20,Fa0/21
                                                Fa0/22,Fa0/23,Fa0/24
10   gongcheng                        active    Fa0/5 ,Fa0/7
20   xiaoshou                         active    Fa0/8 ,Fa0/10,Fa0/11
                                                Fa0/12,Fa0/13,Fa0/14
                                                Fa0/15
Switch#copy running-config startup-config
Building configuration...
[OK]
```

3.4.3 配置 VLAN Trunk

交换机上的接口默认工作在第二层模式，一个二层接口的默认模式是 Access

接口。

在特权模式下，利用如下步骤可以将一个接口配置成一个 Trunk 接口。

①Switch#**configure terminal**

进入全局配置模式。

②Switch(config)# **interface** *interface-id*

输入想要配成 Trunk 接口的 interface id。

③Switch(config-if)#**switchport mode trunk**

定义该接口的类型为二层 Trunk 接口。

④Switch(config-if)#**switchport trunk native vlan** *vlan-id*（可选）

为这个接口指定一个默认 VLAN。如果不指定的话，默认 VLAN 是 VLAN 1。

注意，Trunk 链路两端的 Trunk 接口的默认 VLAN 一定要保持一致，否则可能会造成 Trunk 链路不能正常通信。

⑤Swtich(config-vlan)#end

回到特权命令模式。

⑥Switch#**show vlan** {**id** *vlan-id*}

检查一下刚才的配置是否正确。配置成 Trunk 的接口会出现在所有的 VLAN 之中。

也可以使用下面的命令直接查看接口的完整信息，来检查配置是否正确。

Switch#**show interfaces** *interface-id* **switchport**

或者，使用下面的命令显示这个接口的 trunk 设置：

Switch#**show interfaces** *interface-id* **trunk**

⑦如果需要保存刚才的 Trunk 配置结果，可以继续使用 write 命令或者 copy 命令保存配置。

注意：如果想把一个 Trunk 接口的所有 Trunk 相关属性都复位成默认值，请使用 **no switchport trunk** 接口配置命令。

下面看一个例子，有 2 台交换机通过各自的 F0/1 接口连接起来，如图 3-9 所示，示例 3-4 演示了如何将其中一个交换机 F0/1 接口配置成 Trunk 接口。

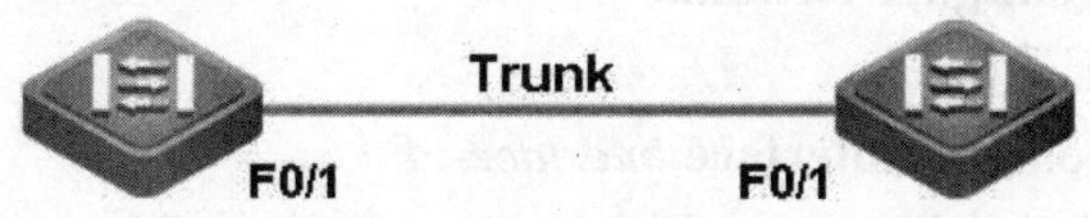

图 3-9 VLAN Trunk 配置拓扑图

示例 3-4 配置 VLAN Trunk 接口

```
Switch#configure terminal
Enter configuration commands, one per line.  End with CNTL/Z.
Switch(config)#interface fastEthernet 0/1
Switch(config-if)#switchport mode trunk
Switch(config-if)#end
Switch#show vlan
VLAN Name                             Status    Ports
---- -------------------------- --------- ----------------------
```

```
1    default                        active    Fa0/1 ,Fa0/2 ,Fa0/3
                                              Fa0/4 ,Fa0/6 ,Fa0/9
                                              Fa0/16,Fa0/17,Fa0/18
                                              Fa0/19,Fa0/20,Fa0/21
                                              Fa0/22,Fa0/23,Fa0/24
10   gongcheng                      active    Fa0/1 ,Fa0/5 ,Fa0/7
20   xiaoshou                       active    Fa0/1 ,Fa0/8 ,Fa0/10
                                              Fa0/11,Fa0/12,Fa0/13
                                              Fa0/14,Fa0/15
！可以看到，F0/1 接口已经出现在所有的 VLAN 中，说明它是一个 Trunk 接口
Switch#
Switch#show interfaces fastEthernet 0/1 switchport
Interface  Switchport Mode     Access  Native   Protected VLAN lists
--------- --------- --------- ------- -------- ------ -----------
Fa0/1      Enabled   Trunk      1       1       Disabled  All

Switch#show interfaces fastEthernet 0/1 trunk
Interface            Mode    Native VLAN  VLAN lists
-------------------- ------ ----------- --------------------
Fa0/1                On      1            All
```

3.4.4 定义 Trunk 接口的许可 VLAN 列表

一个 Trunk 接口默认可以传输本交换机支持的所有 VLAN（1～4094）的流量。但是，也可以通过设置 Trunk 接口的许可 VLAN 列表来限制某些 VLAN 的流量不能通过这个 Trunk 接口。

在特权模式下，利用如下步骤可以修改一个 Trunk 接口的许可 VLAN 列表。

①Switch#**configure terminal**

进入全局配置模式。

②Switch(config)# **Interface** *interface-id*

输入想要修改许可 VLAN 列表的 Trunk 接口的编号。

③Switch(config-if)#**switchport mode trunk**（可选）

定义该接口的类型为二层 Trunk 接口。

如果该接口已经是一个 Trunk 接口，则该步骤可省略。

④Switch(config-if)#**switchport trunk allowed vlan** { **all** | [**add**| **remove** | **except**]} *vlan-list*

配置这个 Trunk 接口的许可 VLAN 列表。

参数 vlan-list 可以是一个 VLAN 的 ID，也可以是一系列 VLAN 的 ID，以较小的 VLAN ID 开头，以较大的 VLAN ID 结尾，中间用-号连接。

all 的含义是许可列表包含所有支持的 VLAN。

add 表示将指定的 VLAN 列表加入许可 VLAN 列表。

remove 表示将指定的 VLAN 列表从许可 VLAN 列表中删除。

except 表示将除列出的 VLAN 列表外的所有 VLAN 加入许可 VLAN 列表中。

注意：不能将 VLAN 1 从许可 VLAN 列表中移出。

⑤Swtich(config-vlan)#end

回到特权命令模式。

⑥Switch#**show vlan** {**id** *vlan-id*}

检查一下刚才的配置是否正确。

也可以使用下面的命令直接查看接口的完整信息，来检查配置是否正确。

Switch#**show interfaces** *interface-id* **switchport**

或者，使用下面的命令显示这个接口的 trunk 设置。

Switch#**show interfaces** *interface-id* **trunk**

⑦如果需要保存刚才的删除结果，可以继续使用 write 命令或者 copy 命令保存配置。

示例 3-5 演示了如何定义 Trunk 接口的许可 VLAN 列表。我们在刚才配置的 Trunk 接口里将 VLAN 20 从许可列表中删除。

示例 3-5　定义 Trunk 接口的许可 VLAN 列表

```
Switch#configure terminal
Enter configuration commands, one per line.  End with CNTL/Z.
Switch(config)#interface fastEthernet 0/1
Switch(config-if)#switchport trunk allowed vlan remove 20
Switch(config-if)#end
Switch#show vlan
VLAN Name                             Status    Ports
---- -------------------------------- --------- ---------------------
1    default                          active    Fa0/1 ,Fa0/2 ,Fa0/3
                                                Fa0/4 ,Fa0/6 ,Fa0/9
                                                Fa0/16,Fa0/17,Fa0/18
                                                Fa0/19,Fa0/20,Fa0/21
                                                Fa0/22,Fa0/23,Fa0/24
10   gongcheng                        active    Fa0/1 ,Fa0/5 ,Fa0/7
20   xiaoshou                         active    Fa0/8 ,Fa0/10,Fa0/11
                                                Fa0/12,Fa0/13,Fa0/14
                                                Fa0/15
! 可以看到，F0/1 接口现在已经不属于 VLAN 20 了

Switch#show interfaces fastEthernet 0/1 switchport
Interface  Switchport Mode  Access  Native  Protected VLAN lists
--------- --------- -------- ------ ------- --------- ------------
Fa0/1     Enabled   Trunk    1       1      Disabled  1-19,21-4094
```

```
Switch#show interfaces fastEthernet 0/1 trunk
Interface          Mode   Native VLAN VLAN lists
-------------- ----- ----------- ---------------------
Fa0/1              On       1           1-19,21-4094
! F0/1 接口的 VLAN lists 中已经没有了 VLAN 20
```

3.5 配置 VLAN 间的通信

VLAN 的目的是隔离广播，并非要不同 VLAN 内的主机彻底不能互相通信，但 VLAN 间的通信等同于不同广播域之间的通信，必须使用第三层的设备才能实现。VLAN 间的通信就是指 VLAN 间的路由，是 VLAN 之间在一个路由器或者其他三层设备（例如三层交换机）上发生的路由。

3.5.1 利用路由器实现 VLAN 间的通信

将路由器和交换机相连，使用 IEEE 802.1q 来启动一个路由器上的子接口，使其成为干道模式，就可以利用路由器来实现 VLAN 之间的通信，一般称这种方式为单臂路由，如图 3-10 所示。

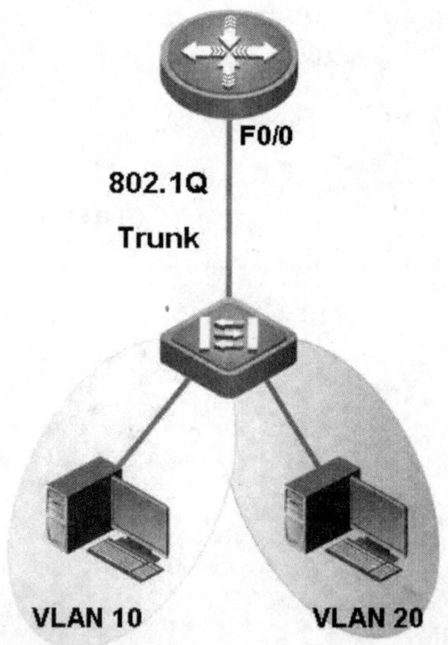

图 3-10 单臂路由

路由器可以从某一个 VLAN 接收数据包，并且将这个数据包转发到另外一个 VLAN，要实现 VLAN 间的路由，必须在一个路由器的物理接口上启用子接口，也就是将以太网物理接口划分为多个逻辑的、可编址的接口，并配置成干道模式，每个 VLAN 对应一个这种接口，这样路由器就能够知道如何到达这些互连的 VLAN。

图 3-11 展示了单臂路由中干道在路由器一端的子接口，FastEthernet 0/0 接口被划分为 3 个子接口，Fa0/0.1、Fa0/0.2、Fa0/0.3，每个子接口为一个单独的 VLAN

服务。

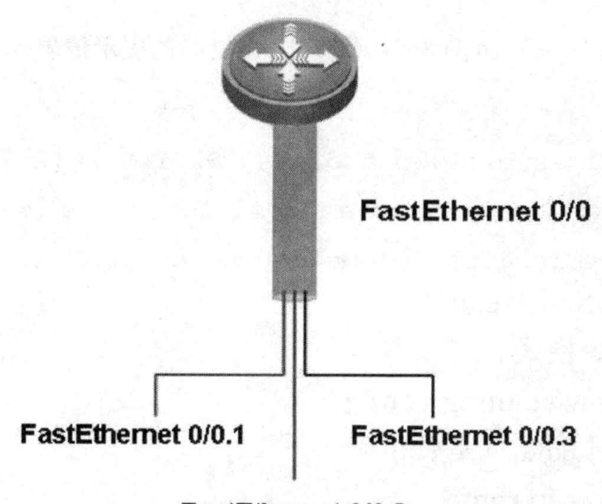

图 3-11　单臂路由中路由器的子接口

如果没有这种子接口，要想完成 VLAN 间的路由，每一个单独的物理接口都要被分配到单独的 VLAN 中去，这样无疑是非常消耗接口资源的。

在路由器的特权模式下，利用如下步骤可以把一个快速以太网物理接口划分为多个子接口，并配置成干道模式：

①Router#**configure terminal**

进入全局配置模式。

②Router(config)# **Interface** *interface-id*（可选）

输入想要配置成干道的接口编号。

③Router(config-if)#**no ip address**（可选）

Router(config-if)#exit

去掉该接口上的 IP 地址。如果确认接口上没有 IP 地址，则第 2 步和第 3 步可省略。

④Router(config)#**interface fastethernet**

slot-number/interface-number.subinterface-number

其中，Slot-number /Interface-number 为槽号/物理接口序号，Subinterface-number 为子接口在该物理接口上的序号，注意二者之间由标号“.”连接。

该命令可在全局配置模式下直接使用，在第一次进入以太网子接口配置模式时即创建一个以太网子接口。

⑤Ruijie(config-subif)#**encapsulation dot1q** *VlanID*

配置VLAN封装标识，封装802.1q标准并指定VLAN ID号。VLAN ID必须与交换设备中的一个VLAN ID一致，指示了子接口承载哪个VLAN的流量。

⑥Router(config-subif)#**ip address** *ip-address mask*

指定子接口的 IP 地址。完成封装 VLAN 标识任务以后，必须为封装 VLAN 标识的以太网子接口指定 IP 地址。封装 802.1q 的以太网口子接口 IP 地址一般是一个 VLAN 内主机连接其他 VLAN 主机的网关。并且，这些子接口所在的网段也会作为直连路由出现在路由器的路由表中。

注意，如果没有封装802.1q协议就先配置IP地址，路由器会提示如示例3-6

所示的信息。

示例 3-6 配置 IP 地址时的提示信息

```
Router(config)#interface fastEthernet 0/0.20
Router(config-subif)#ip address 192.168.20.1 255.255.255.0
%Configuring IP routing on a LAN subinterface is only allowed if that
subinterface is already configured as vLAN.
```

⑦Router(config-if)#end

回到特权命令模式。

⑧Router#**show running-config**

检查一下刚才的配置是否正确。

⑨Router#**show ip route**

检查配置的子接口所在的网段是否已经出现在路由表中。

⑩如果需要保存刚才的删除结果，可以继续使用 write 命令或者 copy 命令保存配置。

示例 3-7 演示了如何配置单臂路由，在一台路由器的物理接口上划分子接口，配置 IP 地址并封装 802.1q 协议，以实现 VLAN 间的路由。在这个示例中，和路由器相连的交换机上已经配置好了 VLAN 10、VLAN 20、VLAN 30，向 VLAN 内添加了接口，并将和路由器相连的 F0/1 接口设置成为了 Trunk 接口。

示例 3-7 配置单臂路由

```
Router#configure terminal
Enter configuration commands, one per line.  End with CNTL/Z.
Router(config)#interface fastEthernet 0/0
Router(config-if)#no ip address
Router(config-if)#exit
Router(config)#interface fastEthernet 0/0.10
Router(config-subif)#encapsulation dot1Q 10
Router(config-subif)#ip address 192.168.10.1 255.255.255.0
Router(config-subif)#exit
Router(config)#interface fastEthernet 0/0.20
Router(config-subif)#encapsulation dot1Q 20
Router(config-subif)#ip address 192.168.20.1 255.255.255.0
Router(config-subif)#exit
Router(config)#interface fastEthernet 0/0.30
Router(config-subif)#encapsulation dot1Q 30
Router(config-subif)#ip address 192.168.30.1 255.255.255.0
Router(config-subif)#end
Jul 14 00:31:35 Router %5:Configured from console by console

Router#
```

示例 3-8 是路由器 show running-config 的结果。

示例 3-8　路由器的 show running-config 结果

```
Router#
Router#show running-config

Building configuration...
Current configuration : 685 bytes
!
hostname Router
!
interface FastEthernet 0/0
 duplex auto
 speed auto
!
interface FastEthernet 0/0.10
 encapsulation dot1Q 10
 ip address 192.168.10.1 255.255.255.0
!
interface FastEthernet 0/0.20
 encapsulation dot1Q 20
 ip address 192.168.20.1 255.255.255.0
!
interface FastEthernet 0/0.30
 encapsulation dot1Q 30
 ip address 192.168.30.1 255.255.255.0
!
interface FastEthernet 0/1
 duplex auto
 speed auto
!
line con 0
line aux 0
line vty 0 4
 login
!
!
end
Router#
```

示例 3-9 是路由器的路由表显示，可以看到，所有子接口的网段已经成为了路由表里面的直连路由。

示例 3-9　路由器的路由表

```
Router#show ip route

Codes:  C - connected, S - static,  R - RIP B - BGP
        O - OSPF, IA - OSPF inter area
        N1 - OSPF NSSA external type 1,N2-OSPF NSSA external type 2
        E1 - OSPF external type 1, E2 - OSPF external type 2
        i - IS-IS, L1 - IS-IS level-1, L2 - IS-IS level-2, ia - IS-IS
inter area
        * - candidate default

Gateway of last resort is no set
C    192.168.10.0/24 is directly connected, FastEthernet 0/0.10
C    192.168.10.1/32 is local host.
C    192.168.20.0/24 is directly connected, FastEthernet 0/0.20
C    192.168.20.1/32 is local host.
C    192.168.30.0/24 is directly connected, FastEthernet 0/0.30
C    192.168.30.1/32 is local host.
Router#
```

配置完成后，各个 VLAN 内的主机将以对应的路由器子接口的 IP 地址作为网关，就是实现互连互通了。

3.5.2　利用三层交换机实现 VLAN 间的通信

采用单臂路由的方式实现 VLAN 间的路由具有速度慢（受到接口带宽限制）、转发速率低（路由器采用软件转发，转发速率比采用硬件转发方式的交换机慢）的缺点，容易产生瓶颈，所以现在的网络中，一般都采用三层交换机，以三层交换的方式来实现 VLAN 间的路由。

三层交换机，本质上就是带有路由功能的二层交换机，我们可以将它简单地看成是一台路由器和一台二层交换机的叠加。三层交换机是将二层交换机和路由器两者的优势有机而智能化地结合起来，它可在各个层次提供线速转发性能。在一台三层交换机内，分别设置了交换机模块和路由器模块；而内置的路由模块与交换模块类似，也使用 ASIC 硬件处理路由。因此，与传统的路由器相比，三层交换机可以实现高速路由，并且，路由与交换模块是汇聚链接的，由于是内部连接，可以确保相当大的带宽。

我们可以利用三层交换机的路由功能来实现 VLAN 之间的通信，如图 3-12 所示。

如图3-12所示的拓扑结构中，在交换机上分别划分VLAN 10和VLAN 20，VLAN 10的工作站IP地址为192.168.1.10；VLAN 20的工作站IP地址为192.168.2.10。那么不同的VLAN间怎么不利用路由器来实现VLAN间的互访呢？具体的实现方法是：在三层交换机上创建各个VLAN的虚拟接口（Switch virtual interface，SVI)，并设置IP地址就可以了。SVI是交换虚拟接口，可以用来实现三层交换的功能。我们可以创建SVI 为一个网关接口，就相当于是对应各个VLAN 的虚拟的子接口，可用于三层设备中跨VLAN之间的路由。

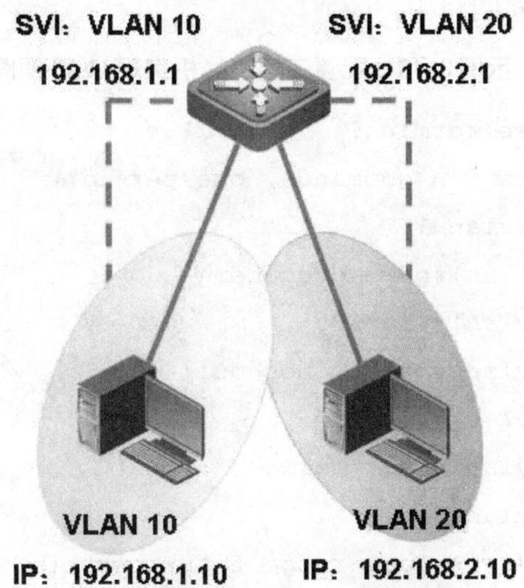

图 3-12　利用三层交换机实现 VLAN 间的通信

例如，VLAN 10 的虚拟接口的 IP 地址为 192.168.1.1，VLAN 20 的虚拟接口的 IP 地址为 192.168.2.1。然后将所有 VLAN 连接的工作站主机的网关指向该 SVI 的 IP 地址即可。

由于在三层交换机上。IP 路由功能是默认开启的，因此在特权模式下，通过如下步骤，便可以配置 SVI 接口实现 VLAN 间的路由：

①Switch#**configure terminal**

进入全局配置模式。

②Switch(config)# **interface vlan** *vlan-id*

进入 SVI 接口配置模式。

③Switch(config-if)# **ip address** *ip-address mask*

给VLAN的SVI接口配置IP地址。这些IP地址将作为各个VLAN内主机的网关，并且，这些SVI接口所在的网段也会作为直连路由出现在三层交换机的路由表中。

④Swtich(config-if)#end

回到特权命令模式。

⑤Switch#**show running-config**

检查一下刚才的配置是否正确。

⑥Switch#**show ip route**

检查配置的 SVI 接口所在的网段是否已经出现在路由表中。

注意：只有当 VLAN 内有激活的接口时，即有主机连入该 VLAN 时，该 VLAN 的 SVI 接口所在的网段才会出现在路由表中。

⑦如果需要保存刚才的配置结果，可以继续使用 write 命令或者 copy 命令保存配置。

示例 3-10 演示了如何在一台三层交换机（锐捷的 RG-S3750-24 三层交换机）上配置 VLAN 10、VLAN 20、VLAN 30，将接口 F0/6~F0/10、F0/11~F0/15、F0/16~F0/20 划分到这 3 个 VLAN 中，并分别为这三个 VLAN 的 SVI 接口配置 IP 地址，实现 VLAN 间的路由。

示例 3-10　配置三层交换机实现 VLAN 间路由

```
S3750#configure terminal
Enter configuration commands, one per line.  End with CNTL/Z.
S3750(config)#vlan 10
S3750(config-vlan)#name gongcheng
S3750(config-vlan)#vlan 20
S3750(config-vlan)#name xiaoshou
S3750(config-vlan)#vlan 30
S3750(config-vlan)#name caiwu
S3750(config-vlan)#exit
S3750(config)#interface range fastEthernet 0/6-10
S3750(config-if-range)#switchport mode access
S3750(config-if-range)#switchport access vlan 10
S3750(config-if-range)#exit
S3750(config)#interface range fastEthernet 0/11-15
S3750(config-if-range)#switchport mode access
S3750(config-if-range)#switchport access vlan 20
S3750(config-if-range)#exit
S3750(config)#interface range fastEthernet 0/16-20
S3750(config-if-range)#switchport mode access
S3750(config-if-range)#switchport access vlan 30
S3750(config-if-range)#exit
S3750(config)#exit
Oct 31 19:49:00 S3750 %5:Configured from console by console

S3750(config)#interface vlan 10
S3750(config-if)#ip address 192.168.10.1 255.255.255.0
S3750(config-if)#exit
S3750(config)#interface vlan 20
S3750(config-if)#ip address 192.168.20.1 255.255.255.0
S3750(config-if)#exit
S3750(config)#interface vlan 30
S3750(config-if)#ip address 192.168.30.1 255.255.255.0
S3750(config-if)#end
Oct 31 19:50:49 S3750 %5:Configured from console by console
```

示例 3-11 是配置完成后在三层交换机上 show vlan 的显示结果。

示例 3-11　三层交换机的 VLAN 配置结果

```
S3750#
S3750#show vlan
VLAN Name                     Status      Ports
---- ------------------ --------- ----------------------
   1 VLAN0001                 STATIC      Fa0/1, Fa0/2, Fa0/3, Fa0/4
                              Fa0/5,      Fa0/21, Fa0/22, Fa0/23
                              Fa0/24,     Gi0/25, Gi0/26, Gi0/27 Gi0/28
  10 gongcheng                STATIC      Fa0/6, Fa0/7, Fa0/8, Fa0/9
                                          Fa0/10
  20 xiaoshou                 STATIC      Fa0/11, Fa0/12, Fa0/13, Fa0/14
                                          Fa0/15
  30 caiwu                    STATIC      Fa0/16, Fa0/17, Fa0/18, Fa0/19
                                          Fa0/20
S3750#
```

示例 3-12 是配置完成后三层交换机上用 show ip route 看到的路由表。

示例 3-12　三层交换机上的路由表

```
S3750#
S3750#show ip route

Codes:  C - connected, S - static,  R - RIP B - BGP
        O - OSPF, IA - OSPF inter area
        N1 - OSPF NSSA external type 1,N2-OSPF NSSA external type 2
        E1 - OSPF external type 1, E2 - OSPF external type 2
        i - IS-IS, L1 - IS-IS level-1, L2 - IS-IS level-2, ia - IS-IS
inter area
        * - candidate default

Gateway of last resort is no set
C    192.168.10.0/24 is directly connected, VLAN 10
C    192.168.10.1/32 is local host.
C    192.168.20.0/24 is directly connected, VLAN 20
C    192.168.20.1/32 is local host.
C    192.168.30.0/24 is directly connected, VLAN 30
C    192.168.30.1/32 is local host.
S3750#
```

示例 3-13 是在三层交换机上 show running-config 的结果。

示例 3-13　三层交换机的配置

```
S3750#show running-config
Building configuration...
```

```
Current configuration : 1793 bytes
!
vlan 1
!
vlan 10
 name gongcheng
!
vlan 20
 name xiaoshou
!
vlan 30
 name caiwu
!
interface FastEthernet 0/1
!
interface FastEthernet 0/2
!
interface FastEthernet 0/3
!
interface FastEthernet 0/4
!
interface FastEthernet 0/5
!
interface FastEthernet 0/6
 switchport access vlan 10
!
interface FastEthernet 0/7
 switchport access vlan 10
!
interface FastEthernet 0/8
 switchport access vlan 10
!
interface FastEthernet 0/9
 switchport access vlan 10
!
interface FastEthernet 0/10
switchport access vlan 10
!
interface FastEthernet 0/11
 switchport access vlan 20
!
```

```
interface FastEthernet 0/12
 switchport access vlan 20
!
interface FastEthernet 0/13
 switchport access vlan 20
!
interface FastEthernet 0/14
 switchport access vlan 20
!
interface FastEthernet 0/15
 switchport access vlan 20
!
interface FastEthernet 0/16
 switchport access vlan 30
!
interface FastEthernet 0/17
 switchport access vlan 30
!
interface FastEthernet 0/18
 switchport access vlan 30
!
interface FastEthernet 0/19
 switchport access vlan 30
!
interface FastEthernet 0/20
 switchport access vlan 30
!
interface FastEthernet 0/21
!
interface FastEthernet 0/22
!
interface FastEthernet 0/23
!
interface FastEthernet 0/24
!
interface GigabitEthernet 0/25
!
interface GigabitEthernet 0/26
!
interface GigabitEthernet 0/27
!
```

```
interface GigabitEthernet 0/28
!
interface VLAN 10
 ip address 192.168.10.1 255.255.255.0
!
interface VLAN 20
 ip address 192.168.20.1 255.255.255.0
!
interface VLAN 30
 ip address 192.168.30.1 255.255.255.0
!
line con 0
line vty 0 4
 login
!
end
S3750#
```

配置完成后，各个 VLAN 内的主机只要以相应的 VLAN 的 SVI 接口 IP 地址作为网关，就可以实现互连互通。

3.6 VLAN 排错

VLAN 在现在的各类园区网中是非常普遍的，它为网络工程师规划设计网络提供了很大的便利，并提高了园区网络的性能，使之更安全。下面来看一下使用 VLAN 时常见的一些问题，当遇到这些问题时应该如何进行排错处理。

图 3-13 展示了当一个使用了 VLAN 的交换式网络中遇到故障时的一般排查思路，首先查看物理连接是否正确，再查看局域网内的交换机、路由器配置是否正确（例如是否正确地给子接口或者 SVI 配置了 IP 地址），最后查看关于 Trunk 的配置和 VLAN 的配置是否正确。

VLAN 的配置错误是交换网络中比较常见的故障。辨认问题的症状、确定一个解决计划，是下一步要做的事情。

当面对吞吐量很低的问题时，需要检查存在错误的类型，可能是网卡的故障。如果发现大量的帧 RCS 校验错误、长度小于 64 字节等问题，往往是接口之间双工不匹配造成的，原因可能是设备之间的自动协商或是双方的连接错误所导致，此时可以检查交换机在双工方面的设置是否匹配。

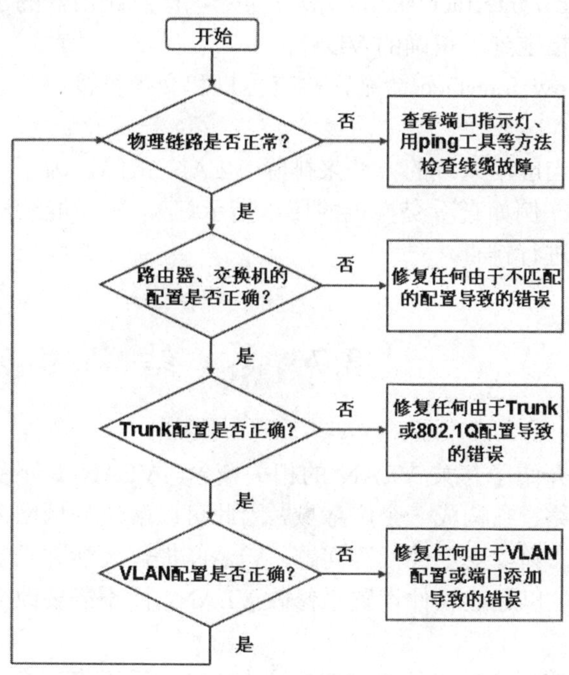

图 3-13　常规局域网排错方法

锐捷交换机在接口配置模式下可以使用下面这条命令进行双工的设置，使用该命令的 **no** 选项将该设置恢复为默认：

Switch（config-if）#**duplex** {**auto** | **full** | **half**}

其中，auto 表示全双工和半双工自适应；full 表示全双工；half 表示半双工。默认值是 auto。

如果 VLAN 内的主机不能和其他 VLAN 通信，则有可能是以下原因所造成的。

- ❑ 主机上错误的网关、IP 地址和子网掩码设置。
- ❑ 主机所连接的接口被划分到了错误的 VLAN。
- ❑ 交换机上的 Trunk 接口设置错误，例如，默认的 VLAN 设置不匹配，允许的 VLAN 列表不正确等。
- ❑ 路由器子接口或三层交换机 SVI 接口的 IP 地址和子网掩码设置错误。
- ❑ 路由器或者三层交换机可能需要添加到达其他子网的路由。

这时，需要按照以下的步骤一步步进行排查。

①检查主机的网络设置是否匹配和正确。

②通过 show vlan 命令，确定 VLAN 内的接口划分是否正确。

③通过 show interface trunk 命令，检查 Trunk 链路两端的 Trunk 设置是否匹配且正确。

④通过 show interface 命令，确定是否设置了正确的 IP 地址和子网掩码。

⑤通过 show ip route 命令，确定各个子网是否都能够正确地出现在路由表中。

⑥通过 show interface *subinterface* 命令，检查路由器的子接口是否正确封装了 802.1q，并指定到了正确的 VLAN。

⑦通过 show interface 命令，检查主机和交换机接口的速度和双工设置是否匹配。

总之，应当应用系统的方法来排除 VLAN 故障。为了隔离问题，第一步应当检查物理层（例如查看交换机的接口指示灯），然后继续检查第二层和第三层的问题来逐步进行排查。

3.7 总 结

本章主要介绍了有关 VLAN 的相关概念。VLAN 是不受物理区域和交换机限制的逻辑网络，它构成一个广播域，因此可以解决局域网内由广播过多所带来的带宽利用率下降、安全性低等问题。VLAN 提供灵活并且安全的划分逻辑子网的方法，我们可以通过软件设置来修改 VLAN，而不需要改变物理的连接或者移动设备。

我们可以依据交换机的接口来定义 VLAN，手工将交换机的接口划分到不同的 VLAN 中去，这些接口将保持在被分配的 VLAN 中，直至人工改变它。而动态 VLAN 则不同，接口属于哪一个 VLAN 不是管理员指定的，而是依据接口所连主机的 MAC 地址、网络层协议或者组播组来决定的。

在交换机上配置静态 VLAN 的关键命令是在特权模式下使用命令 **vlan** *vlan-id*。在接口模式下，使用命令 **switchport mode access** 和命令 **switchport access vlan** *vlan-id* 可以将接口划分到 VLAN 中，而使用命令 **switchport mode trunk** 可以设置一个干道接口。

由于 VLAN 隔离了广播域，所以要实现 VLAN 之间的通信需要三层设备的支持，例如通过路由器以单臂路由的方式实现，或者通过三层交换机以 SVI 接口的方式实现。

3.8 思考与练习

1. 选择题

（1）一个 Access 接口可以属于多少个 VLAN？

A. 仅一个 VLAN

B. 最多 64 个 VLAN

C. 最多 4094 个 VLAN

D. 依据管理员设置的结果而定

（2）以下哪些选项是静态 VLAN 的特性？

A. 每个接口属于一个特定的 VLAN

B. 不需要手工进行配置

C．接口依据它们自身的配置进行工作

D．用户不能更改 IP 地址的设置，否则会造成与 VLAN 不能连通

E．当用户移动时，需要管理员进行配置的修改

（3）当要使一个 VLAN 跨越两台交换机时，需要哪个特性支持？

A．用三层接口连接两台交换机

B．用 Trunk 接口连接两台交换机

C．用路由器连接两台交换机

D．两台交换机上 VLAN 的配置必须相同

（4）IEEE 802.1q 协议是如何给以太网帧打上 VLAN 标签的？

A．在以太网帧的前面插入 4 字节的 Tag

B．在以太网帧的尾部插入 4 字节的 Tag

C．在以太网帧的源地址和长度/类型字段之间插入 4 字节的 Tag

D．在以太网帧的外部加上 802.1q 封装

（5）关于 802.1q，下面的说法中正确的是？

A．802.1q 给以太网帧插入了 4 字节标签

B．由于以太网帧的长度增加，所以 FCS 值需要重新计算

C．标签的内容包括 2 字节的 VLAN ID 字段

D．对于不支持 802.1q 的设备，可以忽略这 4 字节的内容

（6）交换机的 Access 接口和 Trunk 接口有什么区别？

A．Access 接口只能属于 1 个 VLAN，而一个 Trunk 接口可以属于多个 VLAN

B．Access 接口只能发送不带 Tag 的帧，而 Trunk 接口只能发送带有 Tag 的帧

C．Access 接口只能接收不带 Tag 的帧，而 Trunk 接口只能接收带有 Tag 的帧

D．Access 接口的默认 VLAN 就是它所属的 VLAN，而 Trunk 接口可以指定默认 VLAN

（7）在锐捷交换机上配置 Trunk 接口时，如果要从允许 VLAN 列表中删除 VLAN 5，所运行的命令是哪一项？

A．Switch（config-if）#switchport trunk allowed remove 5

B．Switch（config-if）#switchport trunk vlan remove 5

C．Switch（config-if）#switchport trunk vlan allowed remove 5

D．Switch（config-if）#switchport trunk allowed vlan remove 5

（8）下面哪一条命令可以正确地为 VLAN 5 定义一个子接口？

A．Router（config-if）#encapsulation dot1q 5

B．Router（config-if）#encapsulation dot1q vlan 5

C．Router（config-subif）#encapsulation dot1q 5

D．Router（config-subif）#encapsulation dot1q vlan 5

（9）关于 SVI 接口的描述哪些是正确的？

A．SVI 接口是虚拟的逻辑接口

B．SVI 接口的数量是由管理员设置的

C．SVI 接口可以配置 IP 地址作为 VLAN 的网关

D．只有三层交换机具有 SVI 接口

（10）在局域网内是用 VLAN 所带来的好处是什么？

A. 可以简化网络管理员的配置工作量

B. 广播可以得到控制

C. 局域网的容量可以扩大

D. 可以通过部门等将用户分组而打破了物理位置的限制

2. **问答题**

（1）简述 VLAN 的概念，为什么需要使用 VLAN？

（2）VLAN 有哪些定义方法？

（3）802.1q 的标签中，各个字段的用途是什么？

（4）Access 接口是如何收发帧的？

（5）在一台锐捷交换机上配置 VLAN 5（名称为 abc），将接口 F0/10~F0/20 添加到 VLAN 5 中，并将 F0/1 接口设置成 Trunk 接口，应该如何配置？

（6）为什么需要三层设备才能实现 VLAN 间的通信？

（7）目前有哪些方法能够实现 VLAN 间的通信？

第 4 章　局域网中的冗余链路

本章重点

- 冗余拓扑
- 生成树协议
- 快速生成树协议
- STP 与 RSTP 的配置
- 以太网端口聚合

现在，局域网对于从们的工作和生活来说越来越重要了，尤其在办公网络中，办公自动化系统、邮件系统、库存管理系统和交易系统等，都需要网络的支撑才能使用，一旦网络发生故障就无法正常工作。随着人们对网络依赖性的不断提高，网络工程师在设计实施网络的时候，如何增强它的可靠性和容错性就成了一项重要的课题。

4.1　冗余拓扑

要使网络更加可靠，减少故障影响的一个重要方法就是“冗余”。网络中的冗余可以起到当网络中出现单点故障时，还有其他备份的组件可以使用，整个网络基本不受影响。

冗余在网络中是必须的，冗余的拓扑结构可以减少网络的停机时间或者不可用时间。单条链路、单个端口或是单台网络设备都有可能发生故障和错误，影响整个网络的正常运行，此时，如果有备份的链路、端口或者设备就可以解决这些问题，尽量减少丢失的连接，保障网络不间断地运行。使用冗余备份能够为网络带来健壮性、稳定性和可靠性等好处，提高网络的容错性能。

4.1.1　冗余交换模型

图 4-1 是一个冗余拓扑结构的交换网络，交换机 SW1 的 F0/1 端口与交换机 SW3 的 F0/1 端口之间的链路就是一个冗余备份连接。当主链路（SW1 的 F0/2 与 SW2 的 F0/2 的端口之间链路或者 SW2 的 F0/1 与 SW3 的 F0/2 之间的链路）出现故障时，访问文件服务器的流量会从这条备份链路里传输，从而提高网络的整体可靠性。

冗余拓扑的目的是减少网络因单点故障引起的停机损耗，所有的网络都需要利用冗余来提高可靠性。

不过，基于交换机的冗余拓扑也会使网络的物理拓扑形成环路，物理层的环路结构很容易引起广播风暴、多帧复制和 MAC 地址表抖动等问题，这些问题同样可能导致网络不可用。

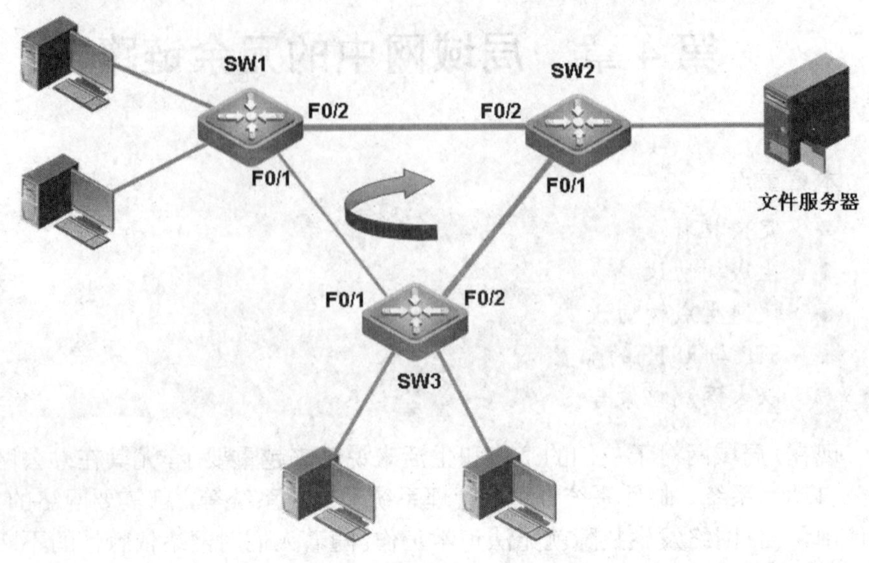

图 4-1　交换网络中的冗余链路

4.1.2　广播风暴

在没有避免交换环路措施的情况下，每个交换机都无穷无尽地转发广播帧，这种情况通常叫做“广播风暴”。

通常，交换机对网络中的广播帧或组播帧不会进行任何数据过滤。因为这些地址帧的信息不会出现在 MAC 层的源地址字段中。交换机总是直接将这些信息广播到所有端口。如果网络中存在环路，这些广播信息将在网络中不停地转发，直接导致交换机出现超负荷运转（如 CPU 过度使用，内存耗尽等），最终耗尽所有带宽资源，阻塞全网通信。

图 4-2 显示了一个广播风暴，从这个拓扑图可以看到广播风暴是如何形成的。

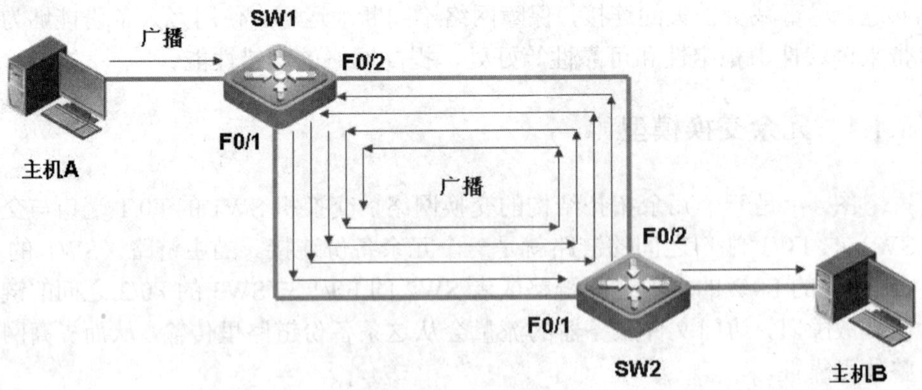

图 4-2　广播风暴

首先，主机 A 发送了一个广播帧（例如，一个针对主机 B 的地址解析协议 ARP 的请求报文），这个广播帧会被交换机 SW1 接收。

交换机 SW1 收到这个帧，查看目的 MAC 地址发现是一个广播帧，会向除了接收端口之外的所有端口进行转发，也就是向端口 F0/1 和 F0/2 进行转发。交换机 SW2 则会分别从端口 F0/1 和 F0/2 接收到这个广播帧的两个拷贝，它也会发现这是一个广播帧，需要向除了接收端口之外的所有端口进行转发。因此，从端口 F0/1 接收到的广播帧会转发给端口 F0/2 和主机 B；而从端口 F0/2 接收到的广播帧会转发给端口 F0/1 和主机 B。

这时我们就可以看到，虽然主机 B 已经收到了两个这个帧的拷贝，但广播的过程并没有停止。

交换机 SW2 从端口 F0/1 和 F0/2 转发出去的广播帧会再次被交换机 SW1 所收到，SW1 同样会把从端口 F0/1 接收到的广播帧转发给端口 F0/2 和主机 A，而从端口 F0/2 接收到的广播帧会转发给端口 F0/1 和主机 A。

结果就是交换机 SW2 再次收到了两个这个广播帧的拷贝，再次进行转发。这个过程将在 SW1 和 SW2 之间循环往复、永不停止。

最终，广播流量破坏了正常的通信流，消耗了带宽和交换机的 CPU 资源，直至交换机死机或者关机才算结束。广播风暴会破坏交换网络中的设备，因为交换机的 CPU 必须处理网段上的所有广播。所以，一个广播风暴可能锁住这些正在试图处理广播帧的交换机、用户 PC 以及服务器。

4.1.3 多帧复制

多帧复制也叫重复帧传送，单播的数据帧可能被多次复制传送到目的站点。很多协议都只需要每次传输一个拷贝。多帧复制会造成目的站点收到某个数据帧的多个副本，这不但浪费了目的主机的资源，还会导致上层协议在处理这些数据帧时无从选择，严重时还可能导致不可恢复的错误。

图 4-3 显示了多帧复制是如何发生的。

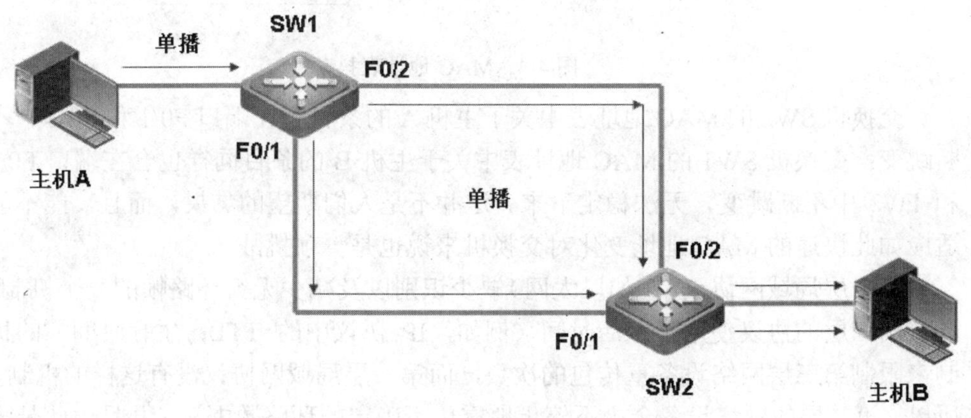

图 4-3　多帧复制

当主机 A 发送一个单播帧给主机 B，此时，交换机 SW1 的 MAC 地址表中如果没有主机 B 的条目，则会把这个单播帧从端口 F0/1 和 F0/2 泛洪出去。因此，交换机 SW2 就会从端口 F0/1 和 F0/2 分别收到两个发给主机 B 的单播帧。如果交换机 SW2 的 MAC 地址表中已经有了主机 B 的条目，它就会将这两个帧分别转发给主机B，这样主机B就收到了同一个帧的两份拷贝，于是形成了多帧复制。

4.1.4 MAC地址表抖动

MAC 地址表抖动也就是 MAC 地址表不稳定，这是由于相同帧的拷贝在交换机的不同端口上被接收引起的。如果交换机将资源都消耗在复制不稳定的MAC地址表上，那么数据转发的功能就可能被削弱。

继续看图4-3的例子。当交换机SW2从端口F0/1收到主机A发出的单播帧时，它会将端口F0/1与主机A的对应关系写入MAC地址表；而当交换机SW2随后又从端口F0/2收到主机A发出的单播帧时，会将MAC地址表中主机A对应的端口改为F0/1，这就造成了MAC地址表的抖动。当主机B向主机A回复了一个单播帧后，同样的情况也会发生在交换机SW1中。图4-4展示了这种情况。

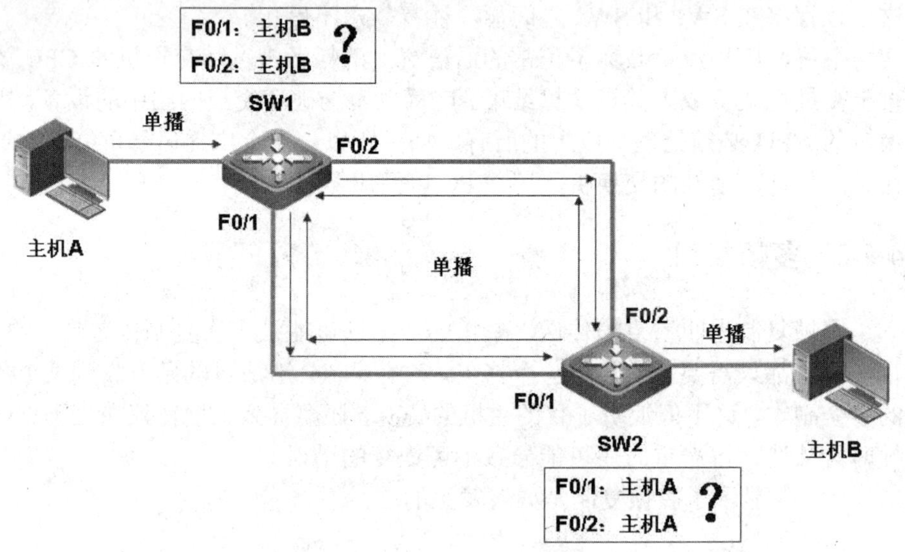

图4-4 MAC地址表抖动

交换机SW2的MAC地址表中关于主机A的条目会在端口F0/1和F0/2中不断跳变；交换机SW1的MAC地址表中关于主机B的条目同样也会在端口F0/1和F0/2中不断跳变，无法稳定下来。这并不是人们期望的结果，而且，能不能适应如此快速的MAC地址变化对交换机来说也是一项挑战。

第二层局域网协议（例如以太网）缺少识别以及减少无穷环路帧的一个机制。一些第三层的协议使用了存活时间（例如，IP 协议中的 TTL：生存时间）的机制来限制第三层网络设备重传包的次数，而第二层局域网协议没有这样的机制，所以，第二层的网络设备会永不停止地重传不确定的环路数据流，并且由此带来了多帧复制和MAC地址表抖动等问题。

需要一个无环（环路避免）机制来解决这些问题，这就是下面要介绍的生成树协议。

4.2 生成树协议

为了解决冗余链路引起的问题，IEEE 通过了 IEEE 802.1d 协议，即生成树协议（Spanning-Tree Protocol，STP）。IEEE 802.1d 协议通过在交换机上运行一套复杂的算法，使冗余端口置于“阻塞状态”，使得网络中的计算机在通信时只有一条链路生效，而当这个链路出现故障时，IEEE 802.1d 协议将会重新计算出网络的最优链路，将处于“阻塞状态”的端口重新打开，从而确保网络连接稳定可靠。

在交换式网络中使用生成树协议可以将有环路的物理拓扑变成无环路的逻辑拓扑，为网络提供了安全机制，使冗余拓扑中不会产生交换环路问题。

4.2.1 生成树协议概述

生成树协议 STP 最初是由 DEC 公司开发的，后来 IEEE 802 委员会进行了修改，最终制定了相应的 IEEE 802.1d 标准。STP 协议的主要功能就是维持一个无环的拓扑结构，当交换机或者网桥发现拓扑中存在环路时，就会逻辑地阻塞一个或更多个冗余端口，解决由于备份连接所产生的环路问题。

STP 协议的主要思想就是当网络中存在备份链路时，只允许主链路激活。如果主链路因故障而被断开后，备用链路才会被打开。当交换机间存在多条链路时，交换机的生成树算法只启动最主要的一条链路，而将其他链路都阻塞掉，并变为备用链路。当主链路出现问题时，生成树协议将自动起用备用链路接替主链路的工作，不需要任何人工干预。如图 4-5 所示，冗余备份的链路被逻辑断开，从而消除了环路。

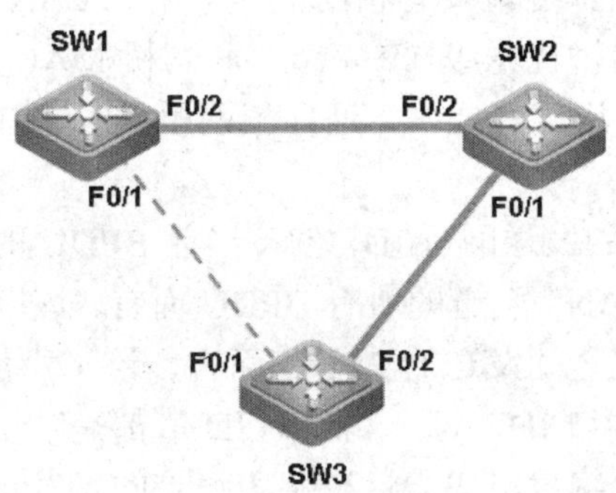

图 4-5　STP 避免环路

STP 协议中定义了根交换机（Root Bridge）、根端口（Root Port）、指定端口（Designated Port）和路径开销（Path Cost）等概念，目的就在于通过构造一棵自然树的方法达到阻塞冗余环路的目的，同时实现链路备份和路径最优化。用于构造这棵树的算法称为生成树算法 SPA（Spanning Tree Algorithm）。

STP 不断地检测网络，以便可以检测到一个线路、设备或者是接入的故障。当网络拓扑发生变化时，运行 STP 的交换机和网桥会自动重新配置它们的端口，以避免环路的产生或者连接的丢失。

下面介绍在 STP 工作过程中使用到的几个关键概念。

1. **桥接协议数据单元** BPDU

STP 的所有功能都是通过交换机或者网桥之间周期性地发送 STP 的桥接协议数据单元（Bridge Protocol Data Unit，BPDU）来实现的。BPDU 用于在交换机或者网桥之间传递信息，每 2 秒发送一次报文。STP 的 BPDU 是一种二层报文，目的 MAC 是多播地址 01-80-C2-00-00-00，所有支持 STP 协议的交换机都会接收并处理收到的 BPDU 报文，该报文的数据区里携带了用于生成树计算的所有有用信息。

BPDU 的报文格式如图 4-6 所示。

Protocol ID (2 Bytes)	Version (1 Bytes)	Type (1 Bytes)	Flags (1 Bytes)	Root BID (8 Bytes)	Root Path (4 Bytes)
Sender BID (8 Bytes)	Port ID (2 Bytes)	M-Age (2 Bytes)	Max Age (2 Bytes)	Hello (2 Bytes)	FD (2 Bytes)

图 4-6　BPDU 报文格式

BPDU 报文格式各个字段的含义如下。

- Protocol ID：协议 ID，恒定为 0。
- Version：版本号，恒定为 0。
- Type：报文类型，决定该帧中所包含的两种 BPDU 格式类型（配置 BPDU 和拓扑变更 TCN BPDU）。
- Flags：标记，标志活动拓朴中的变化。标记包含在拓朴变化通知（Topology Change Notifications）的下一部分中。
- Root BID：根网桥的网桥 ID。收敛后的网桥网络中，所有配置 BPDU 中的该字段都应该具有相同值（单个 VLAN）。可以细分为两个 BID 子字段：网桥优先级（2 字节）和网桥 MAC 地址（6 字节）。
- Root Path：根路径成本，通向根网桥（Root Bridge）的所有链路的积累开销。
- Sender BID：发送网桥 ID，创建当前 BPDU 的网桥 BID。对于单交换机（单个 VLAN）发送的所有 BPDU 而言，该字段值都相同；而对于交换机与交换机之间发送的 BPDU 而言，该字段值不同）。
- Port ID：端口 ID，每个端口的 ID 值都是唯一的，由端口优先级（1 字节）和端口编号组成。这个字段记录的是发送 BPDU 网桥的出端口。
- Message Age：报文老化时间。记录 Root Bridge 生成当前 BPDU 后已经经过的时间。
- Max Age：最大老化时间，保存 BPDU 的最长时间，也反映了拓朴变化通知（Topology Change Notification）过程中的网桥表生存时间情况。
- Hello：访问时间，指周期性发送 BPDU 的时间，默认是 2 秒。
- Forward Delay：转发延迟，用于在 Listening 和 Learning 状态的时间，也反映了拓朴变化通知（Topology Change Notification）过程中的时间情况。

在 BPDU 中，最关键的字段是根网桥 ID、根路径成本、发送网桥 ID 和端口

ID 等，STP 的工作过程依靠这几个字段的值。当交换机的一个端口收到高优先级的 BPDU（更小的 Root BID 或者更小的 Root Path Cost 等）时，就在该端口保存这些信息，同时向所有端口更新并传播信息。如果交换机的一个端口收到比自己低优先级的 BPDU 时，交换机就会丢弃这些信息。这样的机制就使高优先级的信息在整个网络中传播，BPDU 的交流就有了下面的结果。

①网络中选择了一个交换机为根网桥（Root Bridge）。

②每个交换机都计算到根网桥（Root Bridge）的最短路径。

③除根网桥外的每个交换机都有一个根端口（Root Port），即提供最短路径到 Root Bridge 的端口。

④每个 LAN 都有了指定交换机（Designated Bridge），位于该 LAN 与根交换机之间的最短路径中。指定交换机和 LAN 相连的端口称为指定端口（Designated port）。

⑤根端口（Roor port）和指定端口（Designated port）进入转发 Forwarding 状态。

⑥其他的冗余端口就处于阻塞状态（Blocking）。

这个过程会在下面一小节中详细论述。

2. 路径成本

STP 依赖于路径成本的概念，最短路径是建立在累计路径成本的基础上的。生成树的根路径成本就是到根网桥的路径中所有链路的路径成本的累计和。

路径成本的计算和链路的带宽相关联，表 4-1 列出了一些在 IEEE 802.1d 标准中规定的路径成本。IEEE 802.1d 的路径成本是被修订了的，在以前的版本中，路径成本是以 1000Mbps 带宽为计算基础的，因为以太网的速度提高得很快，而不得不做出修订，以非线性的方法融合了高速端口重新计算了路径成本。无论是修订前还是修订后，我们都会发现，STP 的路径成本是越低越好。

表 4-1　修订前后的 802. 1d 路径成本

链路带宽	成本（修订前）	成本（修订后）
10 Gbps	1	2
1000 Mbps	1	4
100 Mbps	10	19
10 Mbps	100	100

3. 网桥 ID

使用 STP 时，拥有最低网桥 ID 的交换机将成为根网桥。

网桥 ID 共 8 字节，由 2 字节的优先级和 6 字节网桥的 MAC 地址组成，如图 4-7 所示。

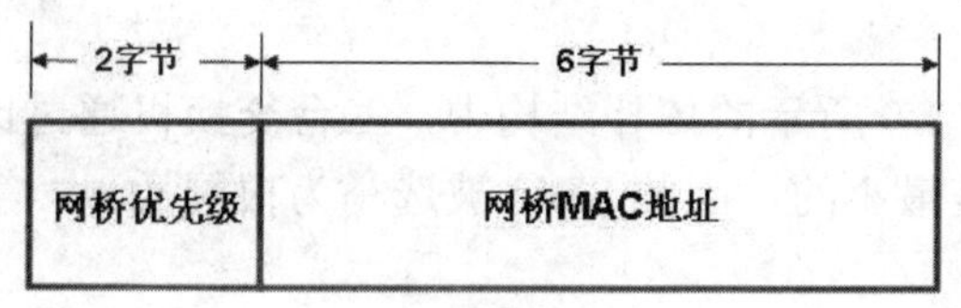

图 4-7　网桥 ID

网桥优先级是从 0～65535 的数字，默认值是 32768（0x8000）。优先级最低的网桥将成为根网桥。如果网桥优先级相同，则比较网桥 MAC 地址，具有最低 MAC 地址的交换机或网桥将成为根网桥。

4. 端口 ID

端口 ID 也参与决定到根网桥的路径。

端口 ID 共 2 字节，由 1 字节的端口优先级和 1 字节的端口编号组成，如图 4-8 所示。

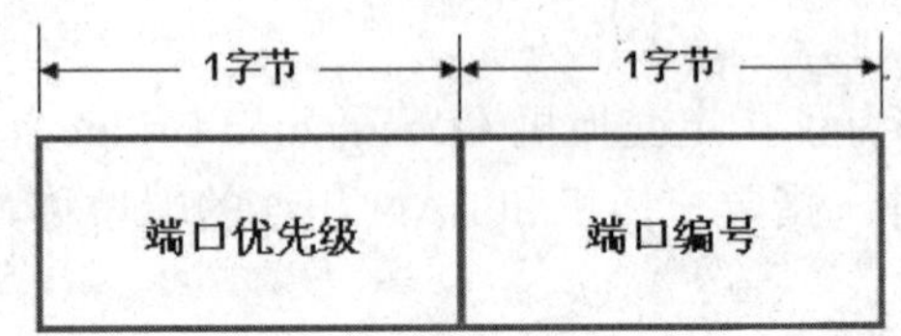

图 4-8 端口 ID

端口优先级是从 0～255 的数字，默认值是 128（0x80）。端口编号则是按照端口在交换机上的顺序排列的，例如，1/1 端口的 ID 是 0x8001，1/2 端口的 ID 是 0x8002。

端口优先级越小，则优先级越高。如果端口优先级相同，则编号越小，优先级越高。

4.2.2 生成树协议的工作过程

STP 要构造一个逻辑无环的拓扑结构，需要执行下面四个步骤。

步骤 1 选举一个根网桥。

步骤 2 在每个非根网桥上选举一个根端口。

步骤 3 在每个网段上选举一个指定端口。

步骤 4 阻塞非根、非指定端口。

1. 选举一个根网桥

首先，STP 会选举根网桥。在一个给定网络中只能存在一个根网桥，也就是具有最小网桥 ID 的交换机。

当网络中的交换机启动后，每一台都会假定它自己就是根网桥，把自己的网桥 ID 写入 BPDU 的根网桥 ID 字段里面，然后向外泛洪。当交换机接收到一个具有更低的 Root BID 的 BPDU 时，它就会把自己正在发送的 BPDU 中的 Root BID 字段替换为这个更低的网桥 ID，再向外发送。经过一段时间以后，所有的交换机都会比较完全部的 Root BID，并且选举出具有最小网桥 ID 的交换机作为根网桥。

例如，在图 4-9 所示的拓扑结构中，三台交换机通过比较网桥优先级，发现 SW2 的优先级是最小的，因此 SW2 被选举为根网桥。

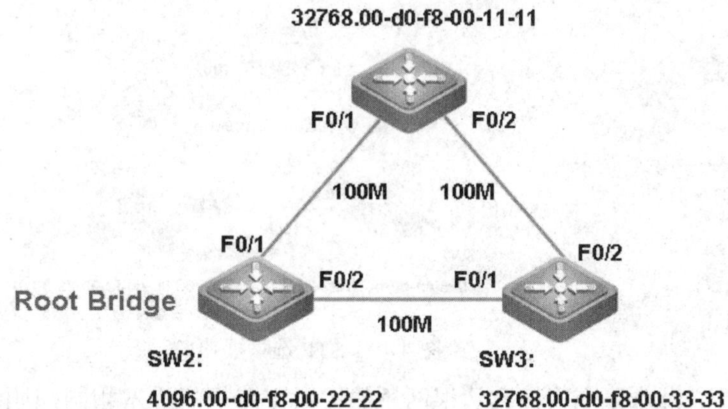

图 4-9 STP 选举根网桥

如果三台交换机的网桥优先级相同的话，则 SW1 会当选为根网桥，因为它具有最小的 MAC 地址。

根网桥默认情况下每 2 秒发送一次 BPDU，生成树下游的非根交换机会接收这些 BPDU，依据其中传递的信息进行根端口和指定端口的选举。

需要注意的是，STP 收敛以后，如果有一台网桥 ID 值更小的交换机加入进来，那么，它也会把自己当作一个根网桥而在网络中通告，引起 STP 进行新一轮的根网桥选举。由于那台新交换机的网桥 ID 的确更小，所以其他的交换机在比较一番后，就会把它作为新的根网桥记录下来，再重新计算到达新根网桥的无环路拓扑。

2. **选举根端口**

接下来则要在所有的非根网桥上选举出根端口。所谓根端口，就是从非根网桥到达根网桥的最短路径上的端口，即根路径成本最小的端口。选举根端口的依据顺序如下。

❑ 根路径成本最小。
❑ 发送网桥 ID 最小。
❑ 发送端口 ID 最小。

如图 4-10 所示，SW2 为根网桥，SW1 和 SW3 都需要选举出到达 SW2 的根端口（也就是确定根路径）。按照表 4-1 中路径成本的计算方法，对于 SW1 来说，从端口 F0/1 到达根网桥的根路径成本是 19，计算方法是：端口 F0/1 接收到根网桥发送的 BPDU 中根路径成本字段是 0，SW1 将端口 F0/1 的路径成本（带宽 100Mbps 的快速以太网链路，路经成本为 19）累加在上面，得到 F0/1 的根路径成本为 0+19=19。

从端口 F0/2 到达根网桥的根路径成本是 19+19=38，因为它收到 SW3 发送的 BPDU 中根路径成本字段值已经是 19 了，再累加端口 F0/2 的路径成本 19，得到最终的根路径成本为 38。通过比较端口 F0/1 和端口 F0/2 的根路径成本，F0/1 将被选举为根端口。同理，SW3 的 F0/1 端口也会被选举成根端口。

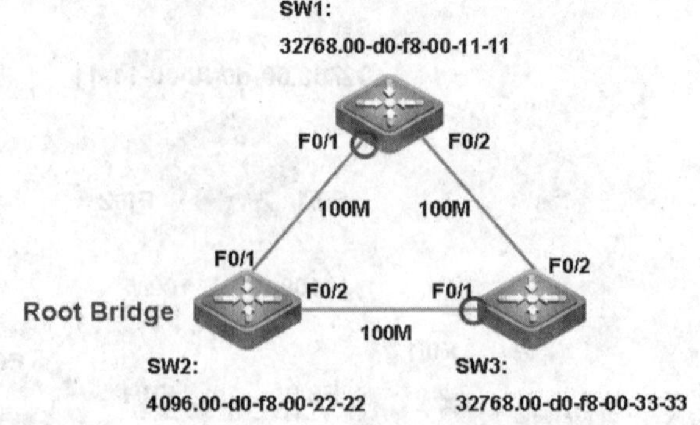

图 4-10 STP 选举根端口

如果一台非根交换机到达根网桥的多条根路径的成本相同，则比较从不同的根路径所收到 BPDU 中的发送网桥 ID，哪个端口收到的 BPDU 中发送网桥 ID 较小，则哪个端口为根端口；如果发送网桥 ID 也相同，则比较这些 BPDU 中的端口 ID，哪个端口收到的 BPDU 中端口 ID 较小，则哪个端口为根端口。

3. 选举指定端口

下面需要在每个网段中选取一个指定端口。所谓指定端口，就是连接在某个网段上的一个桥接端口，它通过该网段既向根交换机发送流量，也从根交换机接收流量。桥接网络中的每个网段都必须有一个指定端口。选举指定端口的依据顺序如下。

- 根路径成本最小。
- 所在交换机的网桥 ID 最小。
- 端口 ID 最小。

因此，根网桥上的每个活动端口都是指定端口，因为它的每个端口都具有最小根路径成本（实际是它的根路径成本是 0）。

如图 4-11 所示，根网桥 SW2 上的活动端口 F0/1 和 F0/2 由于根路径成本为 0，都当选为指定端口；而连接 SW1 和 SW3 的网段情况复杂一些，该网段上两个端口的根路径成本都是 38（19+19=38），那么就需要比较网桥 ID 了。SW1 和 SW3 的网桥优先级相同，但 SW1 的 MAC 地址更小一些，所以 SW1 的 F0/2 端口会被选举为该网段的指定端口。

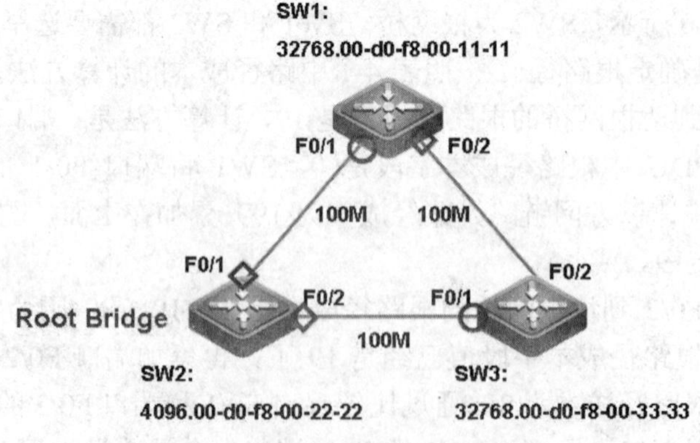

图 4-11 STP 选举指定端口

STP 的计算过程到这里就结束了。这时，只有在交换机 SW3 上的 F0/2 端口既不是根端口，也不是指定端口。

4. 阻塞非根、非指定端口

在网桥已经确定了根端口、指定端口和非根非指定端口后，STP 就准备开始创建一个无环拓扑了。

为创建一个无环拓扑，STP 配置根端口和指定端口转发流量，然后阻塞非根和非指定的端口，形成逻辑上无环路的拓扑结构，最终的结果如图 4-12 所示。

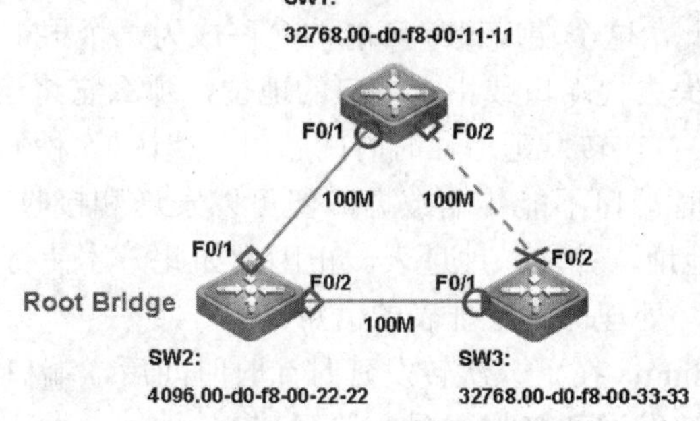

图 4-12　STP 生成的无环路拓扑

此时，SW1 和 SW3 之间的链路为备份链路，当 SW1 和 SW2、SW3 和 SW2 之间的主链路正常时，这条链路处于逻辑断开状态，这样就将交换环路变成了逻辑上的无环拓扑。只有当主链路故障时，才会启用备份链路，以保证网络的连通性。

4.2.3 生成树协议的端口状态

在 STP 中，正常的端口具有四种状态：阻塞（Blocking）、监听（Listening）、学习（Learning）和转发（Forwarding），端口的状态就在这四种状态里面变化，其过程如图 4-13 所示。

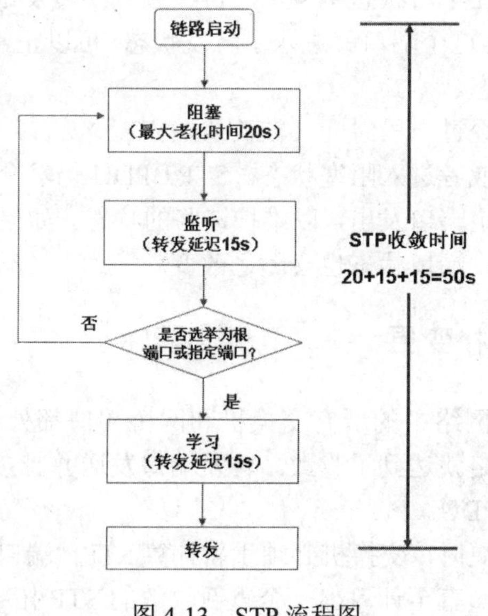

图 4-13　STP 流程图

这四种状态的详细描述如下：

- Blocking：初始启用端口之后的状态。端口不能接收或者传输数据，不能把 MAC 地址加入地址表，只能接收 BPDU。如果检测到有一个交换环路，或者端口失去了它的根端口或者指定端口的状态，那么就会返回到 Blocking 状态。
- Listening：如果一个端口可以成为一个根端口或者指定端口，那么它就转入监听状态，不能接收或者传输数据，也不能把 MAC 地址加入地址表，但可以接收和发送 BPDU。此时，端口参与根端口和指定端口的选举，因此，这个端口最终可能被允许成为一个根端口或指定端口。如果该端口失去根端口或指定端口的地位，那么它将返回到 Blocking 状态。
- Learning：在转发延迟计时时间超时（默认 15 秒）后，端口进入学习状态，此时端口不能传输数据，但可以发送和接收 BPDU，也可以学习 MAC 地址，并加入地址表。正因为如此，才使得交换机可以沉默一定的时间，处理有关地址表的信息。
- Forwarding：在下一次转发延时计时时间后，端口进入转发状态，此时端口能够发送和接收数据、学习 MAC 地址、发送和接收 BPDU。在生成树拓扑中，该端口至此才成为一个全功能的交换机端口。

除此之外，STP 中端口还有一个 Disabled（禁用）状态，由网络管理员设定或因网络故障使系统的端口处于 Disabled 状态。这个状态是比较特殊的状态，它并不是端口正常的 STP 状态。

当交换机加电启动后，所有的端口从初始化状态进入到阻塞状态，它们从这个状态开始监听 BPDU。当交换机第一次启动时，它会认为自己是根网桥，所以会转换为监听状态。如果一个端口处于阻塞状态，并在一个最大老化时间（20 秒）内没有接收到新的 BPDU，端口也会从阻塞状态转换为监听状态。

在监听状态，所有交换机选举根网桥，在非根网桥上选举根端口，并且在每一个网段中选举指定端口。经过一个转发延迟（15 秒）后，端口进入学习状态。

如果一个端口在学习状态结束后（再经过一个转发延迟 15 秒）还是一个根端口或者指定端口，这个端口就进入了转发状态，可以正常接收和发送用户数据，否则就转回阻塞状态。

最后，生成树经过一段时间（默认值是 50 秒左右）稳定之后，所有端口或者进入转发状态，或者进入阻塞状态。STP BPDU 仍然会定时（默认每隔 2 秒）从各个交换机的指定端口发出，以维护链路的状态。如果网络拓扑发生变化，生成树就会重新计算，端口状态也会随之改变。

4.2.4 生成树拓扑变更

如果一个交换网络中的所有交换机和网桥端口都处于阻塞状态或者转发状态时，这个交换网络就达到了收敛。转发端口发送并且接收数据通信和 BPDU，阻塞端口仅接收 BPDU。

当网络拓扑变更时，交换机必须重新计算 STP，端口的状态会发生改变，这样会中断用户通信，直至计算出一个重新收敛的 STP 拓扑。

发生变化的交换机会在它的根端口上每隔 hello time 时间就发送 TCN BPDU（拓扑变化通知 BPDU），直到生成树上游的指定网桥邻居确认了该 TCN（拓扑变化通知）为止。当根网桥收到后，会发送设置了 TC（topology change，拓扑改变）位的 BPDU，通知整个生成树拓扑结构发生了变化。图 4-14 展现了这个过程，下游交换机发现了拓扑改变后，会逐级向上汇报直至根网桥收到这个消息，然后根网桥再向全网内所有交换机通知拓扑的变更，图中的编号标识了各类消息发送的顺序。

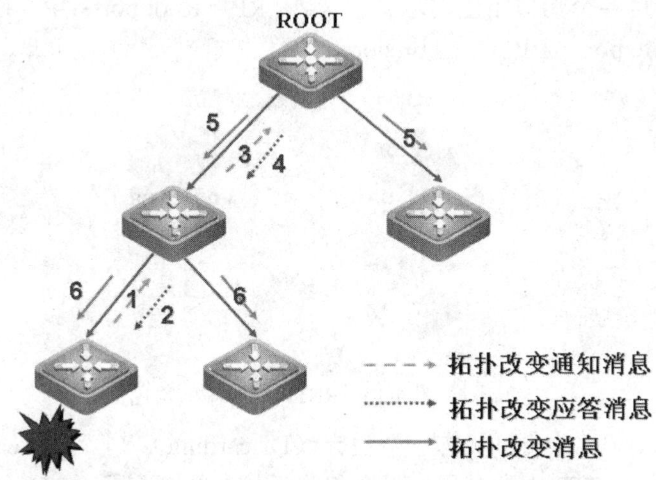

图 4-14　STP 拓扑变更

所有的下游交换机得到拓扑改变的通知后，会把它们的 Address Table Aging（地址表老化）计时器从默认值（300 秒）降为 Fordward Delay（默认为 15 秒），从而让不活动的 MAC 地址比正常情况下更快地从地址表更新掉。

当拓扑发生变化时，新的配置消息要经过一定的时延才能传播到整个网络，这个时延就是 15 秒的 Forward Delay。在所有网桥收到这个变化的消息之前，若旧拓扑结构中处于转发的端口还没有发现自己应该在新的拓扑中停止转发，则可能存在临时环路。为了解决临时环路的问题，生成树采用的是定时器策略，即在端口从阻塞状态到转发状态中间加上一个只学习 MAC 地址但不参与转发的中间状态——学习状态，两次状态切换的时间长度都是 Forward Delay，这样就可以保证在拓扑变化的时候不会产生临时环路。但是，这个看似良好的解决方案实际上带来的却是至少两倍 Forward Delay 的收敛时间！

4.3　快速生成树协议

为了解决 STP 协议的这个缺陷，在本世纪之初，IEEE 推出了 802.1w 标准，作为对 802.1D 标准的补充。在 IEEE 802.1w 标准里定义了快速生成树协议 RSTP（Rapid Spanning Tree Protocol）。

4.3.1 快速生成树协议概述

快速生成树协议——RSTP 在物理拓扑变化或配置参数发生变化时，显著地减少了网络拓扑的重新收敛时间。除了根端口和指定端口外，快速生成树协议定义了 2 种新增加的端口角色——替代（alternate）和备份（backup），这两种新增的端口用于取代阻塞端口。替代端口为当前的根端口到根网桥的连接提供了替代路径，而备份端口则提供了到达同段网络的备份路径，是对一个网段的冗余连接。图 4-15 所示是各个端口角色的示意图，其中 RP = Root port；DP = Designated port；AP = Alternate port；BP = Backup port。

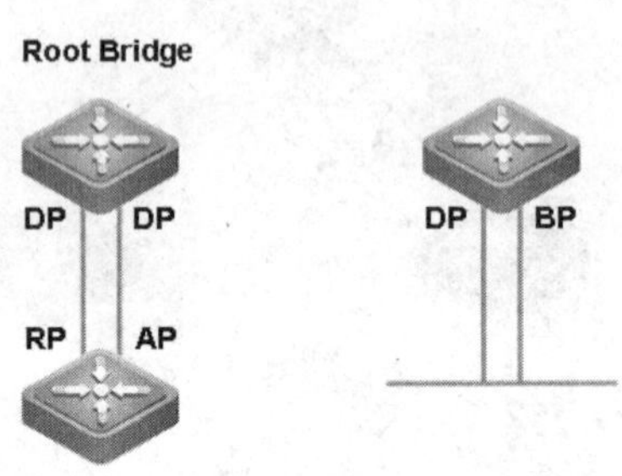

图 4-15　RSTP 中的端口角色

RSTP 只有三种端口状态——丢弃（Discarding）、学习（Learning）和转发（Forwarding）。STP 中的禁用、阻塞和监听状态就对应了 RSTP 的丢弃状态。表 4-2 比较了 STP 和 RSTP 的端口状态。不过，生成树算法（STA）仍然是依据 BPDU 决定端口的角色。和 802.1d 中对根端口的定义一样，到达根网桥最近的端口即为根端口，同样的，每个桥接网段上，通过比较 BPDU，将选举出谁是指定端口。一个桥接网段上只能有一个指定端口。

表 4-2　RSTP 端口状态

运行状态	STP 端口状态	RSTP 端口状态	在活动的拓扑中是否包含此状态
Disabled	Disabled	Discarding	否
Enabled	Blocking	Discarding	否
Enabled	Listening	Discarding	否
Enabled	Learning	Learning	是
Enabled	Forwarding	Forwarding	是

根端口或指定端口在拓扑结构中具有非常重要的作用，而替代端口或备份端口则不然。在稳定的网络中，根端口和指定端口处于转发状态，而替代端口及备份端口处于丢弃状态。

RSTP 可以主动地将端口立即转变为转发状态，而无须通过调整计时器的方式去缩短收敛时间。为了能够达到这种目的，就出现了两个新的变量：边缘端口（edge port）和链路类型（link type）。

边缘端口是指连接终端的端口。由于连接端工作站（而不是另一台交换机）是不可能导致交换环路的，因此这类端口就没有必要经过监听和学习状态，从而可以直接转变为转发状态。一旦边缘端口收到了 BPDU，它将立即转变为普通的 RSTP 端口。

连接类型是根据端口的双工模式来确定的。RSTP 快速转变为转发状态的这一特性同样可以在点到点链路上实现。由于全双工操作的端口被认为是点到点型的链路，半双工端口被认为是共享型链路，因此，RSTP 会将全双工操作的端口当成是点到点链路，从而达到快速收敛。

IEEE 802.1w 协议能够提供交换机故障、交换机端口或整个 LAN 快速恢复的特性，这是因为它依赖于一种有效的桥——桥握手机制，而不是 802.1d 中根桥所指定的计时器。RSTP 利用交换机不断发送 BPDU（按照 hello time）作为保持本地连接的方式，这就使 802.1d 的 Forward Delay 和 Max Age 定时器变得多余。

RSTP 对 BPDU 的处理方式也和 802.1d 有些不同，取代原先的 BPDU 中继方式（非根网桥的根端口收到来自根网桥的 BPDU 后，会重新生成一份 BPDU，朝下游交换机发送出去），802.1w 里的每个交换机在 BPDU hello time（默认 2 秒）的时间里生成 BPDU 发送出去，即使没有从根桥那里接收到任何 BPDU。如果在连续 3 个 hello time 里没有收到任何 BPDU，那么 BPDU 信息将超时不被予以信任。因此，在 802.1w 里，BPDU 更像是一种保活（keep alive）机制。即如果连续三次未收到 BPDU，那么交换机将认为它丢失了到达相邻交换机根端口或指定端口的连接。BPDU 扮演了在网桥间进行消息通知的角色，这种快速老化的方式使得链路故障可以很快地被检测出来，然后进一步考虑进行快速故障检测和自我恢复。

图 4-16 所示是一个经过 RSTP 收敛后形成的无环网络结构，如果 SW1 和 SW2 之间的活动链路出现故障，那么备份链路就会立即产生作用，于是就形成了如图 4-17 所示的情况。

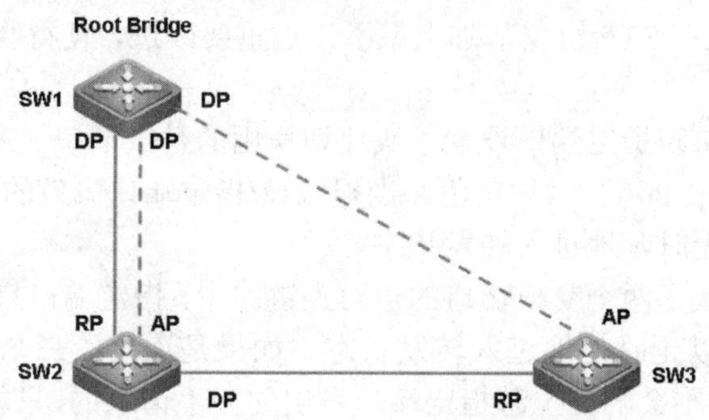

图 4-16　RSTP 收敛的网络拓扑

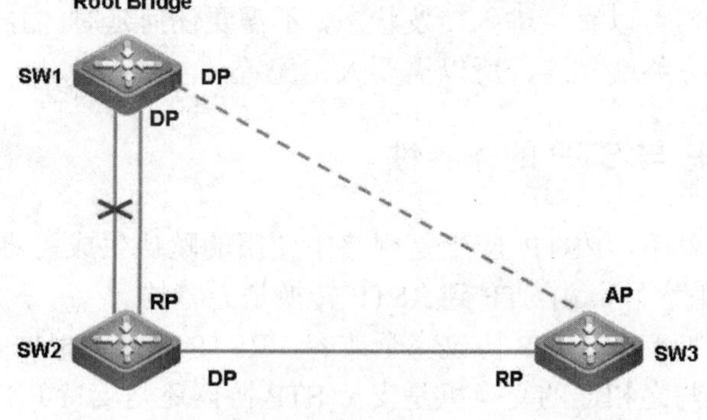

图 4-17　SW1 和 SW2 之间的活动链路故障

如果 SW2 和 SW3 之间的活动链路也出现了故障，那 SW3 就会自动把替换端口变为根端口进入转发状态，就形成了图 4-18 所示的情况。

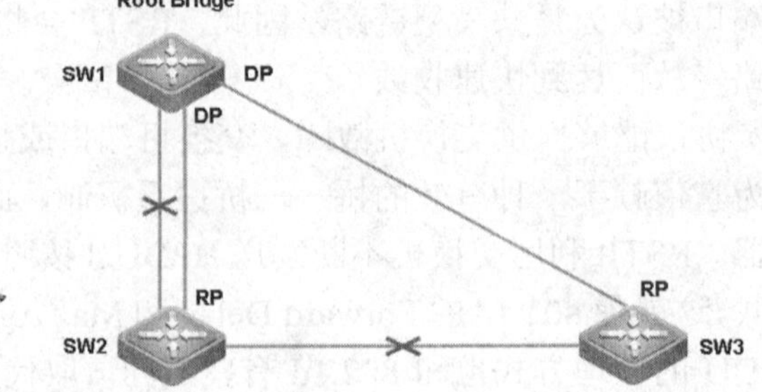

图 4-18 SW2 和 SW3 之间的活动链路故障

在 RSTP 中，仅当非边缘端口转为转发状态时，拓扑结构才会发生改变，而 802.1d 中的连接丢失（例如，端口阻塞）则不会引起拓扑结构的变化。802.1w 中的拓扑结构变化通知与 802.1d 中的不同，它可以大大减少数据通信中断。在 802.1d 中，TCN 先单独传送给根桥，然后再多点传送到其他网桥。接收 802.1d TCN 将使网桥快速老化转发表格中的所有条目，而不考虑网桥转发拓扑结构是否受到了影响。RSTP 则恰恰相反，它明确通知网桥保留通过接收 TCN 端口所学习的条目，因而使这项工作得到了最优化。TCN 特性的这种改变，大大减少了在拓扑结构变化中丢失的 MAC 地址。

4.3.2 RSTP 的优点

RSTP 协议在 STP 协议基础上做了三点重要改进，使得收敛速度变快（最快 1s 以内）。

①为根端口和指定端口设置了快速切换用的替换端口（Alternate Port）和备份端口（Backup Port）两种角色。当根端口/指定端口失效的情况下，替换端口/备份端口就会无时延地进入转发状态。

②在只连接了两个交换端口的点对点链路中，指定端口只需与下游网桥进行一次握手就可以无时延地进入转发状态。如果是连接了三个以上网桥的共享链路，下游网桥是不会响应上游指定端口发出的握手请求的，只能等待两倍 Forward Delay 时间进入转发状态。

③直接与终端相连而不是把其他网桥相连的端口定义为边缘端口（Edge Port）。边缘端口可以直接进入转发状态，不需要任何延时。由于网桥无法知道端口是否是直接与终端相连，所以需要人工配置。

4.3.3 RSTP 与 STP 的兼容性

在理想条件下，RSTP 应当是网络中使用的默认生成树协议。由于 STP 与 RSTP 之间的兼容性，由 STP 到 RSTP 转换是无缝的。

RSTP 协议可以与 STP 协议完全兼容，RSTP 协议会根据收到的 BPDU 版本号来自动判断与之相连的交换机是支持 STP 协议还是支持 RSTP 协议，如果是与 STP 交换机相连就只能按 STP 的工作流程进行，经过 30s 后再进入转发状态，无法发挥 RSTP 的最大功效。

另外，RSTP 和 STP 混用还会遇到这样一个问题，如图 4-19（a）所示，SW1 是支持 RSTP 协议的，SW2 只支持 STP 协议，它们互连，SW1 发现与它相连的是 STP 桥，就发 STP 的 BPDU 来兼容它。但后来如果换了台 SW3，如图 4-19（b），SW3 支持 RSTP 协议，但 Sw1 却依然在发送 STP 的 BPDU，这样使 SW3 也认为与之互连的是 STP 桥了，结果两台支持 RSTP 的交换机却以 STP 协议来运行，大大降低了效率。

为此，RSTP 协议提供了协议迁移（protocol-migration）功能来强制发送 RSTP BPDU，这样 SW1 强制发送了 RSTP BPDU，SW3 就发现与之互连的交换机是支持 RSTP 的，于是两台交换机就都以 RSTP 协议运行了，如图 4-19（c）所示。

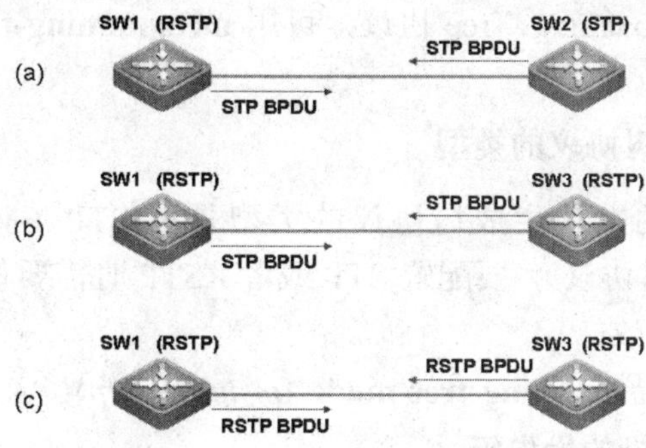

图 4-19 RSTP 与 STP 的兼容

由此可见，RSTP 协议相对于 STP 协议的确改进了很多。为了支持这些改进，BPDU 的格式做了一些修改，但 RSTP 协议仍然向下兼容 STP 协议，可以混合组网。

4.4 STP 与 RSTP 的配置

4.4.1 生成树协议的默认参数

配置生成树协议时需要首先了解交换机中相关参数的默认值是多少，表 4-3 列出了 Spanning Tree 的默认配置。

表 4-3 Spanning Tree 的默认配置

项目	默认值
Enable State	Disable，不打开 STP
STP Priority	32768
STP Port Priority	128
STP Port cost	根据端口速率自动判断，计算方法为长整型
Hello Time	2 秒
Forward-delay Time	15 秒
Max-age Time	20 秒
Link Type	根据端口双工状态自动判断

我们可以通过命令对这些参数进行配置修改，也可以通过 **spanning-tree reset** 命令让 spanning tree 参数恢复到默认配置。

下面我们看一下如何进行生成树协议的配置。

4.4.2 配置 STP 和 RSTP

1. 打开、关闭 Spanning Tree 协议

锐捷交换机的默认状态是关闭 Spanning-Tree 协议，可以使用下面的命令打开：

Switch(config)#**spanning-tree**

如果要关闭 Spanning Tree 协议，可用 **no spanning-tree** 全局配置命令进行设置。

2. 修改生成树协议的类型

锐捷交换机的默认生成树协议的类型是 MSTP（Multiple Spanning Tree Protocol，多生成树协议），要配置 STP 或者 RSTP 时需要使用下面的命令对生成树协议类型进行修改：

Switch(config)#**spanning-tree mode** {*mstp*|*stp*|*rstp*}

MSTP 多生成树协议用于多生成树（MST），它是把 IEEE802.1w 的快速生成树（RST）算法扩展而得到的。多生成树能够通过干道（trunks）建立多个生成树，关联 VLANs 到相关的生成树进程，每个生成树进程具备单独于其他进程的拓扑结构；MST 提供了多个数据转发路径和负载均衡，提高了网络容错能力，因为一个进程（转发路径）的故障不会影响其他进程（转发路径）。

3. 配置交换机的优先级

配置交换机的优先级关系着到底哪个交换机为整个网络的根交换机，同时也关系到整个网络的拓扑结构。通常情况下应当把核心交换机的优先级设置的高些（数值小），使核心交换机成为根网桥，这样有利于整个网络的稳定。

优先级的设置值有 16 个，都为 4096 的倍数，分别是 0、4096、8192、12288、16384、20480、24576、28672、32768、36864、40960、45056、49152、53248、57344 和 61440。默认值为 32768。

要配置交换机的优先级需要在全局配置模式下运行下面的命令：

Switch(config)#**spanning-tree priority** *<0-61440>*

如果要恢复到默认值，可用 **no spanning-tree priority** 全局配置命令进行设置。

4. 配置端口的优先级

当有两个端口都连在一个共享介质上，交换机会选择一个高优先级（数值小）的端口进入 Forwarding 状态，低优先级（数值大）的端口进入 Discarding 状态。如果两个端口的优先级一样，就选端口编号小的那个进入 Forwarding 状态。

和交换机的优先级一样，可配置的优先级值也有 16 个，都为 16 的倍数，分别是 0、16、32、48、64、80、96、112、128、144、160、176、192、208、224 和 240。默认值为 128。

要配置端口的优先级需要在接口配置模式下运行下面的命令：

Switch(config-if)#**spanning-tree port-priority** *<0-240>*

如果要恢复到默认值，可用 **no spanning-tree port-priority** 端口配置命令进行设置。

5. **配置端口的路径成本（可选）**

交换机是根据哪个端口到根网桥的根路径成本最小来选定根端口的，因此，端口路径成本的设置关系到本交换机的哪个端口将成为根端口。端口路径成本的默认值是按端口的链路速率自动计算的，速率高的端口成本小。如果没有特别需要，可不必更改它，因为这样算出的路径成本最科学。

配置端口的路径成本可以在接口模式下运行下面的命令，取值范围为1～200 000 000，默认值为根据端口的链路速率自动计算。

Switch(config-if)#**spanning-tree cost** *cost*

如果要恢复到默认值，可用 **no spanning-tree cost** 端口配置命令进行设置。

6. **配置端口路径成本的默认计算方法（可选）**

当该端口 Path Cost 为默认值时，交换机自动根据端口速率计算出该端口的Path cost。但 IEEE 802.1d 和 IEEE 802.1t 对相同的链路速率规定了不同路径成本值，802.1d 的取值范围是短整型（short）（1～65535），802.1t 的取值范围是长整型（long）（1～200 000 000）。网络规划设计时一定要统一好整个网络内路径成本的标准。默认模式为长整型模式（IEEE 802.1t 模式）。

表 4-4 对比了这两种不同标准中的路径成本。

表 4-4 802. 1d 和 802. 1t 所规定的不同路径成本

端口速率	端口类型	IEEE 802. 1d	IEEE 802. 1t
10Mbps	普通端口	100	2000000
	Aggregate Link	95	1900000
100Mbps	普通端口	19	200000
	Aggregate Link	18	190000
1000Mbps	普通端口	4	20000
	Aggregate Link	3	19000

Aggregate 是指聚合端口，这将在 4.4.3 小节进行介绍。

配置端口路径成本的默认计算方法可以在全局配置模式下运行下面的命令，设置值为长整型（long）或短整型（short），默认值为长整型（long）。

Switch(config)#**spanning-tree path-cost method** {*long*|*short*}

如果要恢复到默认值，可用 **no spanning-tree pathcost method** 全局配置命令进行设置。

7. **配置 Hello Time、Forward–delay Time 和 Max–age Time（可选）**

配置 Hello Time 是配置交换机定时发送 BPDU 报文的时间间隔。取值范围为 1 秒~10 秒，默认值为 2 秒。

配置 Forward-de lay Time 是配置端口状态改变的时间间隔。取值范围为 4 秒~30 秒，默认值为 15 秒。

配置 Max-age Time 是配置 BPDU 报文消息生存的最长时间，取值范围为 6 秒~40 秒，默认值为 20 秒。

Hello Time、Forward-delay Time 和 Max-age Time 这三个值的范围是相关的，修改了其中一个会影响到其他两个值的范围。这三个值之间有一个制约关系。

2*(Hello Time+1.0snd) <= Max-Age Time <= 2*(Forward-Delay - 1.0snd)

不符合这个条件的值就设置不成功。

要配置这三个时间参数，可以在全局配置模式下运行以下命令。

Switch(config)#**spanning-tree hello-time|forward-time|max-age** *seconds*

如果要恢复到默认值，可用 **no spanning-tree hello-time|forward-time|max-age** 全局配置命令进行设置。

需要注意的是，计时器的时间一般不需要改动，按照默认值即可。

8. 配置链路类型（可选）

配置该端口的连接类型是不是“点到点连接”，这一点关系到 RSTP 是否能快速地收敛。当不设置该值时，交换机会根据端口的“双工”状态来自动设置，全双工的端口链路类型设为点到点连接，半双工的端口链路类型设为共享连接。也可以强制将链路类型的端口连接设置为“点到点连接”。

配置该端口的连接类型，默认值会根据端口“双工”状态来自动判断是不是“点到点连接”。

Switch(config-if)#**spanning-tree link-type** {*point-to-poin*|*shared*}

如果要恢复到默认值，可用 **no spanning-tree link-type** 端口配置命令进行设置。

9. 查看生成树的配置

配置完成后可在特权模式运行以下命令查看交换机上运行的生成树实例状态，以检查配置是否正确。

Switch#**show spanning-tree**

也可以用下面的命令显示交换机某个具体端口的生成树信息。

Switch#**show spanning-tree interface** *interface-id*

4.4.3 生成树配置实例

下面是一个生成树的配置实例。在图 4-20 所示的拓扑结构中配置 RSTP，每台交换机的默认优先级和 MAC 地址已经标注在图中。图中的 SW1 和 SW2 使用的是锐捷 RG-S3760-24 交换机，SW3 和 SW4 使用的是 RG-S3750-24 交换机。

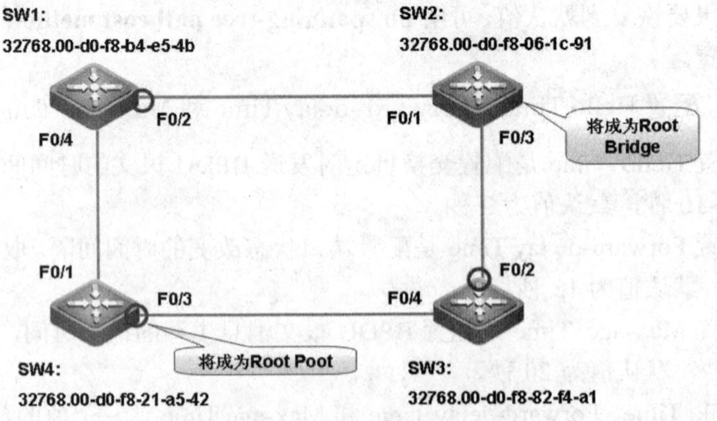

图 4-20　生成树配置实例拓扑

如果只启用 RSTP，交换机 SW2 将成为根网桥，而 SW4 的端口 F0/3 就成了根端口。现在要将 SW1 设为根网桥，SW3 的端口 F0/4 设为根端口，需要进行以下示例 4-1 至 4-4 所示的配置。

示例 4-1　SW1 的配置

```
S3760#configure terminal
Enter configuration commands, one per line.  End with CNTL/Z.
S3760(config)#hostname SW1
SW1(config)#spanning-tree
Enable spanning-tree.
SW1(config)#spanning-tree mode rstp
SW1(config)#spanning-tree priority 4096
! 减小 SW1 的网桥优先级，使 SW1 能够被选举为根网桥
SW1(config)#
Feb 18 12:37:28 SW1 %7:1971-2-18 12:37:28 NEWROOT:new root is produced
Feb 18 12:37:29 SW1 %7:1971-2-18 12:37:29 topochange:topology is changed
Feb 18 12:37:30 SW1 %7:1971-2-18 12:37:30 topochange:topology is changed
Feb 18 12:37:31 SW1 %7:1971-2-18 12:37:31 topochange:topology is changed
SW1(config)#exit
```

示例 4-2　SW2 的配置

```
S3760#configure terminal
Enter configuration commands, one per line.  End with CNTL/Z.
S3760(config)#hostname SW2
SW2(config)#spanning-tree
Enable spanning-tree.
SW2(config)#spanning-tree mode rstp
SW2(config)#exit
```

示例 4-3　SW3 的配置

```
S3750#configure terminal
Enter configuration commands, one per line.  End with CNTL/Z.
S3750(config)#hostname SW3
SW3(config)#spanning-tree
Enable spanning-tree.
SW3(config)#spanning-tree mode rstp
SW3(config)#exit
```

示例 4-4　SW4 的配置

```
S3750#configure terminal
Enter configuration commands, one per line.  End with CNTL/Z.
S3750(config)#hostname SW4
SW4(config)#spanning-tree
Enable spanning-tree.
SW4(config)#spanning-tree mode rstp
SW4(config)#spanning-tree priority 24576
！减少 SW4 的网桥优先级，使 SW3 能够选举端口 F0/4 为根端口
SW4(config)#
Nov  8 01:02:06 SW4 %7:2008-11-8 1:02:06 topochange:topology is changed
Nov  8 01:02:07 SW4 %7:2008-11-8 1:02:07 topochange:topology is changed
SW4(config)#exit
```

为了不改变 SW3 的端口路径成本，所以在这里采取的方法是将 SW4 的网桥优先级改小，减小 SW4 的网桥 ID，然后根据根路径成本相同时，比较发送网桥 ID 的原则，SW3 就会选举连接 SW4 的端口 F0/4 为根端口。

配置完成后，生成树收敛的结果如图 4-21 所示。

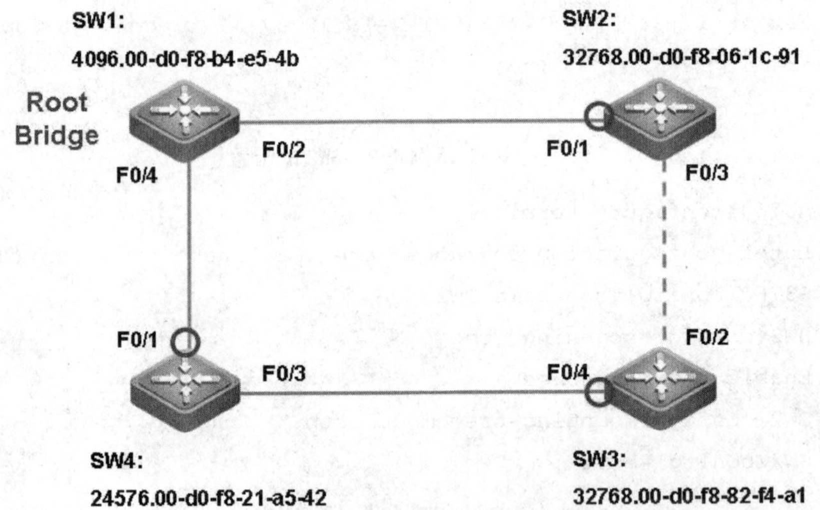

图 4-21 生成树收敛结果

查看交换机中生成树的运行状态如示例 4-5 至示例 4-7 所示。

示例 4-5　SW1 的生成树状态

```
SW1#show spanning-tree
StpVersion : RSTP
SysStpStatus : ENABLED
MaxAge : 20
```

```
HelloTime : 2
ForwardDelay : 15
BridgeMaxAge : 20
BridgeHelloTime : 2
BridgeForwardDelay : 15
MaxHops: 20
TxHoldCount : 3
PathCostMethod : Long
BPDUGuard : Disabled
BPDUFilter : Disabled
BridgeAddr : 00d0.f8b4.e54b
Priority: 4096
TimeSinceTopologyChange : 0d:0h:2m:42s
TopologyChanges : 7
DesignatedRoot : 1000.00d0.f8b4.e54b
RootCost : 0
RootPort : 0
```

示例 4-6 SW2 的生成树状态

```
SW2#show spanning-tree
StpVersion : RSTP
SysStpStatus : ENABLED
MaxAge : 20
HelloTime : 2
ForwardDelay : 15
BridgeMaxAge : 20
BridgeHelloTime : 2
BridgeForwardDelay : 15
MaxHops: 20
TxHoldCount : 3
PathCostMethod : Long
BPDUGuard : Disabled
BPDUFilter : Disabled
BridgeAddr : 00d0.f806.1c91
Priority: 32768
TimeSinceTopologyChange : 0d:0h:3m:31s
TopologyChanges : 5
DesignatedRoot : 1000.00d0.f8b4.e54b
RootCost : 200000
RootPort : 1
```

示例 4-7　SW3 的生成树状态

```
SW3#show spanning-tree
StpVersion : RSTP
SysStpStatus : ENABLED
MaxAge : 20
HelloTime : 2
ForwardDelay : 15
BridgeMaxAge : 20
BridgeHelloTime : 2
BridgeForwardDelay : 15
MaxHops: 20
TxHoldCount : 3
PathCostMethod : Long
BPDUGuard : Disabled
BPDUFilter : Disabled
BridgeAddr : 00d0.f882.f4a1
Priority: 32768
TimeSinceTopologyChange : 0d:0h:0m:30s
TopologyChanges : 4
DesignatedRoot : 1000.00d0.f8b4.e54b
RootCost : 400000
RootPort : 4
```

示例 4-8　SW4 的生成树状态

```
SW4#show spanning-tree
StpVersion : RSTP
SysStpStatus : ENABLED
MaxAge : 20
HelloTime : 2
ForwardDelay : 15
BridgeMaxAge : 20
BridgeHelloTime : 2
BridgeForwardDelay : 15
MaxHops: 20
TxHoldCount : 3
PathCostMethod : Long
BPDUGuard : Disabled
BPDUFilter : Disabled
BridgeAddr : 00d0.f821.a542
Priority: 24576
TimeSinceTopologyChange : 0d:0h:0m:9s
```

```
TopologyChanges : 7
DesignatedRoot : 1000.00d0.f8b4.e54b
RootCost : 200000
RootPort : 1
```

在 SW3 上查看端口 F0/2 和 F0/4 的生成树信息如示例 4-9 所示，可以看到端口 F0/4 是根端口，端口 F0/2 是替代端口。

示例 4-9　SW3 端口上的生成树信息

```
SW3#show spanning-tree interface fastEthernet 0/2
PortAdminPortFast : Disabled
PortOperPortFast : Disabled
PortAdminLinkType : auto
PortOperLinkType : point-to-point
PortBPDUGuard : disable
PortBPDUFilter : disable
PortState : discarding
PortPriority : 128
PortDesignatedRoot : 1000.00d0.f8b4.e54b
PortDesignatedCost : 200000
PortDesignatedBridge :8000.00d0.f806.1c91
PortDesignatedPort : 8003
PortForwardTransitions : 1
PortAdminPathCost : 200000
PortOperPathCost : 200000
PortRole : alternatePort
SW3#
SW3#show spanning-tree interface fastEthernet 0/4
PortAdminPortFast : Disabled
PortOperPortFast : Disabled
PortAdminLinkType : auto
PortOperLinkType : point-to-point
PortBPDUGuard : disable
PortBPDUFilter : disable
PortState : forwarding
PortPriority : 128
PortDesignatedRoot : 1000.00d0.f8b4.e54b
PortDesignatedCost : 200000
PortDesignatedBridge :6000.00d0.f821.a542
PortDesignatedPort : 8003
PortForwardTransitions : 3
PortAdminPathCost : 200000
```

```
PortOperPathCost : 200000
PortRole : rootPort
```

4.5 以太网端口聚合

对局域网交换机之间以及从交换机到高需求服务的许多网络连接来说，100 Mbps 甚至 1 Gbps 的带宽已经无法满足网络的应用需求。除了 ISP、应用服务提供商、流媒体提供商等这类企业之外，传统企业网络管理员也会感到企业服务器连接上的带宽压力。

此时，如果采用多条链路进行连接，则会产生环路，使用生成树解决环路问题，结果备份链路仅仅是作为备份，不能用于增加带宽和提高传输速率。

端口聚合技术（也称链路聚合）则解决了这个问题。在 1999 年制订的 802.3ad 标准中定义了如何将两个以上的以太网链路组合起来为高带宽网络连接实现负载共享、负载平衡以及提供更好的弹性。

4.5.1 端口聚合概述

端口聚合技术是指可以把多个物理端口捆绑在一起形成一个简单的逻辑端口，这个逻辑端口被称为聚合端口 Aggregate Port（以下简称 AP）。AP 由多个物理成员端口聚合而成，是链路带宽扩展的一个重要途径，其标准为 IEEE 802.3ad。它可以把多个端口的带宽叠加起来使用，例如全双工快速以太网端口形成的 AP 最大可以达到 800 Mbps，或者千兆以太网端口形成的 AP 最大可以达到 8 Gbps，如图 4-22 所示。

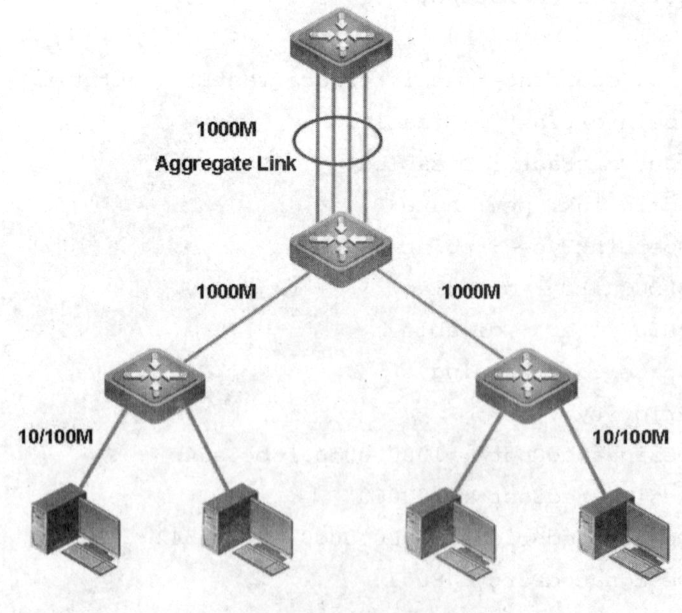

图 4-22　端口聚合

这项标准适用于 10/100/1000 Mbps 以太网。对于二层交换来说 AP 就像一个高带宽的 Switch port，它可以把多个端口的带宽叠加起来使用，扩展了链路带宽。此外，通过聚合端口发送的帧还将在所有成员端口上进行流量平衡，如果 AP 中的一条成员链路失效，聚合端口会自动将这个链路上的流量转移到其他有效的成员链路上，提高连接的可靠性。这就是 802.3ad 所具有的自动链路冗余备份的功能。流量转移的速度很快，当交换机得知 MAC 地址已经被自动地从一个 AP 端口重新分配到同一链路中的另一个端口时，流量转移就被触发，数据将被发送到新端口位置，并且在几乎不中断服务的情况下，网络继续运行。

AP 中任意一条成员链路收到的广播或者多播报文，都不会被转发到其他成员链路上。

需要注意的是，聚合端口的成员端口类型可以为 Access port 或 Trunk Port，但同一个 AP 的成员端口必须为同一类型，全部是 Access Port，或全部是 Trunk port。

4.5.2 流量平衡

AP 会根据报文的 MAC 地址或 IP 地址进行流量平衡，即把流量平均地分配到 AP 的成员链路中去。流量平衡可以根据源 MAC 地址、目的 MAC 地址或源 IP 地址/目的 IP 地址进行设置。

源 MAC 地址进行流量平衡会根据报文的源 MAC 地址把报文分配到各个链路中。不同的主机，转发的链路不同，同一台主机的报文，从同一个链路转发（交换机中学到的地址表不会发生变化）。

目的 MAC 地址进行流量平衡时会根据报文的目的 MAC 地址把报文分配到各个链路中。同一目的主机的报文，从同一个链路转发，不同目的主机的报文，从不同的链路转发。用 aggregateport load-balance 可以设定流量分配方式。

源 MAC+目的 MAC 地址的流量平衡是根据报文的源 MAC 和目的 MAC 地址把报文分配到 AP 的各个成员链路中。具有不同的源 MAC+目的 MAC 地址的报文可能被分配到同一个 AP 的成员链路中。

源 IP 地址或者目的 IP 地址流量平衡，以及源 IP 地址+目的 IP 地址流量平衡是根据报文源 IP 与目的 IP 进行流量分配。不同的源 IP/目的 IP 对的报文通过不同的端口转发，同一源 IP/目的 IP 对的报文通过相同的链路转发，其他的源/目的 IP 对的报文通过其他的链路转发。该流量平衡方式一般用于三层 AP。在此流量平衡模式下收到的如果是二层报文，则自动根据源 MAC/目的 MAC 对来进行流量平衡。

根据不同的网络环境应设置合适的流量分配方式，以便能把流量较均匀地分配到各个链路上，充分利用网络的带宽。

在图 4-23 中，两台交换机之间设置了链路聚合，服务器的 MAC 地址只有一个。为了让客户主机与服务器的通信流量能被多个链路分担，连接服务器的交换机应当设置为根据目的 MAC 进行流量平衡，而连接客户主机的交换机应当设置为根据源 MAC 地址进行流量平衡。

需要注意的是，不同型号的交换机支持的流量平衡算法类型也不尽相同，配置前需要查看该型号交换机的配置手册。

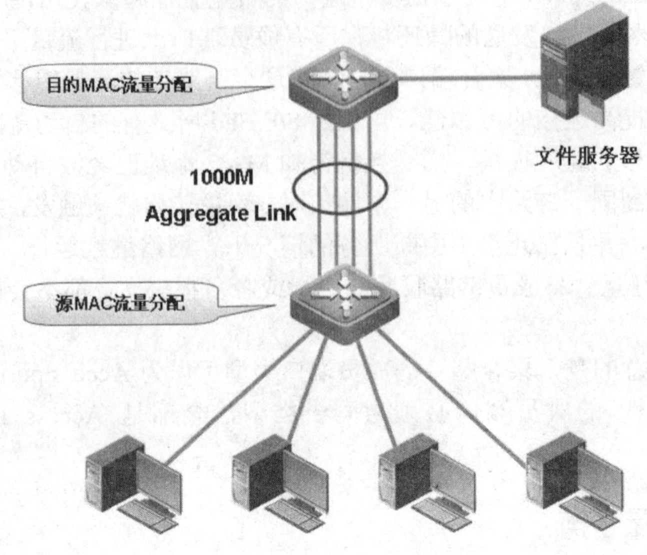

图 4-23　端口聚合的流量平衡

4.5.3　配置端口聚合

配置端口聚合需要先了解以下几点注意事项。

- ❑ AP 成员端口的端口速率必须一致。
- ❑ AP 成员端口必须属于同一个 VLAN。
- ❑ AP 成员端口使用的传输介质应相同。
- ❑ 默认情况下创建的 Aggregate Port 是二层 AP。
- ❑ 二层端口只能加入二层 AP，三层端口只能加入三层 AP。
- ❑ AP 不能设置端口安全功能。
- ❑ 当把端口加入一个不存在的 AP 时，会自动创建 AP。
- ❑ 当把一个端口加入 AP 后，该端口的属性将被 AP 的属性所取代。
- ❑ 将一个端口从 AP 中删除后，该端口将恢复为其加入 AP 前的属性。
- ❑ 当一个端口加入 AP 后，不能在该端口上进行任何配置，直到该端口退出 AP。

1. 配置二层 Aggregate Port

可以在全局配置模式使用以下命令来直接创建一个 AP（假设聚合端口不存在）。

Swtich(config)#**interface aggregateport** *n* （n 为 AP 号）

也可以直接使用接口配置模式下的 port-group 命令，将以太网端口配置成 AP 的成员端口，如果这个 AP 不存在，则同时创建这个 AP。

从特权模式出发，按以下步骤将以太网端口配置成一个 AP 端口的成员端口。

①Switch#**configure terminal**

进入全局配置模式。

②Switch(config)#**interface range** {*port-range*}

选择端口，进入接口配置模式，指定要加入 AP 的物理端口范围。

③Switch(config-if-range)# **port-group** *port-group-number*

将该端口加入一个 AP（如果这个 AP 不存在，则同时创建这个 AP）。

④Switch(config-if-range)# end

回到特权模式。

在接口配置模式下使用 **no port-group** 命令可以删除一个 AP 成员端口。

2. **配置三层** Aggregate Port

默认情况下，一个 aggregate port 是一个二层的 AP，如果要配置一个三层 AP，则需要使用 no switchport 命令将其设置为三层端口。

三层交换机上的接口，都可以使用 no switchport 命令将其设置为三层接口，可进行三层接口的设置操作，如配置 IP 地址、运行路由协议等。

从特权模式出发，按以下面步骤可将一个 AP 端口配置成三层 AP 端口。

①Switch#**configure terminal**

进入全局配置模式。

②Switch(config)#**interface aggregateport** *aggregate-port-number*

进入 AP 端口的接口配置模式，如果这个 AP 不存在则创建该 AP 端口。

③Switch(config-if)#**no switchport**

将该端口设置为三层模式。

④Switch(config-if)#**ip address** *ip-address mask*

给 AP 端口配置 IP 地址和子网掩码。

⑤Switch(config-if)# end

回到特权模式。

3. **配置流量平衡**

这里以 RG-S3750-24 型号的交换机为例讲解流量平衡的配置命令，如果是其他型号交换机的话，支持的流量平衡算法可能会与这里所介绍的不同（不同型号交换机支持的端口聚合流量平衡算法可查看具体型号交换机的配置手册），但配置思路是完全一致的。

从特权模式出发，可以按以下步骤配置一个 AP 的流量平衡算法。

①Switch#**configure terminal**

进入全局配置模式。

②Switch (config)#**aggregateport load-balance**

{*dst-mac*|*src-mac*|*src-dst-mac*|*dst-ip*|*src-ip*|*ip* }

设置 AP 的流量平衡，选择使用的算法。

- ❑ dst-mac：根据输入报文的目的 MAC 地址进行流量分配。在 AP 各链路中，目的 MAC 地址相同的报文被送到相同的成员链路，目的 MAC 不同的报文分配到不同的成员链路。
- ❑ src-mac：根据输入报文的源 MAC 地址进行流量分配。在 AP 各链路中，来自不同 MAC 地址的报文分配到不同的成员链路，来自相同的 MAC 地址的报文使用相同的成员链路。
- ❑ src-dst-mac：根据源 MAC 与目的 MAC 进行流量分配。不同的源 MAC/

目的 MAC 对的流量通过不同的成员链路转发，同一源 MAC/目的 MAC 对通过相同的成员链路转发。

- ❑ dst-ip：根据输入报文的目的 IP 地址进行流量分配。在 AP 各链路中，目的 IP 地址相同的报文被送到相同的成员链路，目的 IP 不同的报文分配到不同的成员链路。
- ❑ src-ip：根据输入报文的源 IP 地址进行流量分配。在 AP 各链路中，来自不同 IP 地址的报文分配到不同的成员链路，来自相同 IP 地址的报文使用相同的成员链路。
- ❑ ip：根据源 IP 与目的 IP 进行流量分配。不同的源 IP/目的 IP 对的流量通过不同的成员链路转发；同一源 IP/目的 IP 对通过相同的成员链路转发。

要将 AP 的流量平衡设置恢复到默认值，可以在全局配置模式下使用 **no aggregateport load-balance** 命令。

4. 查看端口聚合配置

在特权模式可以使用下面的命令查看 AP 的设置。

Switch#**show aggregateport** [*port-number*]{**load-balance** |**summary**}

除此之外，聚合端口作为一类逻辑端口，可以像普通物理端口一样使用 **show interface** 命令查看详细信息。

4.5.4 端口聚合配置实例

在图 4-24 所示的拓扑中，将 SW1 和 SW2 之间的两条链路配置成聚合链路，相应的端口配置为聚合端口，在 SW1 上配置聚合端口的流量平衡算法为 dst-mac，在 SW2 上配置聚合端口的流量平衡算法为 src-mac。SW1 和 SW2 均使用的是锐捷的 RG-S3750-24 型交换机。

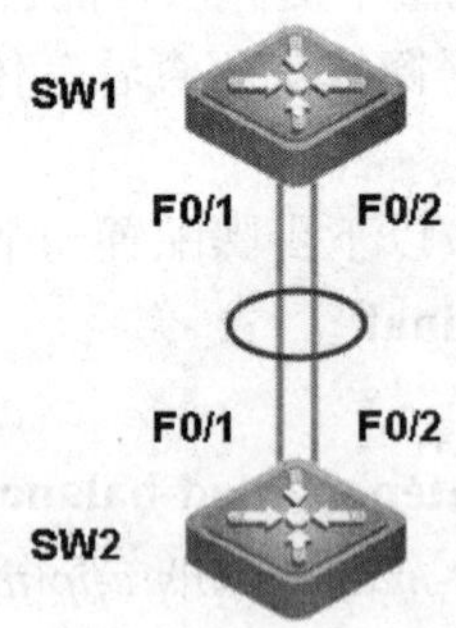

图 4-24 端口聚合配置实例拓扑

具体的配置如示例 4-10 所示，配置结果如示例 4-12 和示例 4-12 所示。

示例 4-10 端口聚合配置过程

```
S3750#configure terminal
Enter configuration commands, one per line.  End with CNTL/Z.
S3750(config)#hostname SW1
```

```
SW1(config)#interface range fastEthernet 0/1-2
SW1(config-if-range)#port-group 1
SW1(config-if-range)#end
SW1#configure terminal
Enter configuration commands, one per line.  End with CNTL/Z.
SW1(config)#aggregateport load-balance dst-mac
SW1(config)#exit

S3750#configure terminal
Enter configuration commands, one per line.  End with CNTL/Z.
S3750(config)#hostname SW2
SW2(config)#interface range fastEthernet 0/1-2
SW2(config-if-range)#port-group 1
SW2(config-if-range)#end
SW2#configure terminal
Enter configuration commands, one per line.  End with CNTL/Z.
SW2(config)#aggregateport load-balance src-mac
SW2(config)#exit
```

三层交换机上的接口，都可以使用 no switchport 命令将其设置为三层接口，可进行三层接口的设置操作，如配置IP地址、运行路由协议等。

示例 4-11　SW1 的端口聚合配置结果

```
SW1#show aggregatePort 1 summary
AggregatePort MaxPorts SwitchPort Mode   Ports
-------- ------- ---------- ------ ---------------------
Ag1          8        Enabled    ACCESS Fa0/1   ,Fa0/2
SW1#
SW1#show aggregatePort load-balance
Load-balance   : Destination MAC
SW1#
SW1#show interfaces aggregateport 1
Index(dec):29 (hex):1d
AggregatePort 1 is UP  , line protocol is UP
Hardware is Aggregate Link AggregatePort
Interface address is: no ip address
  MTU 1500 bytes, BW 1000000 Kbit
  Encapsulation protocol is Bridge, loopback not set
  Keepalive interval is 10 sec , set
  Carrier delay is 2 sec
  RXload is 1 ,Txload is 1
  Queueing strategy: WFQ
  Switchport attributes:
    interface's description:""
```

```
    medium-type is copper
    lastchange time:53 Day:22 Hour:28 Minute:52 Second
    Priority is 0
    admin duplex mode is AUTO, oper duplex is Full
    admin speed is AUTO, oper speed is 100M
    flow control admin status is AUTO,flow control oper status is ON
    broadcast Strom Control is OFF,multicast Strom Control is OFF,unicast Strom Control is OFF
  Aggregate Port Informations:
      Aggregate Number: 1
      Name: "AggregatePort 1"
      Refs: 2
      Members: (count=2)
      FastEthernet 0/1 Link Status: Up
      FastEthernet 0/2 Link Status: Up
```

示例 4-12　SW2 的端口聚合配置结果

```
SW2#show aggregatePort 1 summary
AggregatePort MaxPorts SwitchPort Mode   Ports
------------ -------- ---------- ------ ----------------------------
Ag1          8        Enabled    ACCESS Fa0/1   ,Fa0/2
SW2#
SW2#show aggregatePort load-balance
Load-balance   : Source MAC
SW2#
SW2#show interfaces aggregateport 1
Index(dec):29 (hex):1d
AggregatePort 1 is UP  , line protocol is UP
Hardware is Aggregate Link AggregatePort
Interface address is: no ip address
  MTU 1500 bytes, BW 1000000 Kbit
  Encapsulation protocol is Bridge, loopback not set
  Keepalive interval is 10 sec , set
  Carrier delay is 2 sec
  RXload is 1 ,Txload is 1
  Queueing strategy: WFQ
  Switchport attributes:
    interface's description:""
    medium-type is copper
    lastchange time:312 Day: 1 Hour:51 Minute:32 Second
    Priority is 0
```

```
    admin duplex mode is AUTO, oper duplex is Full
    admin speed is AUTO, oper speed is 100M
    flow control admin status is AUTO,flow control oper status is ON
    broadcast Strom Control is OFF,multicast Strom Control is
OFF,unicast Strom Control is OFF
  Aggregate Port Informations:
       Aggregate Number: 1
       Name: "AggregatePort 1"
       Refs: 2
       Members: (count=2)
       FastEthernet 0/1 Link Status: Up
       FastEthernet 0/2 Link Status: Up
```

4.6 总 结

本章主要介绍了在交换网络中存在环路带来的危害，例如会产生广播风暴、多帧复制和MAC地址表抖动等问题，但为了增加网络的可靠性和容错性能，冗余链路又是必须的，此时，可以采用生成树协议来解决这个矛盾。

生成树协议通过逻辑上阻塞一些冗余端口来消除环路，将物理环路改变为逻辑上无环路的拓扑，而一旦活动链路故障，被阻塞的端口能够立即启用，以达到冗余备份的目的。

IEEE 802.1d生成树标准中，STP的工作过程是首先选举网桥ID最小的交换机为根网桥，然后在其他非根网桥上选举根端口，找出到根网桥的成本最小的路径，再在每一个网段中选举指定端口，用于转发与根网桥通信的流量，最后阻塞非根非指定的端口。

IEEE 802.1d标准中，一个交换网络达到STP收敛需要50秒的时间，这在很多情况下是不能忍受的，因此IEEE又制定出了802.1w快速生成树协议，通过替换端口和备份端口等的设置，将收敛时间缩短到1秒。

锐捷交换机默认没有开启生成树协议，需要在全局配置模式下使用spanning-tree命令进行开启，同时可以指定交换机的网桥优先级、端口优先级等参数，以使STP按照网络设计的方向收敛。

生成树协议消除了环路，但也使得备份链路处于阻塞的状态，带宽不能被利用。在网络的骨干链路上，很多情况下不仅仅需要备份链路，也需要更大的带宽和传输能力，此时，就需要使用端口聚合技术，将多个物理端口捆绑在一起，形成一个简单的逻辑端口，增大了链路带宽，而且由于逻辑上是单个端口，也不存在环路问题。

配置端口聚合首先需要创建一个聚合端口，然后加入端口，或者直接将端口加入一个不存在的AP，加入的同时会自动创建该AP，还可以指定流量平衡的算法。

4.7 思考与练习

1. 选择题

（1）哪些类型的帧会被泛洪到除接收端口以外的其他端口？

A. 已知目的地址的单播帧

B. 未知目的地址的单播帧

C. 多播帧

D. 广播帧

（2）STP 是如何构造一个无环路拓扑的？

A. 阻塞根网桥

B. 阻塞根端口

C. 阻塞指定端口

D. 阻塞非根非指定的端口

（3）哪个端口拥有从非根网桥到根网桥的最低成本路径？

A. 根端口

B. 指定端口

C. 阻塞端口

D. 非根非指定端口

（4）对于一个处于监听状态的端口，以下哪项是正确的？

A. 可以接收和发送 BPDU，但不能学习 MAC 地址

B. 即可以接收和发送 BPDU，也可以学习 MAC 地址

C. 可以学习 MAC 地址，但不能转发数据帧

D. 不能学习 MAC 地址，但可以转发数据帧

（5）RSTP 中哪种状态等同于 STP 中的监听状态？

A. 阻塞

B. 监听

C. 丢弃

D. 转发

（6）在 RSTP 活动拓扑中包含哪几种端口角色？

A. 根端口

B. 替代端口

C. 指定端口

D. 备份端口

（7）要将交换机 100M 端口的路径成本设置为 25，以下哪个命令是正确的？

A. Switch(config)#**spanning-tree cost** *25*

B. Switch(config-if)#**spanning-tree cost** *25*

C. Switch(config)#**spanning-tree priority** *25*

D. Switch(config-if)#**spanning-tree path-cost** *25*

（8）以下哪些端口可以设置成聚合端口？

A．VLAN 1 的 FastEthernet 0/1

B．VLAN 2 的 FastEthernet 0/5

C．VLAN 2 的 FastEthernet 0/6

D．VLAN 1 的 GigabitEthernet 1/10

E．VLAN 1 的 SVI

（9）STP 中选择根端口时，如果根路径成本相同，则比较以下哪一项？

A．发送网桥的转发延迟

B．发送网桥的型号

C．发送网桥的 ID

D．发送端口 ID

（10）在为连接大量客户主机的交换机配置 AP 后，应选择以下哪种流量平衡算法？

A．dst-mac

B．src-mac

C．ip

D．dst-ip

E．src-ip

F．src-dst-mac

2. 问答题

（1）交换网络中，链路备份的技术有哪些？

（2）生成树的作用是什么？

（3）STP 的工作过程是怎么样的？

（4）非根网桥上如何确定根端口？

（5）STP 和 RSTP 的区别是什么？

（6）什么是端口聚合？为什么需要使用端口聚合技术？

（7）配置端口聚合技术需要注意哪些事项？

第 5 章　IP 协议及子网规划

本章重点

- ◆ 网际协议 IP
- ◆ 子网划分
- ◆ IPv6

在子网内部，依靠数据链路层的地址就可以找到目的主机，但如果目的主机位于不同的子网应该如何到达呢？这时，需要位于更高层次的协议来解决子网之间的路由和寻址问题，也就是网络层的网际协议（Internet Protocol，IP）。

5.1　网际协议 IP

网际协议 IP 是 TCP/IP 体系中最主要的协议之一，也是最重要的互联网标准协议之一。IP 协议提供了无连接的数据包传输和网际路由服务。利用 IP 协议就可以使性能各异的网络看起来好像是一个统一的网络。

图 5-1 说明了 IP 协议在整个 TCP/IP 协议栈中的重要位置。可以看出，TCP 和 UDP 位于 IP 的上面，并利用 IP 的数据包传送服务。TCP 是传输层端到端协议，它提供 IP 所不能提供的一组可靠数据传送服务。如果某种应用不需要 TCP 服务，它将通过 UDP。

应用程序调用 TCP 或 UDP 以获取网络服务。应用程序数据或报文被封装成 TCP 段或 UDP 数据包文，然后向下传递到 IP。IP 再将数据包文向下传递给基础网络，然后基础网络又将数据分成“帧”以便在本地网络媒体中传输。可见，IP 协议在整个体系结构起的是承上启下的重要作用。

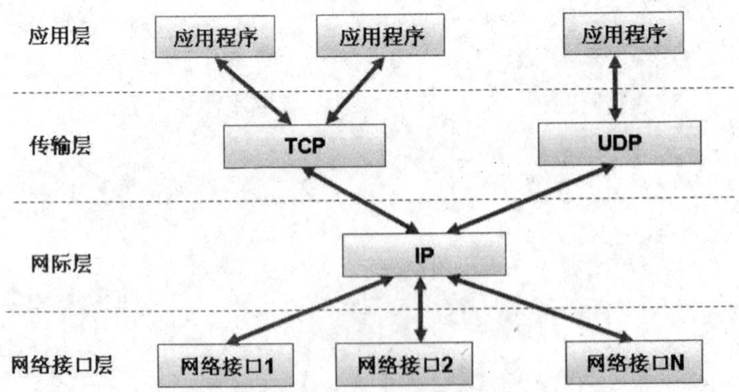

图 5-1　IP 协议在 TCP/IP 协议族中的位置

下面，就对 IP 协议进行详细地介绍。

5.1.1 IP 协议概述

IP 的主要任务是支持互联网络间的寻址和分组转发。一个互联网络由路由器连接的多个网络所组成，如图 5-2 所示。网络 A 和网络 B 连接在一起组成了互联网络 AB。

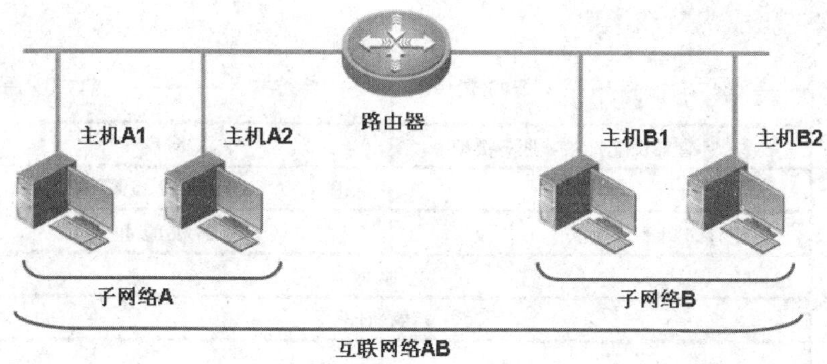

图 5-2 互联网络

在这个互联网络中，每台计算机都必须有一个唯一的地址，IP 通过分层次的寻址方案提供了该地址。IP 地址是一个唯一性的数字，它包含网络地址和主机地址两部分。例如，子网络 A 和子网络 B 标识了不同的子网，而 A1、A2 和 B1、B2 标识了子网内的主机。网络地址用于在互相连接的网络间转发分组，路由器查找该地址，并沿着去目的网络的某个路径转发分组。分组到达目的网络后，由 IP 地址的主机部分识别目的主机。

路由器将各个不同的网络互相连接起来，每个网络都有它自己的 IP 网络地址，当数据分组到达路由器时，它确定一条转发数据分组的最佳路径（即使用哪个接口转发数据包）。但是，路由器一般只需要确定通向目的地的最佳下一跳，而不是到达目的地的完整路径。就像问路一样，在一个十字路口，有人告诉你一个正确的方向，在下一个十字路口，另一个人也告诉你正确的方向，最终就可以到达目的地，这期间并不是一开始就知道正确路径的。

在这里需要注意的是，IP 提供的数据包传送服务是不可靠和无连接的。

不可靠（unreliable）的意思是它不能保证 IP 数据包能成功地到达目的地。IP 仅提供最好的传输服务。当发生某种错误时，如某个路由器暂时用完了缓冲区，IP 有一个简单的错误处理算法，就是丢弃该数据包，然后发送 ICMP 消息报给信源端。任何要求的可靠性必须由上层来提供（如 TCP）。

无连接（connectionless）的意思是 IP 并不维护任何关于后续数据包的状态信息。每个数据包的处理是相互独立的。这也说明，IP 数据包可以不按发送顺序接收。如果一个信源向相同的信宿发送两个连续的数据包（先是 A，然后是 B），每个数据包都是独立地进行路由选择，就有可能选择不同的路线，因此 B 可能在 A 之前先到达。

5.1.2 IP 包格式

IP 层的数据传输单位为 IP 数据包，它是 IP 网络中携带数据的“信封”。IP

协议提供的各项服务就体现在这个信封的格式上，它说明了数据的发送地址和接收地址，以及数据应该如何被传输等。

图 5-3 是 IP 数据包的完整格式。可以看出，一个 IP 数据包由首部和数据两部分组成。首部的前一部分是固定的长度，共 20 字节，是所有 IP 数据包必须具有的；后面是一些可选字段，其长度是可变的。首部的后面就是 IP 数据包携带的数据了。

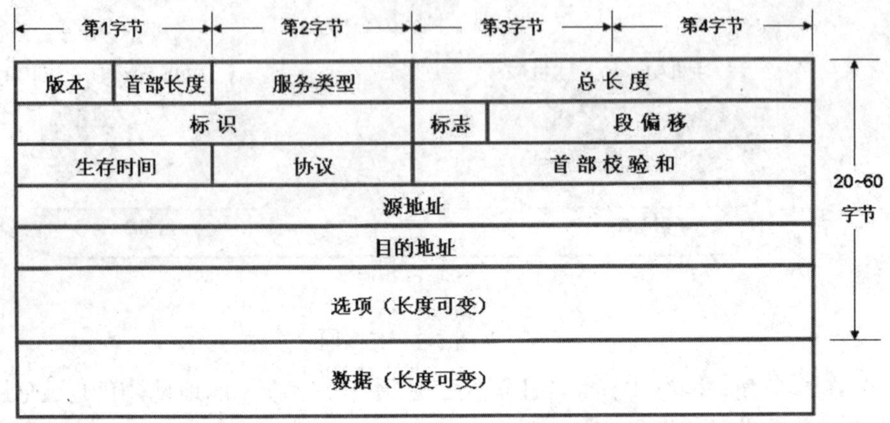

图 5-3　IP 数据包的格式

下面介绍首部各字段的意义。

①版本：占 4 位，指 IP 协议的版本。目前广泛使用的 IP 协议版本号为 4（即 IPv4）。

②首部长度：占 4 位。以 4 字节为单位，可表示的数值的范围是 5 字节～15 字节，因此 IP 首部长度的范围是 20 字节～60 字节。如果由于选项使 IP 分组的首部长度不是 4 位的整数倍时，必须使用填充字段加以填充。

③服务类型（TOS）：占 8 位，用来获得更好的服务。当网络流量较大时，路由器会根据服务类型（TOS）内不同字段的值，决定哪些数据包应该先发送，哪些后发送。如图 5-4 所示。

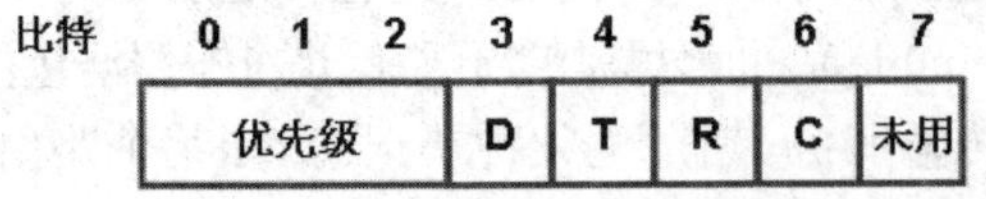

图 5-4　TOS 的格式

前三位表示优先级，将数据包分成个八个优先级，这个字段现在已被忽略。

后四位是 TOS 子字段，它们的含义如下。

- D：表示要求有更低的时延。
- T：表示要求有更高的吞吐量。
- R：表示要求有更高的可靠性。
- C：表示要求有更小的路由开销。

在 4 位中，只能将其中 1 个设置为 1。如果所有 4 位均为 0，那么就意味着是一般服务。

最后一位目前尚未使用。

（4）总长度：占 16 位，总长度字段是指整个 IP 数据包的长度，以字节为单位。利用首部长度字段和总长度字段，就可以知道 IP 数据包中数据内容的起始位置和长度。由于总长度字段占 16 位，因此 IP 数据包的最大长度为 65535 字节（Bytes）（即 64 KBytes），当然还要注意数据包与 32 位边界对齐。虽然用尽可能长的数据包会使传输效率提高，但由于以太网的普遍应用，实际上使用的数据包长度很少有超过 1500 字节的。当数据包长度超过网络所允许的最大传输长度时，就必须将过长的数据包进行分片。数据包首部中的总长度字段不是指未分片前的数据包长度，而是指分片后每片的首部长度与数据长度的总和。

（5）标识（identification）：占 16 位，用于数据包的分片与重组，该字段标识分段属于哪个特定的数据包。它是一个计数器，当 IP 协议发送数据包时，他就将这个计数器的当前值复制到标识字段中。如果数据包要进行分片，就将这个值复制到每一个分片后的数据包片中。这些数据包片到达接收端后，按照标识字段的值使这些分片后的数据包片重组成为原来的数据包。

（6）标志（flag）：占 3 位。表示数据包的分片信息。目前只有 2 位有意义。

- 最低位 MF（More Fragment）。MF=1 即表示后面还有分片的数据包。MF=0 表示这已经是若干数据包片中的最后一个。
- 中间位 DF（Don't Fragment）。DF=1 表示不能分片。DF=0 表示允许分片。

（7）段偏移：占 13 位，以 8 个字节为偏移单位。这就是说，每个分片的长度一定是 8 字节的整数倍。分段偏移指出较长的分组分片后，某片在原分组中的相对位置。也就是说，相对于用户数据字段的起点，该片从何处开始。

（8）生存时间（TTL）：占 8 位，生存时间字段设置了数据包可以经过的最多路由器数。它指定了数据包的生存时间。TTL 的初始值由源主机设置，一旦经过一个处理它的路由器，它的值就减 1。当该字段的值为 0 时，数据包就被丢弃，并发送 ICMP 报文通知源主机。

（9）协议：占 8 位，协议字段指出此数据包携带的数据是使用何种协议，即位于 IP 层之上的传输层协议是什么。当目的主机收到 IP 数据包，就根据协议字段的值将此 IP 数据包的数据部分交给其相应的上层协议处理。

（10）首部检验和：占 16 位，IP 首部检验和只检验 IP 数据包的首部，不包括数据部分。这是因为数据包每经过一个结点，都要重新计算首部检验和。如果将数据部分一起检验，计算量就太大了。

（11）源地址：占 4 字节，指发送数据包的主机 IP 地址。

（12）目的地址：占 4 字节，指接收数据包的主机 IP 地址。

（13）选项：选项字段是 IP 首部的可变部分。常见的选项定义如下。

- 安全和处理限制（用于军事领域，详细内容参见 RFC 1108[Kent 1991]）。
- 记录路径（让每个路由器都记下它的 IP 地址）。
- 时间戳（让每个路由器都记下它的 IP 地址和时间）。
- 宽松的源站选路（为数据包指定一系列必须经过的 IP 地址）。

- 严格的源站选路（与宽松的源站选路类似，但是要求只能经过指定的这些地址，不能经过其他的地址）。

这些选项很少被使用，并非所有的主机和路由器都支持这些选项。

选项字段一直都是以 32 位作为界限，在必要的时候插入值为 0 的填充字节。这样就保证 IP 首部始终是 32 位的整数倍（这是首部长度字段所要求的）。增加这个首部可变部分是为了增加 IP 数据包的功能，同时也增加了每一个路由器处理数据包的开销。

5.1.3 IP 地址及其分类

如果把整个互联网看成一个单一的、抽象的网络，IP 地址就是给连接互联网每一台主机分配一个全世界范围内唯一的 32 位的标识符。IP 地址现在由互连网名字与号码指派公司 ICANN（Internet Corporation for Assigned Names and Numbers）进行分配。

在主机或路由器中存放的 IP 地址都是 32 位的二进制代码。它包含了网络号（net-id）和主机号（host-id）两个独立的信息段。网络号用来标识主机或路由器所连接到的网络，主机号用来标识该主机或路由器。

为了提高可读性，通常将 32 位 IP 地址中的每 8 位用其等效的十进制数字表示，并且在这些数字之间加上一个点。此种标记 IP 地址的方法称为点分十进制记法（dotted decimal notation）。如图 5-2 所示，可以看出，IP 地址每一段数的范围是 0～255。

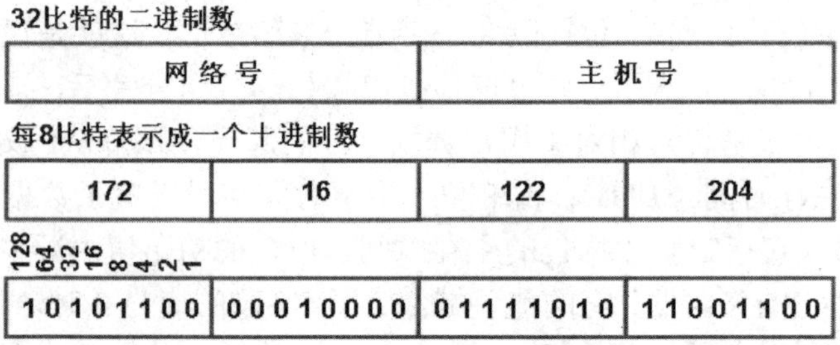

32比特的二进制数

网 络 号		主 机 号	

每8比特表示成一个十进制数

172	16	122	204
10101100	00010000	01111010	11001100

128 64 32 16 8 4 2 1

图 5-2 IP 地址

而所谓的“分类的 IP 地址”就是将 IP 地址中网络位和主机位固定下来，分别由两个固定长度的字段组成，左边的部分指示网络，右边的部分指示主机。随着固定的网络号位数和主机号位数的不同，IP 地址分成了 A 类、B 类、C 类、D 类和 E 类。其中 A 类、B 类和 C 类地址是最常用的。

A 类、B 类和 C 类 IP 地址的网络号分别为 8 位、16 位和 24 位，其最前面的 1 位～3 位的数值分别规定为 0、10 和 110。其主机号字段分别为 24 位、16 位和 8 位。A 类网络容纳的主机数最多。B 类和 C 类网络所容纳的主机数相对少些。D 类和 E 类地址也被定义。D 类地址的前 4 位为 1110，范围是 224.0.0.1~239.255.255.254，用于多播地址。E 类地址的前 4 位为 1111，范围是 240.0.0.1~255.255.255.254，留作试验使用。

	1 ~ 8	9 ~ 16	17 ~ 24	25 ~ 32
A类：	0NNNNNNN （1~126）	Host	Host	Host
B类：	10NNNNNN （128~191）	Network	Host	Host
C类：	110NNNNN （192~223）	Network	Network	Host
D类：	1110MMMM （224~239）	多播组	多播组	多播组
E类：	1111RRRR （240~255）	保留	保留	保留

图 5-3　IP 地址的分类

1. A 类地址

对于 A 类地址而言，其网络号仅仅占 8 位，主机号占 24 位。A 类地址的特点如下。

- 前 1 位为 0。
- 网络号的范围是 1.0.0.0～126.0.0.0。
- 最大网络数 127 个（1～126 是可用的，127 作为本地软件回路测试本主机之用）。

网络中的最大主机数是 1,677,214（即 2^{24}-2）个。其中，减 2 的原因是去掉一个主机号全 0 的地址和主机号全 1 的地址。全 0 的主机地址表示该 IP 地址是此主机所连接到的网络的网络地址，全 1 的主机地址表示该 IP 地址是此主机所连接网络的所有主机地址。

2. B 类地址

B 类地址具有 16 位网络号和 16 为主机号，它的特点如下。

- 前 2 位为 1、0。
- 网络号的范围是 128.0.0.0～191.255.0.0。
- 最大网络数 16384。
- 网络中的最大主机数是 65534（2^{16}-2）个。

3. C 类网络

C 类地址具有 24 位网络号和 8 位主机号，它的特点如下。

- 前 3 位为 1、1、0。
- 网络号的范围为 192.0.0.0～223.255.255.0。
- 可用的网络数为 2,097,152。
- 网络中的最大主机数是 254 个。

IP 地址的分类总结起来如表 5-1 所示。

表 5-1　IP 地址类别详述

IP 地址类型	第一字节 十进制范围	二进制 固定最高位	二进制 网络位	二进制 主机位
A 类	0~127	0	8 位	24 位
B 类	128~191	10	16 位	16 位
C 类	192~223	110	24 位	8 位
D 类	224~239	1110	组播使用	
E 类	240~255	1111	保留试验使用	

直接使用 A 类、B 类、C 类的地址会造成大量的 IP 地址被浪费，如今的互联网中基本不再使用分类的地址方案。在 20 世纪 90 年代初，一种称为 CIDR（Classless Inter-Domain Routing，无类域间路由）的技术被提了出来，可用于帮助减缓 IP 地址消耗和解决路由表增大的问题。

CIDR 允许不再使用标准的 A、B、C 三类 IP 地址，完全依靠子网掩码区分网络位和主机位。取消 IP 地址的分类结构后，可以划分出较小的子网，也可以将多个地址块聚合在一起生成一个更大的网络，以包含更多的主机。

由多个主网络合并起来的更大的网络，我们往往称之为超网，例如，192.168.240.0/20，就是合并了 192.168.240.0/24～192.168.255.0/24 这 16 个 C 类网络而形成的超网。

CIDR 支持路由聚合，能够将路由表中的许多路由条目合并成更少的数目，因此可以限制路由器中路由表的增大，减少路由通告。

5.1.4　专用 IP 地址

IP 地址中，还存在着三个地址段，它们只在机构内部有效，不会被路由器转发到公网中。

这些 IP 地址存在的意义是：假定在一个机构内部的计算机通信也是采用 TCP/IP 协议，那么从原则上讲，对于这些仅在机构内部使用的计算机就可以由机构本身自行分配其 IP 地址。也就是说，让这些计算机使用仅在机构本身有效地 IP 地址，而不用向互联网的管理机构申请全球唯一的 IP 地址。这样做也可以节省全球 IP 地址的资源。

这样的 IP 地址被称为专用地址（private address）或者私有地址。这些地址只能用于一个机构的内部通信，而不能用于和互联网上的主机通信。即专用地址只能用作本地地址而不能用作全球地址。在互联网中的所有路由器对目的地址中专用地址的数据包一律不进行转发。使用专用地址的私有网络接入 Internet 时，要使用地址翻译（NAT）技术，将私有地址翻译成公用合法地址。这些专用地址如下。

①A 类地址中的 10.0.0.0～10.255.255.255。

②B 类地址中的 172.16.0.0～172.31.255.255。

③C 类地址中的 192.168.0.0～192.168.255.255。

相对应的，其余的 A、B、C 类地址可以在互联网上使用（即可被互联网上的路由器所转发），称为公网地址或者合法地址。

5.1.5 特殊 IP 地址

除了以上介绍的各类 IP 地址之外，还有一些特殊的 IP 地址。它们中有的不能为设备分配 IP 地址，有的 IP 地址不能用在公网，有的 IP 地址只能在本机使用，诸如此类的特殊 IP 地址众多，下面来介绍一些比较常见的特殊 IP 地址。

（1）环回地址

127 网段的所有地址都称为环回地址，主要用来测试网络协议是否正常工作。比如使用 ping 127.1.1.1 就可以测试本地 TCP/IP 协议是否已正确安装。另外一个用途是当客户进程用环回地址发送报文给位于同一台机器上的服务器进程，比如在浏览器里输入 127.1.2.3，这样可以在排除网络路由的情况下用来测试 Web 服务是否正常启动。

在 Windows 系统下，环回地址还称为“localhost”，无论是哪个程序，一旦使用该地址发送数据，协议软件会立即返回，不进行任何网络传输，除非出错，包含该网络号的分组是不能出现在任何网络上的。

（2）0.0.0.0

严格来说，0.0.0.0 已经不是真正意义上的 IP 地址。它表示的是所有不清楚的主机和目的网络。这里的不清楚是指在本机的路由表里没有特定条目指明如何到达。如果在网络中设置了默认网关，那么 Windows 系统就会自动产生一个目的地址为 0.0.0.0 的默认路由。

此外，0.0.0.0 还可以在 IP 数据包中用作源 IP 地址，如设备启动时不知道自身 IP 地址的情况下。在使用 DHCP 分配 IP 地址的网络环境中，这样的地址是很常见的。用户主机为了获得一个可用的 IP 地址，就向 DHCP 服务器发送 IP 分组，并用这样的地址作为源地址，目的地址为 255.255.255.255（因为主机这时不知道 DHCP 服务器的 IP 地址）。

（3）255.255.255.255

255.255.255.255 是受限制的广播地址，对本机来说，这个地址指本网段内（同一个广播域）的所有主机，该地址用于主机配置过程中 IP 数据包的目的地址，这时主机可能还不知道它所在网络的网络掩码，甚至连它的 IP 地址也还不知道。在任何情况下，路由器都会禁止转发目的地址为受限的广播地址的数据包，这样的数据包只出现在本地网络中。

（4）直接广播地址

通常网络中的最后一个地址为直接广播地址，也就是主机位全为 1 的地址。主机使用这种地址将一个 IP 数据包发送到本地网段的所有设备上，路由器会转发这种数据包到特定网络上的所有主机。

注意：这个地址在 IP 数据包中只能作为**目的地址**。直接广播地址会使一个网段中可分配给设备的地址数减少 1 个。

（5）网络号全为 0 的地址

当某个主机向同一网段上的其他主机发送报文时就可以使用这样的地址，分组也不会被路由器转发。比如 12.12.12.0/24 这个网络中的一台主机 12.12.12.2/24，在与同一网络中的另一台主机 12.12.12.8/24 通信时，目的地址可以是 0.0.0.8。

(6) 主机号全为 0 的地址

这个地址同样不能用于主机，它指向本网，表示的是“本网络”，路由表中经常出现主机号全为 0 的地址。

(7) 169.254.*.*

如果网络中的主机配置为使用 DHCP 功能自动获得一个 IP 地址，那么当 DHCP 服务器发生故障或响应时间太长而超出系统规定的时间，Windows 系统会自动为主机分配这样一个地址。如果发现网络中的主机 IP 地址是个诸如此类的地址，那么网络很有可能是出现了故障。

5.2 子网划分

在早些时候，许多 A 类地址都被分配给大型服务提供商和组织，B 类地址被分配给大型公司或其他组织，在 20 世纪 90 年代，还在分配许多 C 类地址。但这样的分配结果是大量的 IP 地址被浪费掉，如果一个网络内的主机数量没有地址类中规定的多，那么多余的部分将不能再被使用。

另外，如果一个网络内包含的主机数量过多（例如一个 B 类网络中的最大主机数是 2^{16}-2 个，即 65534 个），而又采取以太网的组网形式，则网络内会有大量的广播信息存在，从而导致网络内的拥塞。

如果将一个网络划分成若干个子网，就可以使 IP 地址应用更加有效；将原来同处于一个网段上的主机分成不同的网段或子网，并将原来的一个广播域划分成若干个较小的广播域，提高网络传输的效率。

要实现子网的划分，必须先掌握子网掩码这个重要的概念。

5.2.1 子网掩码

在 IP 协议中，子网掩码（Subnet Masks）用来区分网络上的主机是否在同一网段内。它的形式和 IP 地址一样，长度是 32 位，从左端开始的连续二进制数字“1”表示 IP 地址的 32 位 2 进制数字中有多少位属于网络号；剩余的二进制数字“0”则表示主机号是哪些位。

子网掩码同样可以采用点分十进制的数字来表示，例如子网掩码 11111111 11111111 00000000 00000000 可以写成 255.255.0.0。子网掩码的另一种表示方法就是在 IP 地址后加上“/”符号以及 1～32 的数字，其中 1～32 的数字表示子网掩码中网络标识位的长度（也就是有多少个“1”），例如 IP 地址 172.16.1.1 和子网掩码 255.255.0.0，也可以写成 172.16.1.1/16。

由于 A、B、C 类地址中网络号和主机号所占的位数是固定的，所以 A 类地址的子网掩码为 255.0.0.0，B 类地址的子网掩码为 255.255.0.0，C 类地址的子网掩码为 255.255.255.0。

在 IP 路由寻址的过程中，主机依靠子网掩码来判断所发送的数据包目的地址是本地的还是需要路由转发的，从而选择不同的发送路径。假如某台主机的 IP 地址为 202.119.115.78（可以看出这是一个 C 类地址），它的子网掩码为

255.255.255.0。将这两个数据作逻辑与（AND）运算后，得出的值中非 0 的部分即为网络号。下面来看一个实例：

202.119.115.78 的二进制值为：

11001010.01110111.01110011.01001110

255.255.255.0 的二进制值为：

11111111.11111111.11111111.00000000

与运算后的结果为：

11001010.01110111.01110011.00000000

转为二进制后即为：

202.119.115.0

202.119.115.0 就是这个 IP 地址中的网络号，在 IP 地址中剩下的即为主机号，也就是 78。如果有另一台主机的 IP 地址为 202.119.115.83，它的子网掩码也是 255.255.255.0，则其网络号为 202.119.115.0，主机号为 83，可以看出这两台主机的网络号都是 202.119.115.0，因此，这两台主机在同一网段内，它们之间的通信不需要进行路由转发。

逻辑与运算也称为逻辑乘法，用 AND 或者符号“×”、“∧”表示。逻辑与运算规则是：只当参与运算的逻辑变量都同时取值为 1 时，其值才等于 1，只要有一个数为 0，则运算结果为 0。也就是：0 × 0=0，0 × 1=0，1 × 0=0，1 × 1=1。

5.2.2 划分子网的方法

为了提高 IP 地址的使用效率，可以将一个网络划分为多个子网。可采用借位的方法，从主机最高位开始借位变为新的子网位，剩余部分仍为主机位，使本来应当属于主机号的部分改变成为网络号，这样就实现了划分子网的目的。

借位使得 IP 地址的结构分为三部分：网络位、子网位和主机位，如图 5-4 所示。

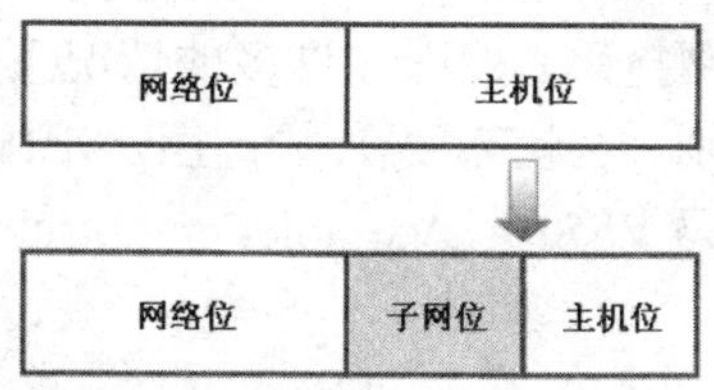

图 5-4 包含子网的 IP 地址结构

例如在图 5-5 所示的子网划分例子中，网络 172.16.0.0 被分成了 4 个子网，分别是：172.16.1.0，172.16.2.0，172.16.3.0 和 172.16.4.0。

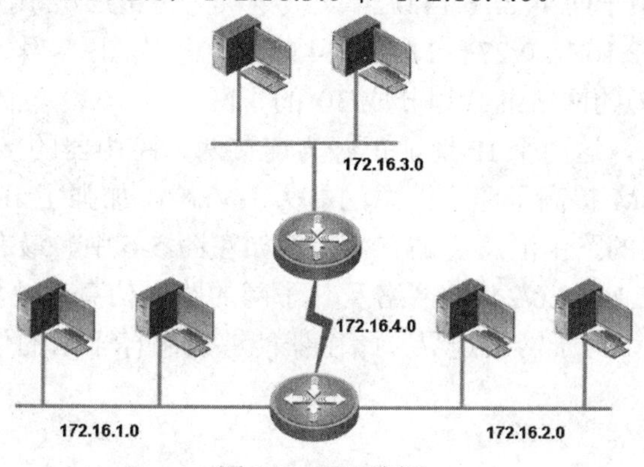

图 5-5 子网划分

原有的 172.16.0.0 网络号，被划分子网后变成 172.16.1~4.0。也就是说，作为网络号的位数增加了 8 位（从主机号中借用了 8 位），由原来的 16 位变成了 24 位，172.16 是网络号，1~4 则变成子网号，相应的主机号则由原来的 16 位减少为 8 位。

引入子网概念后，网络位加上子网位才能全局唯一地标识一个网络。把所有的网络位用 1 来标识，主机位用 0 来标识，就得到了子网掩码。在上面的例子中，子网掩码不再是 B 类地址标准的 255.255.0.0，而是 255.255.255.0。

子网编址使得 IP 地址具有一定的内部层次结构，这种层次结构便于 IP 地址分配和管理。使用它的关键在于选择合适的层次结构，使得网络地址既能适应各种现实的物理网络规模，又能充分地利用 IP 地址空间（即从何处分隔子网号和主机号来决定）。

值得注意的是，路由器的每个接口要连接到不同的网段上，即属于不同的主网络或子网。并且每划分一个子网，就是丢失两个地址。因为子网中的主机地址同样不能是全 0 或全 1。

相应的，当借用了主机位作为子网位后，子网位可以为全 0 或者全 1。对于路由器来说，可以使用这种子网掩码为全 0 或全 1 的子网。要启用全 0 子网，必须在路由器的全局模式输入以下命令。

Router(config)# **ip subnet-zero**

5.2.3 VLSM

前面在定义子网掩码时，将整个网络中的子网掩码都假设为同一个掩码。也就是说，无论各个子网中容纳了多少台主机，只要这个网络被划分了子网，这些子网都将使用相同的子网掩码。然而在许多的情况下，网络中不同的子网连接的主机数可能有很大的差别。这就需要在一个主网络中定义多个子网掩码，这种方式被称为可变长子网掩码 VLSM（Variable-length subnet mask）。

1. VLSM 的优点

VLSM 使 IP 地址的使用更加有效，减少了子网中 IP 地址的浪费。并且 VLSM 允许已经划分过子网的网络继续划分子网。

如图 5-6 所示，网络 172.16.0.0/16（即子网掩码中 1 的个数为 16）被划分成/24 的子网，其中子网 172.16.14.0/24 又被继续划分成/27 的子网。这个/27 子网的网络范围是 172.16.14.0/27～172.16.14.224/27。从图 4-14 中可以看到，又将 172.16.14.128/27 的网络继续划分成/30 的子网。这个/30 位的子网，网络中可用的主机数为 2 个，这两个 IP 地址正好为连接两台路由器的接口使用。

同时，VLSM 提高了路由汇总的能力。VLSM 加强了 IP 地址的层次化结构设计，使路由表的路由汇总更加有效。例如在图 5-6 中，最右边的路由器的路由表中将到达 172.16.14.0/24 的网络及其子网的路由信息汇总成了一条 172.16.14.0/24。也就是说，对于网络边界，路由器能够屏蔽掉子网的信息，减少路由表条目的数量。

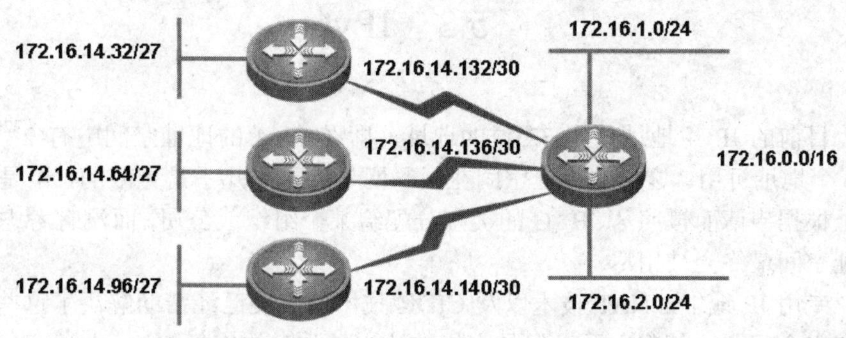

图 5-6　VLSM 可变长的子网掩码

2. VLSM 的计算

假设某企业被分配了一个子网地址 172.16.32.0/20，而该企业共拥有 50 个分支机构，每个分支机构大约有 30 个用户。对于/20 的网络来说，所能容纳的最大主机数超过了 4000（2^{12}-2=4094）台，此时如果使用 VLSM 技术，就可以将原本的子网地址划分出更多子网地址，并且将每个子网中拥有的主机地址减少，以便更灵活的进行 IP 地址的分配。

如图 5-7 所示，子网由原来的 172.16.32.0/20 变成子网 172.16.32.0/26，可获得 64（2^6）个子网，每个子网内所能容纳的最大主机数为 62（2^6-2=62）个。

子网地址：172.16.32.0/20

二进制：10101100 00010000 00100000 00000000

VLSM地址：172.16.32.0/26

二进制：10101100 00010000 00100000 00000000

	主网络			子网	VLSM 子网	主机	
子网1:	172	.	16	.0010	0000.00	000000	=172.16.32.0/26
子网2:	172	.	16	.0010	0000.01	000000	=172.16.32.64/26
子网3:	172	.	16	.0010	0000.10	000000	=172.16.32.128/26
子网4:	172	.	16	.0010	0000.11	000000	=172.16.32.192/26
子网5:	172	.	16	.0010	0001.00	000000	=172.16.33.0/26

图 5-7　VLSM 的计算

将 172.16.32.0/20 划分成 172.16.32.0/26 的步骤如下。

①将 172.16.32.0 写成二进制的形势。

②用一条线将网络号和主机号区分开，图中即为 20 位和 21 位之间。

③在 26 和 27 位之间画一条线，标明其 VLSM 位。

④通过计算两条线之间的位的不同组合，计算出 VLSM 子网的最大值和最小值。

图 5-7 中给出的是其可用 VLSM 子网中的前 5 个，要得到剩余的子网只需按照顺序递增 VLSM 子网部分的取值就可以了。

5.3 IPv6

目前的 IPv4 地址使用 32 位的地址，即在 IPv4 的地址空间中有 2^{32}（约 43 亿）个地址可用。这样的地址空间在互联网早期看来几乎是无限的，于是便将 IP 地址根据申请而按照 A、B、C 的类别分配给某个组织或公司，而没有考虑到 IPv4 地址空间最终会被用尽。

专用 IP 地址、NAT 技术以及 CIDR 技术的发展已经帮助解决了这些地址限制和安全问题的某些方面，但是它们被认为是临时的修复方法。

在这种情况下，人们开始致力于下一代互联网协议——IPv6 的研究。

5.3.1 IPv6 概述

IPv4 在实际使用中存在许多问题：

- 地址空间使用效率比较低。例如，当一个组织得到一个 A 类地址时，就有 1600 多万个地址被该组织独占，即便这个组织可能永远也不会有超过 100 万台计算机；在 D 类和 E 类地址中，地址的浪费也是惊人的。虽然 NAT 等策略能够减轻所遇到的问题，但这也使得路由更加复杂。
- 服务质量没有保障。随着各种应用的出现，人们要求互联网必须能够适应实时的音频和视频的传输。这些类型的传输需要最小时延的策略和预留资源，却在 IPv4 的设计中并没有提供。
- 由于受其诞生时代背景的影响，IPv4 对于移动特性并没有很好地支持。
- 对于某些应用，互联网必须能够对数据进行加密和鉴别，但 IPv4 不提供数据的加密和鉴别。

所有这些 IPv4 存在的问题都将在下一个 IP 版本中得到解决，也就是 IPv6。

IPv6 的提出最初是因为随着互联网的迅速发展，IPv4 定义的有限地址空间将被耗尽。为了扩大地址空间，计划通过 IPv6 重新定义地址空间。不过随着 IPv6 开始进入设计阶段，设计者们不再单纯地将目标定位在解决地址空间短缺的问题上。提供一个更为高效、更为安全并能更好地支持不同业务流和移动特性的新路由架构成为 IPv6 的最终目的。

下面通过对 IPv6 数据包格式的分析，来了解这一新的 IP 版本如何实现这些功能特性。IPv6 的报文格式，如图 5-8 所示。

IPv6 丢弃了 IPv4 的首部长度、服务类型、标识、标志、段偏移量和首部校验和字段。总长度、生存时间和协议字段在 IPv6 中有了新名字，功能稍微进行了重新定义。IPv4 中的选项字段已从报头中消失，改为扩展包头功能。最后，IPv6 加入了两个新字段：流量类别和流标签。

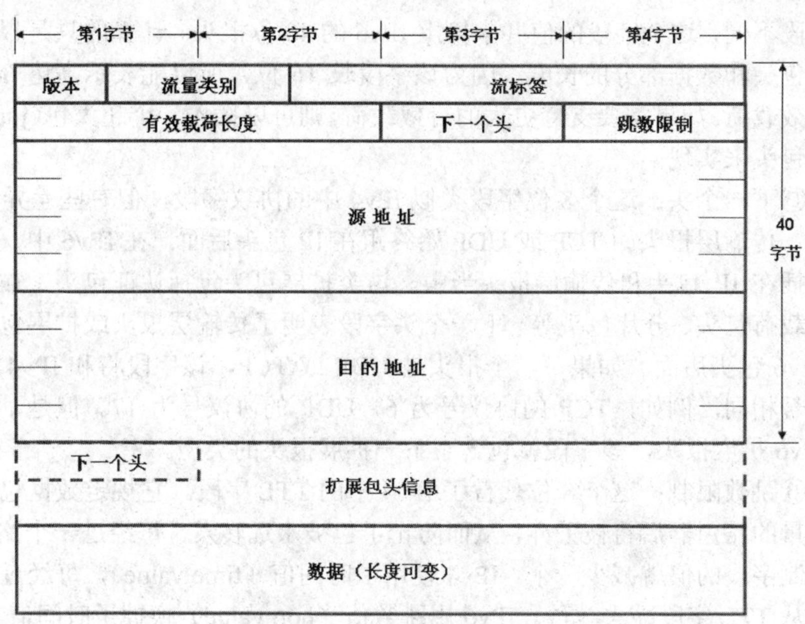

图 5-8　IPv6 报文格式

下面分别介绍一下 IPv6 包的每个包头字段。

①版本：版本字段的长度仍是 4 位，它指明了协议版本号，在 IPv6 中，该字段值为 6。

②流量类型：这个 8 位字段可以为包赋予不同的类别或优先级。该字段代替了 IPv4 中的 Type of Service 字段，它有助于处理实时数据以及任何需要特别处理的数据。发送节点和转发路由器可以使用该字段来识别和分辨 IPv6 数据包的类别和优先级。

③流标签：流标签字段是 IPv6 的新增字段。源节点使用这个 20 位字段，为特定序列的包请求特殊处理（效果好于尽力而为的转发）。

在 IPv4 中，基本上每个包都是由中间路由器按照自己的方式来处理的。路由器并不跟踪任意两台主机间发送的包，因此不能“记住”如何对将来的包进行处理。IPv6 中实现了流概念，其定义如 RFC1883 中所述：流指的是从一个特定源发向一个特定目的地（单播或者是组播）的包序列。源点希望中间路由器对这些包进行特殊处理。一个流是以某种方式相关的一系列信息包，IP 层必须以相应的方式对待它们。决定信息包属于同一流的参数包括：源地址、目的地址、流类型、身份认证等。比如从一个 FTP 服务器并行下载两个文件，下载的第一个文件所生成的所有的数据包都被视为同一个流，而在传输第二个文件时所生成的所有数据包会被视为另一个流。IPv6 中流的概念的引入仍然是在无连接协议的基础上的，一个流的目的地址可以是单个节点也可以是一组节点。

IPv6 使用该字段区分需要相同处理的数据包，以此来促进实时性流量的处理。路由器跟踪数据流并更有效地处理属于相同数据流的数据包，因为他们无须重新处理每个数据包的报头。不支持流标签字段功能的节点需要在转发数据包时不加改变地传递该字段，并在接收数据包时忽略该字段。

④有效载荷长度：这个 16 位字段表明了有效载荷长度。与 IPv4 包中的总长

度字段不同，这个字段的值并未算上 IPv6 的 40 位报头。计算的只是报头后面的扩展包头和数据部分的长度。因为该字段长 16 位，所以能表示高达 64KB 的数据有效载荷。如果需要支持更大的有效载荷，则可以插入一个超大包（jumbogram）扩展包头来实现。

⑤下一个头：这个 8 位字段类似 IPv4 中的协议字段，但有些差异。在 IPv4 包中，传输层报头如 TCP 或 UDP 始终跟在 IP 包头后面。在 IPv6 中，扩展包头可以插在 IP 包头和传输层报头当中。这类扩展包头包括认证包头、加密的安全有效载荷包头、分片包头等。下一个头字段表明了传输层报头或扩展包头是否跟在 IPv6 包头后面。如果下一个报头是 UDP 或 TCP，该字段将和 IPv4 中包含的协议号相同，例如，TCP 的协议号为 6，UDP 的协议号为 17。但是，如果使用了 IPv6 扩展报头，该字段就包含了下一扩展报头的类型。

⑥跳数限制：这个 8 位代替了 IPv4 中的 TTL 字段。它规定数据包在经过一定数量的路由器后将被丢弃，从而防止了包被永远转发。每经过一个路由器，跳数限制字段的值就减少一个。IPv4 使用了时间值（time value），每经过一个路由段就从 TTL 字段减去一秒。IPv6 用跳数值（hop value）换掉了时间值。

⑦源地址：该字段指明了始发主机的起始地址，其长度为 128 位。

⑧目的地址：该字段指明了传输数据的目标地址，其长度为 128 位。

⑨扩展包头：IPv4 包头的长度可以从最小的 20 字节扩展为 60 字节，以便指定选项，如安全选项（Security Option）、源路由（Source Routing）或时间戳（Timestamping）。这些功能很少使用，因为会降低性能。例如，IPv4 路由器必须把包含选项的数据包传递给主处理程序（软件处理），因而无法实现高速的硬件转发。数据包的包头越简单，处理过程就越快。IPv6 采用一种新方法来处理选项，显著地改善了处理速度。它在附加的扩展包头中对这些选项进行处理。这些包头被放置在 IPv6 包头和上层包头之间，每一个可以通过独特的“下一个头”的值来确认。除了逐跳选项包头（它携带了在传输路径上每一个节点都必须进行处理的信息）外，扩展包头只有在它到达了在 IPv6 的包头中所指定的目标节点时才会得到处理（当多点播送时，则是所规定的每一个目标节点）。

5.3.2 IPv6 地址

1. IPv6 地址类型

IPv6 的地址结构中除了把 32 位地址空间扩展到了 128 位外，还对 IP 主机可能获得的不同类型地址作了一些调整。IPv6 中取消了广播地址而代之以任播地址。IPv4 中用于指定一个网络接口的单播地址和用于指定由一个或多个主机侦听的组播地址在 IPv6 中基本保持不变。

也就是说，IPv6 定义了三种不同的地址类型，分别为单播地址(Unicast Address)，组播地址（Multicast Address）和任播地址（Anycast Address）。所有类型的 IPv6 地址都是属于接口（Interface）而不是节点（node）。一个 IPv6 单播地址被赋给某一个接口，而一个接口又只能属于某一个特定的节点，因此一个节点的任意一个接口的单播地址都可以用来标示该节点。

（1）单播地址

单一接口的标识符。发往单播地址的包被送给该地址标识的接口。IPv6 单播地址是用连续的位掩码聚集的地址，类似于 CIDR 的 IPv4 地址。在 IPv6 中有多种单播地址形式，包括全部可聚集全球单播地址、NSAP 地址、IPX 分级地址、站点本地地址、链路本地地址以及运行 IPv4 的主机地址。

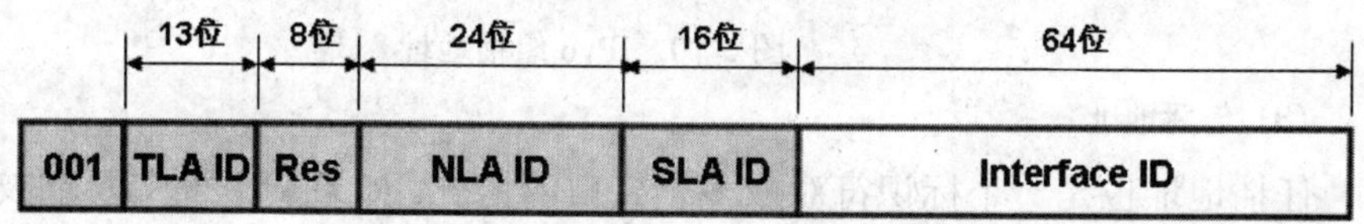

图 5-9 IPv6 全球单播地址

图 5-9 是 IPv6 全球单播地址的结构。开始 3 个地址位是地址类型前缀，用于区别其他地址类型。其后的 13 位 TLA ID、8 位 RES 保留位、24 位 NLA ID、16 位 SLA ID 和 64 位主机接口 ID，分别用于标识分级结构中自上向下排列的 TLA ID（Top Level Aggregator ID，顶级汇聚标识符）、NLA ID（Next Level Aggregator ID，下一级汇聚标识符）、SLA ID（Site Level Aggregator ID，站点汇聚标识符）和主机接口。RES 保留，以备将来 TLA 或 NLA 扩充用。

TLA 是与长途服务供应商和电话公司相互连接的公共网络接入点，它从国际 Internet 注册机构如 IANA 处获得地址。NLA 通常是大型 ISP，它从 TLA 处申请获得地址，并为 SLA 分配地址。SLA 也可称为订户（subscriber），它可以是一个机构或一个小型 ISP。SLA 负责为属于它的订户分配地址。SLA 通常为其订户分配由连续地址组成的地址块，以便这些机构可以建立自己的地址分级结构以识别不同的子网。分级结构的最底层是网络主机。

单播地址中有下列两种特殊地址。

- 不确定地址。
  单播地址 0:0:0:0:0:0:0:0 称为不确定地址。它不能分配给任何节点。它的一个应用示例是初始化主机时，在主机未取得自己的地址以前，可在它发送的任何 IPv6 包的源地址字段放上不确定地址。不确定地址不能在 IPv6 包中用作目的地址，也不能用在 IPv6 路由头中。
- 回环地址。
  单播地址 0:0:0:0:0:0:0:1 称为回环地址。节点用它来向自身发送 IPv6 包。它不能分配给任何物理接口。

（2）组播地址

组播地址是一个地址标识符对应多个接口的情况（通常属于不同节点），发往组播地址的包被送给该地址标识的所有接口。IPv6 组播地址用于表示一组节点。一个节点可能会监听多个组播地址。在 Internet 上进行组播是在 1988 年随着 D 类 IPv4 地址的出现而发展起来的。这个功能被多媒体应用程序所广泛使用，它们需要一个节点到多个节点的传输。

一个地址如果以 11111111 为开头，则标识该地址为组播地址。

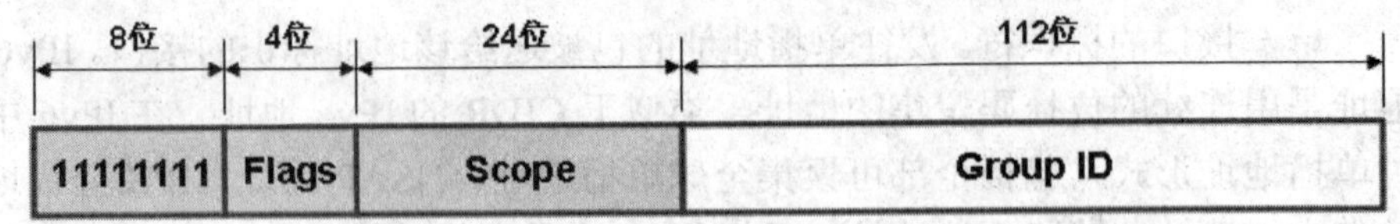

图 5-10　IPv6 组播地址

(3) 任播地址

任播地址也是一个标识符对应多个接口的情况。如果一个报文要求被传送到一个任播地址，则它将被传送到由该地址标识的一组接口中的最近一个（根据路由选择协议距离度量方式决定）。任播地址是从单播地址空间中划分出来的，因此从表面上来看，它与单播地址间是没有差别的。当一个单播地址被指向多于一个接口时，该地址就成为任播地址，并且被明确指明。当用户发送一个数据包到这个任播地址时，离用户最近的一个服务器将响应用户。这对于一个经常移动的网络用户大有益处。

IPv6 任播地址存在下列限制。

- 任播地址不能用作源地址，而只能作为目的地址。
- 任播地址不能指定给 IPv6 主机，只能指定给 IPv6 路由器。

IPv6 中没有广播地址，它的功能正在被组播地址所代替。另外，在 IPv6 中，任何全“0”和全“1 ”的字段都是合法值，除非特殊地排除在外的。特别是前缀可以包含“0”值字段或以“0 ”为终结。一个单接口可以指定任何类型的多个 IPv6 地址（单播、任播、组播）或范围。

2. IPv6 地址的表示方法

IPv4 地址表示为点分十进制格式，32 位的地址分成 4 个 8 位分组，每个 8 位写成十进制，中间用点号分隔。而 IPv6 的 128 位地址则是以 16 位为一分组，每个 16 位分组写成 4 个十六进制数，中间用冒号分隔，称为冒号分十六进制格式。例如 21DA:00D3:0000:2F3B:02AA:00FF:FE28:9C5A 是一个完整的 IPv6 地址。

IPv6 的地址表示有以下几种特殊情形。

①IPv6 地址中每个 16 位分组中的前导零位可以去除做简化表示，但每个分组必须至少保留一位数字。如上例中的地址，去除前导零位后可写成 21DA:D3:0:2F3B:2AA:FF:FE28:9C5A。

②某些地址中可能包含很长的零序列，为进一步简化表示法，还可以将冒号十六进制格式中相邻的连续零位合并，用双冒号“::”表示。“::”符号在一个地址中只能出现一次，该符号也能用来压缩地址中前部和尾部的相邻的连续零位。例如地址 1080:0:0:0:8:800:200C:417A，0:0:0:0:0:0:0:1，0:0:0:0:0:0:0:0 分别可表示为压缩格式 1080::8:800:200C:417A，::1，:: 。

③在 IPv4 和 IPv6 混合环境中，有时更适合于采用另一种表示形式：x:x:x:x:x:x:d.d.d.d，其中，x 是地址中 6 个高阶 16 位分组的十六进制值，d 是地址中 4 个低阶 8 位分组的十进制值（标准 IPv4 表示）。例如地址 0:0:0:0:0:0:13.1.68.3 以及 0:0:0:0:0:FFFF:129.144.52.38 写成压缩形式就是::13.1.68.3 和::FFFF.129.144.52.38 。

5.3.3 IPv6 的特点

IPv6 具有以下几个特点。

1. 定长而简化的包头

IPv6 对数据包头作了简化，以减少处理器开销并节省网络带宽。

IPv6 的报头由一个基本报头和多个扩展报头（Extension Header）构成，基本报头具有固定的长度（40 字节），放置所有路由器都需要处理的信息。由于 Internet 上的绝大部分包都只是被路由器简单的转发，因此固定的报头长度有助于加快路由速度。

IPv4 的报头有 13 个字段，而 IPv6 的只有 8 个字段，减少的字段包括。

- 首部长度字段。IPv4 的报头长度是由首部长度域来指定的，而 IPv6 的是固定 40 个字节。这就使得路由器在处理 IPv6 报头时显得更为轻松。
- 标识、标志、段偏移字段。标识、标志和分段偏移这三个字段被用于对数据进行分片和重装，而在 IPv6 中，分片只发生在源端，而重装只发生在目的端，中间的路由器不作分片和重装的工作。在 IPv6 中，主机通过一个叫做路径 MTU 发现（Path MTU Discovery）的过程来了解路径最大传输单元（Maximum Transmission Unit，MTU）的大小。如果 IPv6 的发送主机想要对数据包进行分段，就需要使用扩展包头来实现。数据包传输路径上的 IPv6 路由器不像在 IPv4 中那样进行数据分段。因此，在 IPv6 中去除了标识、标志和段偏移字段。如果必须分片的话，则插入一个扩展包头来实现。
- 首部校验和字段。对于数据的完整性，由于在第二层和第四层都提供了校验的机制，所以，在 IPv6 的设计时，就不再有校验这个字段出现。这样可以提高处理速度。如果路由器无需检验并更新校验和，则处理会变得更快。
- 选项字段。由于选项的存在，IPv4 首部长度可变，这使得每一个中间路由器处理 IP 分组的难度都增大了，为此，IPv6 中取消了分组首部长度可变的设计，选项的内容被扩展包头所取代，这使得 IPv6 变得极其灵活，扩展包头只有在必要的时候才需要检查和处理，能提供对多种应用的强力支持，同时又为以后支持新的应用提供了可能。

增加的字段则是流标签。IPv6 中实现了流概念，以规定中间路由器如何对数据包进行处理。IPv6 的中间节点接收到一个信息包时，通过验证它的流标签，就可以判断它属于哪个流，然后就可以知道信息包的 QoS 需求，进行快速地转发。流概念的引入，使得中间传输 IPv6 包的路由器不需要通过查看包里面的内容再决定传输的方式，这在加密和一些别的应用中尤其有用。

2. 层次化的地址结构

IPv6 将现有的 IP 地址长度扩大 4 倍，由当前 IPv4 的 32 位扩充到 128 位，以支持大规模数量的网络节点。在地址数量大幅度提高的同时，IPv6 支持更多级别的地址层次，IPv6 的设计者把 IPv6 的地址空间按照不同的地址前缀来划分，并采用了层次化的地址结构，以利于骨干网路由器对数据包的快速转发。

不同于 IPv4 地址在初期进行分配时的随意性以及不连续性，IPv6 地址在设计之初就保障了地址分配的严格有序。全局单播地址将按照顶级汇聚标识符、下一级汇聚标识符以及站点汇聚标识符来层层分配，这使得 IPv6 的路由表可以很好地汇总，以减少骨干路由器中的路由表条目。

3. 即插即用的连网方式

IPv6 把自动将 IP 地址分配给用户的功能作为标准功能，只要机器一连接上网络便可自动设定地址。它有两个优点，一是最终用户用不着花精力进行地址设定，二是可以大大减轻网络管理者的负担。

IPv6 有两种自动设定功能，一种是和 IPv4 自动设定功能一样的“全状态自动设定”功能，另一种是“无状态自动设定”功能。

在 IPv4 中，动态主机配置协议（Dynamic Host Configuration Protocol，DHCP）实现了主机 IP 地址及其相关配置的自动设置。一个 DHCP 服务器拥有一个 IP 地址池，主机从 DHCP 服务器租借 IP 地址并获得有关的配置信息（如默认网关、DNS 服务器等），由此达到自动设置主机 IP 地址的目的。IPv6 继承了 IPv4 的这种自动配置服务，并将其称为全状态自动配置（Stateful Autoconfiguration）。

在无状态自动配置（Stateless Autoconfiguration）过程中，主机首先通过将它的网卡 MAC 地址附加在链接本地地址前缀 1111111010 之后，产生一个链路本地地址（单播地址）。接着主机向该地址发出一个被称为邻居发现（neighbor discovery）的请求，以验证地址的唯一性。如果请求没有得到响应，则表明主机自我设置的链路本地地址是唯一的。否则，主机将使用一个随机产生的接口 ID 组成一个新的链路本地单点传送地址。

然后，以该地址为源地址，主机向本地链路中所有路由器多点传送一个被称为路由器请求（router solicitation）的配置信息。路由器以一个包含一个可聚合全局单播地址前缀和其他相关配置信息的路由器公告响应该请求，主机用它从路由器得到的全球地址前缀加上自己的接口 ID，自动配置全球地址，然后就可以与 Internet 中的其他主机通信了。

使用无状态自动配置，无需手动干预就能够改变网络中所有主机的 IP 地址。例如，当企业更换了联入 Internet 的 ISP 时，将从新 ISP 处得到一个新的可聚合全球地址前缀。ISP 把这个地址前缀从它的路由器上传送到企业路由器上。由于企业路由器将周期性地向本地链路中的所有主机多点传送路由器公告，因此企业网络中所有主机都将通过路由器公告收到新的地址前缀，此后，它们就会自动产生新的 IPv6 全局单播地址并覆盖旧的 IPv6 地址。

4. 身份验证和保密

安全问题始终是与 Internet 相关的一个重要话题。由于在 IP 协议设计之初没有考虑安全性，因而在早期的 Internet 上时常发生诸如企业或机构网络遭到攻击、机密数据被窃取等不幸的事情。为了加强 Internet 的安全性，从 1995 年开始，IETF 着手研究制定了一套用于保护 IP 通信的 IP 安全（IPSec）协议。IPSec 是 IPv4 的一个可选扩展协议，是 IPv6 的一个必须组成部分。

IPSec 的主要功能是在网络层对数据分组提供加密和鉴别等安全服务，它提供了两种安全机制：认证和加密。认证机制使 IP 通信的数据接收方能够确认数据发送方的真实身份以及数据在传输过程中是否遭到改动。加密机制通过对数据进行编码来保证数据的机密性，以防数据在传输过程中被他人截获而失密。IPSec 的认证报头（Authentication Header，AH）协议定义了认证的应用方法，安全负载封装（Encapsulating Security Payload，ESP）协议定义了加密和可选认证的应用方法。在实际进行 IP 通信时，可以根据安全需求同时使用这两种协议或选择使用其中的一种。AH 和 ESP 都可以提供认证服务，不过，AH 提供的认证服务要强于 ESP。

IPv6 使用了两种安全性扩展： IP 身份验证头(AH)首先由 RFC 1826（IP 身份验证头）描述，而 IP 封装安全性净荷（ESP）首先在 RFC 1827（IP 封装安全性净荷）中描述。这些技术在 IPv4 的 VPN 中也在使用，不同的是，在 IPv4 中，AH 和 ESP 是可选项，需要特殊的软件和设备来支持，在 IPv6 的设备中，对这些特性的支持是必选项。

同时，作为 IPSec 的一项重要应用，IPv6 集成了虚拟专用网（VPN）的功能，使用 IPv6 可以更容易地、实现更为安全可靠的虚拟专用网。

5. **流**

基于 IPv4 的 Internet 在设计之初，只有一种简单的服务质量，即采用 “尽力而为”(Best effort）的传输，从原理上讲服务质量 QoS 是无保证的。文本传输，静态图像等传输对 QoS 并无要求。随着 IP 网上多媒体业务增加，如 IP 电话、VoD、电视会议等实时应用，对传输延时和延时抖动均有严格的要求。

IPv6 数据包的格式包含一个 8 位的业务流类别（Class）和一个新的 20 位的流标签（Flow Label)。最早在 RFC1883 中定义了 4 位的优先级字段，可以区分 16 个不同的优先级。后来在 RFC2460 里改为 8 位的类别字段。其目的是允许发送业务流的源节点和转发业务流的路由器在数据包上加上标记，并进行除默认处理之外的不同处理。一般来说，在所选择的链路上，可以根据开销、带宽、延时或其他特性对数据包进行特殊的处理。

5.3.4 IPv6 与 IPv4 的对比

IPv6 和 IPv4 相比具有以下特点。

1. **更大的地址空间**

IPv6 最明显的特征是它巨大的地址空间。在 IPv4 中，地址位为 32 位，即总共的地址大小为 4,294,967,296 。而在 IPv6 中，地址位大小为 128 位，它允许的地址空间为 2^{128} 或 3.4×10^{38} 个可能的地址。在设计 IPv4 地址空间时，没有想到它会被用完，但随着最近互联网上主机的爆炸式增长，IPv4 地址空间即将耗尽，所以替代措施是必须的。

IPv6 地址耗尽的机会是很小的。在可预见的很长时期内，IPv6 的 128 位地址长度形成的巨大的地址空间能够为所有可以想象出的网络设备提供一个全球唯一的地址，IPv6 充足的地址空间将极大地满足那些伴随着网络智能设备的出现而对地址增长的需求，例如个人数据助理（PDA)、移动电话（Mobile Phone)、家庭网络接入设备（HAN）等。

此外，将 IPv6 地址设计成大尺寸，也是为了能够再次细分互联网的路由层次结构，以便更好地反映现代互联网的拓扑结构。

2. 更高效的路由基础结构

现在基于IPv4的互联网，其路由结构在主干上是平面的，换句话说，现在的互联网主干网上路由器，其路由表不能反映ISP之间的层次关系。地理上相邻的ISP之间所分配的IP地址空间是不连续的，比如一个从亚洲接入互联网骨干网的ISP所分配的地址空间，可能会与一个从欧洲接入互联网骨干的ISP在地址空间上是连续的。这样的现实造成在骨干网上很难实现路由汇总，并使得互联网骨干网上的路由表变得越来越大，最近的数据显示，骨干网上路由器的路由条目已经超过10万条，如此一来，路由的效率会越来越低下，而骨干路由器也越来越不堪重负。

IPv6从设计之初就考虑到了这个问题，IPv6的地址分配将比IPv4更严格，并且这种分配从一开始就考虑到了ISP之间的层次关系，其效果是：在IPv6的骨干路由器上很容易就能够实现路由条目的汇总，在IPv6骨干路由器上的路由条目将大幅减少。因此，IPv6会是一个更高效的路由基础架构。

3. 更好的安全性

在像互联网这样的公共媒体上实现专用通信，需要安全服务保护数据在传输中免遭查看或修改。虽然存在用于为数据包提供安全传输的基于IPv4的标准（即IPSec），但是该标准只是可选的。在IPv6中，IPSec支持是一个协议要求。该要求为设备、应用程序和服务的网络安全需求提供了基于标准的解决方案，并促进不同IPv6之间实现互操作性。

4. 移动性

移动IPv6允许IPv6节点成为移动的（任意改变在IPv6网络上的位置），同时仍然保持现有的连接。使用移动IPv6，移动节点始终通过一个永久地址可达。连接是使用分配给移动节点的特定永久地址建立的，不管移动节点改变位置和地址多少次，该连接都得以保持。

任播地址的使用，以及自动配置IP地址的方式使得IPv6的移动性大大超过了IPv4，这个特性使得IPv6成为了即将推行的3G的标准协议。

5. 更好的服务质量（QoS）

IPv6报头中的使用了一个被称为流标签（Flow lable）的新字段，这个新字段用于定义如何处理和标识流量。关于流标签的具体含义在后文中将涉及。同时，在IPv6的包头中，还定义了一个流量类型（Traffic type）字段，能够用来区分不同的业务流。流类型和流标签的组合能够为IPv6提供强大的QoS。

5.4 总 结

本章主要介绍了网际协议IP。IP协议工作于TCP/IP协议分层模型的网际层，主要负责互联网络间的寻址和分组转发。IP报文的首部长度为20~60字节，包括的字段有：版本号、首部长度、服务类型、总长度、标识、标志、段偏移、生存时间、协议、首部校验和、源地址、目的地址等，IP 报文最大为 65535 字节。

IP 协议提供了对网络上的节点进行逻辑编址的方法，IP 地址为 32 位的二进制数字，一般用点分十进制的方法表示，分为网络号和主机号两部分，网络号用于定位一个具体的子网，主机号用于定位子网内的主机。初期，IP 地址被划分为 A、B、C、D、E 五类，并将 A、B、C 类地址分配给用户使用。现在为了节约 IP 地址资源和更灵活的划分子网，不再按照类别进行 IP 地址的分配，而是依靠子网掩码来确定网络号和主机号的具体位数。

划分子网的方法就是从主机号里面借位成为新的子网位。有时一个主网络内需要划分出多种不同掩码长度的子网，子网内仍然继续划分子网，这就是 VLSM 可变长子网掩码。VLSM 可以使得 IP 地址分配更加灵活从而更加节省，而且可以提高路由汇总的能力。

目前的 IP 版本 4 存在很多问题，如地址空间即将耗尽、安全性不足、服务质量不能保证等，因此人们开发出了新的 IP 版本 6 以解决这些问题。IPv6 简化了包头的结构，以定长的包头来简化中间路由器的处理过程，提高传输效率，然后利用一系列的扩展包头实现认证、加密、分片等功能。IPv6 包头中新增加的流标签字段使 IPv6 可以以“流”的方式提供服务质量保证。IPv6 的地址增加到了 128 位，以冒号分十六进制数表示，在地址空间增大的同时，IPv6 地址设计上就保证了严格的分配，可以体现 ISP 之间的层次性，以实现高效的路由。IPv6 的地址分为单播、组播和任播三类，可以实现网络的即插即用性和移动性。

5.5 思考与练习

1. 选择题

（1）关于 IPv4，以下哪个说法正确？

A．提供可靠的传输服务

B．提供尽力而为的传输服务

C．在传输前先建立连接

D．保证发送出去的数据包按顺序到达

（2）IP 报文为什么需要分片和重组？

A．因为应用层需要发送的数据往往大于 65535 字节

B．因为传输层提交的数据往往大于 65535 字节

C．因为数据链路层的 MTU 小于 65535 字节

D．因为物理层一次能够传输的数据小于 65535 字节

（3）B 类 IP 地址具有多少位网络号和多少位主机号？

A．8，24

B．16，16

C．24，8

D．不能确定，要根据子网掩码而定

（4）IP 地址 192.168.1.0/16 代表什么含义？

A．网络 192.168.1 中编号为 0 的主机

B．代表 192.168.1.0 这个 C 类网络
C．是一个超网的网络号，该超网由 255 个 C 类网络合并而成
D．网络号是 192.168，主机号是 1.0
（5）IP 地址是 211.116.18.10，掩码是 255.255.255.252，其广播地址是多少？
A．211.116.18.255
B．211.116.18.12
C．211.116.18.11
D．211.116.18.8
（6）IP 地址是 202.114.18.190，掩码是 255.255.255.192，其子网编号是多少？
A．202.114.18.128
B．202.114.18.64
C．202.114.18.32
D．202.114.18.0
（7）下面哪两台主机位于同一个网络之中？
A．IP 地址为 192.168.1.160/27 的主机
B．IP 地址为 192.168.1.240/27 的主机
C．IP 地址为 192.168.1.154/27 的主机
D．IP 地址为 192.168.1.190/27 的主机
（8）关于 IPv6 中的任播地址，以下描述正确的是？
A．具有特殊的格式
B．如果一个单播地址配置给多个接口，就成为了任播地址
C．发送给任播地址的数据包将被所有配置该地址的接口接收
D．用于取代 IPv4 中的广播地址
（9）IPv6 包头具有以下哪些特点？
A．包头长度为固定的 40 字节
B．由于没有标识、标志和段偏移字段，IPv6 将不能实现分片和重组功能
C．源和目的地址字段的长度增大为 128 字节
D．包头中字段的数量减少为 8 个
（10）下面的 IPv6 地址中，哪个是正确的？
A．21DA.D300.0000.2F3B.02AA.0000.0000.9C5A
B．21DA:D300::2F3B:02AA::9C5A
C．21DA:D3:0000:2F3B:02AA:0:9C5A
D．21DA:D300:0:2F3B:02AA::9C5A

2．问答题

（1）IP 提供的服务为何被称为是尽力而为的？
（2）IPv4 如何实现 IP 报文的分片和重组？
（3）IPv4 的地址如何构成？
（4）在 IPv4 网络中，为什么需要划分子网？
（5）IPv4 的不足之处有哪些？
（6）IPv6 的包头和 IPv4 相比有哪些变化？
（7）IPv6 具有哪些特点？

第 6 章　路由技术

本章重点

- ◆ 路由技术基础
- ◆ 启动路由器
- ◆ 静态路由配置
- ◆ 默认路由配置
- ◆ 浮动路由配置
- ◆ 动态路由协议原理
- ◆ 静态路由协议与动态路由协议区别
- ◆ 有类路由协议与无类路由协议

6.1　路由技术基础

6.1.1　路由概念

路由器提供了在异构网络互连机制中，实现将数据包从一个网络发送到另一个网络。路由就是指导 IP 数据包发送的路径信息。

路由是指导 IP 报文发送的路径信息。

在互联网中进行路由选择要使用路由器，路由器只是根据所收到的数据包头的目的地址选择一个合适的路径，将数据包传送到下一跳路由器，路径上最后的路由器负责将数据包送交目的主机。每个路由器只负责自己本站数据包通过最优的路径转发，通过多个路由器一站一站的接力将数据包通过最佳路径转发到目的地，当然有时候由于实施一些路由策略，数据包通过的路径并不一定是最佳路由，如图 6-1 所示。

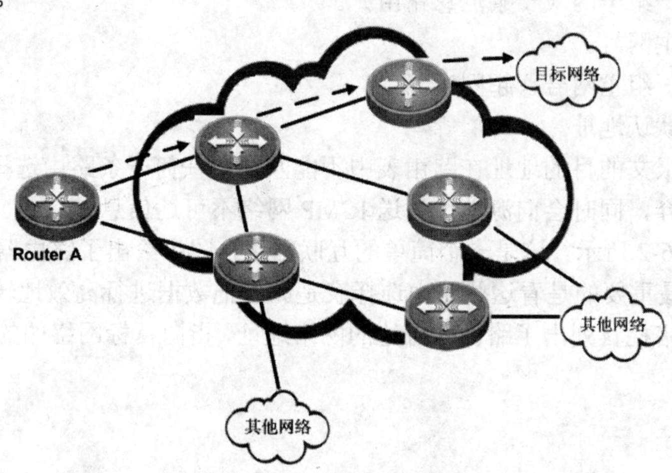

图 6-1　路由 IP 数据包路径

根据路由的目的地不同，可以划分为“子网路由”和“主机路由”。

- 子网路由：目的地为子网。
- 主机路由：目的地为主机。

根据目的地与该路由器是否直连，又可以分为“直连路由”和“间接路由”。

- 直连路由：目的地所在网络与路由器直接相连。
- 间接路由：目的所在网络与路由器不是直接相连。

6.1.2 路由选路

路由器依靠路由表进行路由选路。

路由器转发数据包的关键是路由表，每个路由器中都保存着一张路由表，表中每条路由项都指明数据到某个子网应通过路由器的哪个物理接口发送出去。

当报文到达路由器接口时会检查数据帧目的地址字段中的数据链路标识，如果标识符是路由器接口标识或广播标识符，那么路由器将从帧中剥离出报文并传递给网络层，在网络层，将检查报文的目的地址，如果目的地址是路由器接口的IP地址或是所有主机的广播地址，那需要再检查报文协议字段，然后再向适当的内部进程发送被封装的数据。

如果报文是可以被路由的，也就是目的地不是直连网络，那么路由器会查找路由选择表选择一个正确的路径。在数据库中的每个路由选择表项必须包括以下两个项目。

- 目的地址：这是路由器可以到达的网络的地址，路由器可能会有多条路径到达同一地址，但在路由表中只会存在到达这一地址的最佳路径。
- 指向目的地的指针：指针不是指向路由器的直连目的网络就是直连网络内的另一个路由器地址，更接近目标网络一跳的路由器叫下一跳（next hop）路由器。

路由器会尽量地做到最精确的匹配。按精确程序递减的顺序，可选地址排列如下。

- 主机地址（主机路径）。
- 子网。
- 一组子网（一条汇总路由）。
- 主网号。
- 一组主网号（超网）。
- 默认地址。

如果报文的目的地址在路由表中不能匹配到任何一条路由选择表项，那么报文将被丢弃，同时会向源地址发送ICMP网络不可达信息。

如图6-2所示，这是一个简单的互联网络，图中给出了路由器需要路由选择表，这里最重要的是看这些路由选择表是如何把数据进行高效地转发的。路由选择表的网络栏目列出了路由器可达的网络地址，指向目标网络的的指针在下一跳栏目。

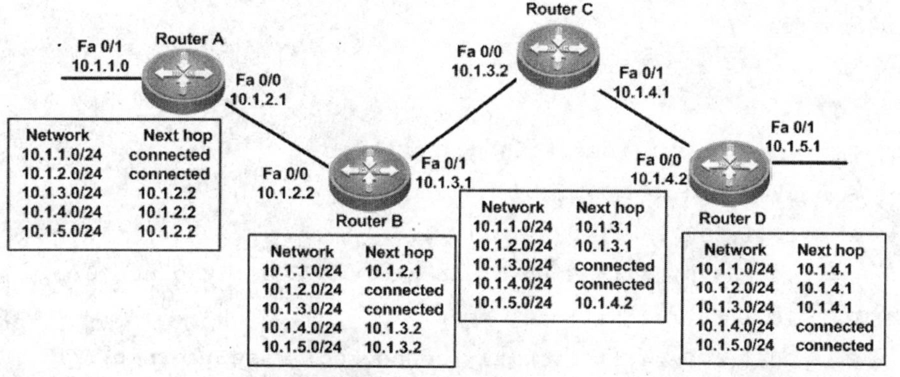

图 6-2 路由表

如果路由器 A 收到一个源地址为 10.1.1.100、目标地址为 10.1.5.10 的报文，那么路由选择表查询的结果对于目的地址 10.1.5.0 的最优匹配是子网 10.1.5.0，报文可以从接口 Fa0/0 出站经下一跳地址 10.1.2.2 去往目的地。接着报文被发送给路由器 B，路由器 B 查找路由选择表后发现报文应该从接口 Fa0/0 出站经下一跳地 10.1.3.2 去往目的网络 10.1.5.0，此过程将一直持续到报文到达路由器 D，当路由器接口 Fa0/0 接收到报文时，路由器 D 查找路由表发现目的地是连接在接口 Fa0/1 的一个直连网络，最终结束路由选择过程，把报文被传递给主机 10.1.5.10。

上面说明的路由选择过程是假设路由器可以将下一跳地址同它的接口匹配起来，为了正确地进行报文交换，每个路由器都必须保持信息的一致性和准确性。如图 6-2 所示，在路由器 D 的路由表中丢失了关于网络 10.1.1.0 表项。从 10.1.1.100 到 10.1.5.10 的报文将被传送，但是当 10.1.5.10 向 10.1.1.100 回复报文时，报文从路由器 D 到路由器 C 再到路由器 B，路由器 B 查找路由选择表后发现没有关于子网 10.1.1.0 的路由表项，因此丢弃此报文，同时路由器 B 向主机 10.1.5.10 发送目标网络不可达的 ICMP 信息。

示例 6-1 给出了路由器 C 的实际路由选择表。可以使用命令 show ip route 查看路由表。

检查数据库的内容，并把它与图 6-2 所示中路由器 C 的路由选择表相比较，可以看到路由表最上方的关键字是对路由选择左侧的一列字母的解释，这些字母指明了每个路由表项是如何学习到的，在示例中，标记为 C 的路由表示直连网络，标记为 S 的路由选择表示静态路由。声明“Gateway of last resort is not set”指的是默认路由。

示例 6-1 路由器 C 的路由选择表

```
Router C#show ip route

Codes:  C - connected, S - static,  R - RIP B - BGP
        O - OSPF, IA - OSPF inter area
        N1 - OSPF NSSA external type 1,N2-OSPF NSSA external type 2
        E1 - OSPF external type 1, E2 - OSPF external type 2
        i - IS-IS, L1 - IS-IS level-1, L2 - IS-IS level-2, ia - IS-IS
```

```
inter area
       * - candidate default

   Gateway of last resort is no set
   S    10.1.1.0/24 [1/0] via 10.1.3.1
   S    10.1.2.0/24 [1/0] via 10.1.3.1
   C    10.1.3.0/24 is directly connected, FastEthernet 0/0
   C    10.1.3.2/32 is local host.
   C    10.1.4.0/24 is directly connected, FastEthernet 0/1
   C    10.1.4.1/32 is local host.
   S    10.1.5.0/24 [1/0] via 10.1.4.2
```

在此路由选择表中有 5 个已知子网，每一个都给出了目标子网。对于不是直连网络的表项，报文必须转发到下一跳路由器，置于括号内的元组指明了路由的[管理距离/度量]。

度量是通过优先权评价路由的一种手段，度量越低，路径越短。路由选择表还给出了下一跳路由器直接被连接的接口地址或目标网络连接的接口地址。

6.2 启动路由器

6.2.1 认识路由器

路由器工作在OSI的网络层。

路由是指把数据按照路由表从一个地方传送到另一个地方的行为和动作。而路由器正是执行这种行为动作的机器，它的英文名称为 Router，是一种连接多个网络或网段的网络设备，它能将不同网络或网段之间的数据信息进行“翻译”，以使它们能够相互“读懂”对方的数据，从而构成一个更大的网络，如图 6-3 所示。

图 6-3 路由器

简单地讲，路由器主要有以下几种功能。

- 网络互连：路由器支持各种局域网和广域网接口，主要用于互连局域网和广域网，实现不同网络互相通信。
- 数据处理：提供包括分组过滤、分组转发、优先级、复用、加密、压缩和防火墙等功能。

- 网络管理：路由器提供包括配置管理、性能管理、容错管理和流量控制等功能。

RSR20 路由器是模块化路由器，由路由器主机 RSR20 和可选 SIC（Smart Interface Card）智能接口卡组成，如图 6-4 和图 6-5 所示。

下面以锐捷路由器产品 RSR20 为例，描述路由器各接口功能。

图 6-4　RSR 路由器

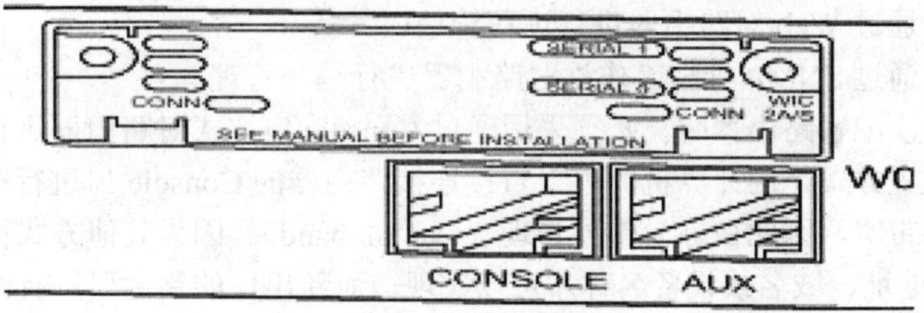

图 6-5　路由器的固化接口

一般来说，一台路由器只有一个 Console 和 AUX 接口。

- Console 口：控制台口，初始化配置路由器的接口。
- AUX 口：AUX 接口为异步接口，主要用于远程配置，也可用于拨号连接，还可通过收发器与 MODEM 进行连接，支持硬件流控制。
- RJ-45 接口。

RJ-45 接口是最常见的双绞线以太网口，因为在标准以太网、快速以太网和千兆以太网中都可以采用双绞线作为传输介质，所以根据接口的通信速率不同，RJ-45 接口又可分为 10Base-T（RJ-45）接口、100Base-TX（RJ-45）、1000Base-TX 3 类等，如图 6-6 所示。

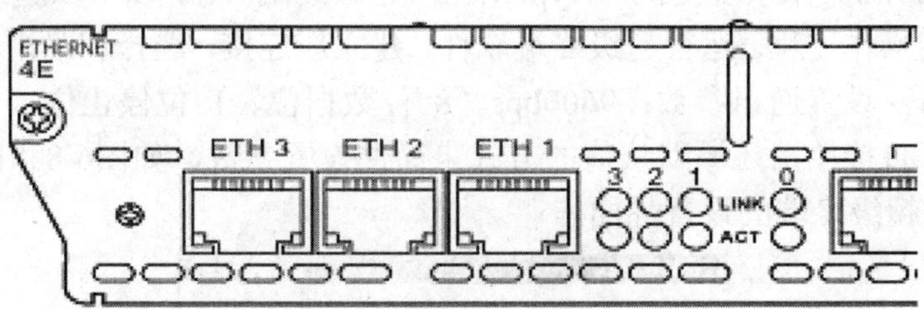

图 6-6　RJ-45 接口

除了固化到路由器上的接口外，路由器还支持各种SIC模块。

RSR20 路由器支持以下 SIC 卡。

- 4 接口 100Base-T 快速以太网交换接口卡（SIC-4ESW）。
- 1 接口通道化 E1 接口卡（SIC-1CE1）。
- 1 接口非通道化 E1 接口卡（SIC-1E1-F）。
- 1 接口高速同步串口接口卡（SIC-1HS）。
- 1 接口高速异步串口接口卡（SIC-1A）。

- 8 接口高速异步串口接口卡（SIC-8A）。
- 1 接口 ISDN 基本速率 U 接口卡（SIC-1B-U）。
- 1 接口 ISDN 基本速率 S/T 接口卡（SIC-1B-S/T）。
- 2 接口 FXS 语音接口卡 (SIC-2FXS)。
- 2 接口 FXO 语音接口卡（SIC-2FXO）。

6.2.2 路由器的访问方式

对路由器的访问和交换机一样，也有以下 4 种方式。

- 通过带外方式对路由器进行管理。
- 通过 Telnet 对路由器进行远程管理。
- 通过 Web 对路由器进行远程管理。
- 通过 SNMP 管理工作站对路由器进行远程管理。

第一次配置路由器时，必须采用通过 Console 口方式对路由器进行配置，因为这种配置方式是用计算机的串口直接连接路由器的 Console 口进行配置，并不占用网络带宽，因此被称为带外管理（Out of band)。因为其他方式往往需要借助于 IP 地址、域名或设备名称才可以实现，而新出厂的路由器没有内置这些参数，所以第一次配置路由器时需要使用这种方式。

使用后面3种方式配置路由器时，配置命令均要通过网络传输，因此也被称为带内方式，可以根据需要通过这3种访问方式中的一种或几种来访问路由器。

在路由器第一次使用的时候，必须采用通过Console口方式对路由器进行配置，具体的操作步骤如下。

步骤1　如图6-7所示，将一字符终端或者电脑的串口通过标准的RS232电缆和路由器的Console口（也叫配置口或控制台口）连接。通过Console口搭建本地配置环境

步骤2　配置终端的通讯设置参数，如果采用电脑，则需要运行终端仿真程序，如Windows操作系统提供的Hyperterm（超级终端）等，以下以超级终端为例，说明具体的操作过程。运行超级终端软件，建立新连接，选择和路由器的Console连接的串口，设置通讯参数：9600bps、8 位数据位、1 位停止位、无校验、无流控，也可直接单击还原默认值的方式来简便设置参数，如图6-8和图6-9所示的Windows的超级终端的设置界面。

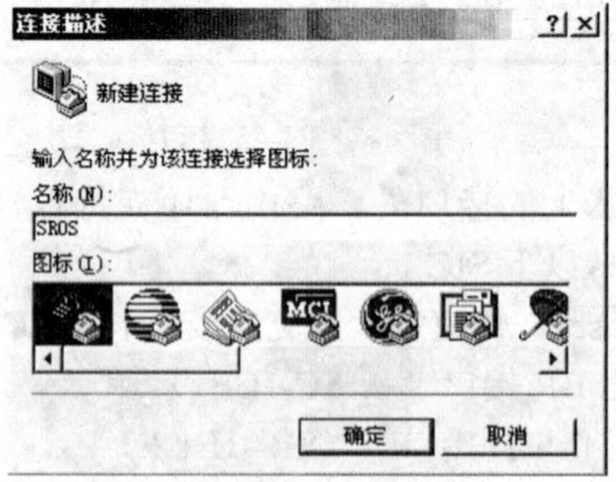

图 6-7　建立新连接

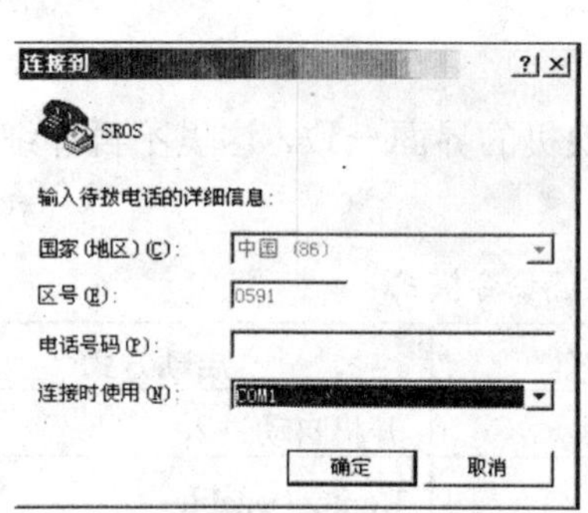

图 6-8 选择和路由器的 Console 连接的电脑串口

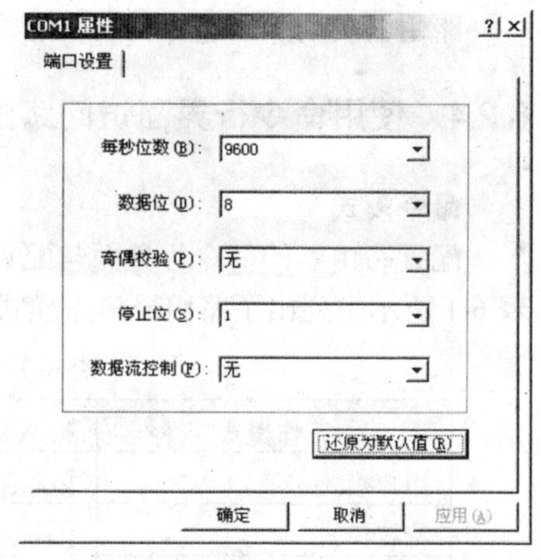

图 6-9 设置串口的通讯参数

Windows 自带的超级终端工具可在 windows 光盘中安装，XP 系统默认自带此工具。Windows 的服务器版本需要安装。

设置完这些参数后，进入到路由器配置页面。我们将在本章后续阐述路由器的配置页面。

6.2.3 路由器加电

在加电之前，请对路由器进行如下检查。

- ❑ 电源线和地线连接是否正确。
- ❑ 供电电压与路由器的要求是否一致。
- ❑ 配置电缆连接是否正确配置用电脑或终端是否已经打开并设置完毕。

检查完毕后打开路由器供电电源开关。

- ❑ 打开路由器电源开关，将路由器电源开关置于“开”位置。
- ❑ 路由器前面板上的指示灯显示是否正常。

  检查方法：对于路由器，加电后，Status 指示灯，正常工作时该灯为常绿色；上电后，SYSTEM 指示灯，正常工作时该灯为常绿色。
- ❑ 配置终端是否显示正常。

  检查方法：路由器上电后终端上会显示路由器软件自解压等信息。

示例 6-2 路由器启动过程

```
路由器第一次启动，会出现如下信息:
***********************************************
Compiled at: Feb 27 2007 10:12:22.
kmem_init start: 0x003c3b24, size: 0x7c3c4dc
zone start at 00460000
Flash checking! It may takes several minutes.
SDRAM: 128M
Bank0: 00000000 - 07FFFFFF 128M
system power off accidentally last.
Ruijie>
Ruijie>
```

路由器启动后，进行初始化配置，如访问密码及接口IP等。

6.2.4 使用命令行界面访问路由器

命令模式

配置路由器的命令行界面与配置交换机的界面一致，这里不再详细赘述。下表 6-1 所示中列出了路由器命令模式。

表 6-1 路由器命令模式

<table>
<tr><th colspan="2">工作模式</th><th>提示符</th><th>启动方式</th></tr>
<tr><td colspan="2">用户模式</td><td>Router></td><td>开机自动进入</td></tr>
<tr><td colspan="2">特权模式</td><td>Router #</td><td>Router >enable</td></tr>
<tr><td rowspan="4">配置模式</td><td>全局模式</td><td>Router (config)#</td><td>Router #configure terminal</td></tr>
<tr><td>路由模式</td><td>Router (config-router)#</td><td>Router (router)#router rip</td></tr>
<tr><td>接口模式</td><td>Router (config-if)#</td><td>Router (config)#interface fao/o</td></tr>
<tr><td>线程模式</td><td>Router (config-line)#</td><td>Router (config)#line console 0</td></tr>
</table>

区别于交换机的模式。

- 路由配置模式 Router(config-router)#

  在全局配置模式下，使用 **router** *router-protocol* 命令进入该模式。要返回到特权模式，输入 end 命令，或输入 Ctrl+Z 组合键。要返回到全局配置模式，输入 exit 命令。

有关命令行界面的帮助与交换机相同，请参考第 2 章交换机技术，这里不再赘述。

6.3 静态路由、默认路由与浮动路由

6.3.1 静态路由配置

静态路由是网络管理员手动输入的。

路由选择表获取信息的方式有两种，以静态路由表项的方式手工输入信息，或通过几种动态路由协议自动获取信息。

静态路由是指由网络管理员手工配置的路由信息。它是一种最简单的配置路由的方法，一般用在小型网络或拓扑相对固定的网络中。但在某些大型网络中，配置静态路由就有其局限性了。

在不同网络环境所使用的获取路由信息的方式也有不同，在有些环境下选用的是静态路由配置，而不利用动态路由协议获取，对于任何程序而言，自动化程序越高，可控程度越差，虽然动态路由要求更少的手工配置，但静态路由允许在互联网络的路由选择行为上实施非常精确的控制，然而为此付出代价是每当网络拓扑发生变化时都需要重新进行手工配置。

配置静态路由命令：

设置 IP 静态路由表。使用该命令的 no 选项删除静态路由表信息。具体参数如表 6-2 所示。

ip route *network-number network-mask* { *ip-address* | *interface-id* [*ip-address*] } [distance] [enabled | disabled | permanent | weight | tag]

no ip route *network-number network-mask* [*ip-address* | *interface-id* [ip-address]] [distance]

表 6-2 ip route 命令参数

参数	描述
network-mask	目的 IP 掩码
ip-address	下一跳 IP 地址
Interface-id	接口号
Distance	管理距离
Enable	该路由为有效路由
Disabled	该路由为无效路由
Permanent	指定此路由即使该接口关掉也不被移掉
Tag	标记
Weight	权重

如图 6-10 所示，本拓扑图有 4 个路由器和 6 个网络，注意，网络 10.0.0.0 的几个子网是不连续的。

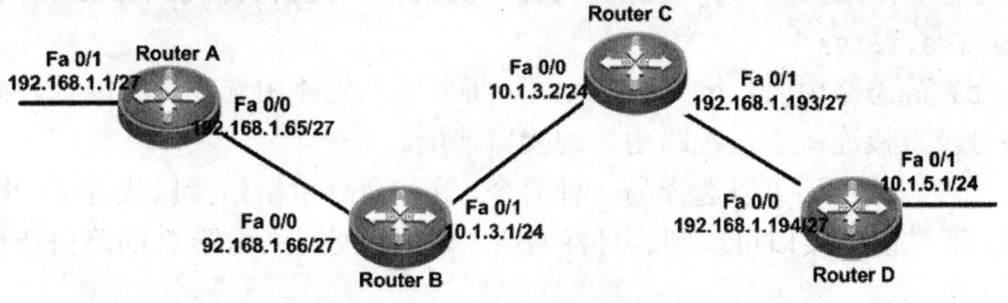

图 6-10 配置静态路由

在实施静态路由选择的过程共有三步。

步骤 1 为互连的每个数据链路确定地址（包括子网和网络）。

步骤 2 为每个路由器标识所有非直连的数据链路。

步骤 3 为每个路由器写出关于每个非直连数据链路的路由说明。

在图 6-10 所示中有 5 个子网。

- ❑ 10.1.1.0/24。
- ❑ 10.1.5.0/24。
- ❑ 192.168.1.0/27。
- ❑ 192.168.1.64/27。
- ❑ 192.168.1.192/27。

为了在路由器 C 上配置静态路由，将那些非直连的子网标识如下。

- ❑ 192.168.1.0/27。
- ❑ 192.168.1.64/27。

- 10.1.5.0/27。

对于静态路由来说，这些子网必须记录下来，在路由器 C 上的配置静态路由命令如示例 6-3 所示。

示例 6-3　在路由器 C 的上配置静态路由

```
Router C(config)#ip route 10.1.5.0 255.255.255.0 192.168.1.194
Router C(config)#ip route 192.168.1.0 255.255.255.252 10.1.3.1
Router C(config)#ip route 192.168.1.64 255.255.255.252 10.1.3.1
```

对于其他路由器也采用同样步骤来配置路由，如示例 6-4 所示。

示例 6-4　配置静态路由

```
Router A(config)# ip route 10.1.3.0 255.255.255.0 192.168.1.66
Router A(config)#ip route 10.1.5.0 255.255.255.0 192.168.1.66
Router A(config)#ip route 192.168.1.192 255.255.255.224
192.168.1.66
Router B(config)# ip route 10.1.5.0 255.255.255.0 10.1.3.2
Router B(config)#ip route 192.168.1.0 255.255.255.224 192.168.1.65
Router B(config)#ip route 192.168.1.192 255.255.255.224 10.1.3.2
Router D(config)# ip route 10.1.3.0 255.255.255.0 192.168.1.193
Router D(config)# ip route 192.168.1.0 255.255.255.224
192.168.1.193
Router D(config)# ip route 192.168.1.64 255.255.255.224
192.168.1.193
```

在配置静态路由时，ip route 后面是将要输入到路由选择中的地址、确定地址网络号及直接连接下一跳路由器的接口地址。

配置静态路由还可以选择另一种命令，这种命令用出站接口代替下一跳路由器地址，通过出站接口可以到达目标网络，例如，配置路由器 C 的路由选择表如示例 6-5 所示。

示例 6-5　配置静态路由

```
Router C(config)# ip route 10.1.5.0 255.255.255.0 FastEthernet 0/1
Router C(config)#ip route 192.168.1.0 255.255.255.252 FastEthernet
0/0
Router C(config)#ip route 192.168.1.64 255.255.255.252 FastEthernet
0/0
```

可用使用 **show ip route** 比较两种配置的差别，如示例 6-6 所示。

示例 6-6　两种配置的对比

```
Router C#show ip route

Gateway of last resort is no set
C    10.1.3.0/24 is directly connected, FastEthernet 0/0
C    10.1.3.2/32 is local host.
```

```
S    10.1.5.0/24 [1/0] via 192.168.1.194
S    192.168.1.0/30 [1/0] via 10.1.3.1
S    192.168.1.64/30 [1/0] via 10.1.3.1
C    192.168.1.192/27 is directly connected, FastEthernet 0/1
C    192.168.1.193/32 is local host.

Router A#show ip route

Gateway of last resort is no set
C    10.1.3.0/24 is directly connected, FastEthernet 0/0
C    10.1.3.2/32 is local host.
S    10.1.5.0/24 is directly connected, FastEthernet 0/1
S    192.168.1.0/30 is directly connected, FastEthernet 0/0
S    192.168.1.64/30 is directly connected, FastEthernet 0/0
C    192.168.1.192/27 is directly connected, FastEthernet 0/1
C    192.168.1.193/32 is local host.
```

如果静态下一跳指定是下一个路由器的 IP 地址，则路由器认为一条管理距离为 1 开销为 0 的静态路由。如果下一跳指定是本路由器出站接口，则路由器认为是一条直连的路由。

6.3.2 默认路由的配置

默认路由指的是路由表中未直接列出目标网络的路由选择项，它用于在不明确的情况下指示数据帧下一跳的方向。路由器如果配置了默认路由，则所有未明确指明目标网络的数据包都按默认路由进行转发。

默认路由一般用在末节网络中，比如企业连接互联网的出口路由器上使用。

默认路由一般使用在 stub 网络中（称末端网络），stub 网络是只有 1 条出口路径的网络。使用默认路由来发送那些目标网络没有包含在路由表中的数据包。

默认路由可以看作是静态路由的一种特殊情况。

配置默认路由使用如下命令：

ip route *0.0.0.0 0.0.0.0* { *ip-address* | *interface-id* [*ip-address*] } [distance] [enabled | disabled | permanent | weight | tag]

no ip route *0.0.0.0 0.0.0.0* [*ip-address* | *interface-id* [ip-address]] [distance]

如图 6-11 所示，A 路由器连接了一个末节网络，末节网络中的流量都通过 A 路由器到达 Internet，A 路由器是一个边缘路由器。那么在 A 路由器上如何配置默认路由呢？

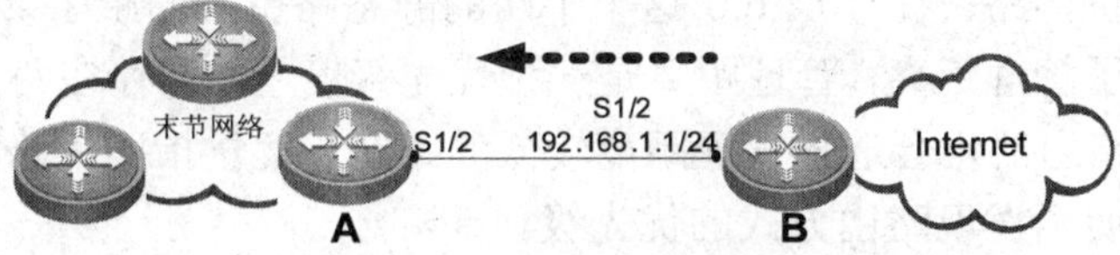

图 6-11　配置默认路由

示例 6-7　两种默认路由的配置方法

```
Router A(config)# ip route 0.0.0.0 0.0.0.0 S1/2
```

```
或者
Router C(config)#ip route 0.0.0.0 0.0.0.0 192.168.1.1
```

6.3.3 浮动静态路由

不同于其他路由，浮动静态路由不能被永久的保存在路由选择表中，它仅仅会出现在一种特殊的情况下，即在一条首选路由发生失败的时候。浮动静态路由主要考虑到链路的冗余性能。

如图 6-12 所示，路由器 A 去往路由器 D 的网络 10.1.6.0 有两条路径，但其首选的路径为 RA－RB－RD，这时为了保证链路的可用性，所以需要一条备份链路，在主链路断开的时候，让其从备份链路 RA－RC－RD 这条路径传输数据，当主链路恢复正常时，还会使用主链路传输数据。

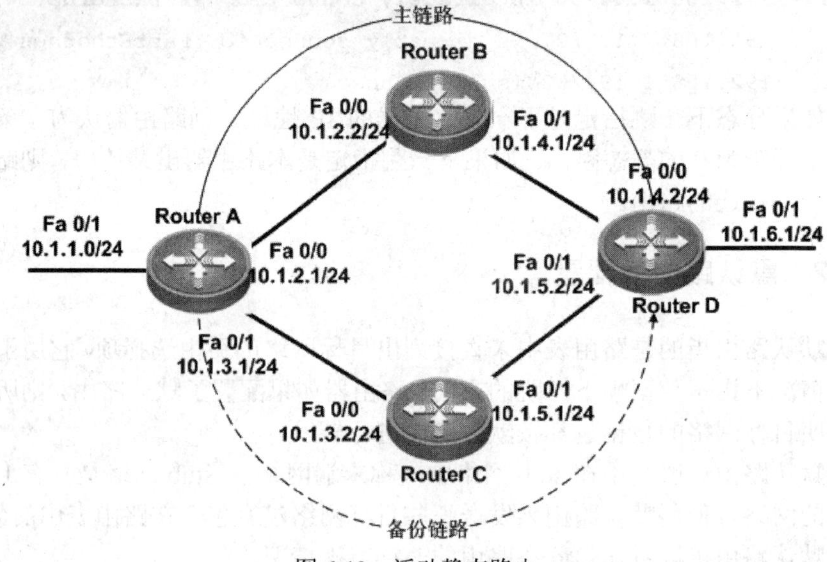

图 6-12　浮动静态路由

其具体配置如示例 6-8 所示。

示例 6-8　配置浮动静态路由

```
Router A(config)#ip route 10.1.4.0 255.255.255.0 10.1.2.2
Router A(config)#ip route 10.1.5.0 255.255.255.0 10.1.3.2
Router A(config)#ip route 10.1.6.0 255.255.255.0 10.1.3.2 20
Router A(config)#ip route 10.1.6.0 255.255.255.0 10.1.2.2
```

在从备份链路去往 10.1.6.0 这个子网的静态路由后面跟了 20 这个数字，这个数字指定了管理距离，管理距离是一种优先级度量，当存在两条路径到达相同的网络时，路由器将会选择管理距离较低的路径。度量指明了路径的优先级，而管理距离指明了发现路由方式的优先级。

例如，指向下一跳地址的静态路由的管理距离为 1，而指向出站接口的静态路由的管理距离为 0，如果有两条静态路由指向相同的网络目标，一条指向下一跳地址，一条指向出站接口，那么后一条路由——管理距离值较低的路由被选中作为达到目的地的路由。

将经由子网 10.1.3.0 的静态路由的管理距离提高到 20，可以使经过子网 10.1.2.0 的静态路由成为首选路由，示例 6-9 反复指出了路由器 A 路由选择表的 3 次变动。

当主线路的链路失效的时候，接口 Fa0/0 的状态为 down，表明链路发生故障。查看路由选择表发现所有路由的下一跳指向了 10.1.3.2。由于原来的首选路由不再可用，所以路由器切换到管理距离为 20 的备份链路。而且因为子网 10.1.2.0 发生故障，所以路由选择表中不再把它作为直连网络。

当主链路恢复之后，接口 Fa0/0 的状态为 up，路由选择表中再次显示子网 10.1.2.0，而且路由器也再次使用 10.1.2.2 作为下一跳地址。

示例 6-9　配置浮动静态路由

```
RSR-1#show ip route

Gateway of last resort is no set
C    10.1.1.0/24 is directly connected, Loopback 0
C    10.1.2.0/24 is directly connected, FastEthernet 0/0
C    10.1.3.0/24 is directly connected, FastEthernet 0/1
S    10.1.4.0/24 [1/0] via 10.1.2.2
S    10.1.5.0/24 [1/0] via 10.1.3.2
S    10.1.6.0/24 [1/0] via 10.1.2.2
RSR-1#Nov    9  05:12:21  RSR-1  %7:%LINK  CHANGED:  Interface
FastEthernet 0/0, changed state to down
Nov   9  05:12:21  RSR-1  %7:%LINE  PROTOCOL  CHANGE:  Interface
FastEthernet 0/0, changed state to DOWN

RSR-1#show ip route

Gateway of last resort is no set
C    10.1.1.0/24 is directly connected, Loopback 0
C    10.1.3.0/24 is directly connected, FastEthernet 0/1
S    10.1.5.0/24 [1/0] via 10.1.3.2
S    10.1.6.0/24 [20/0] via 10.1.3.2
RSR-1#Nov    9  05:12:38  RSR-1  %7:%LINK  CHANGED:  Interface
FastEthernet 0/0, changed state to up
Nov   9  05:12:38  RSR-1  %7:%LINE  PROTOCOL  CHANGE:  Interface
FastEthernet 0/0, changed state to UP


RSR-1#show ip route

Gateway of last resort is no set
C    10.1.1.0/24 is directly connected, Loopback 0
```

```
C    10.1.2.0/24 is directly connected, FastEthernet 0/0
C    10.1.3.0/24 is directly connected, FastEthernet 0/1
S    10.1.4.0/24 [1/0] via 10.1.2.2
S    10.1.5.0/24 [1/0] via 10.1.3.2
S    10.1.6.0/24 [1/0] via 10.1.2.2
```

6.4 动态路由协议基本原理

6.4.1 动态路由协议基础知识

路由协议，通过提供共享路由选择信息的机制来支持被动路由协议。路由选择协议消息在路由器之间传送。路由选择协议允许路由器与其他路由器通信来修改和维护路由选择表，如 RIP 路由协议。

被动路由的协议，是任何在网络层地址中提供了足够信息的网络协议，该网络协议允许将数据包从一个主机转发到以地址方案为基础的另一个主机，如 IP 协议。

路由协议的作用就是来维护路由信息，建立路由表，决定最佳路径。

所有的路由协议都围绕着一个算法构建的，因此对于所有的路由选择协议来说，共有的几个问题是路径决策、度量、收敛和负载均衡。

1. 路径决策

在网络中，如果路由器有一接口连接到一个网络中，那么这个接口必须具有一个属于该网络的地址，这个地址就是可达信息的起始点，如图 6-13 所示。路由器 A 知道有 3 个网络，10.1.1.0、10.1.2.0、10.1.0.0 存在，因为路由器有接口连接到这些网络上，产且配置了相应地址和掩码，同样，路由器 B 也知道 10.1.1.0、10.1.5.0、10.1.6.0 存在，路由器 C 也知道网络 10.1.6.0、10.1.2.0、10.1.7.0、10.1.8.0 的存在。由于每个接口都实现了所有连接网络的数据链路协议和物理协议，因此路由器也知道网络的状态。

路由器之间进行信息共享时，看起来很简单，下面考虑路由器 A。

路由器 A 检查自己的 IP 地址和掩码，然后推导出与自身所连接的网络是 10.1.0.0、10.1.1.0、10.1.2.0。

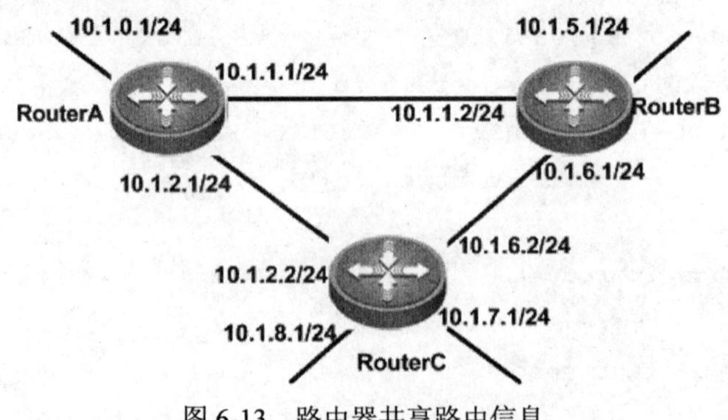

图 6-13 路由器共享路由信息

- 路由器 A 将这些连同标记一起保存到路由选择表中，其中标记指明了网络是直连网络。
- 路由器 A 向报文中加入了信息："我的直连网络是 10.1.0.0、10.1.1.0、10.1.2.0"。
- 路由器 A 向路由器 B 和 C 发送这些路由信息报文，这些路由信息或者叫做路由更新报文。
- 路由器 B 和 C 执行与 A 完全相同的动作，并且也向路由器 A 发送更新报文，其中报文包括与它们直连的网络。路由器 A 收到信息连同发送该更新报文的路由器的源地址一起写入路由选择，现在路由器 A 知道了所有的网络，而且还知道连接这些网络的路由器地址。

这个过程看似很简单，其实很复杂，具体分析如下。

路由器 A 将来自 B 和 C 的更新保存到路由选择表之后，它应该用这些信息做什么呢？如果其中有一个路由器链路失效了，如何通过其他路由器转发数据呢？到达同一目标网络出现了两路径，哪个路径又是最优的呢？什么机制可以确保所有路由顺利接收到所有的路由信息，而且这种机制怎样可以阻止更新报文在互联网中无休止地循环下去呢？

正是这些问题造成了协议的复杂性。每种路由协议都必须解决这些问题。

2. 度量

当有多条路径到达相同目标网络时，路由器需要一种机制来计算最优路径，度量是指派给路由的一种变量，作为一种手段，度量可以按最好到最坏，或按最先选择到最后选择对路由进行等级划分。

不同的路由协议使用不同类型的度量值，例如 RIP 的度量值是跳数。有时还使用多个度量。比如 BGP 使用多个度量值来衡量路径的优劣，如下一跳属性，AS-Path 属性等。以下是几种度量值。

每一个路由协议都有自己的度量值，有的路由协议是单一度量值，有些则是多个度量值，如 BGP 路由协议。

- 跳数（hop count）：简单记录路由跳数。
- 带宽（bandwidth）：将会选择高带宽路径，而不是低带宽路径。
- 负载（Load）：反应占用沿途链路的流量大小。最优路径应该是负载最低的路径。与跳数和带宽不同，路径上的负载发生变化，度量也会跟着变化。这里需要注意，如果度量变化过于频繁，路由翻动导致最优路径频繁变化，那么路由翻动对路由器的 CPF、数据链路的带宽和网络稳定性都会产生负面影响。
- 时延（Delay）：是度量报文经过一条路径所花费的时间，使用时延计量的路由选择协议将会选择使用最低延时的路径为最优路径。有多种可以度量时延，时延不仅要考虑链路时延，而且还要考虑路由器处理时延和队列时延等因素。
- 可靠性（Reliability）：是用以度量链路在某种情况下发生故障的可能性，可靠性是可变化的，链路发生故障的次数或特定时间间隔内收到错误的次数都是可变可靠性度量的例子。
- 代价：由管理员设置的代价可以反应路由的优劣等属性，通过任何策略或链路的特性可以对代价进行定义，同时代价也可以反应出网络员意见的独断性。

3. 收敛

动态路由选择协议必须包含一系列过程，这些过程用于路由器向其他路由器通告本地的直连网络，接收并处理来自其他路由器的同类信息。此外，路由选择协议还需要定义决策最优路径的度量。

使所有路由选择表都达到一致状态的过程叫做收敛（Convergence）。全网实现信息共享以及所有路由器计算最优路径所花费的时间的总和就是收敛时间。

在任何路由选择协议里收敛时间都是一个重要的因素，在拓扑发生变化之后，一个网络收敛速度越快，说明路由选择协议越好。

6.4.2 动态路由协议的分类

区域向互联网络体系结构中引入了一个新的层次，在此基础上，将一组区域组成一个更大的区域。双向互联网络体系中引入了另一个新的层次，这些更高层的区域在 IP 网中叫自主系统，在 ISO 模型中叫做路由选择域。

一个自主系统被定义为在共同管理域下的一组运行相同路由选择协议的路由器。

动态路由协议按运行的区域范围划分如下。

- ❑ Interior Gateway Protocol（IGP）：内部网关协议，用来在同一个自治系统内部交换路由信息。
- ❑ Exterior Gateway Protocol（EGP）：外部网关协议，用来在不同的自治系统间交换路由信息。

IGP 内根据路由选择协议的算法不同划分如下。

- ❑ 距离矢量（Distance Vector）：根据距离矢量算法，确定网络中节点的方向与距离。包括 RIP 路由协议及 IGRP（cisco 私有协议）路由协议。
- ❑ 链路状态（Link-state）：根据链路状态算法，计算生成网络的拓扑。包括 OSPF 路由协议与 IS-IS 路由协议。
- ❑ 混合算法（Hybird）：根据距离矢量和链路状态的某些方面进行集成。包括 EIGRP 路由协议（cisco 私有协议）。

6.4.3 距离矢量路由协议

距离矢量名称的由来是因为路由是以矢量（距离、方向）的方式被通告出去，其中距离是根据度量定义的，方向是根据下一跳路由器定义的。比如，“某一路由器 X 的方向可以到达目标 Y，距此 5 跳距离”。这个表述隐含了每个路由器都向邻接路由器学习它们所观察到的路由信息，然后再向外通告自己观察到的路由信息。因为每个路由器在信息上都依赖于邻接路由器，而邻接路由器又从它们的邻居哪里学习路由，依次类推，所以距离矢量路由选择协议有时又被认为是“依照传闻进行路由选择”的协议。

属于距离矢量路由选择协议的如下。

- ❑ IP 路由选择信息协议（RIP）。

- Xerox 网络系统的 XNS RIP。
- Novell 的 IPX RIP。
- Cisco 的 Internet 网关路由选择协议（IGRP）。
- DEC 的 DNA 阶段 4。
- Apple Talk 的路由选择表维护协议（RTMP）。

在一个使用路由选择算法的典型距离矢量路由选择协议中，路由器通过广播整个路由选择表，定期向其所有邻居发送路由更新信息，具有如下的通用属性。

- 定期更新（Periodic Updates）：每经过特定时间周期就要发送更新信息，这个时间周期从 10 秒到 90 秒。如果更新信息发送过于频繁可能会引起拥塞，但如果更新信息发送不频繁，收敛时间可能会延长。
- 邻居（Neighbours）：共享相同数据链路的路由器，向邻接路由器发送更新信息，并依赖邻居向其邻居传递更新信息，因此距离矢量路由选择使用逐跳的更新方式。
- 广播更新（Broadcast Updates）：在更新路由信息时，最简单的方法就是向广播地址发达更新信息。
- 包含整个路由选择表的更新信息：更新方式就是广播它的整个路由选择表。
- 依照传闻进行路由选择。
- 路由失效计时器：路由超时的典型周期范围是 3~6 个更新周期，路由器在丢失单个更新信息之后将不会使用路由无效处理方式，因为报文的损坏、丢失或某种网络延迟都会造成这种事件的发生。如果路由失效周期太长，网络收敛速度会过慢。
- 水平分割（Split Horizon）：执行水平分割可以防止路由环路的形成，有两类水平分割方法，简单水平分割方法和毒性反转水平分割方法。简单的水平分割的规则是从路由器的某一接口学到的路由信息就不在从此接口发出来给邻居路由器。毒性反转的水平分割规则是当更新信息被发送出某接口时，信息中将指定从该接口接收到的更新信息中获取的网络是不可达的。
- 计数无穷大：水平分割法切断了邻居路由器之间的环路，但是它不能割断网络中的环路，设置最大跳数 15 跳来解决网络环路由问题。
- 触发更新（Triggered Upadte）：设置最大跳数 15 解决了计数到无穷大的问题，但是收敛速度仍旧非常慢，两种加快重新收敛速度的方法是触发更新和挂起记时器，触发更新又叫快速更新，如果一个度量值发生变化，那么路由器将立即发更新信息，而不等待更新定时器超时。
- 抑制定时器（Holddown Timer）：触发更新为正在重新进行收敛的网络增加了响应能力，为了降低受错误路由信息的可能性，抑制定时器引入了某种程序的怀疑量。
- 异步更新（Asynchronous Update）：在共享广播网络中，路由器将有可能发生更新报文的碰撞，碰撞会进一步影响系统的延时。可以为每台路由器的更新定时器独立于路由进程，因而不会受到路由器处理负载的影响，也可以在每个更新周期中加入一个小的随机时间或随机抖动作为偏移如图 6-14 所示。

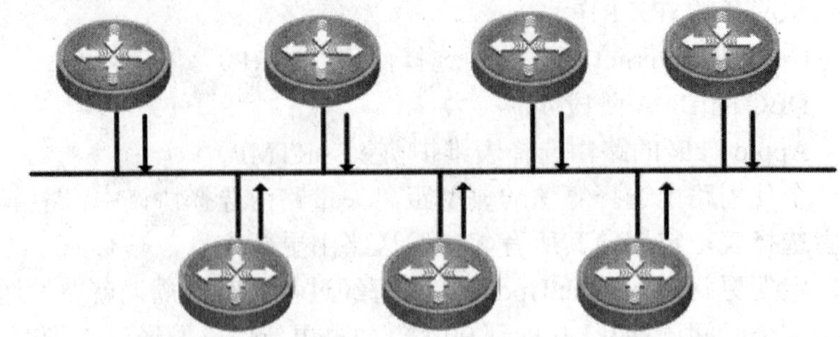

图 6-14　如果更新同步，就会发生碰撞

6.4.4　链路状态路由协议

链路状态路由协议，有时叫最短路径优先协议或分布式数据库协议，是围绕着图论中的一个著名算法——E.W.Dijkstra 的最短路径算法设计的。链路状态协议如下。

- ❑ IP 开放式最短路径优先（OSFP）。
- ❑ CLNS 或 IP ISO 的中介系统到中介系统（IS-IS）。
- ❑ DEC 的 DNS 阶段 5。
- ❑ Novell 的 Netware 链路服务协议（NLSP）。

虽然链路状态协议确实考虑的比距离矢量协议更复杂，但是基本功能却一点也不复杂。下面是动态路由协商工作的过程。

- ❑ 每台路由器与它的邻居之间建立联系，这种联系叫做邻接关系。
- ❑ 每台路由器向每个邻居发送链路状态通告（LSA），也叫链路状态报文（LSP）。对每条路由器链路都会生成一个 LSA，LSA 用于标识这条链路、链路状态、路由器接口到链路的代价度量值以及链路所连接的所有邻居信息。每个邻居在收到公告之后要依次向它的邻居转发这些通告（泛洪）。
- ❑ 每台路由器要在数据库中保存一份它所收到 LSA 的备份，如果所有工作正常，所有路由器的数据库应该相同。
- ❑ 完整的拓扑数据库，也叫链路状态库，描述了互联网络的地理图，每台路由器使用 Dijkstra 算法计算出到每个网络的最短路径，并将信息保存在路由选择表中。

在链路状态路由协议中，需要注意几个重要的通用属性。

- ❑ 邻居：邻居发现是建立链路状态环境并运转的第一步。这一步是使用 Hello 协议（Hello Protocol）。Hello 协议定义了一个 Hello 报文的格式和交换报文并处理报文内信息的过程。
- ❑ 链路状态泛洪扩散：在建立邻接关系之后，路由器开始发送 LSA，通告被发送给每个邻居，路由器保存接收到的 LSA，并依次向它的每个邻居转发，除了之前发送该 LSA 的邻居之外。
- ❑ SPF 算法：路由器初始化数据库，将自己作为树的根，计算到每台路由器最佳路径，并加入到 LSDB 中。

- 区域：一个区域是构成一个互联网络的路由器的一个子集，划分区域的好处是减少 LSA 的泛洪、降低和内存以及 CPU 的占用，这也是层次型网络结构的优点。

关于链路状态路由协议的详细内容会在第 8 章进行阐述。

6.5 静态路由和动态路由的区别

在阅读完前面章节内容之后，对动态路由选择协议和静态路由协议有了进一步的理解，动态路由选择协议的主要任务是自动监测和适应互联网络中拓扑的变化，但是，为了实现自动化，需要在带宽、队列空间、内存和处理时间上付出代价。

静态路由选择常见的缺陷是管理困难，这对于存在许多选择路由的中型和大型网络来说是不适用的。

在图 6-15 所示中，在较小的互联网络中很流行中心辐射式拓扑（中央—分支拓扑结构），如果到路由器的一辐发生了中断，是否有另一条路径供动态路由选择协议来选择？因此对于这种互联网络来说，十分适合使用静态路由选择协议。在中心路由器上为每个辐条上的路由器配置一条静态路由，而在辐条路由器上配置一条指向中心路由器的默认路由，这样互联网络就可以工作了。

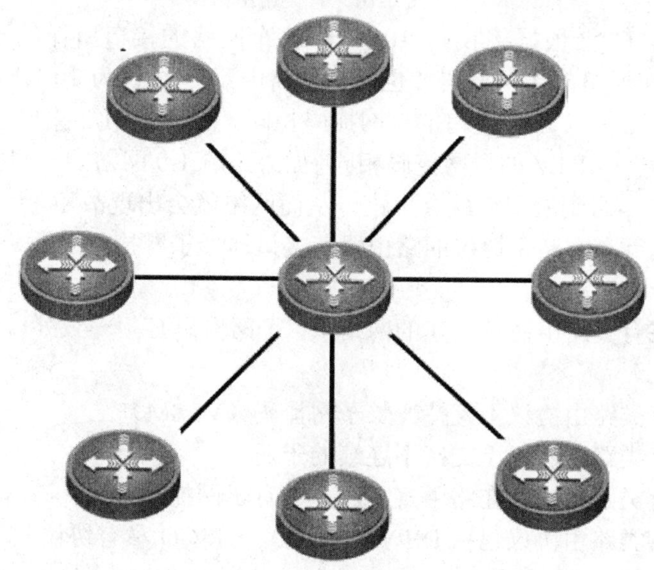

图 6-15　中心辐射式互联网络适合使用静态路由选择

在设计互联网络时，最简单的解决方法常常是最好的办法。在确定静态路由协议不能满足设计要求之时，可以选择动态路由选择协议。

静态路由：无开销，配置简单，需要人工维护，适合简单拓扑结构的网络；而动态路由协议：开销大，配置复杂，无需人工维护，适合复杂拓扑结构的网络。

6.6 有类路由协议与无类路由协议

目前的网络多采用无类路由协议

在上面小节中，提到了路由协议的分类，从静态路由协议到动态路由协议，从 IGP 路由协议到 EGP 路由协议。下面从另一个角度把路由协议进行分类——有类路由协议和无类路由协议。

6.6.1 有类路由协议

在图 6-16 所示中路由器 D 把自己的 10.1.1.0/24 通过 RIPv1 路由协议传递给其邻居 C，因为有类路由协议在传递路由更新时不带子网掩码，这样路由器 C 的 S1/2 接口接收到 10.1.1.0/24 这个网络后无法知道其子网掩码是多少，那么路由器 C 会如何处理？

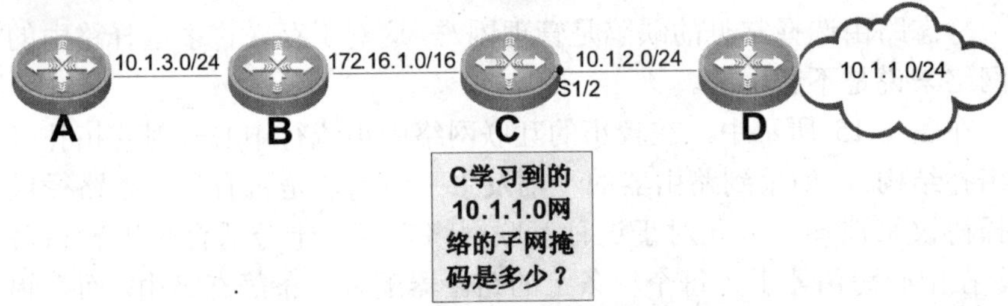

图 6-16 有类路由协议

路由器 C 会根据接收到 10.1.1.0 这个网络的接口所在的子网掩码来确定 10.1.1.0 这个网络的子网掩码，也就是说路由器 C 会认为 10.1.1.0 这个网络的子网掩码与自己 S1/2 这个接口的子网掩码相同。在图中 S1/2 接口的子网掩码是 24 位，这正好与 10.1.1.0 的子网掩码相同，如果 10.1.1.0 网络的子网掩码不是 24 位，则路由器 C 学习到的网络就会出错，从而网络就会出现故障。

所有运行有类路由协议的路由器其接口地址子网掩码必须一致，否则网络就会出错。

除了在有类路由协议构建的网络中，子网掩码必须一致外，有类路由协议还有如下特点。

- ❑ 有类路由协议不支持变长子网掩码（VLSM）。
- ❑ 有类路由协议不支持不连续的子网。
- ❑ 有类路由协议在路由宣告时不带有子网掩码。
- ❑ 有类路由协议包括 RIPV1、IGRP（CISCO 私有协议）。

6.6.2 无类路由协议

正因为有类路由协议有很多缺点，在有类路由协议的基础上业界开发了无类路由协议。无类路由协议的特点如下。

- ❑ 无类路由协议支持变长子网掩码。
- ❑ 无类路由协议支持不连续的子网。

- 无类路由协议在路由宣告时带有子网掩码。
- 无类路由协议包括 RIPV2、EIGRP（cisco 私有协议）、OSPF、ISIS 等。

6.7 总　结

本章讲述了路由器及路由协议的基础知识，包括：

（1）路由的基本概念，路由器是如何进行选择路径的。

（2）路由器硬件的相关知识，包括路由器的硬件接口类型，路由器的基本配置等。

（3）路由协议的分类：从静态路由到动态路由，从 IGP 路由协议到 EGP 路由协议，从距离矢量类路由协议到链路状态类路由协议，从有类路由协议到无类路由协议，从这几方面进行了详细的阐述。

（4）静态路由，默认路由，浮动路由的原理与配置。

6.8 思考与练习

（1）什么是路由选择协议？

（2）为什么路由选择协议使用度量？

（3）什么是收敛时间？

（4）动态路由协议与静态路由协议的区别有哪些？

（5）路由选择表中需要保存哪些信息？

（6）什么是浮动静态路由？

第 7 章　RIP 路由协议

本章重点

- RIP 协议
- RIPv1 与 RIPv2
- RIP 的配置方法
- RIP 的检验与排错

路由器可以执行很多任务，但它最主要的两个功能还是通过比较数据包的目的 IP 地址和查找路由表来转发数据包，以及学习到达每个子网的所有可能路由并选出最优路由放入路由表中。

对于数据转发相对容易一些，难的是如何判断到达目的网络的最佳路径。所以，路由选择就成了路由器最重要的工作。进行路由选择的方法有很多，本章就介绍其中的一种：RIP（Routing Information Protocol，路由信息协议）。

7.1　RIP 协议

关于 RIP 的文档见 RFC 1058、RFC 1723。

RIP 协议是由施乐（Xerox）公司在 20 世纪 70 年代开发的，是应用较早、使用较普遍的内部网关协议（Interior Gateway Protocol，简称 IGP），适用于小型同类网络，是典型的距离矢量（distance-vector）路由协议。

RIP 最大的特点是，无论实现原理还是配置方法，都非常简单。它有时不能准确地选择最优路径，收敛的时间也略显长了一些，但对于小规模的，缺乏专业人员维护的网络来说，它是首选的路由协议，我们看中的是它的简单性。

7.1.1　RIP 的概念

作为距离矢量路由协议，RIP 使用距离矢量来决定最优路径，具体来讲，就是提供跳数（hop count）作为尺度来衡量路由距离。跳数（hop count）是一个报文从本节点到目的节点中途经的中转次数，也就是一个包到达目标所必须经过的路由器的数目。

RIP 路由表中的每一项都包含了最终目的地址、到目的节点的路径中的下一跳节点（next hop）等信息。下一跳指的是本网上的报文欲通过本网络节点到达目的节点，如不能直接送达，则本节点应把此报文送到某个中转站点，此中转站点称为下一跳，这一中转过程叫“跳”（hop）。

如果到相同目标有两个不等速或不同带宽的路由器，但跳数相同，则 RIP 认为两个路由是等距离的。RIP 最多支持的跳数为 15，即在源和目的网间所要经过的最多路由器的数目为 15，跳数 16 表示不可达。这样，对于超过 15 跳的大网络来说，RIP 就有局限性。

RIP 通过广播 UDP（使用端口 520）报文来交换路由信息，默认情况下，路由器每隔 30s 向与它相连的网络广播自己的路由表，接到广播的路由器将收到的信息添加至自身的路由表中。每个路由器都如此广播，最终网络上所有的路由器都会得知全部的路由信息。

广播更新的路由信息每经过一个路由器，就增加一个跳数。如果广播信息经过多个路由器到达，那么具有最低跳数的路径就是被选中的路径。如果首选的路径不能正常工作，那么其他具有次低跳数的路径（备份路径）将被启用。

RIP 使用一些时钟以保证它所维持的路由的有效性与及时性。但是对于 RIP 协议来说，一个不理想之处在于它需要相对较长的时间才能确认一个路由是否失效。RIP 至少需要经过 3 分钟的延迟才能启动备份路由。这个时间对于大多数应用程序来说都会出现超时错误，用户能明显地感觉出来系统出现了短暂的故障。

RIP 的另外一个问题是它在选择路由时不考虑链路的连接速度，而仅仅用跳数来衡量路径的长短。这就造成了在一个实际的网络中，采用快速以太网（100Mbps）连接的链路可能仅仅因为比 10Mbps 以太网链路多出 1 个 hop，致使 RIP 认为 10Mbps 链路为一条更优的路由，而实际上并非如此。

7.1.2 RIP 的工作过程及计时器

在一个稳定工作的 RIP 网络中，所有启用了 RIP 路由协议的路由器接口将周期性地发送全部路由更新。这个周期性发送路由更新的时间由更新计时器（Update Timer）所控制，更新计时器超时的时间是 30 秒。

图 7-1 所示是一个 RIP 网络，每台路由器初始的路由表中只有自己的直连路由，当路由器 A 的更新计时器超时之后——即更新周期到达时，路由器 A 向外广播自己的路由表。这时 A 发出的路由更新信息中只有直连网段的路由，其跳数在路由表中记录的基础上增加 1，也就是到达网段 1.0.0.0/8 和 2.0.0.0/8 的跳数为 1。

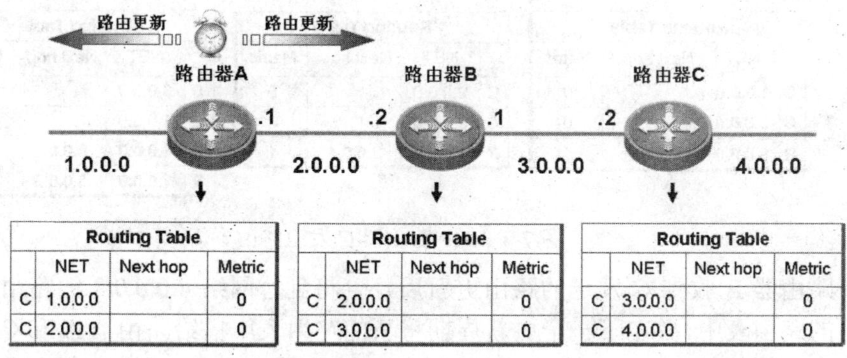

图 7-1 RIP 路由器 A 发送路由更新

路由器 B 将能够收到这个路由更新，它会把到达网络 1.0.0.0/8 添加到自己的路由表中，跳数为 1（和收到的更新中一致）。随后，路由器 B 的更新计时器也到达了更新时间，它同样会把自己的路由表向路由器 A 和 C 广播，如图 7-2 所示。此时，路由器 B 的路由更新信息中不再仅仅是直连路由，其跳数仍然是在路由表中记录的基础上增加1，因此到达网段2.0.0.0/8和3.0.0.0/8的跳数为1，而到达网段1.0.0.0/8的跳数为2。

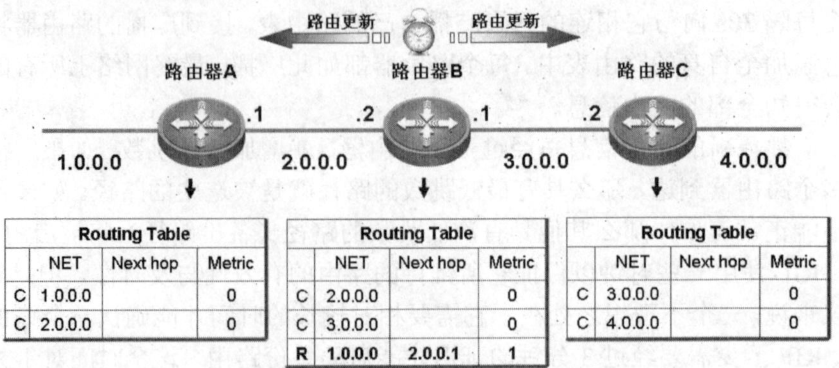

Routing Table			
	NET	Next hop	Metric
C	1.0.0.0		0
C	2.0.0.0		0

Routing Table			
	NET	Next hop	Metric
C	2.0.0.0		0
C	3.0.0.0		0
R	1.0.0.0	2.0.0.1	1

Routing Table			
	NET	Next hop	Metric
C	3.0.0.0		0
C	4.0.0.0		0

图7-2 RIP路由器B发送路由更新

路由器C收到路由表后同样会将到达网络1.0.0.0/8和2.0.0.0/8的路由添加到自己的路由表中，跳数分别是2和1；而路由器A收到这个更新，会发现更新中通告的到达网段1.0.0.0/24的路由信息并不比自己路由表中的更优（更新中声明到达该网段跳数为2，但自己路由表中为直连路由），但到达网段3.0.0.0/8的路由信息是自己所没有的，因此只将网络3.0.0.0/8添加到自己的路由表中，跳数为1。

待到路由器C的更新计时器超时后，它广播的路由更新将被路由器B所收到，如图7-3所示。路由器C的更新中，到达网段3.0.0.0/8和4.0.0.0/8的跳数为1，到达网段2.0.0.0/8的跳数为2，而到达网段1.0.0.0/8的跳数则增加为3。

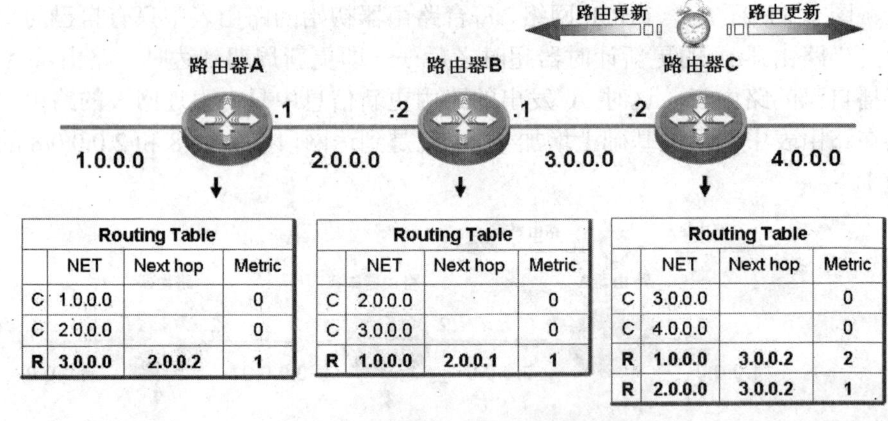

Routing Table			
	NET	Next hop	Metric
C	1.0.0.0		0
C	2.0.0.0		0
R	3.0.0.0	2.0.0.2	1

Routing Table			
	NET	Next hop	Metric
C	2.0.0.0		0
C	3.0.0.0		0
R	1.0.0.0	2.0.0.1	1

Routing Table			
	NET	Next hop	Metric
C	3.0.0.0		0
C	4.0.0.0		0
R	1.0.0.0	3.0.0.2	2
R	2.0.0.0	3.0.0.2	1

图7-3 RIP路由器C发送路由更新

路由器B收到C发送的路由更新后，会将到达网络4.0.0.0/8的路由添加到自己的路由表中，并在下一个更新周期将新的路由表广播给路由器A和C。这时，路由器C发现这个更新中没有自己所不知道的路由，或者比自己路由表中更优的路由，因此它会忽略这个更新；而路由器A则会将网络4.0.0.0/8添加到自己的路由表中，跳数为2。

至此，这个RIP网络中所有的路由器都已经学习到了正确的路由，即这个RIP网络已经收敛完毕，如图7-4所示。在拓扑没有改变的情况下，路由器A、B、C以后每次更新发送的路由信息都将是完全相同的。

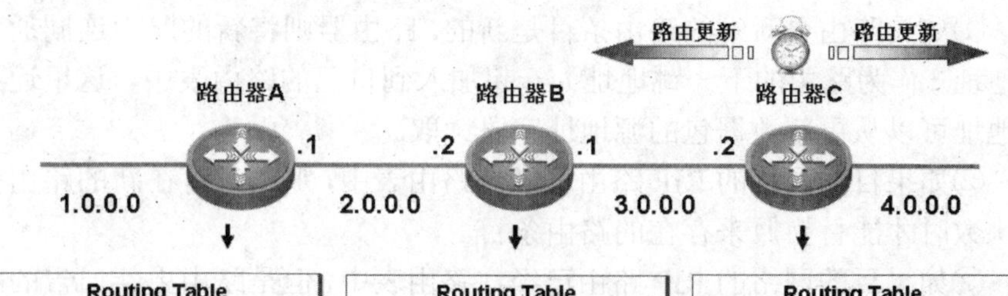

Routing Table (路由器A)

	NET	Next hop	Metric
C	1.0.0.0		0
C	2.0.0.0		0
R	**3.0.0.0**	**2.0.0.2**	**1**
R	**4.0.0.0**	**2.0.0.2**	**2**

Routing Table (路由器B)

	NET	Next hop	Metric
C	2.0.0.0		0
C	3.0.0.0		0
R	**1.0.0.0**	**2.0.0.1**	**1**
R	**4.0.0.0**	**3.0.0.2**	**1**

Routing Table (路由器C)

	NET	Next hop	Metric
C	3.0.0.0		0
C	4.0.0.0		0
R	**1.0.0.0**	**3.0.0.1**	**2**
R	**2.0.0.0**	**3.0.0.1**	**1**

图 7-4　最终的路由表

注意在比较大的基于 RIP 的自治系统中，所有路由器同时发出更新信息会产生非常大的流量，甚至会对正常的数据传输产生影响。因此，路由器和路由器交错进行更新会更理想一些，所以，每一次更新计时器被复位，一个小的随机变量（典型值在 5 秒以内）都会附加到时钟上，让不同 RIP 路由器的更新周期在 25 秒~35 秒之间变化。

如果更新并没有如希望的一样出现，说明互联网络中的某个地方发生了故障或错误。故障可能是简单的把包含更新内容的报文丢掉了，也可能是严重的路由器故障，或者是介于这两个极端事件之间的情况。显然，针对不同的故障应当采取不同的措施。仅仅因为更新报文丢失而作废一系列路由是不明智的（尤其是 RIP 为了减少开销，使用不可靠的 UDP 传输协议发送更新报文）。因此，当一个更新丢失时，不采取更正行为是合理的。为了帮助区别故障和错误的重要程度，RIP 使用多个计时器来标识无效路由。

路由器成功建立一条 RIP 路由条目后，将为它加上一个 180 秒的无效计时器（Invalid　Timer），也就是 6 倍的更新计时器时间。当路由器再次收到同一条路由信息的更新后，无效计时器会将被重置为初始值 180 秒；如果在 180 秒到期后还未收到针对该路由信息的更新，则该路由的度量将被标记为 16 跳，表示不可达。此时并不会将该路由条目从路由表中删除。

不过，无效的路由条目在路由表中的存在时间很短。一旦一条路由被标记为不可达，RIP 路由器会立即启动另外一个计时器——刷新计时器（Flush Timer，也称为清除计时器）。锐捷路由器中按照 RFC 1058 的规定将这个计时器的时间设置为 120 秒。一条路由进入无效状态时，刷新计时器就开始计时，超时后处于无效状态的路由将被路由表中删除。在此期间，即使路由条目保持在路由表中，报文也不能发送到那个条目的目的地址，因为这个目的地是无效的。

RFC 规定抑制计时器是 120 秒，但在实际中不同厂商设备的值可能不尽相同。

如果在刷新计时器超时之前收到了这条路由的更新信息，则路由会重新标记成有效，计时器也将清零。

7.1.3　RIP 更新路由表

当 RIP 路由器收到其他路由器发出的 RIP 路由更新报文时，它将开始处理附加在更新报文中的路由更新信息，可能遇到的情况有以下三种。

①如果路由更新中的路由条目是新的，路由器则将新的路由连同通告路由器的地址（作为路由的下一跳地址）一起加入到自己的路由表中，这里通告路由器的地址可以从更新数据包的源地址字段读取。

②如果目的网络的 RIP 路由已经在路由表中，那么只有在新的路由拥有更小的跳数时才能替换原来存在的路由条目。

③如果目的网络的 RIP 路由已经在路由表中，但是路由更新通告的跳数大于或等于路由表中已记录的跳数，这时 RIP 路由器将判断这条更新是否来自于已记录条目的下一跳路由器（也就是来自于同一个通告路由器），使得则该路由将被接受，然后路由器更新自己的路由表，重置更新计时器；否则这条路由将被忽略。

图 7-5 所示是这个过程的流程图，从中可以清晰看到这个接收更新路由的判断过程。

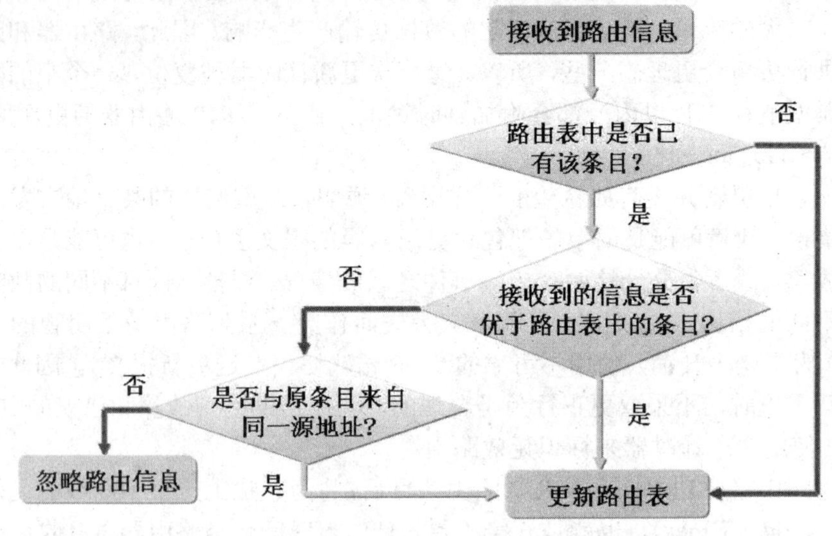

图 7-5 RIP 路由表的形成

7.1.4 路由毒化

距离矢量路由协议使用毒化路由的方法传播关于路由失效的坏消息。路由毒化也是路由更新的一个实例，但它的度量值是特殊的，称为无穷大。简单地说，路由器认为度量值为无穷大的路由信息代表该路由已经失效。注意每种距离矢量路由协议都使用一个明确的度量值来代表无穷大，RIP 定义的无穷大为 16 跳。

图 7-6 所示是 RIP 的路由毒化的例子。当路由器 C 所连的 4.0.0.0/8 网络故障，即路由器 C 上关于 4.0.0.0/8 的路由失效后，它会首先把 4.0.0.0/8 的直连路由从路由表中移除，然后使用毒化路由的方式来发布这条更新。其余收到这条毒化路由的路由器，都会在路由表中将相应的路由项标记为度量值无穷大。

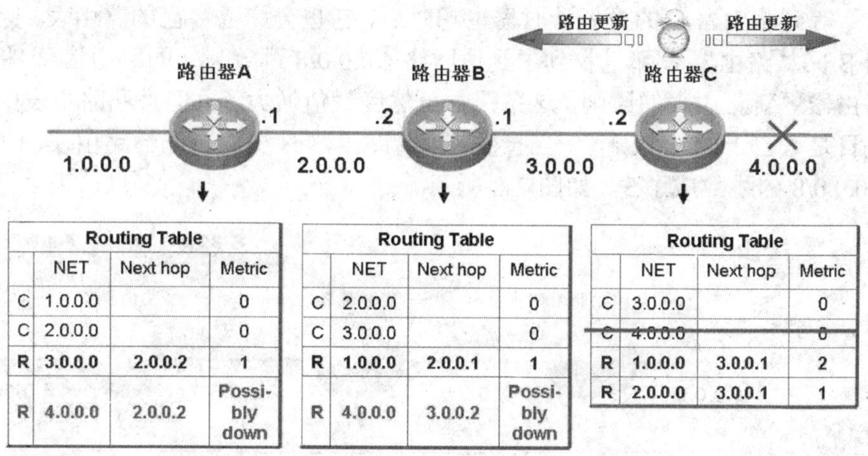

Routing Table			
	NET	Next hop	Metric
C	1.0.0.0		0
C	2.0.0.0		0
R	**3.0.0.0**	**2.0.0.2**	**1**
R	**4.0.0.0**	**2.0.0.2**	**Possi-bly down**

Routing Table			
	NET	Next hop	Metric
C	2.0.0.0		0
C	3.0.0.0		0
R	**1.0.0.0**	**2.0.0.1**	**1**
R	**4.0.0.0**	**3.0.0.2**	**Possi-bly down**

Routing Table			
	NET	Next hop	Metric
C	3.0.0.0		0
~~C~~	~~4.0.0.0~~		~~0~~
R	**1.0.0.0**	**3.0.0.1**	**2**
R	**2.0.0.0**	**3.0.0.1**	**1**

图 7-6 路由毒化

这里需要注意的是，尽管 RIP 使用度量值 16 对路由进行毒化，但是用 show ip route 命令并不会看到这个度量值，而是使用短语“possibly down”（可能失效）来替代。

此外，任何一个低于无穷大的度量值都可以作为有效的度量用于有效的路由。在 RIP 中，15 跳的路由就是有效的路由。

路由毒化是防止路由环路进程的一个部分。

7.1.5 计数到无穷大

当路由失效时，在网络中的每台路由器都知道和相信那条路由失效之前，距离矢量路由协议有可能会导致路由环路。

例如在上面的例子中，路由器 C 发现直连路由 4.0.0.0/8 故障，于是将其从路由表中移除，然后向外通告相应的毒化路由。如果在路由器 C 将这条毒化路由通告给路由器 B 之前，路由器 B 恰好更新计时器超时，将自己的路由表通告给了路由器 A 和路由器 C，这时路由器 C 将认为可以通过路由器 B 到达网络 4.0.0.0/8，跳数为 2，于是错误将这条路由添加到了自己的路由表中，如图 7-7 所示。

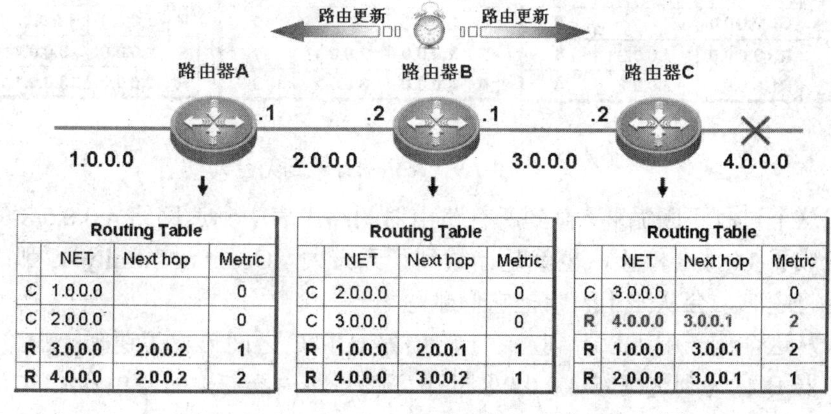

Routing Table			
	NET	Next hop	Metric
C	1.0.0.0		0
C	2.0.0.0		0
R	**3.0.0.0**	**2.0.0.2**	**1**
R	**4.0.0.0**	**2.0.0.2**	**2**

Routing Table			
	NET	Next hop	Metric
C	2.0.0.0		0
C	3.0.0.0		0
R	**1.0.0.0**	**2.0.0.1**	**1**
R	**4.0.0.0**	**3.0.0.2**	**1**

Routing Table			
	NET	Next hop	Metric
C	3.0.0.0		0
R	**4.0.0.0**	**3.0.0.1**	**2**
R	**1.0.0.0**	**3.0.0.1**	**2**
R	**2.0.0.0**	**3.0.0.1**	**1**

图 7-7 路由器 C 错误地构造了路由表

等到路由器 C 的更新计时器也超时后，它也会广播自己的路由表，因此路由器 B 又从路由器 C 那里收到了到达网络 4.0.0.0/8 跳数为 2 的路由信息。根据 RIP 路由器更新路由表的原则，这条路由虽然度量值增大了，但是和路由表中原本的条目是来自于同一个源，应当接受，因此路由器 B 更新自己的路由表，到达网络 4.0.0.0/8 的跳数成了 3，如图 7-8 所示。

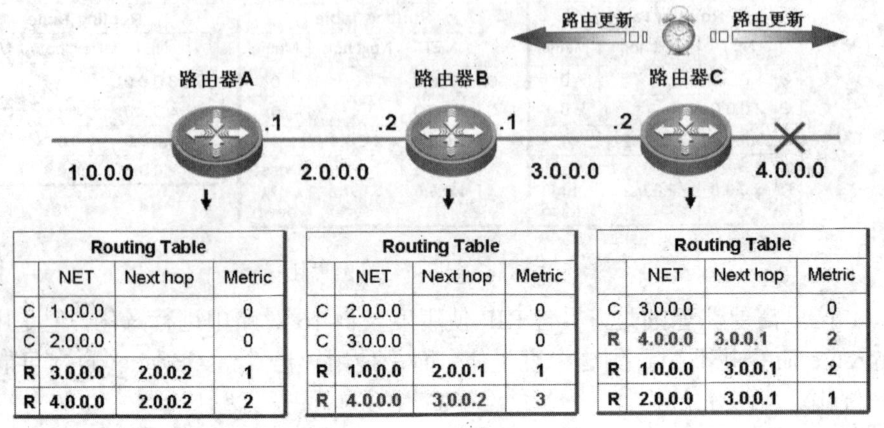

Routing Table (路由器A)

	NET	Next hop	Metric
C	1.0.0.0		0
C	2.0.0.0		0
R	3.0.0.0	2.0.0.2	1
R	4.0.0.0	2.0.0.2	2

Routing Table (路由器B)

	NET	Next hop	Metric
C	2.0.0.0		0
C	3.0.0.0		0
R	1.0.0.0	2.0.0.1	1
R	4.0.0.0	3.0.0.2	3

Routing Table (路由器C)

	NET	Next hop	Metric
C	3.0.0.0		0
R	4.0.0.0	3.0.0.1	2
R	1.0.0.0	3.0.0.1	2
R	2.0.0.0	3.0.0.1	1

图 7-8　路由器 C 通告错误的路由更新信息

最后，等到路由器 B 的更新计时器超时后，它也向外广播了错误的路由更新信息，导致路由器 A 和 C 都将自己路由表中到达网络 4.0.0.0/8 的跳数更新成了 4，如图 7-9 所示。

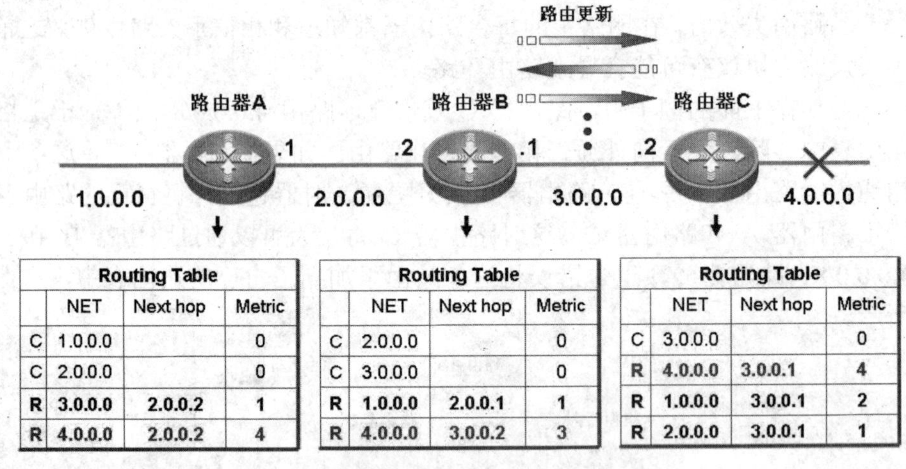

Routing Table (路由器A)

	NET	Next hop	Metric
C	1.0.0.0		0
C	2.0.0.0		0
R	3.0.0.0	2.0.0.2	1
R	4.0.0.0	2.0.0.2	4

Routing Table (路由器B)

	NET	Next hop	Metric
C	2.0.0.0		0
C	3.0.0.0		0
R	1.0.0.0	2.0.0.1	1
R	4.0.0.0	3.0.0.2	3

Routing Table (路由器C)

	NET	Next hop	Metric
C	3.0.0.0		0
R	4.0.0.0	3.0.0.1	4
R	1.0.0.0	3.0.0.1	2
R	2.0.0.0	3.0.0.1	1

图 7-9　路由器计数到无穷大

这个过程不断循环，直到所有路由器的路由表中到达网络 4.0.0.0/8 的度量值都变成了 16 才会停止，也就是计数到了无穷大（Count to Infinity）。那时，路由信息将超时，会从路由表中把它们删除。

从这个例子中可以看到，由于路由器 B 和 C 之间形成了逻辑上的路由环路，路由器 B 认为到达网络 4.0.0.0/8 的下一跳是路由器 C，而路由器 C 也认为到达网络 4.0.0.0/8 的下一跳是路由器 B。路由更新信息在它们之间循环，不断改变着失效路由的度量值，直至度量值缓慢增长至无穷大，路由器才会最终认为这条路由失效了，从而删除这条失效路由。

计数到无穷大会引起两个相关的问题：当路由器计数到无穷大时，数据包在网络上循环转发，消耗带宽并可能导致网络瘫痪；而且计数到无穷大的过程可能需要几分钟的时间，这期间用户也可能会认为网络失效了。因此，应当避免出现路由环路的情况。

7.1.6 防止路由环路

路由协议应该能够阻止数据包在网络中循环传递，或进行循环路由。而距离矢量路由算法比较容易产生路由环路，RIP 是距离矢量算法的一种，所以它也不例外。如果网络上有路由环路，信息就会循环传递，永远不能到达目的地。为了避免这个问题，RIP 等距离矢量算法采用水平分割（Split Horizon）、毒性逆转（Poison Reverse）、触发更新（Trigger Update）和抑制计时器（Holddown Timer）这四种机制来防止路由环路的产生。

1. 水平分割

在计数到无穷大的分析中，我们可以看到，之所以会产生路由环路，是因为路由器 B 将从路由器 C 学习到的路由又向回通告给了路由器 C，这显然是不必要的。因此，在图 7-10 所示中，我们看到一个防止路由环路的方法就是：路由器 B 不会将从路由器 C 学习到的路由通告给路由器 C，同样也不会将从路由器 A 学习到的路由通告给路由器 A。这种方法就称为水平分割。

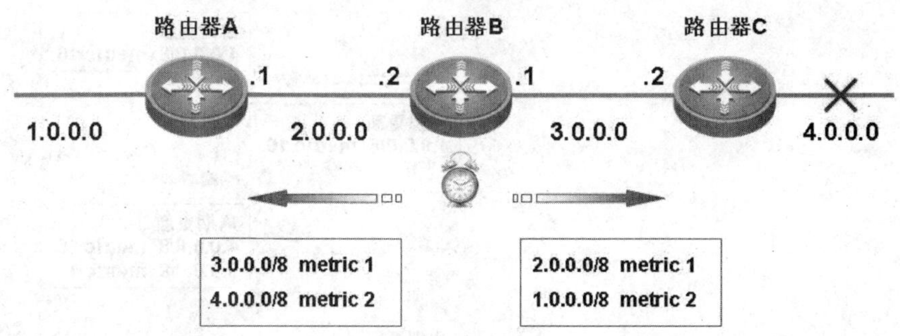

图 7-10 简单水平分割

这样，如果路由器 C 的直连网段 4.0.0.0/8 故障，它将不可能再从路由器 B 学习到达该网段的路由信息，就可以阻止计数到无穷大的问题。等到路由器 C 向外通告相应的毒化路由信息时，全网就可以构建正确的路由表了。

水平分割保证路由器记住每一条路由信息的来源，并且不在收到这条信息的接口上再次发送它。这是保证不产生路由环路的最基本措施。

锐捷路由器的接口上默认地启用水平分割。

2. 触发更新

只有水平分割是不够的，一旦路由失效，更新应当尽可能快的发布出去；当路由表发生变化时，更新报文也应当立即广播给相邻的所有路由器，而不是等待 30s 直到下一个更新周期，这样，才能让每台路由器都尽快地学习到路由表的变化，用来防止计数到无穷大的问题。

同样，当一个路由器刚启动 RIP 时，它广播请求报文。收到此广播的相邻路由器立即应答一个更新报文，而不必等到下一个更新周期。这样，网络拓扑的变化会最快地在网络上传播开，减少了路由循环产生的可能性。

RIP 使用一种称为触发更新的技术来加速收敛过程。触发更新是协议中的一个规则，它要求 RIP 路由器在改变一条路由度量时立即广播一条更新消息，而不管 30 秒更新计时器还剩多少时间。

这样，当路由失效时，会立即触发，发布毒化路由更新，以减少发生计数到无穷大的机会。

3. 毒性逆转

毒性逆转是指，当路由器学习到一条毒化路由（度量值为 16）时，对这条路由忽略水平分割的规则，并通告毒化的路由。

例如在图 7-11 所示中，路由器 C 失去了到网段 4.0.0.0/8 的连接，它会立即发送一个触发的部分更新，仅包含变化的信息，也就是 4.0.0.0/8 的毒化路由。

路由器 B 会响应这个更新，修改自己的路由表，并立即回送（触发）包含 4.0.0.0/8、度量值为 16 的更新，这就是毒性逆转。

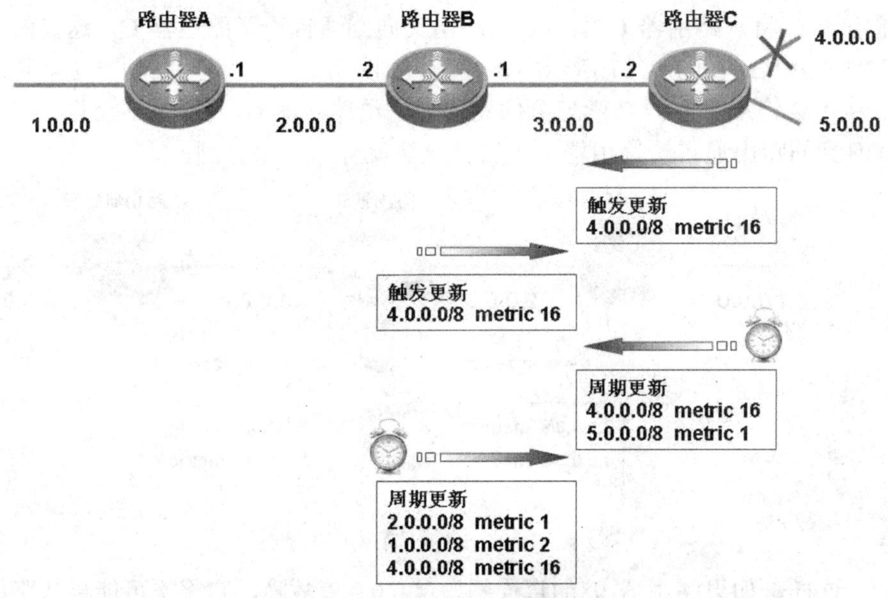

图 7-11　触发更新和毒性逆转

到了路由器 C 的下一个更新周期，它会通过所有路由，包括 4.0.0.0/8 的毒化路由；同样的，在路由器 B 到达下一个更新周期时，也会通告包括 4.0.0.0/8 的毒性逆转路由在内的所有路由。

路由器 C 通告的毒化路由不被认为是毒性逆转路由，因为它本来就应当通告这条路由，而路由器 B 通告的毒化路由则被认为是毒性逆转路由，因为它把这条路由又通告给了路由器 C，这条失效路由原本就是从那里学习到的。

4. 抑制计时器

水平分割在物理拓扑并非环路的路由网络中可以很好的预防计数到无穷大

的问题，但如果网络的物理拓扑中即存在冗余链路构成的环路，水平分割并不能总是防止计数到无穷大的问题。

图 7-12 所示中三台路由器连成了环形，它们在稳定的状态下发送周期性更新的情况。从中可以看到，水平分割的原则一直在生效，路由器 B 和 C 不会向路由器 A 通告网络 4.0.0.0/8 的路由，而它们已经从路由器 A 那里学习到了度量值为 1 的 4.0.0.0/8 的路由，会忽略互相通告的度量值为 2 的相应路由。

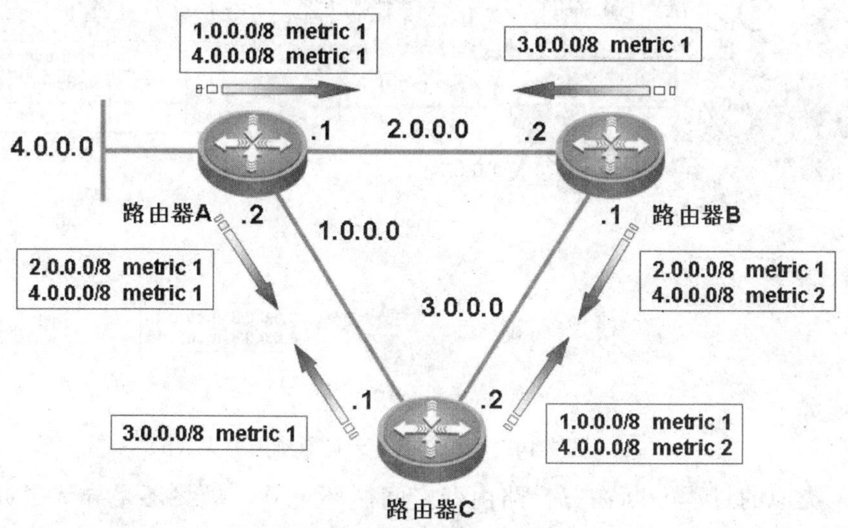

图 7-12　环型拓扑中的周期性更新

在图 7-13 所示中，当路由器 A 失去了到 4.0.0.0/8 的连接，它会触发有关 4.0.0.0/8 的毒化路由的部分更新，路由器 B 收到这个更新，在路由表中将这条路由的度量值改为 16。而此时路由器 B 可能会收到路由器 C 发出的周期性更新，里面声明到达 4.0.0.0/8 的度量值为 2。结果路由器 B 将这条路由的度量值更新为 2，下一跳为路由器 C。

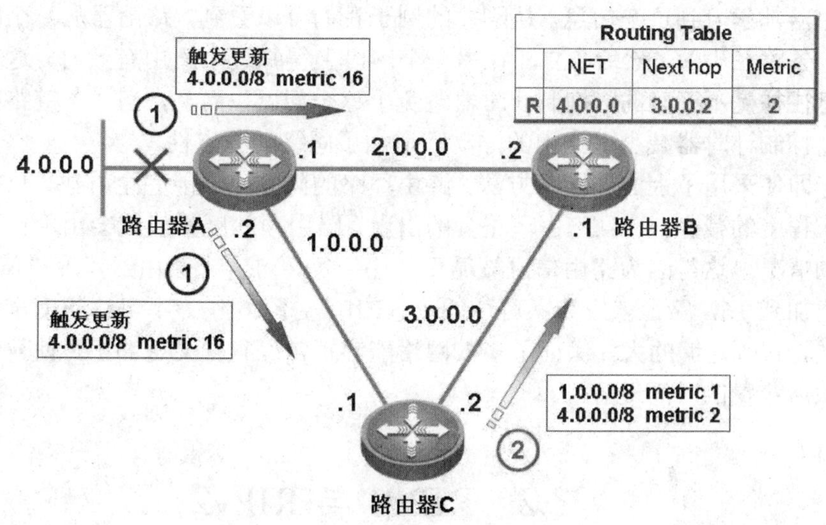

图 7-13　路由环路导致计数到无穷大（a）

这时，路由器 C 收到了路由器 A 发出的触发更新，将路由表内 4.0.0.0/8 的度量值更新为 16。在它到达下一个更新周期时，会向路由器 B 发送包含毒化路由 4.0.0.0/8，度量值为 16。

在这个更新到达之前，路由器 B 已经向路由器 A 发送了下一个周期性更新，4.0.0.0/8 的度量值为 3。然后，路由器 C 的周期性更新到达，于是路由器 B 再次将 4.0.0.0/8 的度量值更新为 16，如图 7-14 所示。

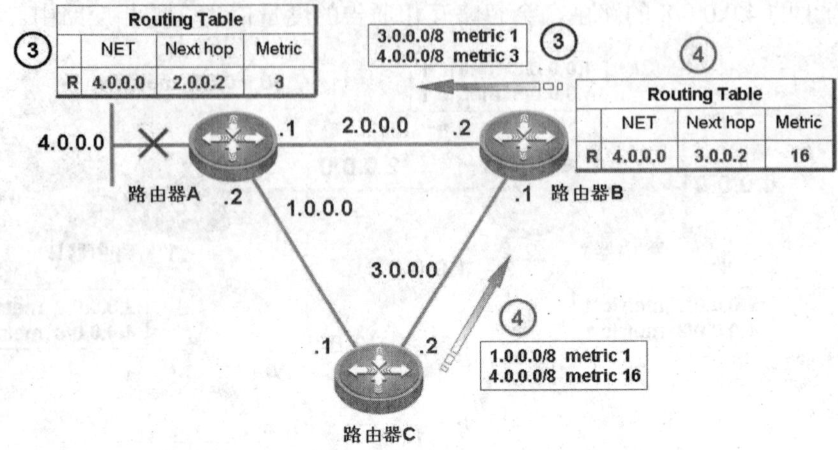

图 7-14　路由环路导致计数到无穷大（b）

类似的过程不断在三台路由器之间循环重复，最终还是导致了计数到无穷大。

这时，需要另外一个防止路由环路的方法，即启用一个抑制计时器（时间一般是 180s）。当路由器收到一条毒化路由，就会为这条路由启动抑制计时器。在抑制时间内，这条失效的路由不接受任何更新信息，除非这条信息是从原始通告这条路由的路由器来的。

当一条路由信息失效之后，在抑制计时器超时前的时间段内这条路由都处于抑制状态，即在一定时间内不再接收关于同一目的地址的路由更新，以确保每台路由器都学习到这个信息。从刚才的例子我们可以看到，路由器从一个网段上得知一条路径失效，然后，立即在另一个网段上得知这个路由有效时，这个有效的信息往往是不正确的，抑制计时器避免了这个问题，而且，当一条链路频繁起停时，抑制计时器减少了路由的浮动，增加了网络的稳定性。

即便采用了上面的四种方法，路由环路的问题也不能完全解决，只是得到了最大程度的减少。一旦路由环路真的出现，路由项的度量值就会出现计数到无穷大的情况。这是因为路由信息被循环传递，每传过一个路由器，度量值就加 1，一直加到 16，路径就成为不可达的了。RIP 选择 16 作为不可达的度量值是很巧妙的，它既足够的大，保证了多数网络能够正常运行；又足够小，使得计数到无穷大所花费的时间最短。

7.2　RIPv1 与 RIPv2

在 TCP/IP 的历史上，第一个 IP 网络使用的动态路由协议就是 RIP 版本 1

（RIPv1），因为当时 RIPv1 是第一个也是唯一的一个路由协议。随着时间的推移，路由器更加强大，CPU 更快、内存更大，传输链路也越来越快，所有这些推进了更高级的路由算法和路由协议的发展，如 OSPF（Open Shortest Path First，开放式最短路径优先）等，同时，其他的开发者则增强了 RIP 协议的标准，称为 RIP 版本 2（RIPv2）。

7.2.1 RIP 版本 1

RIPv1 使用广播的方式发送路由更新，而且不支持 VLSM，因为它的路由更新信息中不携带子网掩码，所以 RIPv1 没有办法来传达不同网络中变长子网掩码的详细信息。所以，RIPv1 是一个有类路由协议。

图 7-15 展示的是只有一条路由信息的 RIPv1 报文格式。

第1字节	第2字节	第3字节	第4字节
命令	版本号	0（未使用）	
地址族标识符		0（未使用）	
网络地址			
0（未使用）			
0（未使用）			
度量值			

图 7-15 RIPv1 报文格式

RIP 报文中前 4 个字节属于报文首部，首部后面的字段（一共 20 字节）用于描述一条路由信息。一个 RIP 报文可以携带多个路由表项，整个的 RIP 报文大小限制是 512 字节，所以最多可以携带 25 条路由信息。包含多个路由表项的 RIP 报文只是简单地重复从地址族标识符到度量值字段的结构，其中包括所有的未使用的零域。这个重复的结构附加在图 7-15 所示结构的后面，如图 7-16 所示。

第1字节	第2字节	第3字节	第4字节
命令	版本	0（未使用）	
地址族标识符		0（未使用）	
网络地址			
0（未使用）			
0（未使用）			
度量值			
地址族标识符		0（未使用）	
网络地址			
0（未使用）			
0（未使用）			
度量值			

图 7-16 具有多条路由信息的 RIPv1 报文

RIPv1 报文中各个字段的含义如下。

①命令：命令字段占用 1 字节，指出 RIP 报文是一个请求报文还是对请求的应答报文。两种情形均使用相同的帧结构。

- ❑ 请求报文请求路由器发送整个或部分路由表。
- ❑ 应答报文包括和网络中其他 RIP 节点共享的路由表项。应答报文可以是对请求的应答，也可以是主动的更新。

②版本号：1 字节的版本号字段包括生成 RIP 报文时所使用的版本，版本 1 和版本 2。

③0 字段：在 RFC 1058 出现之前的 RIP 版本有一些现在已经不再使用的机制，为了向后兼容这些协议，RFC 1058 在报文中为其保留了空间，只是要求在 RIPv1 中这些字段恒置为 0，当收到的报文中这些字段不是 0 就会被简单地丢弃。当然，0 字段中也有为了将来扩展而保留的。

④地址族标识符：2 字节的地址族标识符（Address Family Identifier，AFI）字段指出了网络地址字段中所出现的地址家族。虽然 RFC1058 是由 IETF 创建的，因此适用于网际协议 IP，但它的设计提供了和以前版本的兼容性。这意味着它必须支持各种网络地址家族的路由信息的传输。因此，RIPv1 作为一个开放标准，使用地址族标识符字段来决定其报文中所携带地址的类型。

⑤网络地址：4 字节的互联网络地址字段包含一个网络地址。这个地址可以是主机、网络，甚至是一个默认网关的地址码。使用该字段内容两个例子如下。

- ❑ 在一个单表项请求报文中，这个字段包括报文发送者的地址。
- ❑ 在一个多表项应答报文中，这些字段将包括报文发送者路由表中存储的 IP 地址。

⑥度量值：RIP 报文中的最后一个字段是度量值，占 4 字节。这个字段包含报文的度量计数。这个值在经过路由器时被递增。度量值有效的范围是在 1～15 之间。实际上度量值也可以递增至 16，但是这个值和无效路由对应。

在较大的 RIP 网络中，对整个路由表的更新请求需要传送多个 RIP 报文。报文到达目的地时顺序可能会打乱。一个路由表项不会分开在两个 RIP 报文中，因此，任何 RIP 报文的内容都是完整的，即使它们可能仅仅是整个路由表的一个子集。当接收节点收到报文时，可以任意处理更新，而不需对其进行排序。

7.2.2 RIP 版本 2

RIPv2 没有完全更改版本 1 的内容，只是增加了一下高级功能，这些新特性使得 RIPv2 可以将更多的信息加入路由更新中。

RIP 版本 1 不支持 VLSM，使得用户不能通过划分更小网络地址的方法来更高效地使用有限的 IP 地址空间。在 RIPv2 版本中对此做了改进，在每一条路由信息中加入了子网掩码，所以 RIPv2 是无类的路由协议。

此外，RIPv2 发送更新报文的方式为组播，组播地址为 224.0.0.9（代表所有的 RIPv2 路由器）。

RIPv2 还支持认证，这可以让路由器确认它所学到的路由信息来自于合法的邻居路由器。

下面对 RIP 的特性做一个总结，其中也对比了版本 1 和版本 2 的一些不同之处，见表 7-1 所示。

表 7-1 RIPv1、v2 特性比较

特 性	RIPv1	RIPv2
采用跳数为度量值	是	是
15 是最大的有效度量值，16 为无穷大	是	是
默认 30 秒更新周期	是	是
周期性更新时发送全部路由信息	是	是
拓扑改变时发送只针对变化的触发更新	是	是
使用路由毒化、水平分割、毒性逆转	是	是
使用抑制计时器	是	是
发送更新的方式	广播	组播
使用 UDP 520 端口发送报文	是	是
更新中携带子网掩码，支持 VLSM	否	是
支持认证	否	是

7.3 RIP 的配置方法

下面介绍 RIPv1 和 v2 的配置，以及如何在一个网络中同时使用这两个版本。

7.3.1 配置 RIP

RIP 路由协议的配置比较简单，启用 RIP 只需要执行两条命令即可。

- router rip。
- network *network-number*。

路由器要运行 RIP 路由协议，首先需要创建RIP 路由进程，并定义与RIP 路由进程关联的网络。router rip命令可以创建RIP路由进程，使用户从全局配置模式进入RIP配置模式，提示符为：Router(config-router)#。然后使用network命令定义关联网络，关联网络有两层意思。

- RIP 只对外通告关联网络的路由信息。
- RIP 只向关联网络所属接口通告路由信息。

也就是说，network 命令告诉路由器哪个接口开始使用 RIP，然后从这个接口发送路由更新，通告这个接口直连的网络，并从这个接口监听从其他路由器发来的 RIP 更新。

需要注意的是，network 命令需要一个有类网络号（没有子网掩码），即 A、B、C 三类网络（版本 1 和 2 都是如此）。如果在 network 命令中使用了一个子网号或者一个 IP 地址，路由器也会接受这个命令，但会修改 network 命令为 ABC 三类网络号。

下面看一下从特权模式开始，如何在锐捷路由器上进行 RIP 路由协议的配置。

①Router#**configure terminal**

进入全局配置模式。

②Router(config)# **router rip**

创建 RIP 路由进程。

③router (config-router)# **network** *network-number*

定义关联网络。

④Router(config-router)# **version** {**1** | **2**}　　（可选）

定义 RIP 的版本。

默认情况下，锐捷路由器上启用 RIP 路由协议后就可以接收 RIPv1 和 RIPv2 的数据包，但是只发送 RIPv1 的数据包。如果要配置软件只接收和发送指定版本的数据包，例如只接收和发送 RIPv1 的数据包，或者只接收和发送 RIPv2 的数据包，就使用 version 命令进行配置。

⑤Router(config-router)# **no auto-summary**　　（RIPv2 可选）

关闭路由自动汇总。

RIP 路由自动汇总是指当子网路由穿越有类网络边界时，将自动汇总成有类网络路由。RIPv2 默认情况下将进行路由自动汇聚，RIPv1 不支持该功能。

RIPv2 路由自动汇总的功能，提高了网络的伸缩性和有效性。如果有汇总路由存在，在路由表中将看不到包含在汇总路由内的子路由，这样可以大大缩小路由表的规模。

通告汇总路由会比通告单独的每条路由更有效率，主要有以下原因。

- 当查找 RIP 数据库时，汇总路由会得到优先处理。
- 当查找 RIP 数据库时，忽略子网路由可以减少了处理时间。

不过，当网络中全部采用 VLSM 来划分子网时，可能希望学到具体的子网路由，而不愿意只看到汇总后的网络路由，这时需要使用 no auto-summary 命令关闭路由自动汇总功能。

⑥Router(config-router)# **timers basci update invalid flush**　　（可选）

RIP 提供了时钟调整的功能，可以根据网络的具体情况进行时钟调整，使 RIP路由协议能够运行得更好。

默认情况下，更新时间为 30 秒，无效时间为 180 秒，刷新时间为 120 秒。通过调整以上时钟，可能会加快路由协议的收敛时间以及故障恢复时间。

需要注意的是，连接在同一网络上的设备，RIP 时钟值一定要一致。

⑦Router(config-if)# **no ip split-horizon**　　（可选）

关闭水平分割。

在 RIP 路由协议中默认是打开水平分割的，如果需要关闭，则可以在接口模式下使用 no ip split-horizon 命令关闭该接口上的水平分割功能；相应的，ip split-horizon 命令用于打开水平分割。

⑧配置完成后，可以使用如下的命令进行检查

Router#**show running-config**

查看 RIP 的配置是否正确。

Router#**show ip route**

查看路由表中是否正确地学习到了 RIP 路由。

7.3.2 RIP 配置实例

在 7.1.2 节中，以一个 3 台路由器的简单网络为例讲解了 RIP 的工作过程，下面就具体分析一下在路由器上实现这个 RIP 网络的过程。

1. 基本配置

标注了接口和地址的拓扑图如图 7-17 所示，在路由器 A、B、C 上启用 RIP 的步骤见示例 7-1。其中配置主机名、接口 IP 地址等步骤省略。

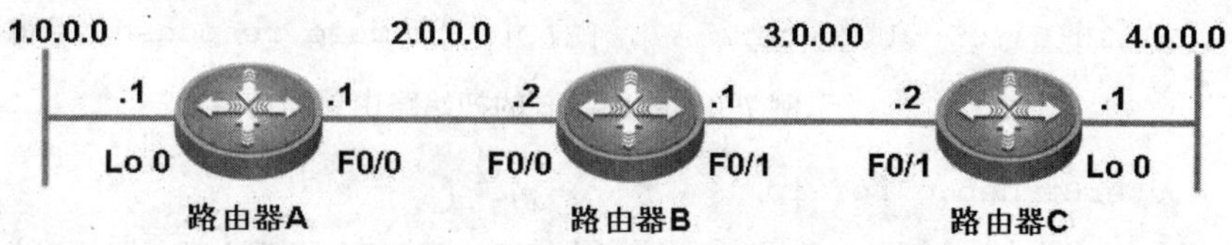

图 7-17 RIP 基本配置实例拓扑图

示例 7-1 在路由器上启用 RIP

```
RouterA(config)#router rip
RouterA(config-router)#network 1.0.0.0
RouterA(config-router)#network 2.0.0.0
RouterA(config-router)#end

RouterB(config)#router rip
RouterB(config-router)#network 2.0.0.0
RouterB(config-router)#network 3.0.0.0
RouterB(config-router)#end

RouterC(config)#router rip
RouterC(config-router)#network 3.0.0.0
RouterC(config-router)#network 4.0.0.0
RouterC(config-router)#end
```

路由器 A、B、C 上启用了 RIP 后就会在关联接口上发送路由更新，这些更新内容可以在特权模式下用 **debug ip rip** 命令所观察到，如示例 7-2 所示。

示例 7-2 路由器 A 的初始路由更新内容

```
RouterA# debug ip rip
Jul 20 03:05:11 RouterA %7: [RIP] Output timer expired to send reponse
Jul 20 03:05:11 RouterA %7: [RIP] Prepare to send BROADCAST
response...
Jul 20 03:05:11 RouterA %7: [RIP] Building update entries on
```

```
FastEthernet 0/0
    Jul 20 03:05:11 RouterA %7:      network 1.0.0.0 metric 1
    Jul 20 03:05:11 RouterA %7: [RIP] Send packet to 2.255.255.255 Port
520 on FastEthernet 0/0
    Jul 20 03:05:11 RouterA %7: [RIP] Prepare to send BROADCAST
response...
    Jul 20 03:05:11 RouterA%7:[RIP]Building update entries on Loopback 0
    Jul 20 03:05:11 RouterA %7:      network 2.0.0.0 metric 1
    Jul 20 03:05:11 RouterA %7: [RIP] Send packet to 1.255.255.255 Port
520 on Loopback 0
    Jul 20 03:05:11 RouterA %7: [RIP] Schedule response send timer
```

示例 7-3　路由器 B 的初始路由更新内容

```
    RouterB# debug ip rip
    Jul 20 03:13:44 RouterB %7: [RIP] Output timer expired to send reponse
    Jul 20 03:13:44 RouterB %7: [RIP] Prepare to send BROADCAST
response...
    Jul 20 03:13:44 RouterB %7: [RIP] Building update entries on
FastEthernet 0/0
    Jul 20 03:13:44 RouterB %7:      network 3.0.0.0 metric 1
    Jul 20 03:13:44 RouterB %7: [RIP] Send packet to 2.255.255.255 Port
520 on FastEthernet 0/0
    Jul 20 03:13:44 RouterB %7: [RIP] Prepare to send BROADCAST
response...
    Jul 20 03:13:44 RouterB %7: [RIP] Building update entries on
FastEthernet 0/1
    Jul 20 03:13:44 RouterB %7:      network 2.0.0.0 metric 1
    Jul 20 03:13:44 RouterB %7: [RIP] Send packet to 3.255.255.255 Port
520 on FastEthernet 0/1
    Jul 20 03:13:44 RouterB %7: [RIP] Schedule response send timer
```

示例 7-4　路由器 C 的初始路由更新内容

```
    RouterC#debug ip rip
    Jul 20 03:23:12 RouterC %7: [RIP] Output timer expired to send reponse
    Jul 20 03:23:12 RouterC %7: [RIP] Prepare to send BROADCAST
response...
    Jul 20 03:23:12 RouterC %7: [RIP] Building update entries on
FastEthernet 0/1
    Jul 20 03:23:12 RouterC %7:      network 4.0.0.0 metric 1
    Jul 20 03:23:12 RouterC %7: [RIP] Send packet to 3.255.255.255 Port
520 on FastEthernet 0/1
```

```
Jul 20 03:23:12 RouterC %7: [RIP] Prepare to send BROADCAST response...
Jul 20 03:23:12 RouterC%7:[RIP]Building update entries on Loopback 0
Jul 20 03:23:12 RouterC %7:      network 3.0.0.0 metric 1
Jul 20 03:23:12 RouterC %7: [RIP] Send packet to 4.255.255.255 Port 520 on Loopback 0
Jul 20 03:23:12 RouterC %7: [RIP] Schedule response send timer
```

从中可以看到，当更新计时器超时后，路由器就会发送 RIP 的响应报文，发送方式是广播，使用端口 520，然后将更新计时器重置。每台路由器都将自己的直连路由以度量值 1，从每个 RIP 的关联接口发送了出去，而且遵循水平分割的原则。

等到 RIP 收敛完毕，各个路由器都能够学习到正确的路由，它们的路由表分别如示例 7-5～示例 7-7 所示。

示例 7-5　路由器 A 的路由表

```
RouterA#show ip route

Codes:  C - connected, S - static,  R - RIP B - BGP
        O - OSPF, IA - OSPF inter area
        N1 - OSPF NSSA external type 1,N2-OSPF NSSA external type 2
        E1 - OSPF external type 1, E2 - OSPF external type 2
        i - IS-IS, L1 - IS-IS level-1, L2 - IS-IS level-2, ia - IS-IS inter area
        * - candidate default

Gateway of last resort is no set
C    1.0.0.0/8 is directly connected, Loopback 0
C    1.0.0.1/32 is local host.
C    2.0.0.0/8 is directly connected, FastEthernet 0/0
C    2.0.0.1/32 is local host.
R    3.0.0.0/8 [120/1] via 2.0.0.2, 00:00:00, FastEthernet 0/0
R    4.0.0.0/8 [120/2] via 2.0.0.2, 00:00:00, FastEthernet 0/0
```

输出中路由表项前面的字母“R”，代表这是一条 RIP 路由，用中括号括起来的两个数字，120 代表 RIP 路由协议的管理距离，1 或者 2 则代表这条路由的度量值。

示例 7-6　路由器 B 的路由表

```
RouterB#show ip route

Codes:  C - connected, S - static,  R - RIP B - BGP
        O - OSPF, IA - OSPF inter area
        N1 - OSPF NSSA external type 1,N2-OSPF NSSA external type 2
```

```
        E1 - OSPF external type 1, E2 - OSPF external type 2
        i - IS-IS, L1 - IS-IS level-1, L2 - IS-IS level-2, ia - IS-IS
inter area
        * - candidate default
   Gateway of last resort is no set
   R    1.0.0.0/8 [120/1] via 2.0.0.1, 00:00:29, FastEthernet 0/0
   C    2.0.0.0/8 is directly connected, FastEthernet 0/0
   C    2.0.0.2/32 is local host.
   C    3.0.0.0/8 is directly connected, FastEthernet 0/1
   C    3.0.0.1/32 is local host.
   R    4.0.0.0/8 [120/1] via 3.0.0.2, 00:00:12, FastEthernet 0/1
```

示例 7-7　路由器 C 的路由表

```
   RouterC#show ip route

   Codes:  C - connected, S - static,  R - RIP B - BGP
        O - OSPF, IA - OSPF inter area
        N1 - OSPF NSSA external type 1,N2-OSPF NSSA external type 2
        E1 - OSPF external type 1, E2 - OSPF external type 2
        i - IS-IS, L1 - IS-IS level-1, L2 - IS-IS level-2, ia - IS-IS
inter area
        * - candidate default

   Gateway of last resort is no set
   R    1.0.0.0/8 [120/2] via 3.0.0.1, 00:00:03, FastEthernet 0/1
   R    2.0.0.0/8 [120/1] via 3.0.0.1, 00:00:17, FastEthernet 0/1
   C    3.0.0.0/8 is directly connected, FastEthernet 0/1
   C    3.0.0.2/32 is local host.
   C    4.0.0.0/8 is directly connected, Loopback 0
   C    4.0.0.1/32 is local host.
```

2. 水平分割

此时，在水平分割的作用下，路由器 B 向外广播的路由更新内容如示例 7-8 所示。如果在路由器 B 的两个接口上关闭了水平分割，它发出的路由更新内容就会成为示例 7-9 所示中的情况。

示例 7-8　在水平分割作用下路由器 B 的路由更新内容

```
   RouterB# debug ip rip
   Jul 20 03:39:13 RouterB %7: [RIP] Output timer expired to send reponse
   Jul  20  03:39:13  RouterB  %7:  [RIP]  Prepare  to  send  BROADCAST
response...
   Jul  20  03:39:13  RouterB  %7:  [RIP]  Building  update  entries  on
```

```
FastEthernet 0/0
   Jul 20 03:39:13 RouterB %7:      network 3.0.0.0 metric 1
   Jul 20 03:39:13 RouterB %7:      network 4.0.0.0 metric 2
   Jul 20 03:39:13 RouterB %7: [RIP] Send packet to 2.255.255.255 Port
520 on FastEthernet 0/0
   Jul 20 03:39:13 RouterB %7: [RIP] Prepare to send BROADCAST
response...
   Jul 20 03:39:13 RouterB %7: [RIP] Building update entries on
FastEthernet 0/1
   Jul 20 03:39:13 RouterB %7:      network 1.0.0.0 metric 2
   Jul 20 03:39:13 RouterB %7:      network 2.0.0.0 metric 1
   Jul 20 03:39:13 RouterB %7: [RIP] Send packet to 3.255.255.255 Port
520 on FastEthernet 0/1
   Jul 20 03:39:13 RouterB %7: [RIP] Schedule response send timer
```

示例 7-9　关闭水平分割后路由器 B 的路由更新内容

```
   RouterB(config)#interface fastEthernet 0/0
   RouterB(config-if)#no ip split-horizon
   RouterB(config-if)#exit
   RouterB(config)#interface fastEthernet 0/1
   RouterB(config-if)#no ip split-horizon
   RouterB(config-if)#end
   RouterB#Jul 20 03:33:43 RouterB %5:Configured from console by
console
   RouterB#
   RouterB#debug ip rip
   Jul 20 03:34:13 RouterB %7: [RIP] Output timer expired to send reponse
   Jul 20 03:34:13 RouterB %7: [RIP] Prepare to send BROADCAST
response...
   Jul 20 03:34:13 RouterB %7: [RIP] Building update entries on
FastEthernet 0/0
   Jul 20 03:34:13 RouterB %7:      network 1.0.0.0 metric 2
   Jul 20 03:34:13 RouterB %7:      network 2.0.0.0 metric 1
   Jul 20 03:34:13 RouterB %7:      network 3.0.0.0 metric 1
   Jul 20 03:34:13 RouterB %7:    . network 4.0.0.0 metric 2
   Jul 20 03:34:13 RouterB %7: [RIP] Send packet to 2.255.255.255 Port
520 on FastEthernet 0/0
   Jul 20 03:34:13 RouterB %7: [RIP] Prepare to send BROADCAST
response...
   Jul 20 03:34:13 RouterB %7: [RIP] Building update entries on
FastEthernet 0/1
```

```
Jul 20 03:34:13 RouterB %7:       network 1.0.0.0 metric 2
Jul 20 03:34:13 RouterB %7:       network 2.0.0.0 metric 1
Jul 20 03:34:13 RouterB %7:       network 3.0.0.0 metric 1
Jul 20 03:34:13 RouterB %7:       network 4.0.0.0 metric 2
Jul 20 03:34:13 RouterB %7: [RIP] Send packet to 3.255.255.255 Port 520 on FastEthernet 0/1
Jul 20 03:34:13 RouterB %7: [RIP] Schedule response send timer
```

对比之后可以发现，关闭了水平分割之后，路由器 B 会在接口 F0/0 和 F0/1 通告全部的 4 条路由信息，而在水平分割的作用下，1.0.0.0/8 和 2.0.0.0/8 不会从接口 F0/0 通告出去，而 3.0.0.0/8 和 4.0.0.0/8 不会从接口 F0/1 通告出去。

3. 路由毒化

如果在路由器 C 上将 loopback 0 接口关闭，相当与 4.0.0.0/8 网络故障，那么路由器 C 就会把这条路由从自己的路由表中删除，然后触发一个相应的毒化路由更新，如示例 7-10 所示。路由器 B 收到这条路由后，会将自己路由表中 4.0.0.0/8 的表项更新为“possibly down”，如示例 7-11 所示。

示例 7-10　路由器 C 触发的毒化路由更新

```
RouterC#debug ip rip
RouterC#configure terminal
RouterC(config)#interface loopback 0
RouterC(config-if)#shutdown
RouterC(config-if)#Jul  20  03:54:07  RouterC  %7:%LINK  CHANGED: Interface Loopback 0, changed state to administratively down
Jul 20 03:54:07 RouterC %7:%LINE PROTOCOL CHANGE: Interface Loopback 0, changed state to DOWN
RouterC(config-if)#end
RouterC#Jul  20  03:55:11  RouterC  %5:Configured  from  console  by console
ul 20 03:55:11 RouterC %7:%LINK CHANGED: Interface Loopback 0, changed state to administratively down
Jul 20 03:55:11 RouterC %7:%LINE PROTOCOL CHANGE: Interface Loopback 0, changed state to DOWN
Jul 20 03:55:11 RouterC %7:NSM Message Header
Jul 20 03:55:11 RouterC %7: VR ID: 0
Jul 20 03:55:11 RouterC %7: VRF ID: 0
Jul 20 03:55:11 RouterC %7: Message type: Link Down (30)
Jul 20 03:55:11 RouterC %7: Message length: 100
Jul 20 03:55:11 RouterC %7: Message ID: 0x00000000
Jul 20 03:55:11 RouterC %7:NSM Interface
Jul 20 03:55:11 RouterC %7: Interface index: 16385
Jul 20 03:55:11 RouterC %7: Name: Loopback 0
```

```
Jul 20 03:55:11 RouterC %7: Flags: 0x000000c8
Jul 20 03:55:11 RouterC %7: [RIP] Received Interface[Loopback 0][vrf:0] DOWN event
Jul 20 03:55:11 RouterC %7: [RIP] Interface[Loopback 0] is downing
Jul 20 03:55:11 RouterC %7: [RIP] [4.0.0.0/8] RIP route disabling...
Jul 20 03:55:11 RouterC %7: [RIP] Schedule output trigger timer
Jul 20 03:55:11 RouterC %7: [RIP] [4.0.0.0/8] route timer schedule...
Jul 20 03:55:11 RouterC %7: [RIP] Interface[Loopback 0] is to be deleted
Jul 20 03:55:11 RouterC %7: [RIP] Setsockopt IP_LEAVE_MEMBERSHIP success: Loopback 0
Jul 20 04:07:30 RouterC %7: [RIP] To activate trigger message send...
Jul 20 04:07:30 RouterC %7: [RIP] Prepare to send BROADCAST response...
Jul 20 04:07:30 RouterC %7: [RIP] Building update entries on FastEthernet 0/1
Jul 20 04:07:30 RouterC %7: [RIP] Skip route[1.0.0.0/8] in trigger
Jul 20 04:07:30 RouterC %7: [RIP] Skip route[2.0.0.0/8] in trigger
Jul 20 04:07:30 RouterC %7: [RIP] Skip route[3.0.0.0/8] in trigger
Jul 20 04:07:30 RouterC %7:      network 4.0.0.0 metric 16
Jul 20 04:07:30 RouterC %7: [RIP] Send packet to 3.255.255.255 Port 520 on FastEthernet 0/1
```

路由器发现 Loopback 0 接口 down 了以后，RIP 进程立即行动将路由 4.0.0.0/8 取消，并发送触发更新，这个更新只有 1 条内容，就是路由 4.0.0.0/8，度量值为 16。

示例 7-11　路由器 B 收到毒化路由后的路由表

```
RouterB#show ip route

Codes:  C - connected, S - static,  R - RIP B - BGP
        O - OSPF, IA - OSPF inter area
        N1 - OSPF NSSA external type 1,N2-OSPF NSSA external type 2
        E1 - OSPF external type 1, E2 - OSPF external type 2
        i - IS-IS, L1 - IS-IS level-1, L2 - IS-IS level-2, ia - IS-IS inter area
        * - candidate default

Gateway of last resort is no set
R    1.0.0.0/8 [120/1] via 2.0.0.1, 00:00:21, FastEthernet 0/0
C    2.0.0.0/8 is directly connected, FastEthernet 0/0
C    2.0.0.2/32 is local host.
C    3.0.0.0/8 is directly connected, FastEthernet 0/1
```

```
C    3.0.0.1/32 is local host.
R    4.0.0.0/8 is possibly down, routing via 3.0.0.2, 00:00:33,
FastEthernet 0/1
```

4. RIP 版本 2

如果我们指定路由器 B 上使用的 RIP 版本为版本 2，那么它将只发送和接收 RIPv2 的更新报文，路由器 A 和 C 发送的 RIPv1 报文将被它忽略，如示例 7-12 所示。

因此，在刷新计时器超时后，路由器 B 的路由表中将不再存在到达网段 1.0.0.0/8 和 4.0.0.0/8 路由，如示例 7-13 所示。

示例 7-12 RIPv2 只接收和发送版本 2 的更新报文

```
RouterB(config)#router rip
RouterB(config-router)#version 2
RouterB(config-router)#no auto-summary
RouterB(config-router)#end

RouterB#debug ip rip
Jul 20 04:09:22 RouterB %7: [RIP] RIP recveived packet, sock=2125
src=3.0.0.2 len=24
Jul 20 04:09:22 RouterB %7: [RIP] Cancel peer remove timer
Jul 20 04:09:22 RouterB %7:[RIP] Peer remove timer shedule...
Jul 20 04:09:22 RouterB %7: [RIP] Received packet version mismatch
Jul 20 04:09:34 RouterB %7: [RIP] RIP recveived packet, sock=2125
src=2.0.0.1 len=24
Jul 20 04:09:34 RouterB %7: [RIP] Cancel peer remove timer
Jul 20 04:09:34 RouterB %7:[RIP] Peer remove timer shedule...
Jul 20 04:09:34 RouterB %7: [RIP] Received packet version mismatch
Jul 20 04:09:43 RouterB %7: [RIP] Output timer expired to send reponse
Jul 20 04:09:43 RouterB %7: [RIP] Prepare to send MULTICAST
response...
Jul 20 04:09:43 RouterB %7: [RIP] Building update entries on
FastEthernet 0/0
Jul 20 04:09:43 RouterB %7:  3.0.0.0/8 via 0.0.0.0 metric 1 tag 0
Jul 20 04:09:43 RouterB %7:  4.0.0.0/8 via 0.0.0.0 metric 2 tag 0
Jul 20 04:09:43 RouterB %7: [RIP] Send packet to 224.0.0.9 Port 520
on FastEthernet 0/0
Jul 20 04:09:43 RouterB %7: [RIP] Prepare to send MULTICAST
response...
Jul 20 04:09:43 RouterB %7: [RIP] Building update entries on
FastEthernet 0/1
Jul 20 04:09:43 RouterB %7:  1.0.0.0/8 via 0.0.0.0 metric 2 tag 0
```

```
Jul 20 04:09:43 RouterB %7:   2.0.0.0/8 via 0.0.0.0 metric 1 tag 0
Jul 20 04:09:43 RouterB %7: [RIP] Send packet to 224.0.0.9 Port 520 on FastEthernet 0/1
Jul 20 04:09:43 RouterB %7: [RIP] Schedule response send timer
```

可以发现，路由器B配置了RIP版本2之后，发送报文的格式发生了变化，更新的方式也变为了组播，目的地址224.0.0.9，并且不再接收路由器A和C发出的版本1的更新报文，原因是“version mismatch”（版本不匹配）。

示例 7-13　配置 RIPv2 的路由器 B 的路由表

```
RouterB#show ip route

Codes:  C - connected, S - static,  R - RIP B - BGP
        O - OSPF, IA - OSPF inter area
        N1 - OSPF NSSA external type 1,N2-OSPF NSSA external type 2
        E1 - OSPF external type 1, E2 - OSPF external type 2
        i - IS-IS, L1 - IS-IS level-1, L2 - IS-IS level-2, ia - IS-IS inter area
        * - candidate default

Gateway of last resort is no set
C    2.0.0.0/8 is directly connected, FastEthernet 0/0
C    2.0.0.2/32 is local host.
C    3.0.0.0/8 is directly connected, FastEthernet 0/1
C    3.0.0.1/32 is local host.
```

而此时路由器A和C虽然仍然能接收路由器B发出的RIPv2的更新报文，但由于路由器B不能再传递路由器A和C的路由，所以它们的路由表最终将变成示例7-14和示例7-15展示的情况。

示例 7-14　路由器 B 为 RIPv2 时路由器 A 的路由表

```
RouterA#show ip route

Codes:  C - connected, S - static,  R - RIP B - BGP
        O - OSPF, IA - OSPF inter area
        N1 - OSPF NSSA external type 1,N2-OSPF NSSA external type 2
        E1 - OSPF external type 1, E2 - OSPF external type 2
        i - IS-IS, L1 - IS-IS level-1, L2 - IS-IS level-2, ia - IS-IS inter area
        * - candidate default

Gateway of last resort is no set
C    1.0.0.0/8 is directly connected, Loopback 0
C    1.0.0.1/32 is local host.
```

```
C    2.0.0.0/8 is directly connected, FastEthernet 0/0
C    2.0.0.1/32 is local host.
R    3.0.0.0/8 [120/1] via 2.0.0.2, 00:00:08, FastEthernet 0/0
```

示例 7-15　路由器 B 为 RIPv2 时路由器 C 的路由表

```
RouterC#show ip route

Codes:  C - connected, S - static,  R - RIP B - BGP
        O - OSPF, IA - OSPF inter area
        N1 - OSPF NSSA external type 1,N2-OSPF NSSA external type 2
        E1 - OSPF external type 1, E2 - OSPF external type 2
        i - IS-IS, L1 - IS-IS level-1, L2 - IS-IS level-2, ia - IS-IS
inter area
        * - candidate default

Gateway of last resort is no set
R    2.0.0.0/8 [120/1] via 3.0.0.1, 00:00:21, FastEthernet 0/1
C    3.0.0.0/8 is directly connected, FastEthernet 0/1
C    3.0.0.2/32 is local host.
C    4.0.0.0/8 is directly connected, Loopback 0
C    4.0.0.1/32 is local host.
```

7.3.3　配置单播更新和被动接口

在如图 7-18 所示的拓扑图中，三台路由器连接在一个广播网络上，默认情况下，每台路由器都会发出广播的更新报文，并且这些的更新报文都能够被其他的路由器所接收。

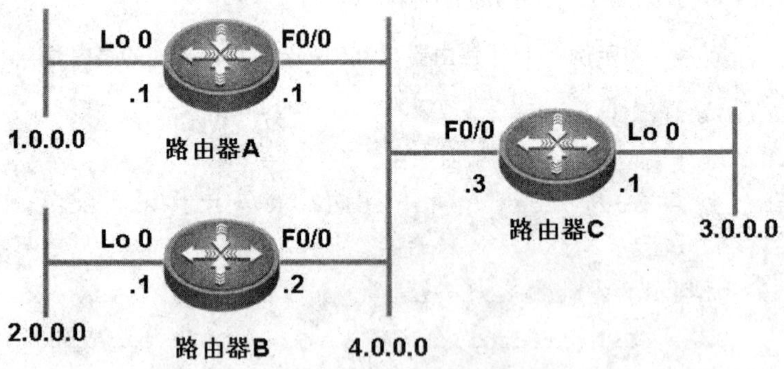

图 7-18　配置单播更新和被动接口拓扑图

如果希望 RIP 路由器的某个接口仅仅学习 RIP 路由，并不进行 RIP 路由通告，可以配置 RIP 被动接口来实现，方法是在 RIP 配置模式中使用命令：

Router(config-router)#**passive-interface** {**default** |*interface-type interface-num*}

被动接口接收到 RIP 更新请求后，不会进行响应；但在收到非 RIP（如路由诊断程序等）请求后，会进行响应，因为这些请求程序希望了解所有设备的路由情况。

RIP 报文通常是广播的，但有时需要限制一个接口通告广播式的路由更新报文，以实现更灵活的 RIP 工作方式。例如，在这个拓扑中想要实现路由器 A 发出的更新报文只能被路由器 B 所接收，而不能被路由器 C 所收到，那么可以在配置了被动接口的情况下，配合以 RIP 报文单播更新来实现这一点。

配置单播更新的方法是在 RIP 配置模式中使用命令：

Router(config-router)# **neighbor** *ip-address*

如果 RIP 路由信息需要通过非广播网络传输，也需要配置 RIP 的单播更新，以便支持 RIP 利用单播通告路由信息更新报文。

下面看一下如何进行具体的配置。在图 7-18 所示的拓扑中，在路由器 A 的 F0/0 接口上配置被动接口后，这个接口不再发出路由更新报文，但仍可以接收路由更新报文，因此路由器 A 将可以学习到全部的 RIP 路由，而路由器 B 和 C 将不能学习到路由 1.0.0.0/8。具体情况见示例 7-16～示例 7-20。

示例 7-16　在路由器 A 上配置被动接口

```
RouterA(config)#router rip
RouterA(config-router)#passive-interface fastEthernet 0/0
RouterA(config-router)#end
```

示例 7-17　配置被动接口后路由器 A 的路由表

```
RouterA#show ip route

Codes:  C - connected, S - static,  R - RIP B - BGP
        O - OSPF, IA - OSPF inter area
        N1 - OSPF NSSA external type 1,N2-OSPF NSSA external type 2
        E1 - OSPF external type 1, E2 - OSPF external type 2
        i - IS-IS, L1 - IS-IS level-1, L2 - IS-IS level-2, ia - IS-IS
inter area
        * - candidate default

Gateway of last resort is no set
C    1.0.0.0/8 is directly connected, Loopback 0
C    1.0.0.1/32 is local host.
R    2.0.0.0/8 [120/1] via 4.0.0.2, 00:00:21, FastEthernet 0/0
R    3.0.0.0/8 [120/1] via 4.0.0.3, 00:00:11, FastEthernet 0/0
C    4.0.0.0/8 is directly connected, FastEthernet 0/0
C    4.0.0.1/32 is local host.
```

示例 7-18　配置被动接口后路由器 B 的路由表

```
RouterB#show ip route

Codes:  C - connected, S - static,  R - RIP B - BGP
```

```
       O - OSPF, IA - OSPF inter area
       N1 - OSPF NSSA external type 1,N2-OSPF NSSA external type 2
       E1 - OSPF external type 1, E2 - OSPF external type 2
       i - IS-IS, L1 - IS-IS level-1, L2 - IS-IS level-2, ia - IS-IS
inter area
       * - candidate default

   Gateway of last resort is no set
   C    2.0.0.0/8 is directly connected, Loopback 0
   C    2.0.0.1/32 is local host.
   R    3.0.0.0/8 [120/1] via 4.0.0.3, 00:00:29, FastEthernet 0/0
   C    4.0.0.0/8 is directly connected, FastEthernet 0/0
   C    4.0.0.2/32 is local host.
```

示例 7-19　配置被动接口后路由器 B 发送更新报文的情况（1）

```
   无效计时器超时：
   RouterB#debug ip rip
   RouterB#Jul 20 04:55:33 RouterB %7: [RIP] Output timer expired to
send reponse
   Jul 20 04:55:33 RouterB %7: [RIP] Prepare to send BROADCAST
response...
   Jul 20 04:55:33 RouterB %7: [RIP] Building update entries on
FastEthernet 0/0
   Jul 20 04:55:33 RouterB %7:      network 2.0.0.0 metric 1
   Jul 20 04:55:33 RouterB %7: [RIP] Send packet to 4.255.255.255 Port
520 on FastEthernet 0/0
   Jul 20 04:55:33 RouterB %7: [RIP] Prepare to send BROADCAST
response...
   Jul 20 04:55:33 RouterB%7:[RIP]Building update entries on Loopback 0
   Jul 20 04:55:33 RouterB %7:      network 1.0.0.0 metric 16
   Jul 20 04:55:33 RouterB %7:      network 3.0.0.0 metric 2
   Jul 20 04:55:33 RouterB %7:      network 4.0.0.0 metric 1
   Jul 20 04:55:33 RouterB %7: [RIP] Send packet to 2.255.255.255 Port
520 on Loopback 0
   Jul 20 04:55:33 RouterB %7: [RIP] Schedule response send timer
   Jul 20 04:55:43 RouterB %7: [RIP] RIP recveived packet, sock=2125
src=4.0.0.3 len=24
   Jul 20 04:55:43 RouterB %7: [RIP] Cancel peer remove timer
```

示例 7-20　配置被动接口后路由器 B 发送更新报文的情况（2）

```
   刷新计时器超时：
   Jul 20 04:57:03 RouterB %7: [RIP] Output timer expired to send reponse
```

```
Jul 20 04:57:03 RouterB %7: [RIP] Prepare to send BROADCAST response...
Jul 20 04:57:03 RouterB %7: [RIP] Building update entries on FastEthernet 0/0
Jul 20 04:57:03 RouterB %7:       network 2.0.0.0 metric 1
Jul 20 04:57:03 RouterB %7: [RIP] Send packet to 4.255.255.255 Port 520 on FastEthernet 0/0
Jul 20 04:57:03 RouterB %7: [RIP] Prepare to send BROADCAST response...
Jul 20 04:57:03 RouterB%7:[RIP]Building update entries on Loopback 0
Jul 20 04:57:03 RouterB %7:       network 3.0.0.0 metric 2
Jul 20 04:57:03 RouterB %7:       network 4.0.0.0 metric 1
Jul 20 04:57:03 RouterB %7: [RIP] Send packet to 2.255.255.255 Port 520 on Loopback 0
Jul 20 04:57:03 RouterB %7: [RIP] Schedule response send timer
```

在路由器A配置了被动接口后，路由器B和C无法收到路由1.0.0.0/8的更新，在无效计时器超时后，路由器B和C就会将这条路由的度量值记为无穷大，等到刷新计时器超时后，再删除这条路由。

此时，如果继续在路由器A上配置单播更新，如示例7-21所示，指定将路由更新发送给地址4.0.0.2/8，那么路由器A虽然不再发出广播的更新，但会单播给路由器B发送更新，因此路由器B将能够学习到路由1.0.0.0/8，而路由器C仍然无法学习到，如示例7-22和示例7-23所示。

示例7-21　在路由器A上配置单播更新

```
RouterA(config)#router rip
RouterA(config-router)#neighbor 4.0.0.2
RouterA(config-router)#end
用show running-config命令可以看到现在路由器A上RIP部分的配置为:
router rip
 passive-interface FastEthernet 0/0
 network 1.0.0.0
 network 4.0.0.0
 neighbor 4.0.0.2
```

示例7-22　配置单播更新后路由器B的路由表

```
RouterB#show ip route

Codes: C - connected, S - static,  R - RIP B - BGP
       O - OSPF, IA - OSPF inter area
       N1 - OSPF NSSA external type 1,N2-OSPF NSSA external type 2
       E1 - OSPF external type 1, E2 - OSPF external type 2
       i - IS-IS, L1 - IS-IS level-1, L2 - IS-IS level-2, ia - IS-IS
```

```
inter area
        * - candidate default

   Gateway of last resort is no set
   R   1.0.0.0/8 [120/1] via 4.0.0.1, 00:00:05, FastEthernet 0/0
   C   2.0.0.0/8 is directly connected, Loopback 0
   C   2.0.0.1/32 is local host.
   R   3.0.0.0/8 [120/1] via 4.0.0.3, 00:00:08, FastEthernet 0/0
   C   4.0.0.0/8 is directly connected, FastEthernet 0/0
   C   4.0.0.2/32 is local host.
```

示例 7-23 配置单播更新后路由器 C 的路由表

```
   RouterC#show ip route

   Codes:  C - connected, S - static,  R - RIP B - BGP
        O - OSPF, IA - OSPF inter area
        N1 - OSPF NSSA external type 1,N2-OSPF NSSA external type 2
        E1 - OSPF external type 1, E2 - OSPF external type 2
        i - IS-IS, L1 - IS-IS level-1, L2 - IS-IS level-2, ia - IS-IS
inter area
        * - candidate default

   Gateway of last resort is no set
   R   2.0.0.0/8 [120/1] via 4.0.0.2, 00:00:07, FastEthernet 0/0
   C   3.0.0.0/8 is directly connected, Loopback 0
   C   3.0.0.1/32 is local host.
   C   4.0.0.0/8 is directly connected, FastEthernet 0/0
   C   4.0.0.3/32 is local host.
```

示例 7-24 配置单播更新后路由器 A 发送更新报文的情况

```
   RouterA#debu ip rip
   Jul 20 05:46:13 RouterA %7: [RIP] Output timer expired to send reponse
   Jul 20 05:46:13 RouterA %7: [RIP] Prepare to send BROADCAST
response...
   Jul 20 05:46:13 RouterA%7:[RIP]Building update entries on Loopback 0
   Jul 20 05:46:13 RouterA %7:      network 2.0.0.0 metric 2
   Jul 20 05:46:13 RouterA %7:      network 3.0.0.0 metric 2
   Jul 20 05:46:13 RouterA %7:      network 4.0.0.0 metric 1
   Jul 20 05:46:13 RouterA %7: [RIP] Send packet to 1.255.255.255 Port
520 on Loopback 0
   Jul 20 05:46:13 RouterA %7: [RIP] Prepare to send UNICAST response...
   Jul 20 05:46:13 RouterA %7: [RIP] Building update entries on
```

```
FastEthernet 0/0
   Jul 20 05:46:13 RouterA %7:      network 1.0.0.0 metric 1
   Jul 20 05:46:13 RouterA %7: [RIP] Send packet to 4.0.0.2 Port 520
on FastEthernet 0/0
   Jul 20 05:46:13 RouterA %7: [RIP] Schedule response send timer
```

此时观察路由器 A 发出的更新报文，就会发现，它不在 F0/0 接口发送广播更新了，而是发送使用单播给 4.0.0.2 发送更新。

7.4 RIP 的检验与排错

可以在路由器上使用一些命令进行 RIP 的检验与排错。

7.4.1 使用 show 命令检验 RIP 的配置

对一个路由协议进行排错，最重要的命令就是 show ip route。这个命令显示路由器的 IP 路由表内容，包括当前用作转发数据包的所有路由，通过查看路由表，可以知道路由协议是否如希望的正确工作了。

另外，show running-config 命令也经常会被使用，以便检查路由器的整体配置是否正确。

除此之外，还可以使用下面这几个非常有用的命令有针对性地检查 RIP 和接口的配置情况。

- ❑ Show ip rip。
- ❑ Show ip rip database。
- ❑ Show ip interface brief。

这些命令的输出结果可以提供大量信息，如示例 7-25～示例 7-27 所示，通过这些命令可以看到 RIP 进程是否已经正确运行，关联接口是否激活，计时器是否合适等重要信息。

示例 7-25　show ip rip 的输出结果

```
RouterA#show ip rip
Routing Protocol is "rip"
  Sending updates every 30 seconds, next due in 8 seconds
  Invalid after 180 seconds, flushed after 120 seconds
  Outgoing update filter list for all interface is: not set
  Incoming update filter list for all interface is: not set
  Default redistribution metric is 1
  Redistributing:
  Default version control: send version 1, receive any version
    Interface            Send  Recv   Key-chain
    FastEthernet 0/0      1     1 2
```

```
  Loopback 0           1    1 2
Routing for Networks:
  1.0.0.0
  4.0.0.0
Distance: (default is 120)
```

在这个输出结果中可以看到运行的路由协议是 RIP，更新计时器为 30 秒，无效计时器为 180 秒，刷新计时器为 120 秒，关联网络是 1.0.0.0 和 4.0.0.0，启用 RIP 的接口是 FastEthernet 0/0 和 Loopback 0，默认发送 RIPv1 的更新报文，而接收 RIPv1 和 v2 的更新报文。

示例 7-26　show ip rip database 的输出结果

```
RouterA#show ip rip data
RouterA#show ip rip database
1.0.0.0/8    auto-summary
1.0.0.0/8
    [1] directly connected, Loopback 0
2.0.0.0/8    auto-summary
2.0.0.0/8
    [1] via 4.0.0.2 FastEthernet 0/0  00:18
3.0.0.0/8    auto-summary
3.0.0.0/8
    [1] via 4.0.0.3 FastEthernet 0/0  00:08
4.0.0.0/8    auto-summary
4.0.0.0/8
    [1] directly connected, FastEthernet 0/0
```

示例 7-27　show ip interface brief 的输出结果

```
RouterA#show ip interface brief
Interface                IP-Address(Pri)     OK?     Status
FastEthernet 0/0         4.0.0.1/8           YES     UP
FastEthernet 0/1         no address          YES     DOWN
Loopback 0               1.0.0.1/8           YES     UP
```

Show ip interface brief 命令罗列出了路由器上所有接口的状态，如果想要获得各个接口的详细信息，可以使用 **show interface** 命令获得接口的 IP 地址、描述和大量的统计结果等，但最重要的还是接口的状态。

7.4.2　使用 debug 命令进行排错

在上一节的例子中，已经看到大量 debug ip rip 的结果。debug 命令是一个调试排错命令，它具有很多选项，RIP 只是其中之一。debug 命令的作用是让路由器执行以下动作。

- 监视内部过程（例如 RIP 发送和接收的更新）。

- 当某些进程发生一些事件后，产生日志信息。
- 持续产生日志信息，直到用 no debug 命令关闭。

当发现路由协议不能正常工作时，可以用 debug 命令观察它的内部工作过程，以便发现存在的问题，例如是否正确发送了路由更新、能否接收到路由更新等，然后找出原因。

调试排错结束后，应当关闭 debug。由于 debug 非常消耗路由器资源，在一个生产性网络里面要尽量少使用，并且一定要及时关闭。要关闭 debug，可以使用相同的 debug 命令和参数，前面加上 no 即可，例如要关闭 debug ip rip，可以用命令 no debug ip rip。或者，也可以使用 no debug all 命令关闭所有正在进行中的 debug 命令。

7.5 总 结

RIP 路由协议是一种使用非常普遍的距离矢量路由协议，使用跳数作为计算路由的标准。RIP 在构造路由表时会使用到 3 种计时器：更新计时器、无效计时器和刷新计时器。它让每台路由器周期性地向每个相邻的邻居发送完整的路由表。路由表包括每个网络或子网的信息，以及与之相关的度量值。

距离矢量路由协议容易产生路由环路，因此使用路由毒化、水平分割、毒性逆转、触发更新、抑制计时器等方式来避免环路。在稳定的网络中，路由器定期发送全部更新，更新内容遵循水平分割的原则。当由于路由失效引起网络变化时，路由器用毒化路由发送触发的部分更新。并且，路由器对这条路由忽略水平分割的原则，向原始通告这条毒化路由的路由器通告毒性逆转路由。当学习到某条失效路由时，路由器会将该路由置于抑制状态，并启动抑制计时器，抑制期内忽略这条路由的更新信息，除非这条信息来自于原始通告这条路由的路由器。

RIP 有两个版本。RIPv1 是有类的路由协议，更新中不携带子网掩码，使用广播发送更新。RIPv2 是无类的路由协议，更新中携带子网掩码。因此，支持 VLSM，使用组播发送更新，组播地址为 224.0.0.9。同时，RIPv2 支持 RIP 的认证功能。

使用两条命令就可以让 RIP 开始工作：router rip 和 network（使用 A、B、C 类网络号作为参数，可以配置多条），此外还可以指定 RIP 的版本、配置单播更新、被动接口，更改计时器的时间等。

要检查 RIP 配置的正确性，可以使用 show ip route、show ip rip 等命令；要想了解 RIP 发送和接收更新的情况，可以使用 debug ip rip 命令。

7.6 思考与练习

1. 选择题

（1）RIP 路由协议依据什么判断最优路由？

A．带宽

B．跳数

C．路径开销

D．延迟时间

（2）以下哪些关于 RIPv1 和 RIPv2 的描述是正确的？

A．RIPv1 是无类路由，RIPv2 使用 VLSM

B．RIPv2 是默认的，RIPv1 必须配置

C．RIPv2 可以识别子网，RIPv1 是有类路由协议

D．RIPv1 用跳数作为度量值，RIPv2 则是使用跳数和路径开销的综合值

（3）下面那条命令用于检验路由器发送的路由信息？

A．Router(config-router)#show route rip

B．Router(config)#show ip rip

C．Router#show ip rip route

D．Router#show ip route

（4）如果要对 RIP 进行调试排错，应该使用哪一个命令？

A．Router(config)#debug ip rip

B．Router#show router rip event

C．Router(config)#show ip interface

D．Router#debug ip rip

（5）RIP 路由器不会把从某台邻居路由器那里学来的路由信息再发回给它，这种行为被称为什么？

A．水平分割

B．触发更新

C．毒性逆转

D．抑制

（6）关于 RIP 的计数到无穷大，以下哪些描述是正确的？

A．RIP 网络里面出现了环路就可能会导致计数到无穷大

B．是指路由信息在网络中不断循环传播，直至跳数达到 16

C．是指数据包在网络中不断循环传播，直至 TTL 值减小为 0

D．只要网络中没有冗余链路，就不会产生计数到无穷大的情况

（7）关于配置 RIP 是可选的 neighbor 命令，以下描述中正确的是？

A．指定 RIP 的邻居路由器

B．在广播网络中该命令无效

C．配置后将不再发送广播更新

D．配置后将用单播给 neighbor 指定的地址发送更新

（8）防止路由环路可以采取的措施包括哪些？

A．路由毒化和水平分割

B．水平分割和触发更新

C．单播更新和抑制计时器

D．关闭自动汇总和触发更新

E．毒性逆转和抑制计时器

（9）在抑制计时器的时间内，路由器会如何行动？

A．路由器将不接受一切路由更新

B．路由器仅仅不接受对相应的毒化路由的一切更新

C．路由器不接受对相应的毒化路由的更新，除非更新来自于原始通告这条路由的路由器

D．路由器不接受对相应的毒化路由的更新，除非一样的路由信息被多次收到

（10）默认情况下，RIP 路由器是如何工作的？

A．一旦路由器启动 RIP，就立刻广播响应报文通告自己的直连网络

B．每隔 30s 左右发送路由更新，内容包括全部的路由信息，同时遵循水平分割的原则

C．如果收到毒化的路由会立刻发送触发更新，且不再遵循水平分割的原则

D．只发送和接收 RIPv1 的更新报文

2. 问答题

（1）RIP 协议中，更新计时器、无效计时器和刷新计时器的作用分别是什么？

（2）为什么会发生计数到无穷大的情况？

（3）总结防止路由环路的技术都有哪些。

（4）RIPv1 和 V2 的区别有哪些？

（5）配置 RIP 时的 network 命令作用有哪些？

（6）观察下面的 debug ip rip 的输出结果，从中可以得出哪些结论？

```
Jul 18 23:22:35 R-A %7: [RIP] RIP recveived packet, sock=2125 src=192.168.2.2 len=44
Jul 18 23:22:35 R-A %7:[RIP] Peer remove timer shedule...
Jul 18 23:22:35 R-A %7:     route-entry: family 2 ip 192.168.3.0 metric 1
Jul 18 23:22:35 R-A %7:     route-entry: family 2 ip 192.168.4.0 metric 1
Jul 18 23:22:35 R-A %7: [RIP] Received version 1 response packet
Jul 18 23:22:35 R-A %7: [RIP] Translate mask to 24
Jul 18 23:22:35 R-A %7: [RIP] [192.168.3.0/24] RIP add internal route: nhop=192.168.2.2 metric=1
Jul 18 23:22:35 R-A %7: [RIP] [192.168.3.0/24] add path: nhop=192.168.2.2, routesrc=192.168.2.2, intf=1
Jul 18 23:22:35 R-A %7: [RIP] [192.168.3.0/24] RIP distance apply from 192.168.2.2!
Jul 18 23:22:35 R-A %7: [RIP] [192.168.3.0/24] route timer schedule...
Jul 18 23:22:35 R-A %7: [RIP] [192.168.3.0/24] ready to add into kernel...
```

```
Jul 18 23:22:35 R-A %7: [RIP] NSM add: IPv4 RIP Route 192.168.3.0/24
distance=120 metric=1 nexthop_num=1 distance=120 of:0
nexhop=192.168.2.2 ifindex=1
Jul 18 23:22:35 R-A %7: [RIP] Schedule output trigger timer
Jul 18 23:22:35 R-A %7: [RIP] Translate mask to 24
Jul 18 23:22:35 R-A %7: [RIP] [192.168.4.0/24] RIP add internal route:
nhop=192.168.2.2 metric=1
Jul 18 23:22:35 R-A %7: [RIP] [192.168.4.0/24] add path:
nhop=192.168.2.2, routesrc=192.168.2.2, intf=1
Jul 18 23:22:35 R-A %7: [RIP] [192.168.4.0/24] RIP distance apply
from 192.168.2.2!
Jul 18 23:22:35 R-A %7: [RIP] [192.168.4.0/24] route timer
schedule...
Jul 18 23:22:35 R-A %7: [RIP] [192.168.4.0/24] ready to add into
kernel...
Jul 18 23:22:35 R-A %7: [RIP] NSM add: IPv4 RIP Route 192.168.4.0/24
distance=120 metric=1 nexthop_num=1 distance=120 of:0
nexhop=192.168.2.2 ifindex=1
Jul 18 23:22:40 R-A %7: [RIP] To activate trigger message send...
Jul 18 23:22:40 R-A %7: [RIP] Prepare to send BROADCAST response...
Jul 18 23:22:40 R-A %7: [RIP] Building update entries on FastEthernet
0/0
Jul 18 23:22:40 R-A %7: [RIP] Skip route[192.168.1.0/24] in trigger
Jul 18 23:22:40 R-A %7: [RIP] Skip route[192.168.2.0/24] in trigger
Jul 18 23:22:40 R-A %7: [RIP] Skip send response packet...
Jul 18 23:22:40 R-A %7: [RIP] Prepare to send BROADCAST response...
Jul 18 23:22:40 R-A %7: [RIP]Building update entries on Loopback 0
Jul 18 23:22:40 R-A %7: [RIP] Skip route[192.168.1.0/24] in trigger
Jul 18 23:22:40 R-A %7: [RIP] Skip route[192.168.2.0/24] in trigger
Jul 18 23:22:40 R-A %7:       network 192.168.3.0 metric 2
Jul 18 23:22:40 R-A %7:       network 192.168.4.0 metric 2
Jul 18 23:22:40 R-A %7: [RIP] Send packet to 192.168.1.255 Port 520
on Loopback 0
```

第 8 章 OSPF 路由协议

本章重点

- ◆ OSPF 的概念
- ◆ SPF 算法
- ◆ 单区域 OSPF 配置方法

开放式最短路径优先协议是一种链路状态路由选择协议，它产生于 IP 网络，发展成用于单个自治系统来分发路由选择信息。开放式最短路径优先（Open Shortest Path First，OSPF）协议是 IETF（Internet Engineering Task Force）于 1988 年提出的，是一个基于链路状态的动态路由协议。多个 IETF 标准中都对 OSPF 有描述，最新的是 RFC2328。

OSPF 被设计来用于 TCP/IP 互联网环境，包括支持 CIDR 以及源自外部的路由选择信息的连接。同时 OSPF 也提供路由选择更新的验证，并在发送/接收这些更新资料时利用 IP 组播。

OSPF 路由协议是一种典型的链路状态（Link-state）的路由协议，一般用于同一个路由域内。在这里，路由域是指一个自治系统（Autonomous System），即 AS，它是指一组通过统一的路由政策或路由协议互相交换路由信息的网络。在这个 AS 中，所有的 OSPF 路由器都维护一个相同的描述这个 AS 结构的数据库，该数据库中存放的是路由域中相应链路的状态信息，OSPF 路由器正是通过这个数据库计算出其 OSPF 路由表的。

8.1 OSPF 概念

OSPF 是一类 Interior Gateway Protocol（内部网关协议 IGP），用于属于单个自治体系（AS）的路由器之间的路由选择。OSPF 采用链路状态技术，路由器互相发送直接相连的链路信息和它所拥有的到其他路由器的链路信息。每个 OSPF 路由器维护相同自治系统拓扑结构的数据库。从这个数据库里，构造出最短路径树来计算出路由表。当拓扑结构发生变化时，OSPF 能迅速重新计算出路径，而只产生少量的路由协议流量。OSPF 支持开销的多路径。区域路由选择功能使添加路由选择保护和降低路由选择协议流量均成为可能。此外，所有的 OSPF 路由选择协议的交换都是经过验证的。

8.1.1 OSPF 优势

OSPF 路由协议是一种链路状态的路由协议，为了更好地说明 OSPF 路由协议的基本特征，将 OSPF 路由协议与距离矢量路由协议 RIP（Routing Information Protocol）作一比较，归纳几点如下。

①RIP 路由协议中用于表示目的网络远近的参数为跳（HOP），也即到达目的网络所要经过的路由器个数。

在 RIP 路由协议中，该参数被限制为最大 15，对于 OSPF 路由协议，路由表中表示目的网络的参数为 Cost，该参数为一虚拟值，与网络中链路的带宽等相关，也就是说 OSPF 路由信息不受物理跳数的限制。因此，OSPF 适合应用于大型网络中，支持几百台的路由器，甚至如果规划的合理支持到 1000 台以上的路由器也是没有问题的。

②RIP 路由协议不支持变长子网屏蔽码（VLSM），这被认为是 RIP 路由协议不适用于大型网络的又一重要原因。

而产生 VLSM 的原因就是由于 IP 地址的匮乏。不支持 VLSM 极大限制的网络的规划和 IP 地址分配的不合理。现在划分 IP 地址的时候通常掩码都是随意的，就是因为协议支持 VLSM。

③RIP 路由协议路由收敛较慢。

路由收敛快慢是衡量路由协议的一个关键指标。RIP 路由协议周期性地将整个路由表作为路由信息广播至网络中，该广播周期为 30 秒。在一个较为大型的网络中，RIP 协议会产生很大的广播信息，占用较多的网络带宽资源；并且由于 RIP 协议 30 秒的广播周期，影响了 RIP 路由协议的收敛，甚至出现不收敛的现象。而 OSPF 是一种链路状态的路由协议，当网络比较稳定时，网络中的路由信息是比较少的，并且其广播也不是周期性的，因此 OSPF 路由协议在大型网络中也能够较快地收敛。

末节域（Stub Area）是在开放最短路径优先（OSPF）网络中的概念，是指卸载一个默认路由，内部区域路由，和区间路由的一个区域，但是不携带外部路由。虚拟链接不能在一个残域上配置，和它们不能包括一个自治域边界路由器。

④在 RIP 协议中，网络是一个平面的概念，并无区域及边界等的定义。

在 OSPF 路由协议中，一个网络，或者说是一个路由域可以划分为很多个区域（area），每一个区域通过 OSPF 边界路由器相连，区域间可以通过路由总结（Summary）来减少路由信息，减小路由表，提高路由器的运算速度。

⑤无路由自环。

RIP 协议采用 DV 算法，使用 RIP 协议会产生自换，而且很难清除。OSPF 采用 SPF 算法，从算法本身避免了环路的产生。计算的结果是一棵树，路由是树上的叶子节点。从根节点到叶子节点是单向不可回复的路径。每一条 LSA（链路状态广播）都标记了生成者（用生成该 LSA 的路由器的 Router ID 标记），其他路由器只负责传输。这样不会在传输的过程中发生对该信息的改变或错误理解。

⑥OSPF 路由协议支持路由验证，只有互相通过路由验证的路由器之间才能交换路由信息。并且 OSPF 可以对不同的区域定义不同的验证方式，提高网络的安全性。在 OSPF 路由协议的定义中，初始定义了两种协议验证方式，方式 0 及方式 1。验证方式 0：采用验证方式 0 表示 OSPF 对所交换的路由信息不验证。在 OSPF 的数据包头内 64 位的验证数据位可以包含任何数据，OSPF 接收到路由数据后对数据包头内的验证数据位不作任何处理。验证方式 1：为简单口令字验证。这种验证方式是基于一个区域内的每一个网络来定义的，每一个发送至该网络的数据包的包头内都必须具有相同的 64 位长度的验证数据位，也就是说验证方式 1 的口令字长度为 64 位，或者为 8 个字符。

⑦OSPF 路由协议对负载分担的支持性能较好。

OSPF 路由协议支持多条 Cost 相同的链路上的负载分担，如果到同一个目的地址有多条路径，而且花费都是相等，那么可以将这多条路有显示在路由表中。目前一些厂家的路由器支持 6 条链路的负载分担。

⑧以组播地址发送报文。

动态路由协议为了能够自动找到网络中的邻居，通常都是以广播的地址来发送。RIP 使用广播报文来发送给网络上所有的设备，所以在网络上的所有设备受到此报文后都需要做相应的处理，但是在实际应用中，并不是所有的设备都需要接受这种报文。因此，这种周期性以广播形式发送报文的形式对它就产生了一定的干扰。同时，由于这种报文会定期的发送，在一定程度上也占用了宝贵的带宽资源。后来，随着各种技术的不断提升和发展，出现了以组播地址来发送协议报文的形式。比如：OSPF 使用 224.0.0.5 来发送，EIGRP 使用 224.0.0.2 来发送。所以，OSPF 采用组播地址来发送，只有运行 OSPF 协议的设备才会接受发送来的报文，其他设备不参与接收。

在各类可以多址访问的网络中（广播，NBMA），通过选举 DR，使同网段的路由器之间的路由交换（同步）次数由 O（N*N）次减少为 O（N）次。

提出 STUB 区域的概念，使得 STUB 区域内不再传播引入的 ASE 路由。

在 ABR（区域边界路由器）上支持路由聚合，进一步减少区域间的路由信息传递。

在点到点接口类型中，通过配置按需播号属性（OSPF over On Demand Circuits），使得 OSPF 不再定时发送 hello 报文及定期更新路由信息。只在网络拓扑真正变化时才发送更新信息。

8.2 SPF 算法

8.2.1 SPF 工作过程

SPF 算法是 OSPF 路由协议的基础。SPF 算法有时也被称为 Dijkstra 算法，这是因为最短路径优先算法 SPF 是 Dijkstra 发明的。SPF 算法将每一个路由器作为根（ROOT）来计算其到每一个目的地路由器的距离，每一个路由器根据一个统一的数据库会计算出路由域的拓扑结构图，该结构图类似于一棵树，在 SPF 算法中，被称为最短路径树。在 OSPF 路由协议中，最短路径树的树干长度，即 OSPF 路由器至每一个目的地路由器的距离，称为 OSPF 的 Cost。

SPF：最短路径优先算法。对路径长度进行叠代、以确定最短路径生成树的一种路由选择算法。通常用于链路状态型路由算法，有时也称为 Dijkstra's 算法。

在这里，链路带宽以 bps 来表示。也就是说，OSPF 的 Cost 与链路的带宽成反比，带宽越高则 Cost 越小，表示 OSPF 到目的地的距离越近。举例来说，FDDI 或快速以太网的 Cost 为 1，2Mbps 串行链路的 Cost 为 48，10Mbps 以太网的 Cost 为 10 等。

所有的路由器拥有相同的 LSDB 后，把自己放进 SPF tree 中的 Root 里，然后根据每条链路的耗费（Cost），选出耗费最低的做为最佳路径，最后把最佳路径放进 Forwarding Database（路由表）里。

链路状态的算法非常简单，在这里将链路状态算法概括为以下四个步骤。

步骤 1　当路由器初始化或当网络结构发生变化（例如增减路由器，链路状态发生变化等）时，路由器会产生链路状态广播数据包 LSA（Link-State Advertisement），该数据包里包含路由器上所有相连链路，也即为所有接口的状态信息。

步骤 2　所有路由器会通过一种被称为泛洪（Flooding）的方法来交换链路状态数据。Flooding 是指路由器将其 LSA 数据包传送给所有与其相邻的 OSPF 路由器，相邻路由器根据其接收到的链路状态信息更新自己的数据库，并将该链路状态信息转送给与其相邻的路由器，直至稳定的一个过程。

步骤 3　当网络重新稳定下来，也可以说 OSPF 路由协议收敛下来时，所有的路由器会根据其各自的链路状态信息数据库计算出各自的路由表。该路由表中包含路由器到每一个可到达目的地的 Cost 以及到达该目的地所要转发的下一个路由器（next-hop）。

步骤 4　实际上是指 OSPF 路由协议的一个特性。当网络状态比较稳定时，网络中传递的链路状态信息是比较少的，或者可以说，当网络稳定时，网络中是比较安静的。这也正是链路状态路由协议区别与距离矢量路由协议的一大特点。

SPF 算法用于检查 LSDB 中的 LSA 来得出路由权值的数据模型。

图 8-1 显示一个 SPF 计算的例子。

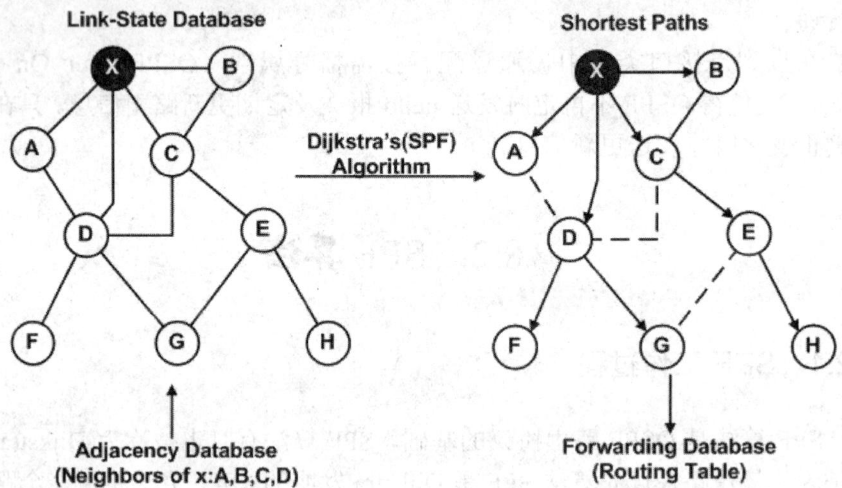

图 8-1　SPF 算法

- LSA 遵循 Split Horizon 原则，H 对 E 宣告它的存在，E 把 H 的宣告和它自己的宣告再传给 C 和 G；C 和 G 再和之前类似，继续传播开来。
- X 有 4 个邻居：A、B、C 和 D，假设这里都是以太网，每条网链路的耗费为 10，经过计算，路由器可以算出最佳路径。图 8-1 所示的右半部分实线所标即为最佳路径。
- 路由器 H 向路由器 E 通告，以表明自己的存在，路由器 E 将路由器 H 和自己的通告传递给邻居（路由器 C 和路由器 G）。路由器 G 将这些通告及自己的通告传递给路由器 D。依此类推。
- 这些 LSA 遵守水平分割规则，即路由器不应将 LSA 通告给提供该 LSA 的路由器。在这个例子中，路由器 E 不会将路由器 H 的 LSA 再通告给路由器 H。
- 路由器 X 有 4 台邻居路由器：A、B、C 和 D。它从这些路由器那里收到了网络中所有其他路由器的 LSA。根据这些 LSA，它能够推断出路由器之间的所有链路，并绘制出图 8-1 所示的路由器连接情况。
- 图 8-1 中每条快速以太网链路的 OSPF 开销都设置为 10，通过将前往每个目的地的成本相加，路由器可以推断出最佳路径。

- 图 8-1 的右边是通过计算得到的最佳路径（SPF 树）。根据这些最佳路径，将前往每台路由器连接的目标网络的路由加入到路由选择表中，并将相应邻居路由器（A、B、C、D）指定为下一跳地址。

8.2.2 OSPF 选举 DR/BDR

在 DR 和 BDR 出现之前，每一台路由器和它的邻居之间成为完全网状的 OSPF 邻接关系，这样 5 台路由器之间将需要形成 10 个邻接关系，同时将产生 25 条 LSA，如图 8-2 所示。

当选举 DR/BDR 的时候要比较 Hello 包中的优先级（priority），优先级高的为 DR，次高的为 BDR，默认优先级都为 1。在优先级相同的情况下就比较 RID，RID 等级最高的为 DR，次高的为 BDR。当把优先级设置为 0 以后，OSPF 路由器就不能成为 DR/BDR，只能成为 DROTHER。

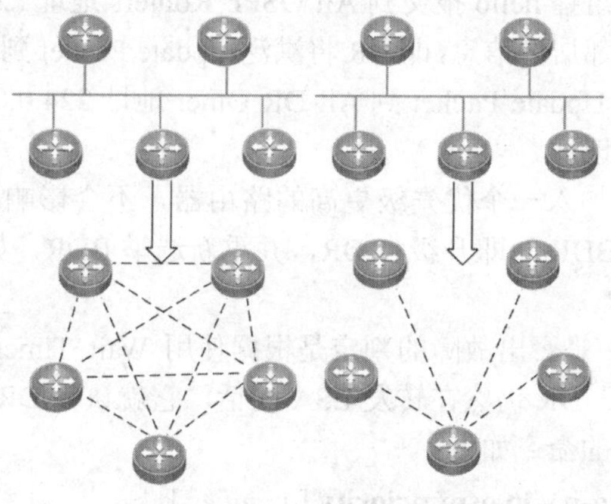

图 8-2　选举 DR 和 BDR

而且在多址的网络中，还存在自己发出的 LSA 从邻居的邻居处发回来，导致网络上产生很多 LSA 的拷贝，所以基于这种考虑，产生了 DR 和 BDR。

DR 将完成如下工作。

- 描述这个多址网络和该网络上剩下的其他相关路由器。
- 管理这个多址网络上的 Flooding 过程。
- 同时为了冗余性，还会选取一个 BDR，作为双备份使用。

DR 和 BDR 选取规则如下。

- 路由器的每个多路访问接口都有个路由器优先级，8 位长的一个整数，范围是 0～255。
- Hello 包里包含了优先级的字段，还包括了可能成为 DR/BDR 的相关接口地址。
- 当接口在多路访问网络初次启动的时候，它把 DR/BDR 地址设置为 0.0.0.0，同时设置等待计时器的值等于路由器无效时间间隔。

DR 和 BDR 选举过程如下。

- 在和邻居建立双向通讯之后，检查邻居的 Hello 包中的优先级，DR 和 BDR 字段。列出所有可参与 DR/BDR 选举的邻居，所有的路由器声明

DR/BDR 选举完成后，DROTHER 就只和 DR/BDR 逻辑上形成邻居关系，DROTHER 组播链路状态信息 LSU 到 ALLDOTH－ER 地址 224.0.0.6，而只有 DR/BDR 监听该地址。而 DR 组播泛洪 LSU 的 hello 包到 224.0.0.5，DROTHER 监听该地址，以使所有非 DR/－BDR 的 OSPF 路由器跟踪其他邻居的信息。

这样做的好处，减少 OSPF 网络中的链路状态更新包，减少泛洪，降低路由协议本身占用链路带宽，并有效的避免了距离矢量路由协议如 RIP 中的环路等问题。

它们自己就是 DR/BDR（Hello 包中 DR 字段的值就是它们自己的接口地址，BDR 字段的值就是它们自己的接口地址）。

- 从这个有参与选举 DR/BDR 的列表中，创建一组没有声明自己就是 DR 的路由器的子集（声明自己是 DR 的路由器将不会被选举为 BDR）。
- 如果在这个子集里，不管有没有宣称自己就是 BDR，只要在 Hello 包中 BDR 字段就等于自己的接口的地址，优先级最高的就被选举为 BDR，如果优先级一样，RID 最高的被选举为 BDR。
- 如果在 Hello 包中 DR 字段等于自己地址，优先级最高的被选举为 DR，如果优先级相等，RID 最高的选举为 DR，如果没有路由器宣称自己是 DR，那么选举的 BDR 就成为 DR。
- 要注意的是，当网络中已经选举了 DR/BDR 后，又出现了一台新优先级更高的路由器，DR/BDR 是不会重新选举的。
- DR/BDR 选举完成后，DRother 只和 DR/BDR 形成邻接关系，所有的路由器将组播 hello 报文到 All OSPF Routers 地址 224.0.0.5 以便它们能跟踪其他邻居的信息，即 DR 将洪泛 Update Packet 到 224.0.0.5，DROTHER 只广播 Update Packet 到 All DR Other 地址 224.0.0.6，只有 DR/BDR 监听这个地址。

路由器 ID 用于在自治系统中唯一地标识该路由器。在路由器 ID 被选择了之后，它将一直不改变，除非路由器重启、被选择作为路由器 ID 的接口关闭，或者是这个接口上的 IP 地址已经被删除或取代。

当网络中新加入一个优先级更高的路由器，不会影响现有的 DR/BDR，除非 DR 出故障，BDR 随即升级为 DR，并重新选举 BDR，如果是 BDR 出故障了就重新选举 BDR。

BDR 对 DR 是否出故障的判定是根据使用 Wait Timer，如果 BDR 在 Wait Timer 超时前确认 DR 仍然在转发 LSA 的话，它就认为 DR 出故障。

设置优先级的命令如下：

Router(config-if)#**ip ospf priority** [*number*]

number 的范围是 0～255。注意仅当现有 DR 状态 down 掉以后，新设置的接口优先级才会生效。

8.2.3 邻居和邻接关系

运行 OSPF 的路由器通过交换 Hello 包和别的路由器建立邻接（Adjacency）关系，过程如图 8-3 所示。

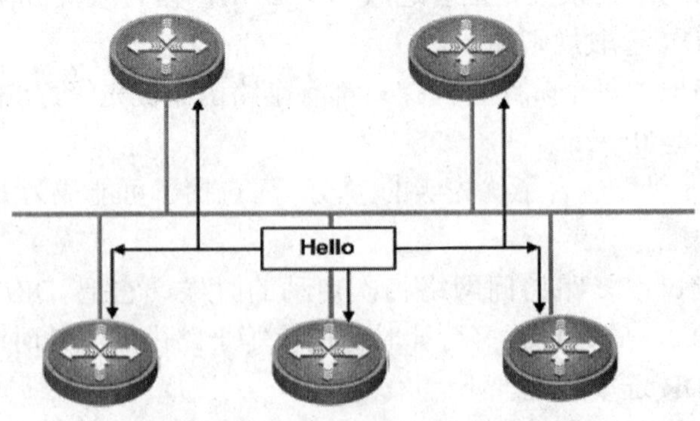

图 8-3 在广播式网络中的 Hello 报文

- 路由器和别的路由器交换 Hello 包,目标地址采用多播地址
- Hello 包交换完毕，邻接关系形成。
- 接下来通过交换 LSA 和对接收方的确认进行同步 LSDB。对于 OSPF 路由器而言，进入完全邻接状态。
- 如果需要的话，路由器转发新的 LSA 给其他的邻居，来保证整个区域内 LSDB 的完全同步。

在邻居关系中，OSPF Hello 报文中以下项内容必须相同，Hello/Dead intervals、区域 ID、认证相同、stub 区域标识相同，如图 8-4 所示。

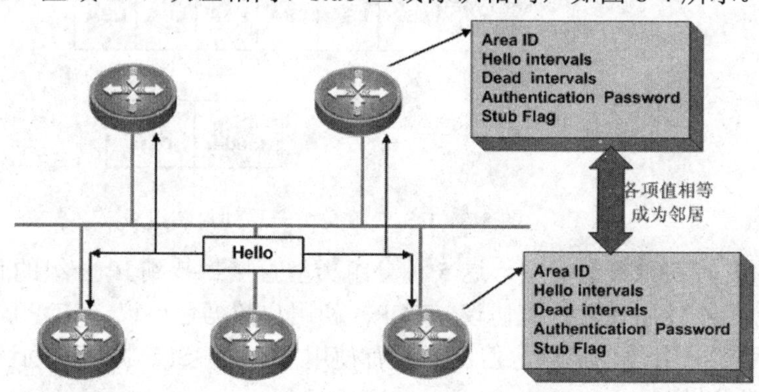

图 8-4 成为邻居时，Hello 报文参数

对于点到点的 WAN 串行连接，两个 OSPF 路由器通常使用 HDLC 或 PPP 来形成完全邻接状态。

对于 LAN 连接，选举一个路由器作为 designated router（DR）再选举一个作为 backup designated router（BDR），所有其他的和 DR 以及 BDR 相连的路由器形成完全邻接状态而且只传输 LSA 给 DR 和 BDR。DR 从邻居处转发更新到另外一个邻居那里。DR 的主要功能就是在一个 LAN 内的所有路由器拥有相同的数据库，而且把完整的数据库信息发送给新加入的路由器。路由器之间还会和 LAN 内的其他路由器（非 DR/BDR，即 DROTHERs）维持一种部分邻居关系（two-way adjacency）。OSPF 的邻接一旦形成以后，会交换 LSA 来同步 LSDB，LSA 将进行可靠的洪泛。

LSA 也被称为链路状态协议数据单元（PDU），LSA 具有以下特征。

- LSA 是可靠的，有一种用于确认 LSA 被成功传递的方法。
- LSA 被扩散到整个区域。
- LSA 有序列号和寿命，以确保每台路由器都知道自己有最新的 LSA 版本。
- LSA 被定期刷新以确保拓扑信息的有效性，直到 LSA 从 LSDB 中被删除。
- 只有可靠的方式扩散链路状态信息，才能确保区域中每台路由器对网络的认识都是最新、最准确的。

8.2.4 OSPF 报文类型

OSPF 报文是由多重封装构成的，封装在 IP 头部内的是 5 种 OSPF 报文类型中的一种，每一种报文类型都是由一个 OSPF 报文头部开始，这个 OSPF 报文头部对于所有的报文类型都是相同的。OSPF 报文头部之后是 OSPF 报文数据流，

在发送任何 LSA 通告之前，OSPF 路由器都必须首先发现他们的邻居并且建立起邻接关系。hello 协议的 5 个目的：发现邻居路由器、匹配几个参数、担当 keepalive 的角色、确保双向通信、广播或 NBMA 网络中选取 DR/BDR。

在一个邻接关系的创建过程中，OSPF 使用下面 3 种数据包类型：数据库描述数据包 DBD、数据库请求数据包 LSR、数据库更新数据包 LSU。

并且根据报文类型的不同会有所不同，如图 8-5 所示。

DBD 只是携带一个路由器 LSA 简要的描述，并不是完整的 LSA，如果 LSA 是一本书，那么 DBD 就是书的目录而已。

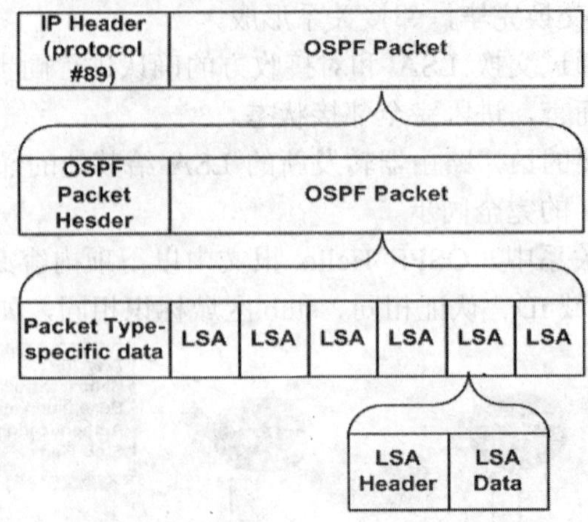

图 8-5　OSPF 报文由一系列封装组成

OSPF 有 5 种分组类型，这 5 种分组类型直接封装到 IP 分组的有效负载中，OSFP 分组不使用传输控制协议（TCP）和用户数据包协议（UDP）。OSPF 要求使用可靠的分组传输机制，但由于没有使用 TCP，OSPF 将使用确认分组来实现自己的确认机制。

表 8-1 描述了 5 种 OSPF 分组类型。

表 8-1　OSPF 分组

类型	名称	描述
1	Hello	发现邻居并在它们之间建立邻接关系
2	数据库描述（DBD）	检查路由器的数据库之间是否同步
3	链路状态请求（LSR）	向另一台路由器请求特定的链路状态记录
4	LSU	发送请求的链路状态记录
5	LSAck	对其他类型的分组进行确认

在 OSPF 路由协议的数据包中，其数据包头长为 24 个字节，包含如下 8 个字段。在 IP 报头中，协议标识符 89 表示 OSPF 分组，所有 OSPF 分组开头的报文格式都相同，该报头中包含如图 8-6 所示的字段。

当认证是普通文本认证则这个 64 位的字段包含有认证密钥。如果是消息摘要认证，则这个 64 位的认证字段重新定义为一些其它的参数。可以阅读 RFC2328，了解关于 MD5 认证方案的更多细节。

Version | Type | Packet length
Router ID(RID)
Area ID
Checksum | Authentication type
Authentication
Authentication
Data

If autype =2 ,the authentication file is:

0x0000 | Key ID | Authentication Data length
Cryptographic sequence number

图 8-6　OSPF 分组报头的格式

- Version Number：版本号，定义所采用的 OSPF 路由协议的版本，用于 OSPF 第 2 版。OSPF 版本 3 适用于 IPv6。
- Type：定义 OSPF 数据包类型。OSPF 数据包共有五种，分别为 Hello、Database Description、LinkState Request、LinkState Update 和 LinkState Acknowledgment。
- Packet length：定义整个数据包的长度，单位为字节。
- Router ID：用于描述数据包的源地址，以 IP 地址来表示。
- Area ID：用于区分 OSPF 数据包属于的区域号，所有的 OSPF 数据包都属于一个特定的 OSPF 区域。
- Checksum：校验位，用于标记数据包在传递时有无误码。
- Authentication type：指正在使用的认证模式，0 为没有认证，1 为简单口令认证，2 为加密检验和（MD5）。
- Authentication ：是指报文认证的必要信息，认证可以是 autype 字段中指定的任何一种认证模式，如是 autype＝0，将不检查这个认证字段，因此可以包含任何内容，如果 autype＝1，这个字段包含一个最长为 64 位的口令，如果 autype＝2，这个字段将包含一个 key ID、认证数据长度和一个不减小的加密序列号。
- Data：包含的信息随 OSPF 分组类型而异。
- 对于 Hello 分组，包含一个由已知邻居组成的列表。
- 对于 DBD 分组，包含 LSDB 摘要，其中包括所有已知路由器的 ID、最后使用用序列号和一些其他字段。
- 对于 LSR 分组，包含需要的 LSU 类型和能够提供所需 LSU 的路由器 ID。
- 对于 LSU 分组，包含完整的 LSA 条目，一个 OSPF 更新分组中可以包含多个 LSA 条目。
- 对 LSAck 分组，该字段为空。

8.2.5 OSPF 状态

OSPF 的接口可以处于下面 7 种状态之一，OSPF 毗邻关系按照列表中的状态，从上至下逐步发展。

- Dwon 停止。在此状态下，OSPF 进程还没有与任何邻居交换信息，OSPF 在等待进行 init 状态。
- Attempt 尝试。该状态仅在 NBMA 环境，例如帧中继、X.25 或 ATM 环境中有效，表示在一定时间内没有接收到某一相邻路由器的信息，但是 OSPF 路由器仍必须通过以一个较低的频率向该相邻路由器发送 Hello 数据包来保持联系。
- Init 初始。OSPF 路由器以固定的时间间隔发送类型 1 分组，以便与邻居路由器建立关系，当一个接口收到第一 Hello 分组后，路由器进入 Init 状态，这意味着路由器知道有个邻居在等待将相互之间的关系发展到下一步。

一般来说，存在着两种关系：Two-way 状态和 Adjacency 状态，但在它们之间还有很多阶段，路由器在建立任何关系前必须从邻居路由器那里收到一个 Hello 分组。

- ❑ Two-way 双向。每台 OSPF 路由器都使用 Hello 分组试图与同一 IP 网络中的所有邻居路由器建立 Two-way 状态或双向通信，Hello 分组中含有发送者已知的 OSPF 邻居列表，当路由器看到它自己的出现在一台邻居路由器的 hello 分组中，它就进入 Two-way，当路由器 B 了解到路由器 A 知道它时，它就宣布与路由器 A 之间进入 Two-way 状态。
- ❑ Two-way 状态是 OSPF 邻居之间可以具有的最基本的关系，但在处于这种关系中的路由器之间是不能共享路由信息的。要想了解其他路由器的链路状态并最终建立一张路由选择表，每台 OSPF 路由器必须至少建立一个毗邻关系，它是 OSPF 路由器之间的一种高级关系，涉及一系列逐步前进的状态，它们不仅依赖于 Hello 分组，还依赖于其他 4 种 OSPF 分组。进入 full adjacency 状态的第一步是 Exstart 状态，如图 8-7 所示。

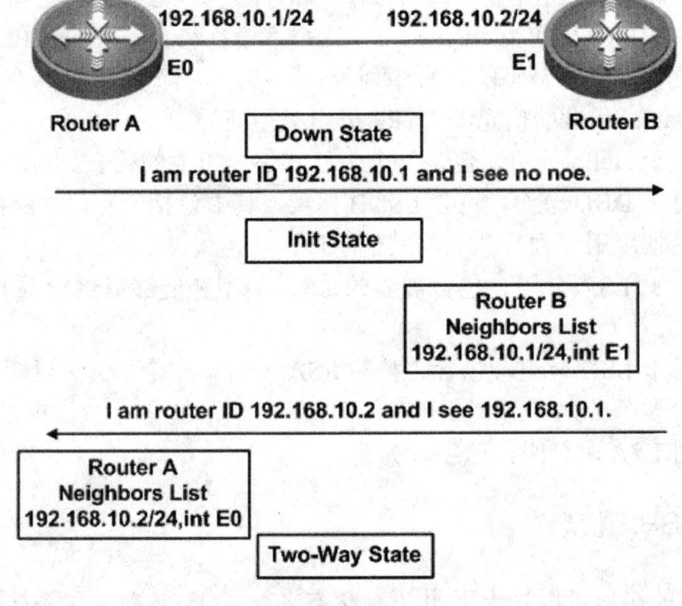

图 8-7　建立双向通信

- ❑ Exstart 准启动。
- ❑ 当路由器与其邻居进入到 Exstart 状态后，它们之间的会话就表征为一种毗邻关系，但这时路由器还没有变成 full adjacency 状态。Exstart 状态是用类型 2 数据库描述（DBD）分组，两台邻居的路由器用 hello 分组来协商它们之间的关系中谁是“主”谁是“从”并用 DBD 分组交换数据信名。
- ❑ 有最高 OSPF 路由器 ID 的路由器将变成主，当邻居路由器建立了它们之间的主从角色后，它们就进入 Exchange 状态并开始发送路由选择信息。
- ❑ Exchange 交换。

- 在 Exchange 状态下，邻居路由器使用类型 2 的 DBD 分组来相互发送它们的链路状态信息，换句话说，路由器相互描述自己的链路状态数据库，路由器将它们所学习到的信息与其现丰的链路状态数据库进行比较，如果任何一台路由器接收到不在其数据中的有关链路的信息，该路由器就向其邻居请求有关该链路的完整更新信息。完整的路由选择信息在 Loading 状态下交换，如图 8-8 所示。

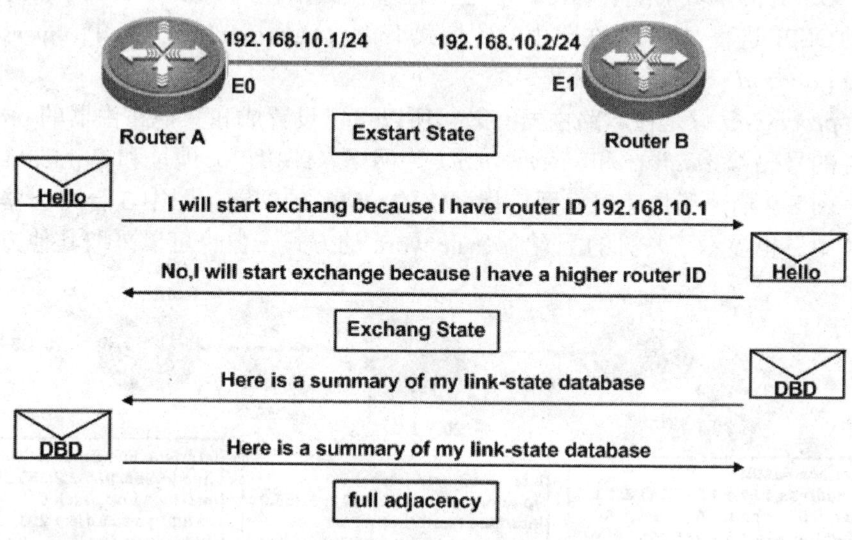

图 8-8　发现网络路由

- Loading 加载。
- 在相互描述过各自的链路状态数据库后，路由器用类型 3 的分组（LSR）请求更完整的信息，当路由器接收到一个 LSR 时，它会用一个类型 4 的分组（LSU）进行回应。这些类型 4 的 LSU 分组含有确切的 LSA，LSA 是链路状态类型路由选择协议的核心。类型 4 的 LSU 分组需要用类型 5 的数据包（LSAck）进行确认。
- Full Adjacency 完全邻接。
- Loading 状态结束后，路由器就变成 Full Adjacency 状态，每台路由器都保存着一张毗邻路由器表，称为毗邻数据库（Adjacency Database），不要将毗邻数据库、链路状态数据库或转发数据库混淆。

8.3　单区域 OSPF 配置方法

8.3.1　配置 OSPF

配置 OSPF 路由进程，并定义与该 OSPF 路由进程关联的 IP 地址范围，以及该范围 IP 地址所属的 OSPF 区域，OSPF 路由进程只属于该 IP 地址范围的接口发送、接收 OSPF 报文，并且对外通告该接口的链路状态。

要创建 OSPF 路由进程，在全局配置模式中执行如表 8-2 所示的命令。

表 8-2 配置 OSPF 进程

步骤	命令	作用
第一步	Router(config)#**router ospf** process-id	创建 OSPF 路由进程
第二步	Router(config-router)#**network** *network wildcard* **area** *area-id*	定义接口所属区域

OSPF 的单域的配置命令：在全局配置模式下输入 **router ospf** [*process-id*] 启动OSPF进程，接下来在路由配置模式下输入 **network** [*address*] [*inverse-mask*] **area** [*area-id*]。

process-id 只是在本路由器有效，所以可以设置成和其他路由器的 process-id 一样的号码 ，*address* 和 *inverse-mask* 为网络（或接口）地址和 Wildcard Mask。

图 8-9 描述了快速以太网广播网络的 OSPF 的配置，图中 3 台路由器都在区域 0 中。也显示了常见的配置命令 network 的方式，但也可以采取其他方式。

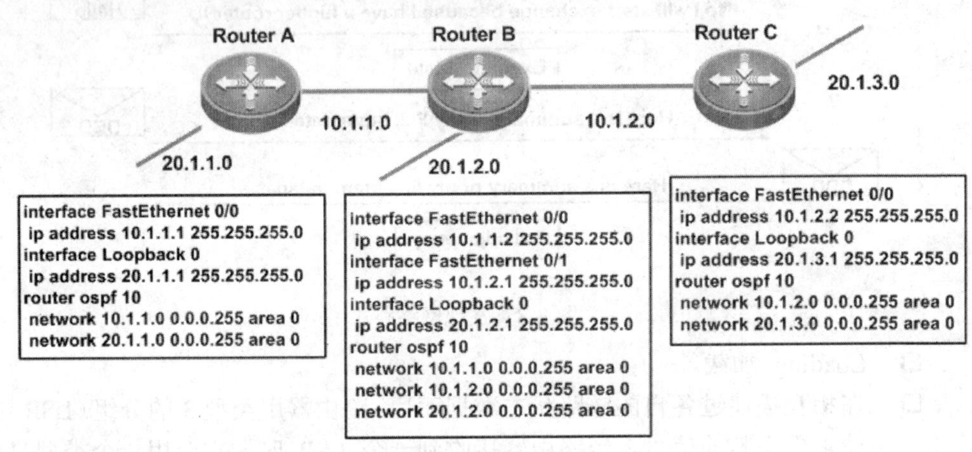

图 8-9 单区域 OSPF 配置

具体配置如示例 8-1 所示。

示例 8-1 OSPF 单区域配置

```
RouterA#
RouterA(config)#interface FastEthernet 0/0
RouterA(config-if)#ip address 10.1.1.1 255.255.255.0
RouterA(config)#interface Loopback 0
RouterA(config-if)#ip address 20.1.1.1 255.255.255.0
RouterA(config)#router ospf 10
RouterA(config-router)#network 10.1.1.0 0.0.0.255 area 0
RouterA(config-router)#network 20.1.1.0 0.0.0.255 area 0
RouterB#
RouterB(conifg)#interface FastEthernet 0/0
```

8.3.2 验证 OSPF 配置

为了验证 OSPF 的配置，可以用下面的 show 命令查看。

Show ip route 显示路由器通过学习获得的路由和这些路由是如何学习的，这是确定本地路由器和其他网络之间连接的最好方法之一，如示例 8-2 所示。

示例 8-2　show ip route 输出

```
RouterA#show ip route

Codes:  C - connected, S - static,  R - RIP B - BGP
        O - OSPF, IA - OSPF inter area
        N1 - OSPF NSSA external type 1,N2-OSPF NSSA external type 2
        E1 - OSPF external type 1, E2 - OSPF external type 2
        i - IS-IS, L1 - IS-IS level-1, L2 - IS-IS level-2, ia - IS-IS
inter area
        * - candidate default

Gateway of last resort is no set
C    10.1.1.0/24 is directly connected, FastEthernet 0/0
C    10.1.1.1/32 is local host.
O    10.1.2.0/24 [110/2] via 10.1.1.2, 00:03:02, FastEthernet 0/0
C    20.1.1.0/24 is directly connected, Loopback 0
C    20.1.1.1/32 is local host.
O    20.1.2.1/32 [110/1] via 10.1.1.2, 00:03:02, FastEthernet 0/0
O    20.1.3.1/32 [110/2] via 10.1.1.2, 00:01:04, FastEthernet 0/0
```

Show ip ospf neighbor detail 显示邻居路由器的详细信息，包括它们的优级和状态。

```
RouterA#show ip ospf neighbor detail
 Neighbor 20.1.2.1, interface address 10.1.1.2
    In the area 0.0.0.0 via interface FastEthernet 0/0
    Neighbor priority is 1, State is Full, 5 state changes
    DR is 10.1.1.1, BDR is 10.1.1.2
    Options is 0x42 (*|O|-|-|-|-|E|-)
    Dead timer due in 00:00:33
    Neighbor is up for 00:04:03
    Database Summary List 0
    Link State Request List 0
    Link State Retransmission List 0
    Crypt Sequence Number is 0
    Thread Inactivity Timer on
    Thread Database Description Retransmission off
    Thread Link State Request Retransmission off
    Thread Link State Update Retransmission off
```

Show ip ospf database 显示路由器维护的拓扑数据库的内容，这条命令可以显示路由器 ID 和 OSPF 进程 ID，用这条命令的一些关键字可以显示数据库的类型。

示例 8-3　show ip ospf database 输出

```
RouterA# show ip ospf database

         OSPF Router with ID (20.1.1.1) (Process ID 10)

                Router Link States (Area 0.0.0.0)

Link ID         ADV Router      Age  Seq#       CkSum  Link count
20.1.1.1        20.1.1.1        250  0x80000004 0xfae5 2
20.1.2.1        20.1.2.1        133  0x80000006 0x1e90 3
20.1.3.1        20.1.3.1        129  0x80000004 0x25b2 2

                Network Link States (Area 0.0.0.0)

Link ID         ADV Router      Age  Seq#       CkSum
10.1.1.1        20.1.1.1        250  0x80000001 0xcc3a
10.1.2.1        20.1.2.1        133  0x80000001 0xd032
```

Show ip ospf interface 用来检验已经配置在目标的区域中的接口，如果没有指定环回地址，接口地址就会被认为是路由器 ID，它也显示定时器的时间间隔，包括 Hello 分组的时间间隔，还能显示毗邻关系。

示例 8-4　Show ip ospf interface 输出

```
RouterA#show ip ospf interface
FastEthernet 0/0 is up, line protocol is up
  Internet Address 10.1.1.1/24, Ifindex 1, Area 0.0.0.0, MTU 1500
  Matching network config: 10.1.1.0/24
  Process ID 10, Router ID 20.1.1.1,Network Type BROADCAST,Cost: 1
  Transmit Delay is 1 sec, State DR, Priority 1
  Designated Router (ID) 20.1.1.1, Interface Address 10.1.1.1
  Backup Designated Router (ID) 20.1.2.1, Interface Address 10.1.1.2
  Timer intervals configured,Hello 10,Dead 40,Wait 40,Retransmit 5
    Hello due in 00:00:01
  Neighbor Count is 1, Adjacent neighbor count is 1
  Crypt Sequence Number is 26383
  Hello received 26 sent 36, DD received 5 sent 4
  LS-Req received 1 sent 1, LS-Upd received 8 sent 3
  LS-Ack received 2 sent 6, Discarded 0
Loopback 0 is up, line protocol is up
  Internet Address 20.1.1.1/24, Ifindex 16385, Area 0.0.0.0, MTU 1500
```

```
  Matching network config: 20.1.1.0/24
  Process ID 10, Router ID 20.1.1.1,Network Type LOOPBACK, Cost: 0
  Transmit Delay is 1 sec, State Loopback
  Timer intervals configured,Hello 10,Dead 40,Wait 40,Retransmit 5
```

show ip ospf 用来显示最短路径优先算法执行次数，它也显示拓扑结构没有发生改变时，链路状态的的更新的时间间隔。

示例 8-5　show ip ospf 输出

```
RouterA#show ip ospf
 Routing Process "ospf 10" with ID 20.1.1.1
 Process uptime is 5 minutes
 Process bound to VRF default
 Conforms to RFC2328, and RFC1583Compatibility flag is enabled
 Supports only single TOS(TOS0) routes
 Supports opaque LSA
 SPF schedule delay 5 secs, Hold time between two SPFs 10 secs
 LsaGroupPacing: 240 secs
 Number of incomming current DD exchange neighbors 0/5
 Number of outgoing current DD exchange neighbors 0/5
 Number of external LSA 0. Checksum 0x000000
 Number of opaque AS LSA 0. Checksum 0x000000
 Number of non-default external LSA 0
 External LSA database is unlimited.
 Number of LSA originated 2
 Number of LSA received 8
 Log Neighbor Adjency Changes : Enabled
Number of areas attached to this router: 1
   Area 0 (BACKBONE)
       Number of interfaces in this area is 2(2)
       Number of fully adjacent neighbors in this area is 1
       Area has no authentication
       SPF algorithm last executed 00:01:30.410 ago
       SPF algorithm executed 6 times
       Number of LSA 5. Checksum 0x02db93
```

Clear ip route * 是用来清除整个 ip 路由选择表。

Debug ip ospf 是用来测试 OSPF。

8.4　总　结

- ❑ 在单区域中使用 OSPF 路由选择协议适合于小型网络。

- OSPF 协议的配置与其他路由协议相似，不同的是它是一种链路状态协议。
- OSPF 需要一个进程 ID 和一个路由器 ID。
- OSPF 链路状态路由协议不同于距离矢量路由协议，OSPF 的路由器基于网络拓扑结构的完整信息来决定最佳路径。OSPF 决定最佳路径的度量值是成本（Cost），它是基于链路的速度，配合分级设计，OSPF 适用于大型网络。
- 最短路径算法用于决定最佳的无环路径，即到达链路或网络成本最低的路径。因为 OSPF 路由器需要一个完整网络拓扑，并且 SPF 算法比较复杂，所以需要内存更多的更强大的路由器。
- OSPF 使路由器之间在交换路由信息前建立邻居关系。OSPF 的 Hello 协议用于在毗邻路由器（Adjacency Routers）间建立邻居关系。

8.5 思考与练习

（1）在 DR 和 BDR 选举出来后，OSPF 网络处于哪种状态？

A．exstart

B．full

C．loading

D．exchange

（2）哪种类型的 OSPF 分组以建立和维持邻居路由器的比邻关系？

A．链路状态请求

B．链路状态确认

C．Hello 分组

D．数据库描述

（3）OSPF 默认的成本度量值是基于下列哪一项？

A．延时

B．带宽

C．效率

D．网络流量

（4）下面哪个组播地址有的 OSPF 路由器？

A．224.0.0.6

B．224.0.0.1

C．224.0.0.4

D．224.0.0.5

（5）下面哪条命令能显示路由器所知道的路由，以及它们各自是如何学习到的？

A．show ip protocol

B．show ip route

C．show ip ospf

D．show ip ospf neighbor

（6）下列关于 OSPF 协议的优点描述正确的是什么？

A．支持变长子网屏蔽码（VLSM）

B．无路由自环

C．支持路由验证

D．对负载分担的支持性能较好

（7）在 OSPF 路由选择协议中，如果想使两台路由成为邻居，那么其在 Hello 报文必须相同的选项是哪些？

A．末节区域的标志位相同

B．验证口令相同

C．Hello 时间间隔相同

D．区域 ID 相同

（8）选举 DR 和 BDR 时，不使用下列哪种条件来决定选择哪台路由器？

A．优先级最高的路由器为 DR

B．优先级次高的路由器为 BDR

C．如果所有路由器的优先级皆为默认值，则 RID 最小的路由器为 DR

D．优先级为 0 的路由器不能成为 DR 或 BDR

第 9 章 点对点协议（PPP）

本章重点

- ◆ PPP 简介
- ◆ PPP 的工作过程
- ◆ PAP 和 CHAP 认证
- ◆ 配置 PPP 协议

9.1 点对点协议 PPP

在提及 PPP 协议时，不可不提及它的老祖宗 SLIP（Serial Line Internet Protocol）协议。虽然它已被淡忘在历史的长河中，但毕竟有过辉煌的日子。它曾经主宰了 Internet 半壁江山，SLIP 协议出现在 80 年代中期，并被使用在 BSD UNIX 主机和 SUN 的工作站上，因为 SLIP 简单好用，所以后来被大量使用在线路速率从 1200 kbps～19.2 kbps 的专用线路和拨号线路上互连主机和路由器，到目前为止仍有部分 UNIX 主机保留对该协议的支持。在 80 年代末 90 年代初期，被广泛用于 RS232 串口计算机和调制解调器与 Internet 的连接。SLIP 是一种在点对点的串行链路上封装 IP 数据报的简单协议，并非是 Internet 的标准协议。

由于 SLIP 帧的封装格式非常简单，SLIP 仅支持一种网络层协议（IP 协议）同一时刻在串行链路上发送。SLIP 协议没有在数据帧的尾部加上 CRC 校验，如果由于线路噪音干扰影响了传送数据包的内容是无法在对端的数据链路层中发现的，必须交由上层的应用软件来处理。正是由于上面的诸多缺点，导致了 SLIP 很快被后面要讲的 PPP 协议所替代。

9.1.1 PPP 协议简介

1. 概述

PPP（Point-to-Point Protocol 点到点协议）是为了在同等单元之间传输数据包而设计的简单链路层协议。这种链路提供全双工操作，并按照一定的顺序传递数据包。1992 年 Internet IETF 成立了一个小组来制定点到点的数据链路协议——Intemet 标准，将该标准命名为 PPP（Point-to-Point Protocol），即点到点协议，经过 1993 年和 1994 年的修订，现在已成为互联网的正式标准。

PPP 是一种分层的协议，最初由 LCP 发起用于对链路的建立、配置和测试。在 LCP 初始化后，通过一种或多种“网络控制协议（NCP）”来传送特定协议族的通信。在 RFC1332 文档中描述的 IP 控制协议（IPCP）允许在 PPP 链路上传输 IP 分组。其他一些 NCP 为下列协议提供服务，Apple Talk（RFC 1378）、OSI（RFC

1337)、DECnet Phase IV（RFC 1762）、Vines（RFC 1763）、XNS（RFC 1764）和透明以太网桥接（RFC 1638）。

PPP 提供了一种在点对点的链路上封装多协议数据报（IP、IPX 和 AppleTalk）的标准方法。它具有以下特性。

- 能够控制数据链路的建立。
- 能够对 IP 地址进行分配和使用。
- 允许同时采用多种网络层协议。
- 能够配置和测试数据链路。
- 能够进行错误检测。
- 支持身份验证。
- 有协商选项，能够对网络层的地址和数据压缩等进行协商。

2. PPP 协议体系结构

PPP 协议使用了 OSI 分层体系结构中的 3 层，如图 9-1 所示。

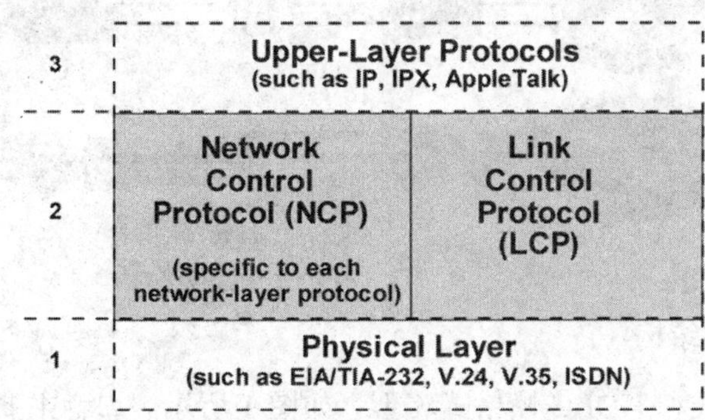

图 9-1　PPP 与 OSI 模型

- 物理层用来实现点到点连接，将 IP 数据报封装到串行链路的方法。PPP 既支持异步链路（无奇偶校验的 8 位数据），也支持面向比特的同步链路。
- 数据链路层用来建立和配置连接，用来建立、配置和测试数据链路的链路控制协议 LCP（Link Control Protocol）。通信的双方可协商一些选项。在[RFC 1661]中定义了 11 种类型的 LCP 分组。
- 网络层用来配置不同的网络，网络控制协议 NCP（Network Control Protocol），支持不同的网络层协议，如 IP、OSI 的网络层、DECnet、AppleTalk 等。

PPP 使用它的 LCP 在广域网链路上协商和设置选项。PPP 使用网络控制程序组件对多种网络层协议进行封装及选项协商。LCP 位于物理层之上，PPP 也通过使用 LCP 来自动的匹配链路两端之间封装格式选项。

- 身份验证（Authentication）：用来确保呼叫者的合法身份，有两种验证方式：一是 PAP；二是 CHAP。
- 压缩（Compression）：通过减少链路中数据帧所含的数据大小，来提高 PPP 线路的吞吐量。当到达目的地后，协议对数据帧进行解压缩。
- 错误检测（Error-Detection）：PPP 的错误检测机制使进程能够识别错

误的情形。

- ❑ 多链路（Multilink）：PPP 使用的路由器接口提供了负载均衡的功能。
- ❑ PPP 回拨（PPP callback）：它被用来进一步提高网络的安全性。在 LCP 选项作用下，路由器可以扮演回拨客户或回拨服务器的角色。客户发起一个初始呼叫，请求回拨，并且终止初始的呼叫。

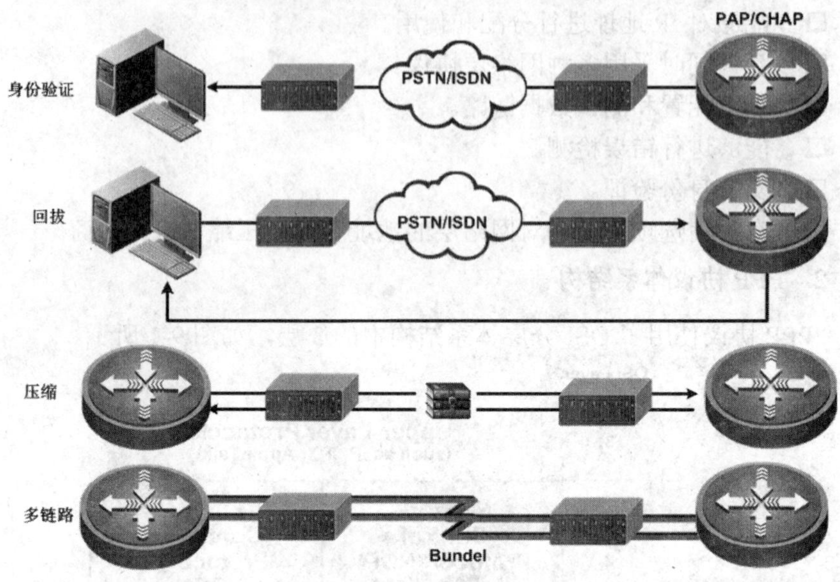

图 9-2 PPP LCP 选项

3. PPP 帧结构

PPP 帧格式和 HDLC 帧格式相似，如图 1 所示。二者主要区别：PPP 是面向字符的，而 HDLC 是面向位的。

1byte	1byte	1byte	2byte	不超过1500字节	2byte	1byte
标志	地址	控制	协议	信息	帧校验序列	标志
				IP报文		

图 9-3 PPP 帧格式

可以看出，PPP 帧的前 3 个字段和最后两个字段与 HDLC 的格式是一样的。

- ❑ 标志字段：它是由二进制序列 01111110 组成，十六进制为 0x7E，指示一个帧的开始和结束。
- ❑ 地址字段：它是由二进制序列 11111111 组成，十六进制为 0xFF，这个是标准的广播地址，PPP 并不会指定单台设备的地址。
- ❑ 控制字段：它是由二进制序列 00000011 组成，十六进制为 0x03，表示用户数据采用无序帧方式传输，它提供的无连接链路服务类似于逻辑链路控制（LLC）类型 1 所提供的方法。
- ❑ 协议字段：长度为 2 字节，用于标识被封装在帧中的数据字段里的协议类型，如下所示。

- 0x0021——信息字段是 IP 数据包
- 0xC021——信息字段是链路控制数据 LCP
- 0x8021——信息字段是网络控制数据 NCP
- 0xC023——信息字段是安全性认证 PAP
- 0xC025——信息字段是 LQR
- 0xC223——信息字段是安全性认证 CHAP

- 数据字段：长度为 0 或多个字节，它包含符合协议字段中指定协议的数据。该字段的最大长度默认值是 1500 字节。
- 帧校验序列：通常为 16 位（2 字节）。PPP 帧中包含这些额外的字符来进行差错控制。

当信息字段中出现和标志字段一样的比特 0x7E 时，就必须采取一些措施。因 PPP 协议是面向字符型的，所以它不能采用 HDLC 所使用的零比特插入法，而是使用一种特殊的字符填充。具体的做法是将信息字段中出现的每一个 0x7E 字节转变成 2 字节序列（0x7D，0x5E）。若信息字段中出现一个 0x7D 的字节，则将其转变成 2 字节序列（0x7D，0x5D）。若信息字段中出现了 ASCII 码的控制字符，则在该字符前面要加入一个 0x7D 字节。这样做的目的是防止这些表面上的 ASCII 码控制字符被错误地解释为控制字符。

9.1.2 PPP 的工作过程

数据通信设备（路由器）的两端如果希望通过 PPP 协议建立点对点的通信，无论哪一端的设备都需发送 LCP 数据包文来配置链路（测试链路）。一旦 LCP 的配置参数选项协商完后，通信的双方就会根据 LCP 配置请求报文中所协商的认证配置参数选项来决定链路两端设备所采用的认证方式。协议默认情况下双方是不进行认证的，而直接进入到 NCP 配置参数选项的协商，直至所经历的几个配置过程全部完成后，点对点的双方就可以开始通过已建立好的链路进行网络层数据包文的传送了，整个链路就处于可用状态。

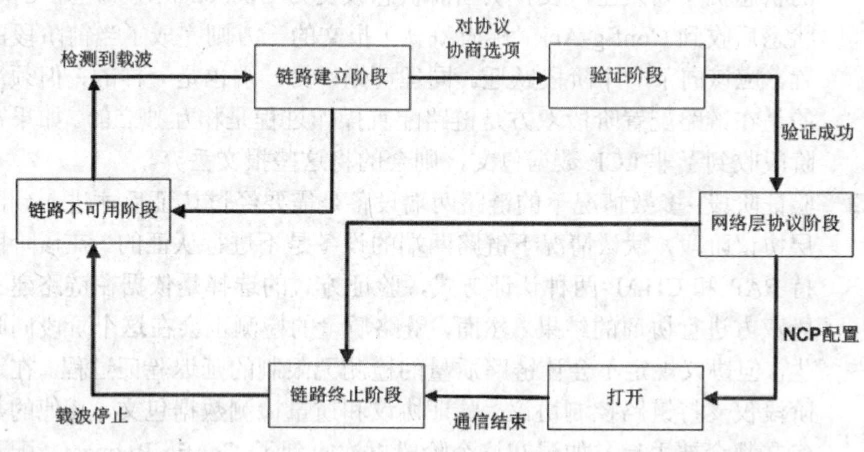

图 9-4　PPP 协议过程状态图

只有当任何一端收到 LCP 或 NCP 的链路关闭报文时（一般而言协议是不要求 NCP 有关闭链路的能力，因此通常情况下关闭链路的数据包文是在 LCP 协商阶段或应用程序会话阶段发出的）；物理层无法检测到载波或管理人员对该链路进行关闭操作，都会将该条链路断开，从而终止 PPP 会话。以下为 PPP 协议整个链路过程需经历阶段的状态转移图。

在点对点链路的配置、维护和终止过程中，PPP 需经历以下几个阶段。

- 链路不可用阶段：有时也称为物理层不可用阶段，PPP 链路都需从这个阶段开始和结束。当通信双方的两端检测到物理线路激活（通常会检测到链路上有载波信号）时，就会从当前这个阶段跃迁至下一个阶段（即链路建立阶段）。先简单提一下链路建立阶段，在这个阶段主要是通过 LCP 协议进行链路参数的配置，LCP 在此阶段的状态机也会根据不同的事件发生变化。当处于在链路不可用阶段时，LCP 的状态机是处于 initial（初始化状态）或 starting（准备启动状态），一旦检测到物理线路可用，则 LCP 的状态机就要发生改变。当然链路被断开后也同样会返回到这个阶段，往往在实际过程中这个阶段所停留的时间是很短的，仅仅是检测到对方设备的存在。
- 链路建立阶段：也是 PPP 协议最关键和最复杂的阶段。该阶段主要是发送配置报文来配置数据链路，这些配置的参数不包括网络层协议所需的参数。当完成数据包文的交换后，则会继续向下一个阶段跃迁，该阶段既可能是验证阶段，也可能是网络层协议阶段，再下一阶段的选择是依据链路两端的设备配置（通常是由用户来配置，但对 BAS 设备的 PPP 模块默认就需要支持 PAP 或 CHAP 中的一种认证方式）。在此阶段 LCP 的状态机会发生两次改变，前面已经介绍了当链路处于不可用阶段时，LCP 的状态机处于 initial 或 starting，当检测到链路可用时，则物理层会向链路层发送一个 UP 事件，链路层收到该事件后，会将 LCP 的状态机从当前状态改变为 Request-Sent（请求发送状态），此时的状态机 LCP 会进行相应的动作，即开始发送 Config-Request（配置请求）报文来配置数据链路，无论哪一端接收到了 Config-Ack（配置确认）报文时，LCP 的状态机又要发生改变，从当前状态改变为 Opened 状态，进入 Opened 状态后收到 Config-Ack（配置确认）报文的一方则完成了当前阶段的设置，应该向下一个阶段跃迁。同理可知，另一端也是一样的，但须注意的是在链路配置阶段双方是链路配置操作过程是相互独立的。如果在该阶段收到了非 LCP 数据包文，则会的将这些报文丢弃。
- 验证阶段：多数情况下的链路两端设备是需要经过认证后才进入到网络层协议阶段，默认情况下链路两端的设备是不进行认证的。在该阶段支持 PAP 和 CHAP 两种认证方式，验证方式的选择是依据在链路建立阶段双方进行协商的结果。然而，链路质量的检测也会在这个阶段同时发生，但协议规定不会让链路质量的检测无限制的延迟验证过程。在这个阶段仅支持链路控制协议、验证协议和质量检测数据包文，其他的数据包文都会被丢弃。如果在这个阶段再次收到了 Config-Request（配置请求）报文，则又会返回到链路建立阶段。
- 网络层协议阶段：一旦 PPP 完成了前面几个阶段，每种网络层协议（IP、IPX 和 AppleTalk）会通过各自相应的网络控制协议进行配置，每个 NCP

协议可在任何时间打开和关闭。当一个 NCP 的状态机变成 Opened 状态时，则 PPP 就可以开始在链路上承载网络层的数据包报文了。如果在个阶段收到了 Config-Request（配置请求）报文，则又会返回到链路建立阶段。

- 网络终止阶段：PPP 能在任何时候终止链路。当载波丢失、授权失败、链路质量检测失败和管理员人为关闭链路等情况均会导致链路终止。链路建立阶段可能通过交换 LCP 的链路终止报文来关闭链路，当链路关闭时，链路层会通知网络层做相应的操作，而且也会通过物理层强制关闭链路。对于 NCP 协议，它没有也没有必要去关闭 PPP 链路的。

9.1.3 PAP 和 CHAP 认证

PPP 协议也提供了可选的认证配置参数选项，默认情况下点对点通信的两端是不进行认证的。在 LCP 的请求报文中不可一次携带多种认证配置选项，必须二者择其一（PAP/CHAP），选择最希望的那一种，一般是在与 PPP 设备互连的设备上进行配置，但设备会默认支持一个默认的认证方式（PAP 是大部分设备所默认的认证方式）。

PPP 支持两种授权协议：PAP（Password Authentication Protocol）和 CHAP（Challenge Hand Authentication Protocol）。

1. PAP

密码验证协议（PAP，Password Authentication Protocol）通过两握手机制，为建立远程节点的验证提供了一个简单的方法。

PAP 认证是两次握手，在链路建立阶段，依据设备上的配置情况，如果是使用 PAP 认证，则验证方在发送配置请求报文时会携带认证配置参数选项，而对于被验证方而言则是不需要，它只需要收到该配置请求报文后根据自身的情况给对端返回相应的报文。如果点对点的两端设备采用的是 PAP 双向认证时，即它同时也作为验证方，则此时需要在配置请求报文中携带认证配置参数选项。因此，我们可以总结一下，如果对于点对点的两个设备在 PPP 链路建立过程中使用的认证方式为 PAP，那么验证方在其配置请求报文中必须含有认证配置参数选项，且该认证配置参数选项的数据域为 0xC023，下图为 PAP 认证的过程。

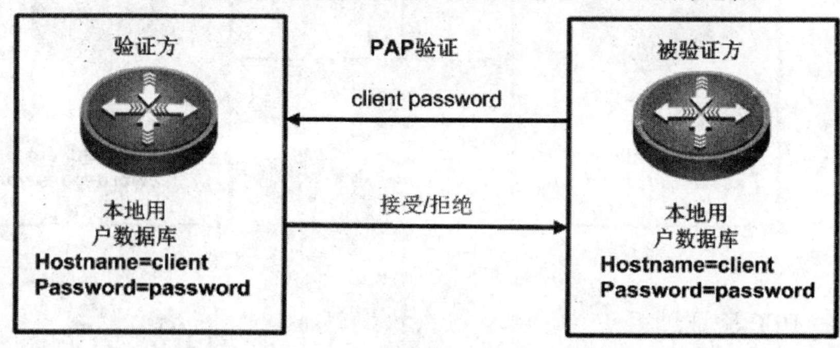

图 9-5 PAP 验证过程

当通信设备的两端在收到对方返回的配置确认报文时，就从各自的链路建立阶段进入到认证阶段，那么作为被验证方此时需要向验证方发送 PAP 认证的请求报文，该请求报文携带了用户名和密码，当验证方收到该认证请求报文后，则会根据报文中的实际内容查找本地的数据库，如果该数据库中有与用户名和密码一致的选项时，则会向对方返回一个认证请求响应，告诉对方认证已通过。反之，如果用户名与密码不符，则向对方返回验证不通过的响应报文。如果双方都配置为验证方，则需要双方的两个单向验证过程都完成后，方可进入到网络层协议阶段，否则在一定次的认证失败后，则会从当前状态返回链路不可用状态。

PAP 不是一种健康的身份验证协议。身份验证在链路上以明文发送，而且由于验证重试的频率和次数由远程节点来控制，因此不能防止回放攻击和重复的尝试攻击。

2. CHAP

挑战握手后验证协议（CHAP，Challenge Hand Authentication Protocol）使用三次握手机制来启动一条链路和周期性的验证远程节点。

与 PAP 认证比起来，CHAP 认证更具安全性，从前面认证过程中数据包的交换不难发现，采用 PAP 认证时，被验证是采用明文的方式直接将用户名和密码发送给验证方的，而对于 PAP 认证则不一样。CHAP 为三次握手协议，它只在网络上传送用户名而不传送口令，因此安全性比 PAP 高。在验证一开始，不像 PAP 一样是由被验证方发送认证请求报文了，而是由验证方向被验证方发送一段随机的报文，并加上自己的主机名，我们统称这个过程叫做挑战。当被验证方收到验证方的验证请求，从中提取出验证方所发送过来的主机名，然后根据该主机名在被验证方设备的后台数据库中去查找相同的用户名记录，当查找到后就使用该用户名所对应的密钥，然后根据这个密钥、报文 ID 和验证方发送的随机报文用 Md5 加密算法生成应答，随后将应答和自己的主机名送回，同样验证方收到被验证方发送回应后，提取被验证方的用户名，然后去查找本地的数据库，当找到与被验证方一致用户名后，根据该用户名所对应的密钥、保留报文 ID 和随机报文用 Md5 加密算法生成结果，和刚刚被验证方所返回的应答进行比较，相同则返回 Ack（配置确认），否则返回 Nak（配置否认），下图为 CHAP 的认证过程。

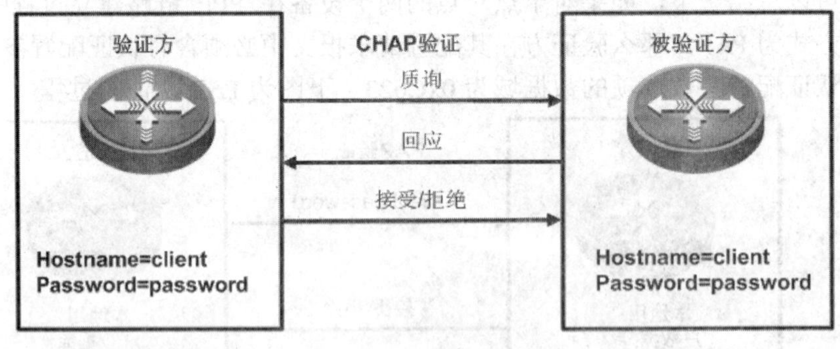

图 9-6　CHAP 验证过程

3. PPP 验证过程

当对端收到该配置请求报文后，如果支持配置参数选项中的认证方式，则回应一个确认报文；否则回应一个 Config-Nak（配置否认）报文，并附带上自希望双方采用的认证方式。当对方接收到 Config-Ack（配置确认）报文后就可以开始进行认证了，而如果收到得是 Config-Nak（配置否认）报文，则根据自身是否支持 Config-Nak 报文中的认证方式来回应对方，如果支持则回应一个新的 Config-Request（配置请求）（并携带上 Config-Nak 报文中所希望使用的认证协议），否则将回应一个 Config-Reject 报文，那么双方就无法通过认证，从而不可能建立起 PPP 链路，如图 9-7 所示。

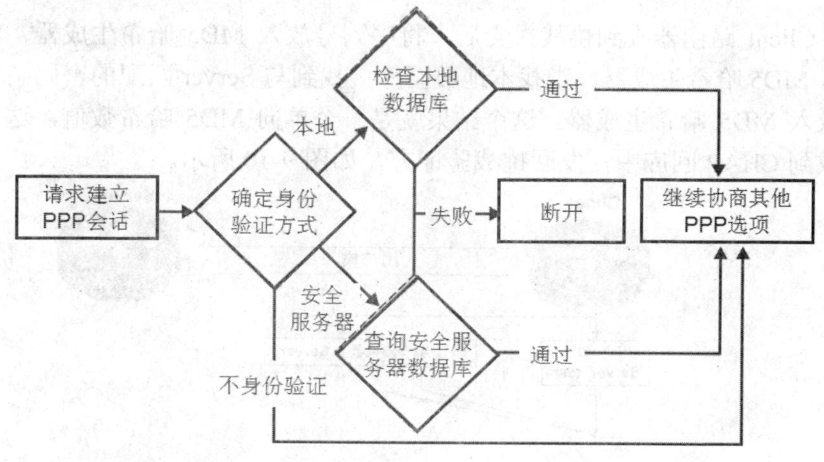

图 9-7　身份验证过程

身份验证时需要检索本地数据库或安全服务器，以检查用户所提供的用户名和密码是否匹配 CHAP 或 PAP 验证方式中指定的信息。

如果是 PAP 验证方式，在 PPP 链路建立后，被验证方重复向验证方发送用户名和密码，直到验证通过或链路终止。

如果是 CHAP 验证方式，在 PPP 链路建立后，验证方发送一个挑战消息到被验证方。远程节点使用一个数值来回应挑战。这个数值是由单向哈希函数（MD5）基于密码和挑战消息计算得出的。

如图 9-8 所示，是两台路由器基于 CHAP 验证的过程。

Client 路由器向 Server 路由器发起连接呼叫，LCP 协商选项中使用 CHAP 和 MD5。

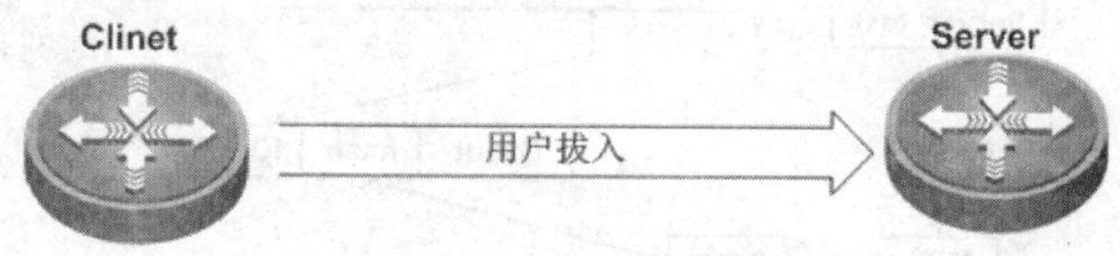

图 9-8　CHAP 身份验证呼叫阶段

Server 路由器向 Client 路由器发送挑战报文。报文包含：挑战分组类型标识符（01）、标识该挑战分组的序列号（ID）、随机数、挑战方的认证名，该挑战分组的 ID 和随机数由 Server 路由器保存。挑战报文发送到 client 路由器，Server 路由器会维护一个已发出的挑战消息的列表，如图 9-9 所示。

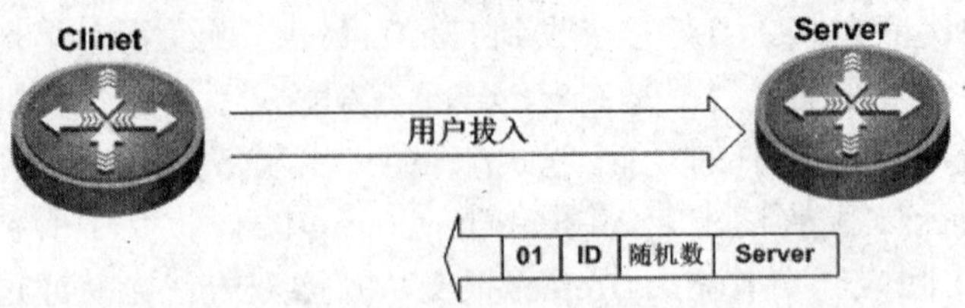

图 9-9　CAHP 身份验证挑战阶段

Client 路由器收到挑战报文后，将序列号放入 MD5 哈希生成器，将随机数放入 MD5 哈希生成器，查找本地数据库，找到与 Server 匹配的密码条目，将口令放入 MD5 哈希生成器。这个结果就是一个单向 MD5 哈希数值，这个值将会被放到 CHAP 回应中，发回挑战验证方，如图 9-10 所示。

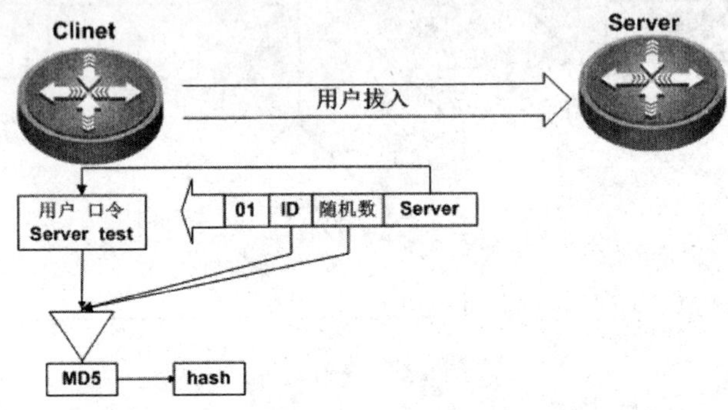

图 9-10　CHAP 身份验证回应阶段

发回验证方的回应报文包含：CHAP 回应分级类型标识符（02）、序列号（ID），直接从挑战报文复制过来、MD5 哈希生成器的输出结果（hash）、本设备的认证名，这是因为挑战方的需要，挑战方用这个认证名查找核对验证时所需的用户名和密码，如图 9-11 所示。

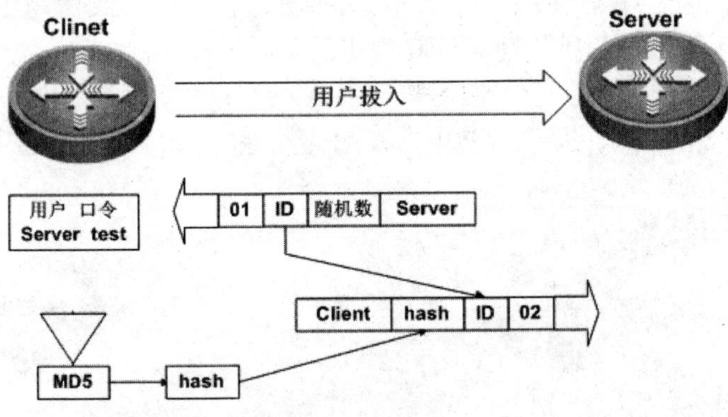

图 9-11　CHAP 身份验证回应阶段

当 Server 路由器收到回应报文后，用序列号找出原始的挑战分组，把序列号放入 MD5 哈希生成器，把原始挑战报文中的随机数放入 MD5 哈希生成器，使用 Client 路由器的认证名从本地数据库或远程认证接入用户服务器（RADIUS）查找口令，将口令放入 MD5 哈希生成器，将回应报文中收到的哈希值与自己所计算出来的哈希值相比较，如果自己计算出的结果与所收到的 MD5 哈希值是一致的，那么 CHAP 验证就成功了，如图 9-12 所示。

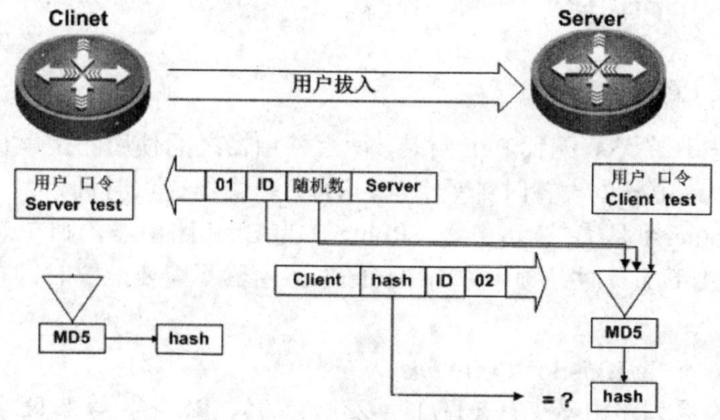

图 9-12　CHAP 身份验证确认阶段

验证成功后，发送一个 CHAP 验证成功报文，其报文包含：CHAP 验证成功消息类型标识符（03）、序列号（ID）直接从回应分组中复制过来、某种简单文本消息（welcome in），为了让用户读，如图 9-13 所示。

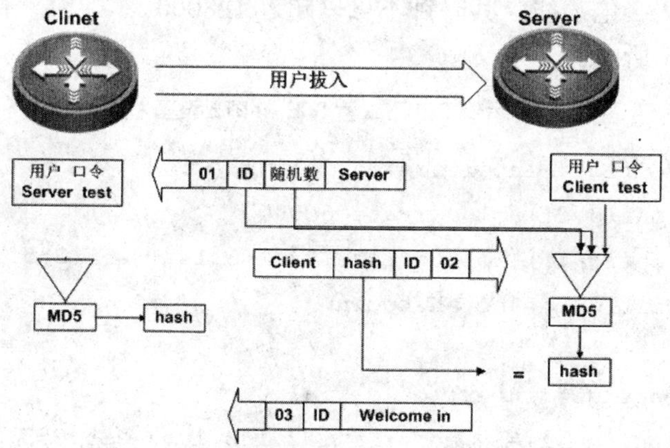

图 9-13　CHAP 身份验证确认阶段（成功）

如果验证失败，发送一个 CHAP 验证失败报文，其报文包含：CHAP 验证失败消息类型标识符（04）、序列号（ID）直接从回应分组中复制过来、某种简单文本消息（Authentication failure），为了让用户读，如图 9-14 所示。

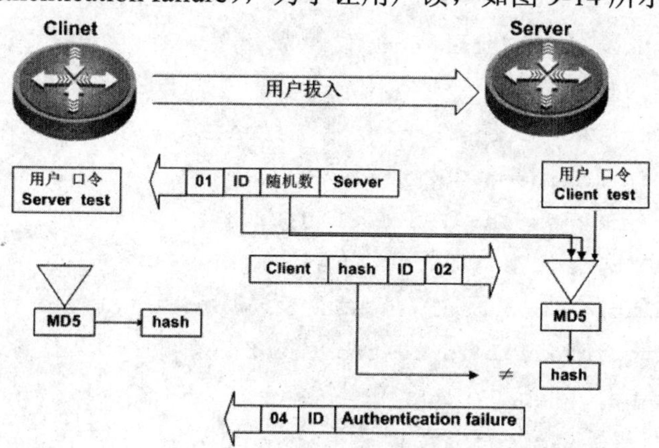

图 9-14　CHAP 身份验证确认阶段（失败）

9.1.4 配置 PPP 协议

1. 配置 PPP 封装

根据拓扑图所示，配置 PPP 封装，两台路由器之间使用的是串行链路，所以需要在 DCE 路由器上设置时钟频率，为 DTE 路由器提供时钟。

假设 RouterA 是 DCE 路由器，RouterB 为 DTE 路由器，则在 RouterA 路由器的接口模式下配置时钟频率，而 RouterB 路由器不需要配置时钟频率。

命令如下：

Router(config-if)# clock rate *bps*

RGNOS 系列路由器支持 EIT/TIA-232、V.35、RS-449 等 DTE 和 DCE 的电缆线，其中使用 DCE 电缆线可以提供内部时钟供串口连接，DCE 或者 DTE 电缆线可以被自动识别，但是如果是 DCE 电缆线，必须配置时钟参数，时钟速率取值范围是：1200、2400、4800、9600、19200、38400、57600、64000、115200、128000、256000、512000、1024000、2048000、4096000、8192000。其中，如果使用 EIT/TIA-232 电缆线，其时钟不可以超过 128000。

如示例 9-1 所示。

示例 9-1　配置 DCE 和 DTE 设备

```
RouterA(config)# interface serial 0
RouterA(config-if)#clock rate 64000
RouterA(config-if)#ip adderss 192.168.10.1 255.255.255.0
RouterA(config-if)#no shutdown

RouterB(config)# interface serial 0
RouterB(config-if)#ip adderss 192.168.10.2 255.255.255.0
RouterB(config-if)#no shutdown
```

这样两台路由器就能进行通信了，可以使用命令 show interface 查看接口状态，如示例 9-2 所示。

示例 9-2　show interface 命令

```
RouterB#show interfaces serial 0
Index(dec):1 (hex):1
serial 0 is UP  , line protocol is UP
Hardware is Infineon DSCC4 PEB20534 H-10 serial
Interface address is: 192.168.10.2/24
  MTU 1500 bytes, BW 2000 Kbit
  Encapsulation protocol is HDLC, loopback not set
  Keepalive interval is 10 sec , set
  Carrier delay is 2 sec
  RXload is 1 ,Txload is 1
  Queueing strategy: WFQ
    11421118 carrier transitions
```

```
  V35 DTE cable
  DCD=up  DSR=up  DTR=up  RTS=up  CTS=up
5 minutes input rate 33 bits/sec, 0 packets/sec
5 minutes output rate 34 bits/sec, 0 packets/sec
  266 packets input, 6262 bytes, 0 no buffer, 0 dropped
  Received 261 broadcasts, 0 runts, 0 giants
  0 input errors, 0 CRC, 0 frame, 0 overrun, 0 abort
  268 packets output, 6306 bytes, 0 underruns , 0 dropped
  0 output errors, 0 collisions, 2 interface resets
```

show interface 命令可以查看当前接口封装的 HDLC 协议，因为锐捷路由器串行接口默认封装为 HDLC 协议。如果要封装 PPP 协议，需要在接口模式下使用命令配置完成，配置命令如下：

Router(config-if)#encapsulation *encapsulation-type*

其中，*encapsulation-type* 的具体参数如图 9-15 所示。

encapsulation-type	参数说明
frame-relay	封装帧中继链路协议
Hdlc	封装高级数据链路控制协议－High Data Link Control
Lapb	封装 X.25 第二层协议，平衡式链路访问规程－Link Access Protocol，Balanced
Ppp	封装点到点链路协议 － Point-to-Point Protocol
Slip	封装串行互联协议－Serial Line Internet Protocol
x25	封装 X.25 分组交换协议

图 9-15　encapsulation-type 参数

图 9-16 是 PPP 封装的完整配置。

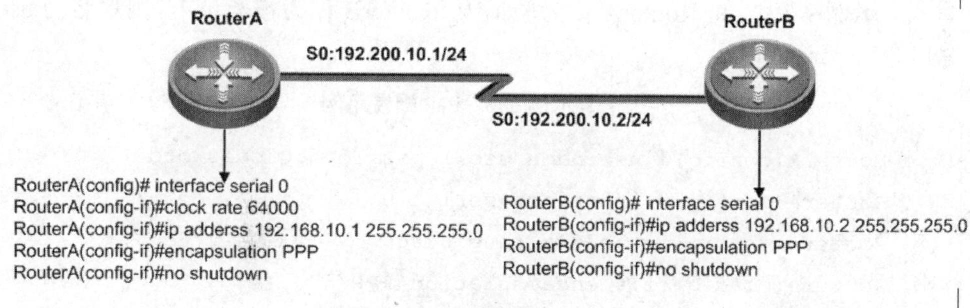

图 9-16　PPP 封装示例

通信双方必须使用相同的封装协议，如果双方采用不同的封装协议，比如一端是使用 HDLC 协议封装，而另一端使用 PPP 协议封装，则双方关于封装协议的协商将失败。此时，链路处于协议性关闭（Protocol down）状态，通信无法进行。

2. 配置 PAP 验证

PAP 一方认证的配置共分为 3 个步骤。

❑ 建立本地口令数据库；

❑ 要求进行 PAP 认证；

❑ PAP 认证客户端配置。

步骤 1　建立本地口令数据库，验证可以检查远程设备是否有资格建立连接。配置验证时，每个路由器必须创建连接对端路由器的用户名和口令。需要在全局模式下完成配置命令。

Router(config)#username *name* {**nopassword | password** { *password* | **[0|7]** *encrypted-password* }}

其中参数：name 为用户名，password 为用户口令，0|7 为口令的加密类型，0 表示无加密，7 表示简单加密，encrypted-password 口令文本。

步骤 2　要求进行 PAP 认证。

这需要在相应接口配置模式下使用如下命令来完成：

Router(config)#ppp authentication {chap|pap|chap pap|pap chap} [callin]

其中参数：chap 是在接口上启用 CHAP 认证，PAP 是在接口上启用 PAP 认证，CHAP PAP 是同时启用 CHAP 和 PAP 认证，在执行 PAP 认证以前，先进行 CHAP 认证，PAP CHAP 是同时启用 CHAP 和 PAP 认证，在执行 CHAP 认证以前，先进行 PAP 认证，Callin 表示只有对端作为拨入端才允许单向 CHAP 或者 PAP 认证，该参数只用于异步拨号接口。RGNOS 目前的版本不支持同步口做异步接口用，该参数作为兼容性的接口。

步骤 3　PAP 认证客户端的配置只需要一条命令，即将用户名和口令发送到对端，由如下命令配置完成：

Router(config)#ppp pap sent-username *username* [**password** *encryption-type password*]

其中参数：usename 是在 PAP 身份认证中发送的用户名，encryption-type 是 PAP 身份认证中发送口令的加密类型，password 是 PAP 身份认证中发送的口令。

示例 9-3 中，将 RouterA 作为验证方，RouterB 作为被验证方，用户名为 user1，口令为 password。

示例 9-3　PAP 配置示例

```
RouterA(config)# username user1 password 0 password
RouterA(config)# interface serial 0
RouterA(config-if)#clock rate 64000
RouterA(config-if)# encapsulation PPP
RouterA(config-if)#ip adderss 192.168.10.1 255.255.255.0
RouterA(config-if)# ppp authentication pap
RouterA(config-if)#no shutdown

RouterB(config)# interface serial 0
RouterB(config-if)# encapsulation PPP
RouterB(config-if)#ip adderss 192.168.10.2 255.255.255.0
RouterB(config-if)# ppp pap sent-username user1 password 0 password
```

```
RouterB(config-if)#no shutdown
```

3. 配置 CHAP 验证

CHAP 一方认证的配置共分为两个步骤。

- 建立本地口令数据库
- 要求进行 CHAP 认证。

下面的示例中，将 RouterA 作为验证方，RouterB 作为被验证方，RouterA 用户名为 RouterA，口令为 password，RouterB 用户名为 RouterB，口令为 password。

示例 9-4　CHAP 配置示例

```
RouterA(config)# username RouterB password 0 password
RouterA(config)# interface serial 0
RouterA(config-if)#clock rate 64000
RouterA(config-if)# encapsulation PPP
RouterA(config-if)#ip adderss 192.168.10.1 255.255.255.0
RouterA(config-if)# ppp authentication chap
RouterA(config-if)#no shutdown

RouterB(config)# username RouterA password 0 password
RouterB(config)# interface serial 0
RouterB(config-if)# encapsulation PPP
RouterB(config-if)#ip adderss 192.168.10.2 255.255.255.0
RouterB(config-if)#no shutdown
```

通过以上配置，路由器 RouterA、RouterB 将建立起基于 PAP 或 CHAP 的认证。但是认证双方选择的认证方法必须相同，例如一方选择 PAP，另一方选择 CHAP，这时双方的认证协商将失败。为了避免身份认证协议过程中出现这样的失败，可以配置路由器使用两种认证方法。当第一种认证协商失败后，可以选择尝试用另一种身份认证方法。

4. 故障排除

可以使用命令 show interface serial 来检查二层的封装，同时也可以显示 LCP 和 NCP 两者的状态，如示例 9-5 所示。

示例 9-5　show interface serial 命令输出

```
RouterB#show interface serial 0
Index(dec):1 (hex):1
serial 0 is UP  , line protocol is UP
Hardware is Infineon DSCC4 PEB20534 H-10 serial
Interface address is: 192.168.10.2/24
  MTU 1500 bytes, BW 2000 Kbit
  Encapsulation protocol is PPP, loopback not set
  Keepalive interval is 10 sec , set
  Carrier delay is 2 sec
```

```
    RXload is 1 ,Txload is 1
    LCP Open
    Open: ipcp
    Queueing strategy: WFQ
      11421118 carrier transitions
      V35 DTE cable
      DCD=up  DSR=up  DTR=up  RTS=up  CTS=up
    5 minutes input rate 25 bits/sec, 0 packets/sec
    5 minutes output rate 25 bits/sec, 0 packets/sec
      1397 packets input, 26399 bytes, 0 no buffer, 0 dropped
      Received 373 broadcasts, 0 runts, 0 giants
      0 input errors, 0 CRC, 0 frame, 0 overrun, 0 abort
      1406 packets output, 25610 bytes, 0 underruns , 0 dropped
      0 output errors, 0 collisions, 11 interface resets
```

可以使用debug命令检查PPP实时工作过程。

也可以使用debug ppp packets命令观察PPP通讯过程中的报文信息，如示例9-6所示。

示例 9-6 debug ppp packets 命令 输出

```
   Jul 29 18:53:36 RouterB %7:PPP: [R] PROTO TYPE 0XC021,SIZE 15
PD_TYPE=6
   Jul 29 18:53:36 RouterB %7:[len=15]
   Jul 29 18:53:36 RouterB %7:  01 AD 00 0F 03 05 C2 23 05 05 06 00
1D 3F 49
   Jul 29 18:53:36 RouterB %7:PPP: serial 0  [I] ENQUEUE, PDD_PPP
   Jul 29 18:53:36 RouterB %7:[len=10]
   Jul 29 18:53:36 RouterB %7:  FF 03 C0 21 01 AD 00 0F 03 05
   Jul 29 18:53:36 RouterB %7:PPP:serial 0[R]LCP CONFREQ id 173 len 15
   Jul 29 18:53:36 RouterB %7:  AUTHTYPE (5) 0xc2 0x23 0x5
   Jul 29 18:53:36 RouterB %7:  MAGICNUMBER (6) 0x0 0x1d 0x3f 0x49
   Jul 29 18:53:37 RouterB %7:PPP: [R] PROTO TYPE 0XC021,SIZE 10
PD_TYPE=6
   Jul 29 18:53:37 RouterB %7:[len=10]
   Jul 29 18:53:37 RouterB %7:  02 0B 00 0A 05 06 00 1B AB E4
   Jul 29 18:53:37 RouterB %7:PPP: serial 0  [I] ENQUEUE, PDD_PPP
   Jul 29 18:53:37 RouterB %7:[len=10]
   Jul 29 18:53:37 RouterB %7:  FF 03 C0 21 02 0B 00 0A 05 06
   Jul 29 18:53:37 RouterB %7:PPP: serial 0[R]LCP CONFACK id 11 len 10
   Jul 29 18:53:37 RouterB %7:  MAGICNUMBER (6) 0x0 0x1b 0xab 0xe4
   Jul 29 18:53:37 RouterB %7:PPP: [R] PROTO TYPE 0XC223,SIZE 28
PD_TYPE=6
```

```
Jul 29 18:53:37 RouterB %7:[len=28]
Jul 29 18:53:37 RouterB %7:  01 07 00 1C 10 00 16 C3 CE 00 16 EC C9 00 17 15
Jul 29 18:53:37 RouterB %7:  C4 00 17 3E BF 52 6F 75 74 65 72 41
Jul 29 18:53:37 RouterB %7:PPP: serial 0  [I] ENQUEUE, PDD_PPP
Jul 29 18:53:37 RouterB %7:[len=10]
Jul 29 18:53:37 RouterB %7:  FF 03 C2 23 01 07 00 1C 10 00
Jul 29 18:53:37 RouterB %7:PPP: serial 0 [R] CHAP CHAP-CHALLENGE id 7 len 28 <0016C3CE0016ECC9001715C400173EBF>, username = RouterA
Jul 29 18:53:37 RouterB %7:PPP: [R] PROTO TYPE 0XC223,SIZE 4 PD_TYPE=6
Jul 29 18:53:37 RouterB %7:[len=4]
Jul 29 18:53:37 RouterB %7:  03 07 00 04
Jul 29 18:53:37 RouterB %7:PPP: serial 0  [I] ENQUEUE, PDD_PPP
Jul 29 18:53:37 RouterB %7:[len=10]
Jul 29 18:53:37 RouterB %7:  FF 03 C2 23 03 07 00 04 A0 03
Jul 29 18:53:37 RouterB %7:PPP: serial 0 [R] CHAP CHAP-SUCCESS id 7 len 4
Jul 29 18:53:37 RouterB %7:PPP: [R] PROTO TYPE 0X8021,SIZE 10 PD_TYPE=6
Jul 29 18:53:37 RouterB %7:[len=10]
Jul 29 18:53:37 RouterB %7:  01 05 00 0A 03 06 C0 A8 0A 01
Jul 29 18:53:37 RouterB %7:PPP: serial 0  [I] ENQUEUE, PDD_PPP
Jul 29 18:53:37 RouterB %7:[len=10]
Jul 29 18:53:37 RouterB %7:  FF 03 80 21 01 05 00 0A 03 06
Jul 29 18:53:37 RouterB %7:PPP: serial 0 [R] IPCP CONFREQ(5) id 10 len 2
Jul 29 18:53:37 RouterB %7:  Address (6) 0xc0 0xa8 0xa 0x1
Jul 29 18:53:37 RouterB %7:PPP: [R] PROTO TYPE 0X8021,SIZE 10 PD_TYPE=6
Jul 29 18:53:37 RouterB %7:[len=10]
Jul 29 18:53:37 RouterB %7:  02 04 00 0A 03 06 C0 A8 0A 02
Jul 29 18:53:37 RouterB %7:PPP: serial 0  [I] ENQUEUE, PDD_PPP
Jul 29 18:53:37 RouterB %7:[len=10]
Jul 29 18:53:37 RouterB %7:  FF 03 80 21 02 04 00 0A 03 06
Jul 29 18:53:37 RouterB %7:PPP: serial 0 [R] IPCP CONFACK(4) id 10 len 2
Jul 29 18:53:37 RouterB %7:  Address (6) 0xc0 0xa8 0xa 0x2
Jul 29 18:53:37 RouterB %7:PPP: [R] PROTO TYPE 0XC021,SIZE 12 PD_TYPE=6
Jul 29 18:53:37 RouterB %7:[len=12]
```

```
Jul 29 18:53:37 RouterB %7:  09 01 00 0C 00 1D 3F 49 0A 02 A0 0A
Jul 29 18:53:37 RouterB %7:PPP: serial 0  [I] ENQUEUE, PDD_PPP
Jul 29 18:53:37 RouterB %7:[len=10]
Jul 29 18:53:37 RouterB %7:  FF 03 C0 21 09 01 00 0C 00 1D
Jul 29 18:53:37 RouterB %7:PPP: serial 0 [R] LCP ECHOREQ id 1 len
12 magic 0X1D3F49
Jul 29 18:53:37 RouterB %7:PPP: serial 0 [I] ECHO-REQ, id 1 len 8
Jul 29 18:53:38 RouterB %7: serial 0 [O] ECHO-REQ id 1 len 8
Jul 29 18:53:38 RouterB %7:%LINE PROTOCOL CHANGE: Interface serial
4/0, changed state to UP
Jul 29 18:53:38 RouterB %7:PPP: [R] PROTO TYPE 0XC021,SIZE 12
PD_TYPE=6
Jul 29 18:53:38 RouterB %7:[len=12]
Jul 29 18:53:38 RouterB %7:  0A 01 00 0C 00 1D 3F 49 0A 02 A0 0A
Jul 29 18:53:38 RouterB %7:PPP: serial 0  [I] ENQUEUE, PDD_PPP
Jul 29 18:53:38 RouterB %7:[len=10]
Jul 29 18:53:38 RouterB %7:  FF 03 C0 21 0A 01 00 0C 00 1D
Jul 29 18:53:38 RouterB %7:PPP: serial 0 [R] LCP ECHOREP id 1 len
12 magic 0X1D3F49
Jul 29 18:53:38 RouterB %7:PPP: serial 0 [I] ECHO-REP id 1, Current
id 1, line protocol up
```

以上的调试信息是 PPP 协商从开始到 Line Protocol Up 的所有报文，双方路由器互相发送 LCP CONFREQ，再互相做 LCP CONFACK 应答，此后进入 IPCP 协商，双方路由器互相发送 IPCP CONFREQ，并且附上本身的 IP 地址，然后在收到 IPCP 的 CONFREQ 请求之后，互相发送 IPCP CONFACK 应答附上对方的 IP 地址，然后该接口的 PPP 协商就成功了。

在 PPP 配置完成后，也可以使用命令 debug ppp negotiation 查看 PPP 通讯过程中协商调试信息，从而理解 PPP 协商过程，并能及时判定正误。如示例 9-7 所示。

示例 9-7 debug ppp negotiation 命令输出

```
Jul 29 19:16:42 RouterB %7:PPP: serial 0 reset lcp options
Jul 29 19:16:42 RouterB %7:LCP: serial 0 [O] OPCODE_CONFREQ [Closed]
id 12 len 10
Jul 29 RouterB %7:LCP: serial 0 [O] OPCODE_CONFREQ, type=5 (LCP_
MAGICNUMBER), value = 0x2732ff%LINK CHANGED: Interface serial 0, changed
state to up
Jul 29 19:16:42 RouterB %7:LCP: serial 0 [I] OPCODE_CONFREQ, type
= 3 (AUTHTYPE) value = 0xc223 digest = 5 acked
Jul 29 19:16:42 RouterB %7:LCP: serial 0 [I] OPCODE_CONFREQ, type
= 5 (MAGICNUMBER) value = 0x2b3ce8 acked
```

```
Jul 29 19:16:44 RouterB %7:PPP: serial 0 TIMEout: State= Acksent
Jul 29 19:16:44 RouterB %7:LCP: serial 0 [O] OPCODE_CONFREQ [Acksent]
id 12 len 10
Jul 29 RouterB %7:LCP: serial 0 [O] OPCODE_CONFREQ, type = 5
(LCP_MAGICNUMBER), value = 0x2732ff
Jul 29 19:16:44 RouterB %7:LCP: serial 0 [I] OPCODE_CONFACK [Acksent]
id 12 len 6
Jul 29 RouterB %7:LCP: serial 0 [I] OPCODE_CONFACK, type = 5
(LCP_MAGICNUMBER), value = 0x2732ff
Jul 29 19:16:44 RouterB %7:PPP: serial 4/0 reset ipcp options
Jul 29 19:16:44 RouterB %7:PPP: serial 0 negotiation
local_addr=192.168.10.2 peer_addr=0.0.0.0
Jul 29 19:16:44 RouterB %7:IPCP: serial 0 [O] OPCODE_CONFREQ [Closed]
id 5 len 10
Jul 29 19:16:44 RouterB %7:IPCP: serial 0 [O] OPCODE_CONFREQ, type
= 3 (IPCP_ADDRESS), Address = 192.168.10.2
Jul 29 19:16:44 RouterB %7:IPCP: serial 0 [I] OPCODE_CONFREQ, type
= 3 (IPCP_ADDRESS), address = 192.168.10.1 (ACK)
Jul 29 19:16:44 RouterB %7:IPCP: ipcp_do_req_cb: returning
OPCODE_CONFACK.
Jul 29 19:16:44 RouterB %7:IPCP: serial 0 [I] OPCODE_CONFACK [Acksent]
id 5 len 6
Jul 29 19:16:44 RouterB %7:IPCP: serial 0 [I] OPCODE_CONFACK, type
= 3 (IPCP_ADDRESS), Address = 192.168.10.2
Jul 29 19:16:44 RouterB %7:PPP: ------serial 0 ipcp up!----
Jul 29 19:16:44 RouterB %7:localip=192.168.10.2
peerip=192.168.10.1
Jul 29 19:16:45 RouterB %7:%LINE PROTOCOL CHANGE: Interface serial
0, changed state to UP
```

上面的命令显示了线路上 LCP 的启动、验证及最终适合的第三层协议的运行。

下面使用命令 degub ppp authentication 查看在 PPP 通讯过程中授权调试信息，如示例 9-8 所示。

示例 9-8 degub ppp authentication 命令输出

```
Jul 29 19:29:30 RouterB %7:PPP: ppp_clear_author(), protocol = LCP
Jul 29 19:29:30 RouterB %7:%LINK CHANGED: Interface serial 4/0,
changed state to up
Jul 29 19:29:32 RouterB%7:PPP:serial 0[I]CHAP CHALLENGE id 9 len 24
Jul 29 19:29:32 RouterB %7:PPP: serial 0 recv CHAP challenge from
RouterA
```

```
Jul 29 19:29:32 RouterB %7:PPP: serial 0 Search Password in local.
Jul 29 19:29:32 RouterB %7:PPP: serial 0[I]CHAP SUCCESS id 9 len 0
Jul 29 19:29:32 RouterB %7::PPP: serial 0 authentication OK, begin
networkphase!
Jul 29 19:29:32 RouterB %7:PPP: ppp_clear_author(), protocol = IPCP
Jul 29 19:29:33 RouterB %7:%LINE PROTOCOL CHANGE: Interface serial
4/0, changed state to UP
```

上示例所示 PPP 在使用验证功能之后的验证过程。

当被验证方的口令不正确时，使用 degub ppp authentication 命令会显示如示例 9-9 所示的信息。

示例 9-9　degub ppp authentication 命令输出验证失败信息

```
Jul 29 19:46:06 RouterB %7:PPP: serial 0 [I] CHAP CHALLENGE id 10
len 24
Jul 29 19:46:06 RouterB %7:PPP: serial 0 recv CHAP challenge from
RouterA
Jul 29 19:46:06 RouterB %7:PPP: serial 0 Search Password in local.
Jul 29 19:46:06 RouterB %7:PPP: serial 0 [I] CHAP FAILURE id 10 len
22 msg is "authentication failure"
Jul 29 19:46:08 RouterB %7:PPP: ppp_clear_author(), protocol = LCP
Jul 29 19:46:08 RouterB %7:PPP: serial 0 [I] CHAP CHALLENGE id 11
len 24
Jul 29 19:46:08 RouterB %7:PPP: serial 0 recv CHAP challenge from
RouterA
Jul 29 19:46:08 RouterB %7:PPP: serial 0 Search Password in local.
Jul 29 19:46:08 RouterB %7:PPP: serial 0 [I] CHAP FAILURE id 11 len
22 msg is "authentication failure"
```

使用 show interface serial 命令查看接口的状态，如示例 9-10 所示。

示例 9-10　show interface serial 命令查看接口状态

```
RouterB#show interfaces serial 4/0
Index(dec):1 (hex):1
serial 4/0 is UP  , line protocol is DOWN
Hardware is Infineon DSCC4 PEB20534 H-10 serial
Interface address is: 192.168.10.2/24
  MTU 1500 bytes, BW 2000 Kbit
  Encapsulation protocol is PPP, loopback not set
  Keepalive interval is 10 sec , set
  Carrier delay is 2 sec
  RXload is 1 ,Txload is 1
  LCP Termsent
  Closed: ipcp
  Queueing strategy: WFQ
```

```
    11421118 carrier transitions
    V35 DTE cable
    DCD=up  DSR=up  DTR=up  RTS=up  CTS=up
  5 minutes input rate 305 bits/sec, 1 packets/sec
  5 minutes output rate 218 bits/sec, 1 packets/sec
    2769 packets input, 50942 bytes, 0 no buffer, 0 dropped
    Received 373 broadcasts, 0 runts, 0 giants
    0 input errors, 0 CRC, 0 frame, 0 overrun, 0 abort
    2667 packets output, 46825 bytes, 0 underruns , 0 dropped
    0 output errors, 0 collisions, 130 interface resets
```

通过上面示例可以看到，当 PPP 验证时口令不正确时，验证会发送"authentication failure"验证失败的信息，当查看接口状态时，其接口是 line protocol is DOWN 的状态，LCP 和 NCP 的状态为 Termsent 和 Closed。

9.2 总　结

（1）PPP 是一个面向连接但不可靠的面向字节的连接，使用无编号帧。

（2）PPP 支持两种授权协议：PAP（Password Authentication Protocol）和 CHAP（Challenge Hand Authentication Protocol）。

9.3 思考与练习

（1）PPP 的主要特征是什么？

（2）简述 PPP 认证的过程？

（3）比较 PAP、CHAP 的优缺点？

第 10 章　园区网安全

本章重点

- 园区网安全隐患
- 交换机端口安全
- 配置 ACL

信息安全是指信息网络的硬件、软件及其系统中的数据受到保护，不受偶然的或者恶意的原因而遭到破坏、更改、泄露，系统连续可靠正常地运行，信息服务不中断。

信息安全是一门涉及计算机科学、网络技术、通信技术、密码技术、信息安全技术、应用数学、数论、信息论等多种学科的综合性学科。

从广义来说，凡是涉及到网络上信息的保密性、完整性、可用性、真实性和可控性的相关技术和理论都是网络安全的研究领域。

70 年代以来，在应用和普及的基础上，以计算机网络为主体的信息处理系统迅速发展，计算机应用也逐渐向网络化发展。网络化的信息系统是集通信、计算机和信息处理于一体的，是现代社会不可缺少的基础。计算机应用发展到网络阶段后，信息安全技术得到迅猛地发展，使现有的计算机安全问题增加了许多新的内容。

计算机网络安全涉及到物理环境、硬件、软件、数据、传输、体系结构等各个方面。除了传统的安全保密理论、技术及单机的安全问题以外，计算机网络安全技术包括了计算机安全、通信安全、访问控制的安全，以及安全管理和法律制裁等诸多内容，并逐渐形成了相对独立的学科体系。

计算机通信网络在政治、军事、金融、商业、交通、电信、文教等方面的作用日益增强。随着网络开放性、共享性及互连程度的扩大，特别是 Internet 的出现，网络的重要性和对社会的影响也越来越大。随着网络上各种新业务的兴起，比如电子商务（Electronic Commerce）、电子现金（Electronic Cash）、数字货币（Digital Cash）、网络银行（Network Bank）等的兴起，以及各种专用网（比如金融网等）的建设，使得安全问题显得尤为重要，因此对网络安全的研究成了现在计算机和通信界的一个热点。

在此背景下发展起来的园区网络，由于其开放性和匿名性等特征，不可避免地存在着各种各样的安全隐患，若不解决这一系列的安全隐患，势必对园区网的应用和发展，以及网络用户的利益造成很大的影响。

10.1　园区网安全隐患

网络安全的隐患是指计算机或其他通信设备利用网络进行交互时可能会受到的窃听、攻击或破坏，它是指具有侵犯系统安全或危害系统资源的潜在的环境、条件或事件。计算机网络和分布式系统很容易受到来自非法入侵者和合法用户的威胁。

10.1.1　园区网的常见安全隐患

园区网络安全隐患包括的范围比较广，如自然灾害、意外事故、人为行为（如使用不当、安全意识差等）、黑客行为、内部泄密、外部泄密、信息丢失、电子监听（信息流量分析、信息窃取等）和信息战等。所以，对网络安全隐患的分类方法也比较多，如根据威胁对象可分为对网络数据的威胁和对网络设备的威胁；根据来源可分为内部威胁和外部威胁。安全隐患的来源一般可分为以下几类：

- ❑ 非人为或自然力造成的硬件故障、电源故障、软件错误、火灾、水灾、风暴和工业事故等。
- ❑ 人为但属于操作人员无意的失误造成的数据丢失或损坏。
- ❑ 来自园区网外部和内部人员的恶意攻击和破坏。

其中，安全隐患最大的是第三类。外部威胁主要来自一些有意或无意的对网络的非法访问，并造成了网络有形或无形的损失，其中的黑客就是最典型的代表。

还有一种网络威胁来自园区网系统内部，这类人熟悉网络的结构和系统的操作步骤，并拥有合法的操作权限。中国首例“黑客” 操纵股价案例便是网络安全隐患中策略失误和内部威胁的典型实例。

10.1.2 园区网安全解决方案的整体思路

为了防止来自各方面的园区网络安全威胁的发生，除进行宣传教育外，最主要的就是制定一个严格的安全策略，这也是网络安全中的核心和关键。

但是由于我国的信息安全技术起步晚，整体基础薄弱，特别是信息安全的基础设施和基础部件几乎全部依赖国外技术。所以，我国的网络安全产品，总的来说是自主开发少，软硬件技术受制于人。国家性的一些关键部门，如银行和电信等，很多都采用了国外的信息产品，特别是操作系统、数据库和骨干网络设备。这些部门要么采用国外的安全产品，要么就根本不采用任何安全措施，这些都给国家安全和人们的日常生活留下了严重的安全隐患。

可喜的是，近一两年来，我国网络信息安全领域也得到了迅猛的发展，除了专注于安全产品研发的公司外，国产化的网络设备供应商也越来越重视新产品安全功能的应用。锐捷网络公司也紧跟应用趋势，在新产品系列中也注重了网络安全的应用，可以通过交换机端口安全、配置访问控制列表 ACL、在防火墙实现包过滤等技术来实现一套可行的园区网安全解决方案。

10.2 交换机端口安全

10.2.1 交换机端口安全概述

锐捷网络的交换机有端口安全功能，利用端口安全这个特性，可以实现网络接入安全。交换机的端口安全机制是工作在交换机二层端口上的一个安全特性，它主要有以下几个功能：

- ❑ 只允许特定 MAC 地址的设备接入到网络中，从而防止用户将非法或未授权的设备接入网络。
- ❑ 限制端口接入的设备数量，防止用户将过多的设备接入到网络中。

SPAN 技术主要是用来监控交换机上的数据流，大体分为两种类型，本地 SPAN 和远程 SPAN ————Local Switched Port Analyzer (SPAN) and Remote SPAN (RSPAN)，实现方法上稍有不同。利用 SPAN 技术我们可以把交换机上某些想要被监控端口（以下简称受控端口）的数据流 COPY 或 MIRROR 一份，发送给连接在监控端口上的流量分析仪，比如锐捷的 IDS 或是装了 SNIFFER 工具的 PC。受控端口和监控端口可以在同一台交换机上(本地 SPAN)，也可以在不同的交换机上(远程 SPAN)。

当一个端口被配置成为一个安全端口（启用了端口安全特性）后，交换机将检查从此端口接收到的帧的源 MAC 地址，并检查在此端口配置的最大安全地址数。如果安全地址数没有超过配置的最大值，交换机会检查安全地址表，若此帧的源 MAC 地址没有被包含在安全地址表中，那么交换机将自动学习此 MAC 地址，并将它加入到安全地址表中，标记为安全地址，进行后续转发；若此帧的源 MAC 地址已经存在于安全地址表中，那么交换机将直接对帧进行转发。安全端口的安全地址表项既可以通过交换机自动学习，也可以手工配置。

配置端口安全存在以下限制。

- 一个安全端口必须是一个 Access 端口，及连接终端设备的端口，而非 Trunk 端口。
- 一个安全端口不能是一个聚合端口（Aggregate Port）。
- 一个安全端口不能是 SPAN 的目的端口。

一个千兆端口上最多支持 120 个同时申明 IP 地址和 MAC 地址的安全地址。另外，由于这种同时申明IP地址和MAC地址的安全地址占用的硬件资源与ACLs等功能所占用的系统硬件资源共享，因此当在某一个端口上应用了 ACLs，则相应地该端口上所能设置的申明 IP 地址的安全地址个数将会减少。

建议一个安全端口上的安全地址格式保持一致，即一个端口上的安全地址或者全是绑定了 IP 地址的安全地址，或者是都不绑定 IP 地址的安全地址。如果一个安全端口同时包含这两种格式的安全地址，则不绑定 IP 地址的安全地址将失效（绑定 IP 地址的安全地址优先级更高），这时如果想使端口上不绑定 IP 地址的安全地址生效，就必须删除端口上所有的绑定了 IP 地址的安全地址。

当配置完成端口安全之后，如果当违例产生时，可以设置下面几种针对违例的处理模式。

- protect：当安全地址个数满后，安全端口将丢弃未知名地址（不是该端口的安全地址中的任何一个）的包。
- restrict：当违例产生时，交换机不但丢弃接收到的帧（MAC 地址不在安全地址表中），而且将发送一个 SNMP Trap 报文。
- shutdown：当违例产生时，交换机将丢弃接收到的帧（MAC 地址不在安全地址表中），发送一个 SNMP Trap 报文，而且将端口关闭。

SNMP(Simple Network Management Protocol，简单网络管理协议)的前身是简单网关监控协议(SGMP)，用来对通信线路进行管理。

10.2.2 端口安全的配置

1. 端口安全的默认配置

锐捷系列交换端口安全的默认配置可以使用命令 show port-security interface 进行查看，如示例 10-1 所示。

示例 10-1 查看端口安全的默认配置

```
S3750#show port-security interface fastEthernet 0/1
Interface : FastEthernet 0/1
Port Security : Disabled
Port status : down
```

```
Violation mode : Protect
Maximum MAC Addresses : 128
Total MAC Addresses : 0
Configured MAC Addresses : 0
Aging time : 0 mins
SecureStatic address aging : Disabled
```

默认为关闭端口安全，最大安全地址个数是128，没有安全地址，违例方式为保护（protect）。

2. 配置安全端口及违例处理方式

配置安全端口共分三步。

步骤1　打开该端口的端口安全功能。

S3750(config-if)#switchport port-security

步骤2　设置端口上安全地址的最大个数。

S3750(config-if)# switchport port-security maximum *number*

默认情况下，端口的最大安全地址数为128个。

步骤3　配置处理违例的方式。

S3750(config-if)#switchport port-security violation { protect | restrict | shutdown }

默认情况下，地址违规操作为protect。

下面的示例说明了如何设置端口gigabitethernet 0/28上的端口安全功能，设置最大地址个数为8，设置违例方式为shutdown。

示例10-2　配置端口安全

```
S3750(config)#interface gigabitEthernet 0/28
S3750(config-if)# switchport mode access
S3750(config-if)#switchport port-security
S3750(config-if)#switchport port-security maximum 8
S3750(config-if)#switchport port-security violation shutdown
```

3. 配置安全端口上的安全地址

在接口模式下，配置安全端口上的安全地址，如下所示：

S3750(config-if)#switchport port-security [mac-address *mac-address* **[ip-address** *ip-address*]

其中参数：**mac-address** *mac-address* 为设置端口的安全地址，**ip-address** *ip-address* 为这个安全地址绑定的IP地址。

默认情况下，手工配置的安全地址将永久存在于安全地址表中。通常，当预先知道接入设备的MAC地址的情况下，我们可以手工配置安全地址，以防非法或未授权的设备接入到网络中。

示例10-3说明了如何为端口gigabitethernet 0/27配置一个安全MAC地址：00d0.f800.073c，并为其绑定一个地址IP：10.1.1.100。

示例 10-3　配置安全端口上的安全地址

```
S3750(config)#interface gigabitEthernet 0/27
S3750(config-if)# switchport mode access
S3750(config-if)#switchport port-security
S3750(config-if)#switchport      port-security      mac-address
00d0.f800.073c ip-address 10.1.1.100
```

当端口由于违规操作而进入“err-disabled”状态后，必须在全局模式下使用如下命令手工将其恢复为 UP 状态：

errdisable recovery

使用如下命令可以设置端口从“err-disabled”状态自动恢复所需要等待的时间，当指定的时间到达后，“err-disabled”状态的端口将重新进入 UP 状态：

errdisable recovery interval *time*

4. **配置安全地址的老化时间**

默认情况下，交换机安全端口自动学习到的和手工配置的安全地址都不会老化，即永久存在的，使用如下命令可以配置安全地址的老化时间：

S3750(config-if)#switchport port-security aging{static | time *time* **}**

其参数：static：加上这个关键字，表示老化时间将同时应用于手工配置的安全地址和自动学习的地址，否则只应用于自动学习的地址。Time：表示这个端口上安全地址的老化时间，范围是 0～1440，单位是分钟。如果设置为 0，则老化功能实际上被关闭。老化时间按照绝对的方式计时，即一个地址成为一个端口的安全地址后，经过 Time 指定的时间后，这个地址就将被自动删除。Time 的默认值为 0。

可以在接口配置模式下使用命令 **no switchport port-security aging time** 来关闭一个端口的安全地址老化功能（老化时间为 0），使用命令 **no switchport port-security aging static** 来使老化时间仅应用于动态学习到的安全地址。

示例 10-4 说明了如何配置一个端口 gigabitethernet 0/28 上的端口安全的老化时间，老化时间设置为 8 分钟，老化时间同时应用于静态配置的安全地址。

示例 10-4　配置安全地址的老化时间

```
S3750(config)#interface gigabitEthernet 0/28
S3750(config-if)#switchport port-security aging time 8
S3750(config-if)#switchport port-security aging static
```

10.2.3　查看端口安全信息

端口安全配置完成后，可以使用如下命令来查看端口配置状态：

使用命令 **show port-security interface** [*interface-id*] 可以查看端口的端口安全配置信息，显示所有端口的安全设置状态、违例处理等信息，同时显示所有安全地址表的信息。如示例 10-5 所示。

示例 10-5　show port-security interface 命令输出

```
S3750#show port-security interface gigabitEthernet 0/28
```

```
Interface : GigabitEthernet 0/28
Port Security : Enabled
Port status : down
Violation mode : Shutdown
Maximum MAC Addresses : 8
Total MAC Addresses : 0
Configured MAC Addresses : 0
Aging time : 8 mins
SecureStatic address aging : Enabled
```

也可以使用命令 **show port-security address** 来查看安全地址信息，显示安全地址及老化时间，如示例 1-0-6 所示。

示例 10-6　show port-security address 命令输出

```
S3750#show port-security address
Vlan Mac Address IP Address   Type   Port    Remaining Age(mins)
---- --------- ----------- ---------- ----------- ------------
  1 00d0.f800.073c 10.1.1.100 Configured GigabitEthernet 0/27    8
```

使用命令 **show port-security** 显示所有安全端口的统计信息，包括最大安全地址数，当前安全地址数以及违例处理方式等，如示例 10-7 所示。

示例 10-7　show port-security 命令输出

```
S3750#show port-security
Secure   Port   MaxSecureAddr(count)  CurrentAddr(count)  Security
Action
------------------ -------------- ------------------ ---------
    GigabitEthernet 0/27          128            1          Protect
    GigabitEthernet 0/28          8              1          Shutdown
```

访问控制列表(ACL)是应用在路由器接口的指令列表。这些指令列表用来告诉路由器哪些数据包可以收、哪些数据包需要拒绝。至于数据包是被接收还是被拒绝，可以由类似于源地址、目的地址、端口号等的特定指示条件来决定。

10.3　访问控制列表

10.3.1　访问控制列表概述

分组过滤有助于限制网络的分组传输，这种控制能够帮助限制网络数据流和限制某些用户或设备对网络的使用，为了允许或拒绝分组穿过规定的路由器端口，RGNOS 提供了访问列表，访问表（access list）是一个有序的语句集，它通过匹配报文中信息与访问表参数，来允许报文通过或拒绝报文通过某个端口。这样的定义并不意味着安全中任何问题都能够用访问表解决，也不意味着使用访问表根据报文中特定参数建立一种安全策略或者实现一个数据流，如图 10-1 所示。

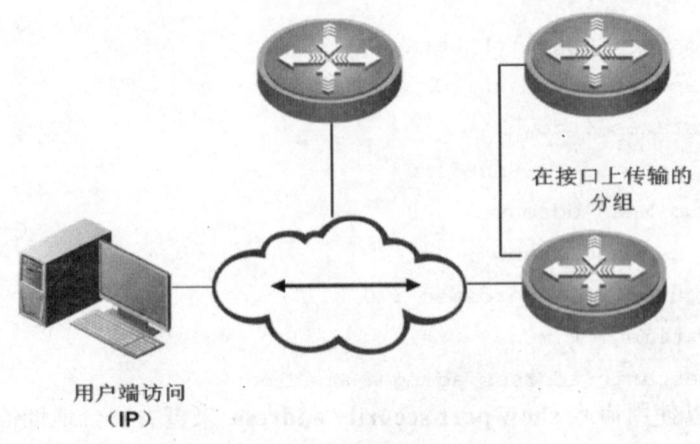

图 10-1　访问列表控制网络分组传输

访问控制是网络安全防范和保护的主要策略，它的主要任务是保证网络资源不被非法使用和访问。它是保证网络安全最重要的核心策略之一。访问控制涉及的技术也比较广，包括入网访问控制、网络权限控制、目录级控制以及属性控制等多种手段。

作为 RGNOS 安全解决方案的一部分，RGNOS 使用访问控制列表提供强大的数据流过滤功能。RGNOS 目前支持以下访问列表：

- 标准 IP 访问控制列表。
- 扩展 IP 访问控制列表。
- MAC 访问控制列表。
- MAC 扩展访问控制列表。
- Expert 扩展访问控制列表。
- IPV6 访问控制列表。

对数据流进行过滤可以限制网络中通讯数据的类型，限制网络的使用者或使用的设备。访问控制列表在数据流通过网络设备时对其进行分类过滤，并对从指定端口输入或者输出的数据流进行检查，根据匹配条件（Conditions）决定是允许其通过（Permit）还是丢弃（Deny）。

访问控制列表由一系列的表项组成，我们称之为接入控制列表项（Access Control Entry：ACE）。每个接入控制列表表项都申明了满足该表项的匹配条件及行为。

访问列表规则可以针对数据流的源地址、目标地址、上层协议，时间区域等信息。

访问控制列表 ACL（Access Control List），最直接的功能便是包过滤。通过访问控制列表（ACL）可以在路由器、三层交换机上进行网络安全属性配置，可以实现对进入到路由器、三层交换机的输入数据流进行过滤。

认证输入数据流的定义可以基于网络地址、TCP/UDP 的应用等。可以选择对于符合过滤标准的流是丢弃还是转发，因此必须知道网络是如何设计的，以及路由器端口是如何在过滤设备上使用的。要通过 ACL 配置网络安全属性，只有通过命令来完成配置，无法通过 SNMP 来完成这些设置。

当限制网络路由更新或限制网络访问时可以使用访问控制列表，访问列表一般在网络中的内部网和外部网（如 Internet）之间的设备、网络两个部分交界的设备、接入控制端口的设备上应用访问列表。

建立访问控制列表后，主要任务是保证网络资源不被非法使用和访问，其次还可以用来限制网络流量，提高网络性能，对通信流量起到控制的作用，这些都是对网络访问的基本安全手段。在路由器的端口上配置访问控制列表后，可以对入站端口、出站端口及通过路由器中继的数据包进行安全检测。

访问控制列表总的说起来有下面三个作用，我们来具体讨论一下。

- 安全控制：允许一些符合匹配规则的数据包通过访问的同时而拒绝另一部分不符合匹配规则的数据包。举例说明，财务部的数据库服务器上面的数据应该是比较机密的，不是谁都可以访问的，这时候就需要用到访问控制列表，在此列表中定义哪些主机可以访问财务部数据库服务器，当此列表外的主机访问此服务器的时候，就会被路由器过滤掉，如图10-2 所示。

BitTorrent(简称BT)是一个文件分发协议，它通过 URL 识别内容并且和网络无缝结合。它在HTTP 平台上的优势在于，同时下载一个文件的下载者在下载的同时不断互相上传数据，使文件源可以在很有限的负载增加的情况下支持大量下载者同时下载。

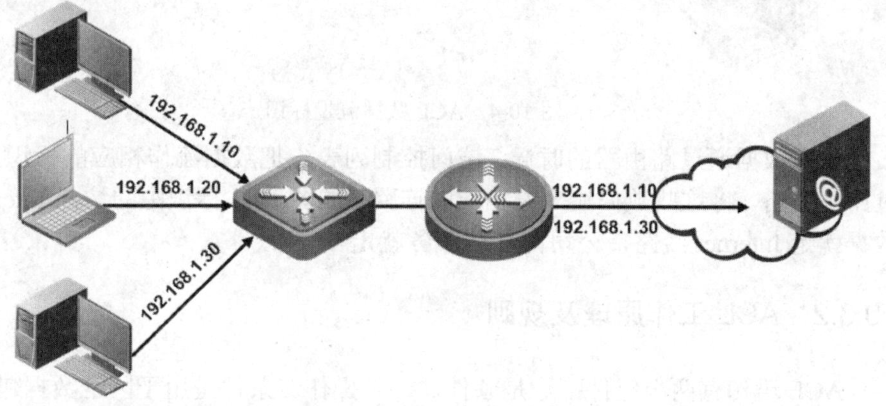

图 10-2　ACL 安全控制

192.168.1.10 与 192.168.1.30 的两台主机可以通过路由器访问邮件服务器主机，而那台 192.168.1.20 那台笔记本电脑，就无法访问财务的数据库服务器。

- 流量过滤：此功能是防止一些不必要的数据包通过路由器，来提高网络带宽的利用率，如图 10-3 所示。

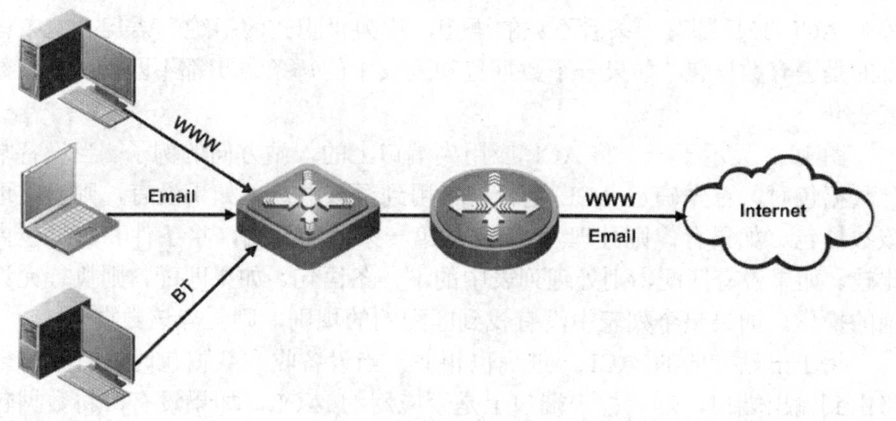

图 10-3　ACL 流量控制

其中的两台主机分别可以通过路由器访问网络与收发邮件，另一台主机想通过路由器进行 BT 下载，却无法进行 BT 下载。

- 数据流量标识：此功能是对公司有两条或两条以上的网络链路时，访问控制列表与路由策略等来实现分工，让不同的数据包选择不同的链路，如图 10-4 所示。

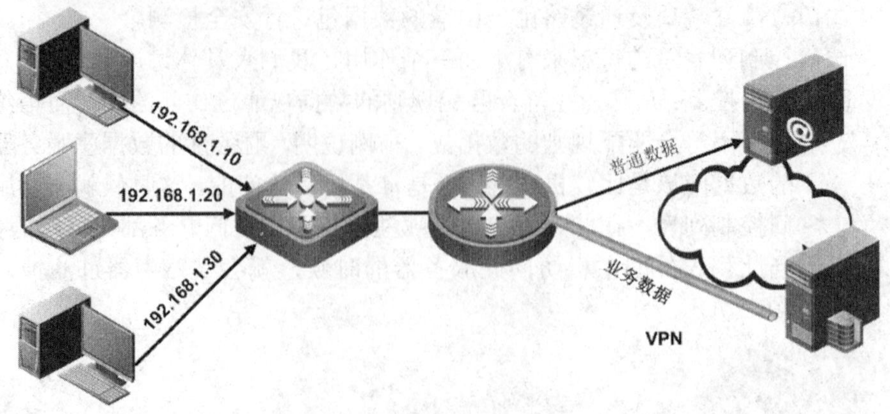

图 10-4 ACL 数据流量标识

当有数据通过路由器的时候，访问控制列表先把数据流作相应的标识，在通过路由策略，将这些数据流交给相应的连路，如图 10-4 标识中的访问 Internet 的数据就走 Internet 线路，公司内部的服务就走 VPN 线路。

在实施 ACL 的过程中，应当遵循如下两个基本原则：
1. 最小特权原则：只给受控对象完成任务所必须的最小的权限。
2. 最靠近受控对象原则：所有的网络层访问权限控制。
3. 默认丢弃原则。

10.3.2 ACL 工作原理及规则

ACL 语句有两个组件：一是条件，一是操作。条件是用于区配数据包内容。当为条件找到匹配时，则会采取一个操作，允许或拒绝。

条件：条件基本上是一个组规则，定义了要在数据包内容中查找什么来确定数据包是否匹配，每条 ACL 语句中只可以列出一个条件，但是，可以将 ACL 语句组合在一起形成一个列表或策略，语句使用编号或名称来分组。

操作：当 ACL 语句条件与比较的数据包内容匹配时，可以采取允许和拒绝两个操作。当 ACL 语句中找到一个匹配时，则不会再处理其他语句。而且，在每个 ACL 最后都有一条看不见的语句，称为“隐式的拒绝”语句。这条语句的目的是丢弃数据包。如果一个数据包和列表中的每条语句都不匹配，则该数据包被丢弃。

图 10-5 显示了一个将 ACL 应用到端口上的入站方向的例子。当设备端口收到数据包时，首先确定 ACL 是否被应用到了该端口，如果没有，则正常地路由该数据包。如果有，则处理 ACL，从第一条语句开始，将条件和数据包内容相比较。如果没有匹配，则处理列表中的下一条语句，如果匹配，则执行允许或拒绝的操作。如果整个列表中没有找到匹配的的规则，则丢弃该数据包。

用于出站方向的 ACL，过程也相似，当设备收到数据包时，首先将数据包路由到输出端口，然后检查端口上是否应用的 ACL，如果没有，将数据包排在队列中，发送出端口，否则，数据包通过与 ACL 条目进行比较处理，如图 10-6 所示。

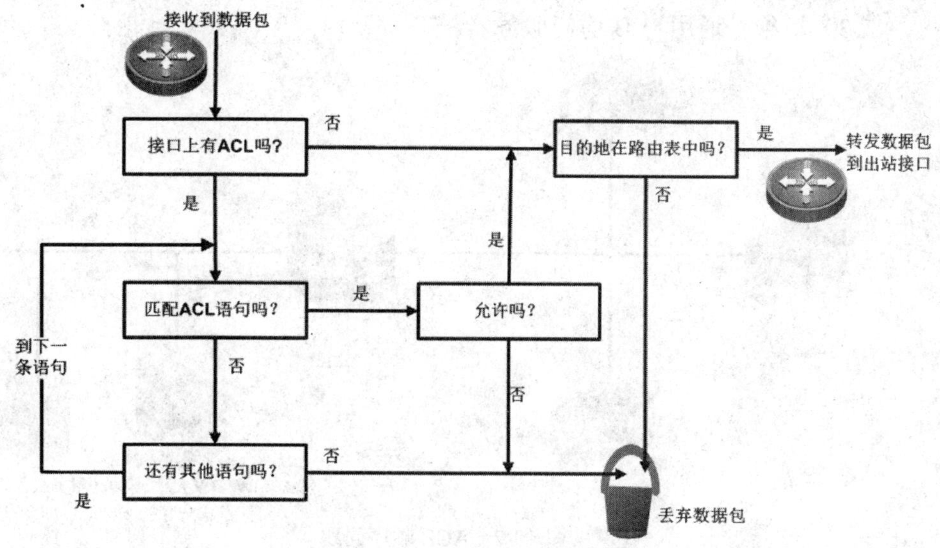

图 10-5　入站 ACL 流程图

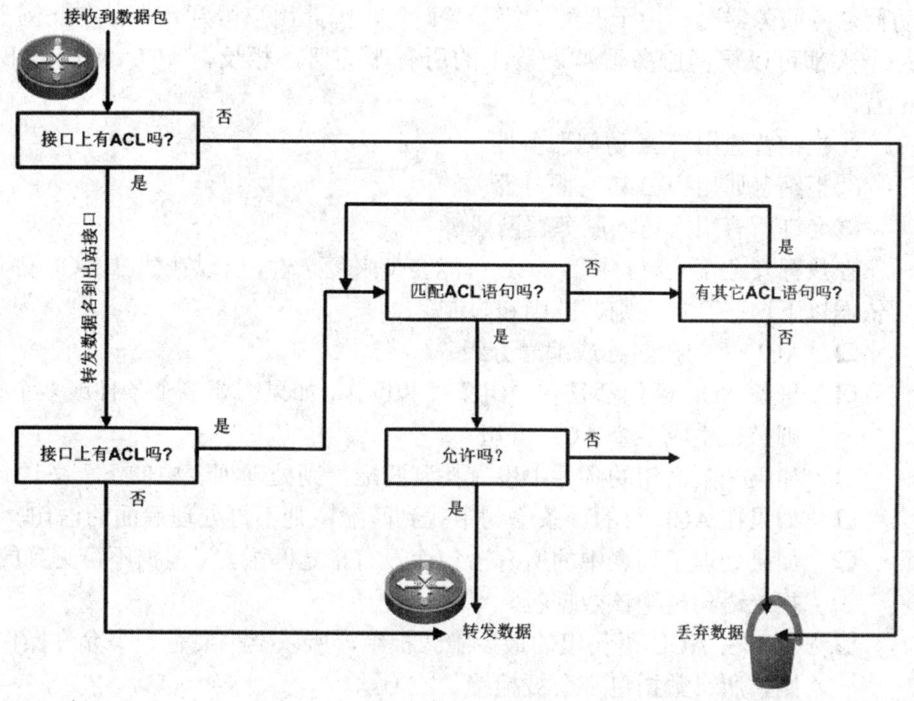

图 10-6　出站 ACL 流程图

ACL 语句如何排列的顺序是很重要的，在进行匹配的时候会自上而下执行，默认情况下，当将 ACL 语句添加到列表中时，它将被添加到列表的底部或最后。

在图 10-7 中，路由器分隔了两个网段，一个网段为客户端，而另一个网段为服务器群，过滤流量的目的是允许所有客户端访问 Web 服务器，但是只允许财务用户访问财务服务器。

下面的 ACL 过滤规则被配置在路由器上。

（1）允许所有用户访问服务器网段。

（2）拒绝普通用户 A 访问服务器。

（3）拒绝普通用户 B 访问服务器。

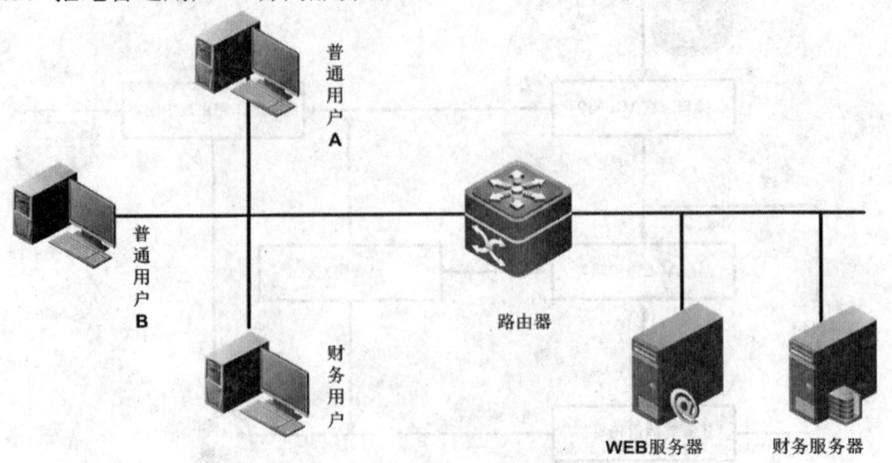

图 10-7　ACL 顺序问题

上面的规则会产生问题，因为语句是自上而下处理的，当普通用户 A 试图访问财务服务器时，由于匹配了第一条语句，因此用户得到允许，在此例子中，每个人都可以访问服务器群网段上的所有服务器，相反，ACL 应该按下顺序配置。

①拒绝普通用户 A 访问服务器。

②拒绝普通用户 B 访问服务器。

③允许所有用户访问服务器网段。

在执行安全策略时，由于 ACL 可能会带来复杂性，所以在建立 ACL 语句时，要依据以下这些基本规则、准则和限制。

- ACL 语句按名称或编号分组。
- 每条 ACL 语句都只有一组条件和操作，如果需要多个条件或多个行动，则必须生成多个 ACL 语句。
- 如果一条语句的条件中没有找到匹配，则处理列表中的下一条语句。
- 如果在 ACL 组的一条语句中找到匹配，则不再处理后面的语句。
- 如果处理了列表中的所有语句而没有指定匹配，将根据不可见到的隐式拒绝语句拒绝该数据包。
- 由于在 ACL 语句组的最后隐式拒绝，所以至少要有一个允许操作，否则，所有数据包都会被拒绝。
- 语句的顺序很重要，约束性最强的语句应该放在列表的顶部，约束性最弱的语句应该放在列表的底部。
- 一个空的 ACL 组允许所有数据包，空的 ACL 组已经在路由器上被激活，但不包含语句的 ACL，要使隐式拒绝语句起作用，则在 ACL 中至少要有一条允许或拒绝语句。
- 只能在每个端口、每个协议、每个方向上应用一个 ACL。
- 在数据包被路由到其他端口之前，处理入站 ACL。
- 在数据包被路由到端口之后，而在数据包离开端口之前，处理出站 ACL。
- 当 ACL 应用到一个端口时，这会影响通过端口的流量，但 ACL 不会过滤路由器本身产生的流量。

在配置ACL时，经常会遇到ACL放置在什么位置的问题，这个问题没有标准的答案，只能说应根据具体情况来判断，但是，有两准则可以帮助我们做出判断。

- ❑ 只过滤数据包源地址的ACL应该放置在离目的地尽可能近的地方。
- ❑ 过滤数据包的源地址和目的地址以及其他信息的 ACL，则应该放在离源地址尽可能近的地方。

可以通过图 10-8 实例进行细致的讨论，在第一种情况下，假设网络管理员正在使用只过滤数据包源地址的ACL，在该例中，允许用户A访问所有资源，除了数据库服务器，以下是为用户制订的ACL规则。

- ❑ 拒绝用户A访问开发服务器。
- ❑ 允许用户A访问其他服务器。
- ❑ 允许所有其他用户访问所有其他的服务器。

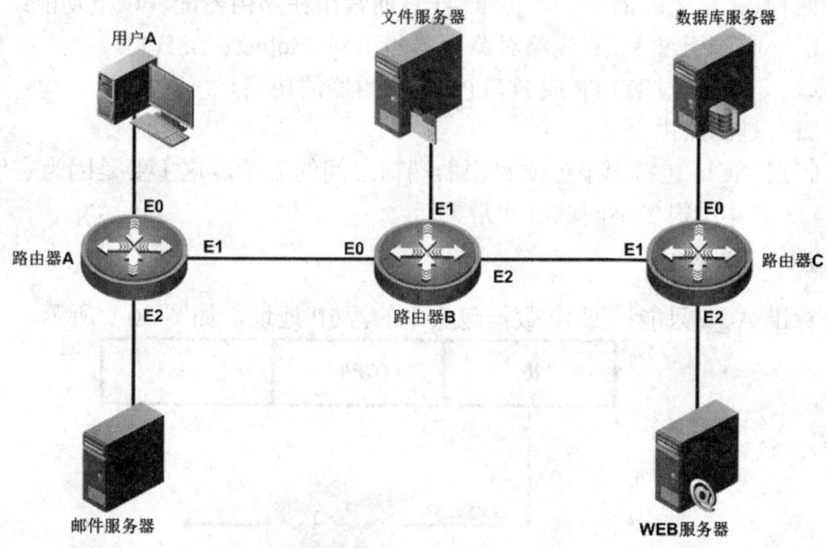

图 10-8　ACL的布置

现在的问题是：ACL 应该放置在哪台路由器，哪个端口上呢？根据上面提到的两放置规则，ACL应该放在离目的地尽可能近的地方，路由器C的E0端口的输出方向。

现在看一下该例中的其他可选方案，如果将它放置在路由器A的E0端口的入站方向，则肯定会阻止用户对数据库服务器的访问，但是，因为在匹配条件时ACL查看源地址（不查看目的地址），这个过滤会阻止该用户访问任何其他资源，如果将 ACL 放置在路由器 C 的 E1 端口的入站方向，用户可以访问邮件服务器和文件服务器，但是用户将被阻止访问在Web服务器上的所有资源。

但是，只过滤数据包中的源地址的ACL有两个局限性。

- ❑ 即使 ACL 应用到路由器 C 的 E0，任何用户 A 来的流量都将被禁止访问该网段的任何资源，不仅仅包括数据库服务器。
- ❑ 流量要经过所有到达目的地的途径，它在即将到达目的地时被丢弃，这是对带宽的浪费。

VTY 是锐捷网络的设备管理的一种方式。VTY(virtual type terminal) 虚拟终端连接。VTY 线路启用后，并不能直接使用，必须对其进行下面简单的配置才允许用户进行登录。SSH：安全外壳协议，英文全称是 Secure Shell。通过使用 SSH，可以把所有传输的数据进行加密，这样“中间人”这种攻击方式就不可能实现了，而且也能够防止 DNS 和 IP 欺骗。还有一个额外的好处就是传输的数据是经过压缩的，所以可以加快传输的速度。SSH 有很多功能，它既可以代替 telnet，又可以为 ftp、pop、甚至 ppp 提供一个安全的“通道”。

在第二种情况下，网络管理员在使用可以过滤数据包的源地址和目的地址的 ACL，在该例中，用户 A 可以访问数据库的所有资源，问题是，ACL 应该放置在哪台路由器，哪个端口上？回答是尽量接近源，即路由器 A 的 E0 端口的入站方向。这个解决方案解决了前面的两个问题，使用这种类型的 ACL，可以指定哪些资源可以访问，在该例子中，简单地设置过滤策略，来阻止用户 A 访问数据库服务器，允许他访问整个网络中的其他服务。

10.3.3 ACL 的种类

自从 1993 年以来，大多数网络管理员都使用两种基本的 ACL：标准 ACL 和扩展 ACL。

标准 IP ACL 只能过滤 IP 数据包头中的源 IP 地址，而扩展 IP ACL 可以过滤源 IP 地址、目的 IP 地址、协议（TCP/IP）、协议信息（端口号、标志代码）等，由于两种 ACL 之间的不同，标准 ACL 通常用在路由器配置以下功能：

- 限制通过 VTY 线路对路由器的访问（telnet、SSH）。
- 限制通过 HTTP 或 HTTPS 对路由器的访问。
- 过滤路由更新。

扩展 ACL 通常用于过滤路由器端口之间的流量，这主要是因为它们在匹配第 2、3 和 4 层很多不同域时非常灵活。

1. 标准 ACL

标准 ACL 只能过滤 IP 数据包头中的源 IP 地址，如图 10-9 所示。

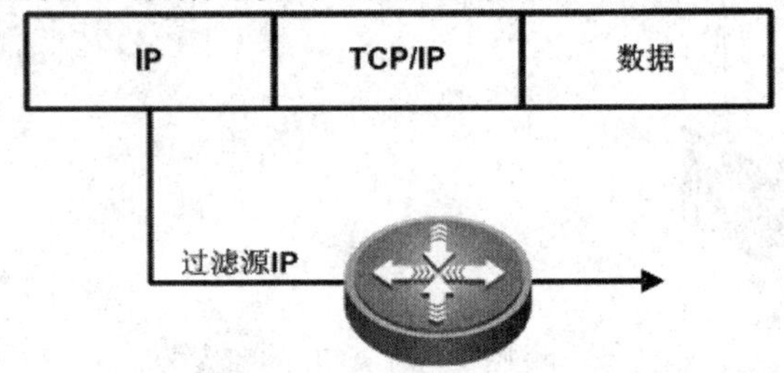

图 10-9 标准 ACL

可以通过两种方式为标准 ACL 语句分组：通过编号或名称。

（1）编号的标准 ACL

通过编号创建标准 IP 访问表的基本格式为：

Router(config)#access-list *listnumber* { **permit** | **deny** } *address* [*wildcard–mask*]

其中的参数如下。

- listnumber：是规则序号，标准访问控制列表（Standard IP ACL）的规则序号范围是 1～99 或 1300～1999。
- 关键字 permit 和 deny：用来表示满足访问表项的报文是允许通过端口，还是要过滤掉。关键字 permit 表示允许报文通过端口，而关键字 deny 表示匹配标准 IP 访问表源地址的报文要被丢弃掉。
- 源地址：对于标准的 IP 访问表，源地址是主机或一组主机的点分十进制表示。在实际应用中，使用一组主机要基于对通配符屏蔽码的使用。

- 通配符屏蔽码：访问表功能所支持的通配符屏蔽码与子网屏蔽码的方式是相反的。这就是说，二进制的 0 表示一个“匹配”条件，二进制的 1 表示一个“不关心”条件，如图 10-10 所示。对于：

  0.0.0.255　　　只比较前 24 位
  0.0.3.255　　　只比较前 22 位
  0.255.255.255　只比较前 8 位

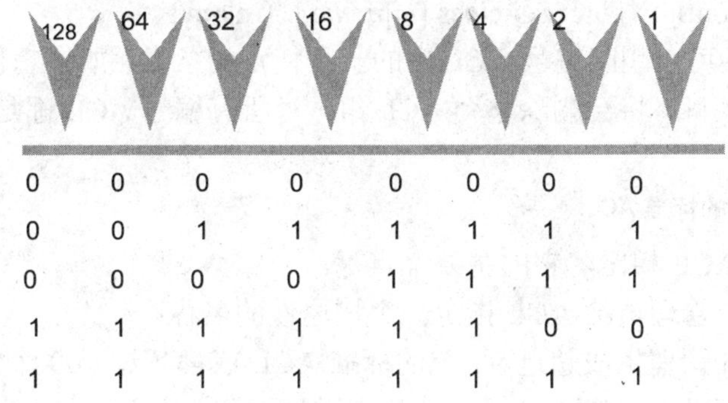

图 10-10　通配符

- 其他关键字：虽然访问表的许多关键字只适应于扩展访问表，但有几个关键字在标准访问表中是支持的，并且值得引起重视。这两个关键字为 host、any。关键字 host 和 any 分别用于指定单个主机和所有主机。
- Host：Host 表示一种精确的匹配，其屏蔽码为 0.0.0.0。例如，假设我们希望允许从 192.168.1.10 来的报文，则应该使用下面的访问表语句：access-list 10 permit 192.168.1.10 0.0.0.0。因为关键字 host 表示一种精确的匹配，所以前面的访问语句也可以使用下面的语句代替：access-list 10 permit host 192.168.1.10。这样，host 是 0.0.0.0 通配符屏蔽码的简写。
- any：在标准访问表中，关键字 any 是源地址/目标地址 0.0.0.0/255.255.255.255 的简写。假设我们要拒绝从源地址 192.168.1.11 来的报文，并且要允许从其他源地址来的报文。标准的 IP 访问表可以使用下面的语句达到这个目的：

  access-list 10 deny host 192.168.1.11
  access-list 11 permit any

注意，这两条语句的顺序。访问表语句的处理顺序是由上到下的。如果我们将两个语句顺序颠倒，将 permit 语句放在 deny 语句的前面，则我们将不能过滤来自主机地址 192.168.1.11 的报文，因为 permit 语句将允许所有的报文。访问表中的语句顺序是很重要的，因为不合理语句顺序将会在网络中产生安全漏洞，或者使得用户不能很好地利用网络策略。

在建立了 ACL 之后，在路由器上激活它，否则，不会执行任何动作，可以通过两种基本方法，在路由器激活用于流量过滤的标准 ACL，如果想在入站方向或出站方向时过滤它们，使用下面命令：

Router(config)#interface type [*slot/port*]

HTTPS（全称：Hypertext Transfer Protocol over Secure Socket Layer），是以安全为目标的 HTTP 通道，简单讲是 HTTP 的安全版。即 HTTP 下加入 SSL 层，HTTPS 的安全基础是 SSL。

Router(config-if)#ip access-group *{id|name}* **{in|out}**

使用 ip acess-group 命令时，需要指定 ACL 的名称或编号，以及路由器过滤信息方向。

- In：当流量从网络网段进入路由器端口时。
- Out：当流量离开端口到网络网段时。

如果想要限制到路由器的 telnet 或 SSH 连接，则使用以下配置命令激活

Router(config)#**line type** *line*

Router(config-if)#**access-class** [*id|name*] **{in|out}**

注意，不可以删除编号 ACL 中的一个特定的条目，如果想使用 no 参数来删除一个特定条目，将会删除整个 ACL 组，对所有编号 ACL 都是这样，包括标准和扩展的。

（2）命名的标准 ACL

与编号 ACL 相比，它的主要优点是：

- 允许管理员给 ACL 指定一个描述性的名称；
- 允许管理生成超过 99 个的标准 ACL 或都超过 100 个的扩展 ACL，这是可以建立的 ACL 数的初始限制；
- 允许删除 ACL 中的特定条目。

如今，除了命名的 ACL，还可以使用其他方法来实现以上的 3 个功能，例如，可以使用注释给 ACL 添加描述信息；当今的标准 IP ACL 也支持 1～99 以及 1300～1999 的编号，几乎允许 700 个 ACL 分组，因此，与编号 ACL 相比，在这一点上命名的 ACL 并没有真正的优势。不过，命名 ACL 仍然还有两个主要的优点，它们支持描述性名称，以及随着引入有序的 ACL，可以插入和删除特定的 ACL 条目。

在很多情况下，决定使用命名的 ACL 还是编号的 ACL 纯属个人喜好，除了实现特定的特性外，两种类型之间没有本质的差别。

使用以下命令，建立命名的标准 IP ACL：

Router(config)#ip access-list standard *name*

Router(config-std-nacl)#{deny|permit [source *wildcard* **any]}**

ip acess-list 命令中指定命名 ACL 的类型以及 ACL 名称，实际上名称也可以是一个编号，但名称更具描述性。

执行这个命令，会使我们进入子配置模式，在这里输入 permit/deny 命令，它们的基本语法和编号标准的 ACL 命令相同，输入 ACL 语句完成后，用 ip access-list 命令在端口上激活 ACL，指定 ACL 名称。

2. 扩展访问控制列表

扩展的 IP 访问表用于扩展报文过滤。一个扩展的 IP 访问表允许用户根据如下内容过滤报文：源和目的地址、协议、源和目的端口以及在特定报文字段中允许进行特殊位比较的各种选项，如图 10-11 所示。

可以通过两种方式为扩展 ACL 语句分组：通过编号或名称。

（1）编号的扩展 ACL

扩展访问控制列表（Extended IP ACL）的规则序号范围是 100～199 或 2000～

2699，一个扩展的 IP 访问表的一般语法格式如下所示：

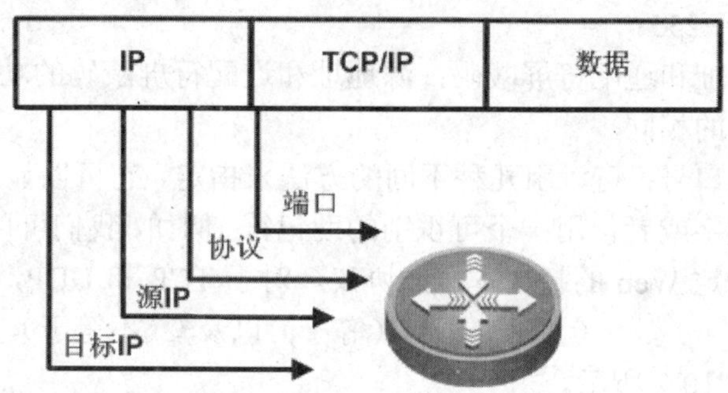

图 10-11 扩展 ACL

access-list *listnumber* { **permit** | **deny** } *protocol* **source** *source-wildcard–mask* **destination** *destination-wildcard–mask* [**operator** *operand*]

- List number：表号与标准 IP 访问表类似，该表号标识一个扩展的 IP 访问表。表号 100～199 和 2000～2699。
- 使用 permit 或 deny 关键字可以指定哪些匹配访问表语句的报文是否允许通过一个端口或者被过滤掉。显然，该选项所提供的功能与标准 IP 访问表相同。
- 协议：协议表项定义了需要被过滤的协议，例如 IP、TCP、UDP、ICMP 等等。协议选项是很重要的，因为在 TCP/IP 协议栈中的各种协议之间有很密切的关系。即，IP 头标用于传输 ICMP、TCP、UDP 以及各种路由协议，从而如果指定要过滤协议，所有其他字段所指定的匹配将会使报文被允许或拒绝，而不考虑报文是否表示一个由 TCP、UDP 或 ICMP 消息所承载的应用。这样，如果根据特殊协议进行报文过滤，就要指定该协议。另外，应该将更具体的表项放在靠前的位置。例如，如果读者编写的语句中，允许 IP 地址的语句放在拒绝 TCP 地址的语句前面，则后一个语句根本不起作用。但是如果将这两条语句换一下位置，则在允许该地址上的其他协议的同时，拒绝了 TCP 协议。RGNOS 支持如下协议过滤，如表 10-1 所示。

GRE：Generic Routing Encapsulation 通用路由封装（GRE）定义了在任意一种网络层协议上封装任意一个其它网络层协议的协议。

EIGRP 是 Cisco 的私有路由协议，它综合了距离矢量和链路状态二者的优点。

表 10-1 RGNOS 支持协议列表

协议	描述
eigrp	Cisco eigrp 路由选择协议
gre	GRE 隧道
icmp	Internet 控制消息协议
igmp	Internet 网关消息协议
ip	任何 internet 协议
ipinip	IP 隧道中 IP
nos	KA9Q NOS 兼容 IP 之上的 IP 隧道
ospf	OSPF 路由协议
tcp	传输控制协议
udp	用户数据包协议

如果想要过滤的协议名称在上面的列表中没有列出，可以输入协议号，协议号的范围是 0～255。

- 源地址和通配符屏蔽码：源地址和通配符屏蔽码的功能与标准 IP 访问表中的相同。
- 源端口号：可以用几种不同的方法来指定。它可以显式地指定，使用一个数字或者使用一个可识别的助记符。例如，我们可以使用 80 或者 http 来指定 Web 的超文本传输协议。对于 TCP 和 UDP，可以使用操作符<（小于）、>（大于）、＝（等于）以及≠（不等于）。具体在命令参数如表 10-2 所示。

表 10-2 操作符表

协议	描述
eq	等于端口号 portnumber
gt	大于端口号 portnumber
lt	小于端口号 portnumber
neq	不等于端口号 portnumber
range	介于端口号 portnumber1 和 portnumber2 之间

表 10-3 显示了 RGNOS 支持过滤的 TCP 端口名称，也可以指定端口编号，编号的范围是 0～65535，0 代表所有 TCP 端口。

表 10-3 TCP 端口号名称

名称	端口号	描述
bgp	179	边界网关协议
chargen	19	字符生成器
cmd	514	远程命令 Remote commands (rcmd)
daytime	13	日期时间
discard	9	丢弃
domain	53	域名系统区域传输
echo	7	回声
exec	512	远程命令/shell
finger	79	Finger
ftp	21	文件传输协议控制通道
ftp-data	20	FTP 数据通道
gopher	70	Gopher
hostname	101	NIC 主机名服务器
ident	113	Ident 协议
irc	194	Internet 中继聊天
klogin	543	Kerberos 登录
kshell	544	Kerberos shell
login	513	远程登录（rlogin）

续表

名称	端口号	描述
lpd	515	远程打印
nntp	119	网络新闻传输协议
pim-auto-rp	496	PIM 自动聚合点
pop2	109	邮局协议 v2
pop3	110	邮局协议 v3
smtp	25	简单邮件传输协议
sunrpc	111	Sun 远程调用
syslog	514	在系统日志服务器上记录日志
tacacs	49	TAC 访问控制系统服务器连接
talk	517	谈话
telnet	23	Telnet
time	37	时间
uucp	540	Unix 到 Unix 的复制程序
whois	43	别名
www	80	www 服务

表 10-4 显示了 RGNOS 支持过滤的 UDP 端口名称，也可以指定端口编号，编号的范围是 0～65535，0 代表所有 UDP 端口。

表 10-4 UDP 协议端口号名称

名称	端口号	描述
biff	512	Biff 邮局的通知和 comsat 消息
bootpc	68	BootP 客户端
bootps	67	BootP 服务器
discard	9	丢弃
dnsix	195	DNSIX 安全协议审查
domain	53	DNS 查询和回复
echo	7	回声
isakmp	500	Internet 安全关联和密钥管理协议
mobile-ip	434	移动 IP 登录
nameserver	42	IEN116 名称服务，现在已过时不用
netbios-dgm	138	NetBios 数据包服务
netbios-ns	137	NetBios 名称服务
netbios-ss	139	NetBios 会话服务
ntp	123	网络时间协议
pim-auto-rp	496	PIM 自动聚合点

续表

名称	端口号	描述
rip	520	RIP 路由协议
snmp	161	简单网络管理协议
snmptrap	162	SNMP 陷井
sunrpc	111	Sun 远程调用
syslog	514	远程记录日志消息
tacacs	49	TAC 访问控制系统
talk	517	谈话
tftp	69	简单文件传输协议
time	37	时间
who	513	远程 who 服务
xdmcp	177	X 显示管理器控制协议

- 目的地址和通配符屏蔽码：目的地址和通配符屏蔽码的结构与源地址和通配符屏蔽码的结构相同。这也意味着读者可以使用诸如 any 和 host 关键字指定任何目的地址以及一个特定的地址，而不需要指定特定的屏蔽码。
- 目的端口号：目的端口号的指定方法与源端口号的指定方法相同。读者可以使用数字、助记符或者使用操作符与数字或助记符相结合的格式来指定一个端口范围。

(2) 命名的标准 ACL

除了使用编号来引用扩展 ACL 外，还可以使用名称，下面是命名的扩展 ACL 的一般语法：

Router(config)#**ip acess-list extended** *name*

Router(conig-ext-nacl)# {**deny|permit**} *protocol* {*source source-wildcard* |**host** source| **any**}[*operator port*]

使用 ip acess-list extended 命令，建立命名的扩展 ACL，后面跟 ACL 名称，执行该命令时，进入子配置模式，输入 permit 或 deny 语句，在这点上，语法和编号的 ACL 相同，并且支持相同的选项。

10.3.4 配置 ACL

1. 配置标准 ACL

通过下面的例子说明如何配置标准 ACL，图 10-12 所示的网络，PCA 和 PCB 可以访问主机 D，但 PCC 不可以访问主机 D。

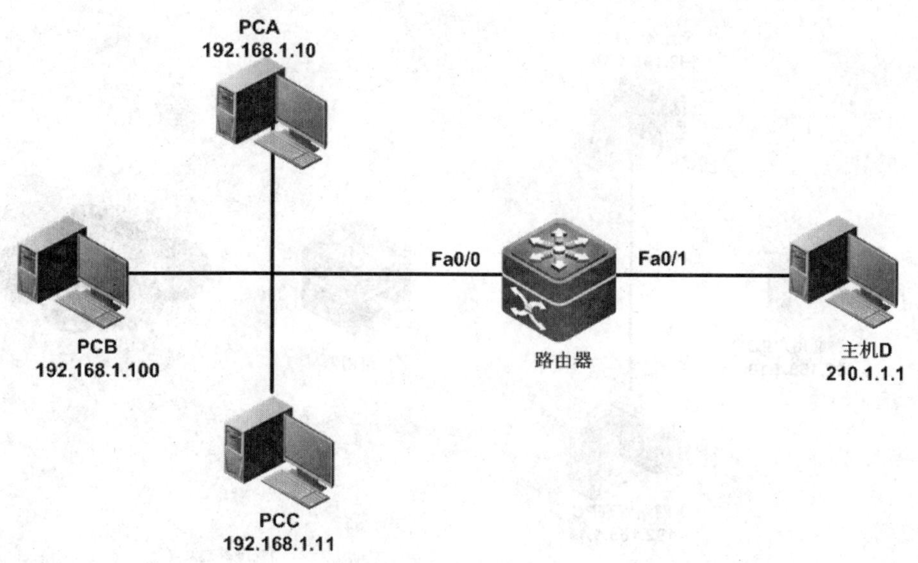

图 10-12　配置标准 ACL

配置标准 ACL 可以使用编号和命名两种方式。配置标准 ACL 首先定义条件，然后制定操作规则，最后应用在端口上，在该例子中，是使用标准 ACL 限制网络流量，使用了关键字 host 来代替 0.0.0.0 通配符掩码，如示例 10-8 所示。

示例 10-8　使用编号配置标准 ACL

```
Router(config)#access-list 1 permit host 192.168.1.10
Router(config)#access-list 1 permit host 192.168.1.100
Router(config)#interface fastEthernet 0/1
Router(config-if)#ip access-group 1 out
RB(config-if)#
```

可以使用命名方式来创建标准 ACL，如示例 10-9 所示。

示例 10-9　使用命名方式配置标准 ACL

```
Router(config)#ip access-list standard permit_network
Router(config-std-nacl)#permit host 192.168.1.10
Router(config-std-nacl)#permit host 192.168.1.100
Router(config-std-nacl)#exit
Router(config)#interface fastEthernet 0/1
Router(config-if)#ip access-group permit_network out
Router(config-if)#
```

下面的例子是使用标准 ACL 限制网络流量。

也可以使用标准 ACL 限制 VTY 的访问，如图 10-13 所示，来限制对路由器的 VTY 访问，在该例中，只有两个管理员 PC 被允许访问，如示例 10-10 所示。

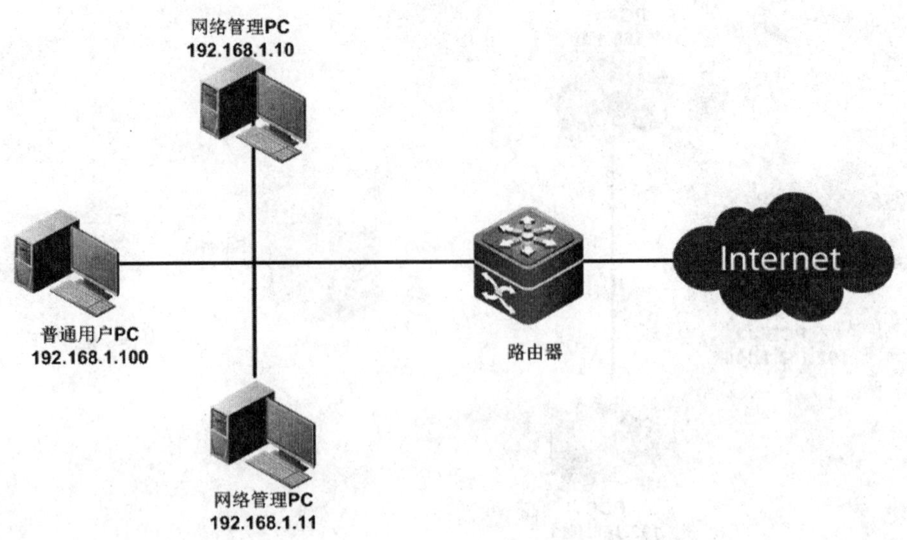

图 10-13　使用标准 ACL 限制 VTY 访问

示例 10-10　使用编号配置标准 ACL

```
Router(config)#access-list 1 permit host 192.168.1.10
Router(config)#access-list 1 permit host 192.168.1.11
Router(config)#line vty 0 4
Router(config-line)#access-class 1 in
```

在该例子中，是使用标准 ACL 限制远程登录路由器，使用了关键字 host 来代替 0.0.0.0 通配符掩码。

2. **配置扩展 ACL**

图 10-14 某企业拓扑，企业网内部有 Mail、FTP、Web、DNS 4 台服务器，为业务的需要，允许互联网的客户能够访问下面四台服务器。

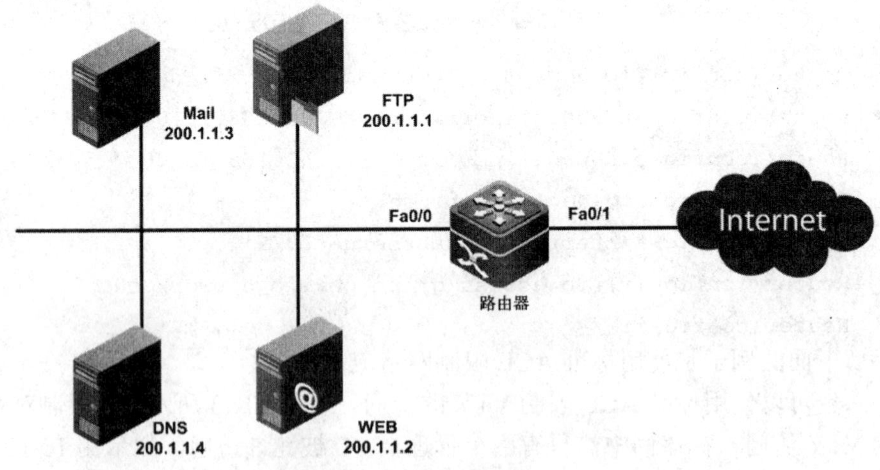

图 10-14　配置扩展 ACL

配置扩展 ACL 可以使用编号和命名两种方式。配置扩展 ACL 首先定义条件，然后制定操作规则，最后应用在端口上，在该例中，如示例 10-11 所示。

示例 10-11 使用编号配置扩展 ACL

```
Router(config)#access-list 100 permit tcp any host 200.1.1.1 eq ftp
Router(config)#access-list 100 permit tcp any host 200.1.1.1 eq ftp-data
Router(config)#access-list 100 permit tcp any host 200.1.1.2 eq www
Router(config)#access-list 100 permit tcp any host 200.1.1.3 eq smtp
Router(config)#access-list 100 permit tcp any host 200.1.1.3 eq pop3
Router(config)#access-list 100 permit udp any host 200.1.1.4 eq 53
Router(config)#interface fastEthernet 0/1
Router(config-if)#ip access-group 100 in
Router(config-if)#
```

上面的示例中使用了关键字 host 来代替 0.0.0.0，使用 any 代表任何网络。使用扩展 ACL 配置策略时，可以使用以下两种方法之一，一种方法是使用外部端口的两个 ACL，一个应用到输入方向，另一个应用到输出方向，还可以使用内部端口的两个 ACL，一个应用到输入方向，一个应用到输出方向。人们通常喜欢尽可能地把策略放到单个 ACL 中，因为这会使用排错更加简单。

上面的示例也可使用命名的方式来创建，如示例 10-12 所示。

示例 10-12 使用命名方式配置扩展 ACL

```
Router(config)#ip access-list extended access_service
RB(config-ext-nacl)#permit tcp any host 200.1.1.1 eq ftp
RB(config-ext-nacl)#permit tcp any host 200.1.1.1 eq ftp-data
RB(config-ext-nacl)#permit tcp any host 200.1.1.2 eq www
RB(config-ext-nacl)#permit tcp any host 200.1.1.3 eq smtp
RB(config-ext-nacl)#permit tcp any host 200.1.1.3 eq pop3
RB(config-ext-nacl)#permit udp any host 200.1.1.4 eq DNS
RB(config-ext-nacl)#deny ip any any
RB(config-ext-nacl)#exit
RB(config)#interface fastEthernet 0/1
RB(config-if)#ip access-group access_service in
```

3. 验证 ACL 配置

配置完成 ACL 之后，可以使用 show 命令查看配置和操作。如果只输入 show access-list，会显示所有协议的所有 ACL，如示例 10-13 所示。

示例 10-13 show acess-lists 命令输出

```
Router#show access-lists

ip access-list standard 1
 10 permit host 192.168.1.10
 20 permit host 192.168.1.100
```

```
ip access-list standard permit_VTY
 10 permit host 192.168.1.10
 20 permit host 192.168.1.11

ip access-list standard permit_network
 10 permit host 192.168.1.10
 20 permit host 192.168.1.100

ip access-list extended access_service
 10 permit tcp any host 200.1.1.1 eq ftp  (101 matches)
 20 permit tcp any host 200.1.1.1 eq ftp-data  (1501 matches)
 30 permit tcp any host 200.1.1.2 eq www  (121 matches)
 40 permit tcp any host 200.1.1.3 eq smtp  (31 matches)
 50 permit tcp any host 200.1.1.3 eq pop3  (41 matches)
 60 permit udp any host 200.1.1.4 eq dnsix (11 matches)
70 deny ip any any  (1187 matches)
```

上面的示例中显示了两个重要条目，第一，注意在每条 ACL 语句的最后面列出了在比较 ACL 和数据包时发现的匹配数。提示 ACL 已经在端口上激活，并正在过滤流量，第二，注意在列表的最后手动配置了 deny any any，以便看到丢弃了多少数据包。

默认情况下，任何与隐含拒绝语句的匹配不会被记录，也不作为匹配进行记录，如果想要记录匹配，则要在 ACL 结尾手动配置一个拒绝所有的语句。

也可以使用 show ip access-group 查看端口应用的 ACL 情况，如示例 10-14 所示。

示例 10-14　show ip acess-group

```
Router#show ip access-group
ip access-group access_service in
ip access-group permit_network out
Applied On interface FastEthernet 0/1.
```

从上面的例子中，可以看到在端口 FastEthernet 0/1 的 in 和 out 方向上应用了 ACL。

10.4　总　结

- 园区网的安全隐患有很多种，有非人为的，也有人为的，也有来自园区网外部和内部人员的恶意攻击和破坏。
- 可以通过交换机端口安全、配置访问控制列表 ACL、在防火墙实现包过滤等技术来实现一套可行的园区网安全解决方案。
- 访问控制列表包括标准的访问控制列表和扩展的访问控制列表。

10.5 思考与练习

1. 选择题

（1）配置端口安全存在哪些限制？

A．一个安全端口必须是一个 Access 端口，及连接终端设备的端口，而非 Trunk 端口

B．一个安全端口不能是一个聚合端口（Aggregate Port）

C．一个安全端口不能是 SPAN 的目的端口

D．只能是寄数端口上配置端口安全

（2）在锐捷系列交换上，端口安全的默认配置有哪些？

A．默认为关闭端口安全

B．最大安全地址个数是 128

C．没有安全地址

D．违例方式为保护（protect）

（3）当端口由于违规操作而进入“err-disabled”状态后，使用什么命令手工将其恢复为 UP 状态？

A．errdisable recovery

B．no shutdown

C．recovery errdisable

D．recovery

（4）RGNOS 目前支持哪些访问列表？

A．标准 IP 访问控制列表

B．扩展 IP 访问控制列表

C．MAC 访问控制列表

D．MAC 扩展访问控制列表

E．Expert 扩展访问控制列表

F．IPV6 访问控制列表

（5）访问控制列表具有哪些作用？

A．安全控制

B．流量过滤

C．数据流量标识

D．流量控制

（6）某台路由器上配置了如下一条访问列表：

access-list 4 deny 202.38.0.0 0.0.255.255

access-list 4 permit 202.38.160.1 0.0.0.255 表示？

A．只禁止源地址为 202.38.0.0 网段的所有访问

B．只允许目的地址为 202.38.0.0 网段的所有访问

C．检查源 IP 地址，禁止 202.38.0.0 大网段上的主机，但允许其中的 202.38.160.0 小网段上的主机

D．检查目的 IP 地址，禁止 202.38.0.0 大网段上的主机，但允许其中的 202.38.160.0 小网段上的主机

（7）以下情况可以使用访问控制列表准确描述的是：

A．禁止有 CIH 病毒的文件到我的主机

B．只允许系统管理员可以访问我的主机

C．禁止所有使用 Telnet 的用户访问我的主机

D．禁止使用 UNIX 系统的用户访问我的主机

（8）配置如下两条访问控制列表：

access-list 1 permit 10.110.10.1 0.0.255.255

access-list 2 permit 10.110.100.100 0.0.255.255

访问控制列表 1 和 2，所控制的地址范围关系是：

A．1 和 2 的范围相同

B．1 的范围在 2 的范围内

C．2 的范围在 1 的范围内

D．1 和 2 的范围没有包含关系

（9）如下访问控制列表的含义是：

access-list 102 deny udp 129.9.8.10 0.0.0.255 202.38.160.10 0.0.0.255 gt 128

A．规则序列号是 102，禁止从 202.38.160.0/24 网段的主机到 129.9.8.0/24 网段的主机使用端口大于 128 的 UDP 协议进行连接

B．规则序列号是 102，禁止从 202.38.160.0/24 网段的主机到 129.9.8.0/24 网段的主机使用端口小于 128 的 UDP 协议进行连接

C．规则序列号是 102，禁止从 129.9.8.0/24 网段的主机到 202.38.160.0/24 网段的主机使用端口小于 128 的 UDP 协议进行连接

D．规则序列号是 102，禁止从 129.9.8.0/24 网段的主机到 202.38.160.0/24 网段的主机使用端口大于 128 的 UDP 协议进行连接

（10）标准访问控制列表以（ ）作为判别条件。

A．数据包的大小

B．数据包的源地址

C．数据包的端口号

D．数据包的目的地址

第 11 章　网络地址转换（NAT）

本章重点

◆ NAT 的概念
◆ 配置 NAT
◆ 配置 NAPT

随着 Internet 技术的不断发展，网络内主机数量以指数级速度增长，网络地址分配给专用网络终于被视作是一种对虚拟资源的浪费。因此出现了网络地址转换(NAT)标准，就是将某些 IP 地址留出来供专用网络重复使用。本文将详细介绍如何正确应用网络地址转换 NAT 技术。

11.1　NAT 概念

NAT 英文全称是“Network Address Translation”，中文意思是“网络地址转换”，它是一个 IETF（Internet Engineering Task Force，Internet 工程任务组）标准，允许一个整体机构以一个公用 IP（Internet Protocol）地址出现在 Internet 上。顾名思义，它是一种把内部私有网络地址（IP 地址）翻译成合法网络 IP 地址的技术。

IETF（互联网工程任务组—The Internet Engineering Task Force）是松散的、自律的、志愿的民间学术组织，成立于 1985 年底，其主要任务是负责互联网相关技术规范的研发和制定。

NAT 的典型应用是将使用私有 IP 地址（RFC 1918）的园区网络连接到 Internet，这样公司就无需再给内部网络中的每个设备都分配公有 IP 地址，既避免了公有地址的浪费，又节省了申请公有 IP 地址的费用，同时也减缓了 IPv4 地址空间被耗尽的速度。

11.1.1　地址空间不足带来的问题

如今，PDA、笔记本、台式机、主机、存储设备、路由器、交换机、视频游戏控制以及各种网络管理设备都需要连接到 Internet 上，甚至有些家用电器也可接入 Internet。可以非常明显地看到，IPv4 的地址严重不足，如果没有扩展方案，Internet 的发展就会受到限制。

当今的 Internet 面临的两个扩展问题的解决方案。

- ❑ 注册 IP 地址空间将要耗尽，而 Internet 的规模仍在持续增长。
- ❑ 随着 Internet 的增长，骨干互联网路由选择表中的 IP 路由数据也在增加，这就引发了路由选择算法的扩展问题。

近几年来已经实现了几种扩展的方案，包括可变长子网掩码（VLSM）、无类域间路由选择（CIDR）和 IP 协议第 6 版本（IPv6），以及 IP 地址扩展问题的解决方案，私有地址（RFC1918）、网络地址转换（NAT）、动态主机配置协议

IPv6 是 Internet Protocol Version 6 的缩写，其中 Internet Protocol 译为“互联网协议”。IPv6 是 IETF（互联网工程任务组，Internet Engineering Task Force）设计的用于替代现行 IP 协议（IPv4）版本的下一代 IP 协议。

（DHCP）。

其中，NAT 是一种节约大型网络中注册 IP 地址并简化 IP 寻址管理任务的机制，NAT 已经标准化并在 RFC1613 中描述。

11.1.2 NAT 的用途

IPv4 地址即将耗尽是 Internet 面临的主要问题之一。为了最大限度地利用 IPv4 地址资源，减缓 IPv4 地址的耗尽速度，人们开发了进行地址转化的 NAT 技术，它提供了一种在多个末节网络中使用相同的私有 IP 地址空间，从而减少所需公有 IP 地址数量的解决方案。

NAT 让网络管理员能够在组织内部使用私有 IP 地址空间，同时使用全球唯一的公有地址连接到 Internet 进行通信。对于不同的内部用户组，可以使用不同的公有地址池，这使得管理互连性更为容易。

对于大多数需要连接到 Internet 的公司来说，都必须实现 NAT，ISP 为成百上千的用户提供 Internet 接入服务，但通常只被分配极少数量的 IP 地址，因此 ISP 使用 NAT 将数百个内部地址映射到分配给公司的几个公网地址。

NAT 技术让使用非公共 IP 地址的私有 IP 网络能够连接到公共网络，如 Internet。通常在位于末节域（内部网络）和公共网络（外部网络）之间的边界路由器上配置 NAT，如图 11-1 所示。将 IP 报文发送给外部网络之前，NAT 将内部本地地址转换为全局唯一的 IP 地址。

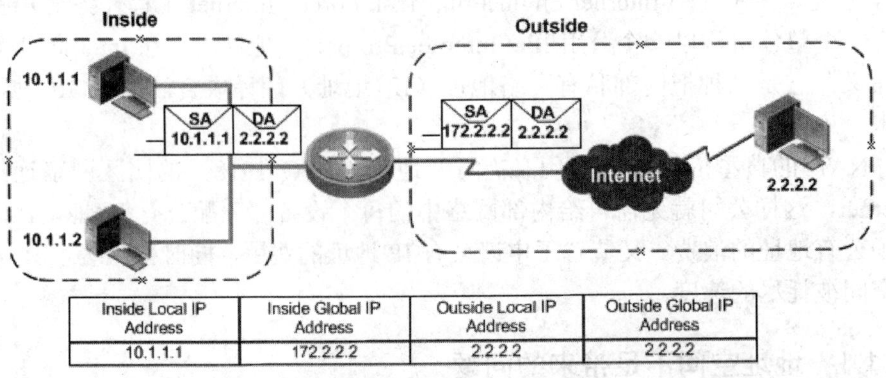

Inside Local IP Address	Inside Global IP Address	Outside Local IP Address	Outside Global IP Address
10.1.1.1	172.2.2.2	2.2.2.2	2.2.2.2

图 11-1 使用 NAT 转换内部和外部网络地址

11.1.3 NAT 术语

在 NAT 中，使用了术语的内部网络和外部网络，表 11-1 给出了图 11-1 中使用的各种术语的定义。

表 11-1 NAT 术语

术语	定义
内部本地 IP 地址	分配给内部网络中的主机的 IP 地址，通常这种地址来自 RFC 1918 指定的私有地址空间
内部全局 IP 地址	内部全局 IP 地址，对外代表一个或多个内部本地 IP 地址，这种地址来自全局唯一的地址空间，通常是 ISP 提供的

续表

术语	定义
外部全局 IP 地址	外部网络中的主机 IP 地址，通常来自全局可路由的地址空间
外部本地 IP 地址	在内部网络中看到的外部主机的 IP 地址，通常来自 RFC 1918 定义的私有地址空间
简单转换条目	将一个 IP 地址映射到另一个 IP 地址（通常被称为网络地址转换）的转换条目
扩展转换条目	将一个 IP 地址和端口对映射到另一个 IP 地址和端口（通常被称为端口地址转换）的转换条目

严格来说，NAT 指的就是修改 IP 报文报头，更换其中的源地址、目标地址的过程，这种处理是由专用的 NAT 软件或硬件完成的，它可以是路由器、UNIX 系统、Windows 服务器或其他系统。

NAT 设备通常位于末节网络的边界，末节网络通常是这样一种网络，它只有一条到外部世界的连接。末节网络中的主机需要将数据传输给外部主机时，它将报文转发到默认网关。在这里，主机的默认网关就是 NAT 设备。

运行在路由器上的 NAT 进程（参见图 11-2）发现需要转换报文的源 IP 地址，因此将该私有地址替换为全局地址，同时将转换记录添加到 NAT 转换表中。

当 NAT 路由器接收到外部主机发送应答时，它查看当前的 NAT 转换表，将目标地址替换为原来的内部地址。

下面是一些有关 NAT 的概念。

- 内部/外部：IP 主机相对于 NAT 设备的物理位置。
- 本地/全局：用户相对于 NAT 设备的位置或视角。

例如，内部全局地址是全局网络中的用户看到的内部网络中的 IP 主机地址，外部用户使用该地址来与内部网络中的主机通信。

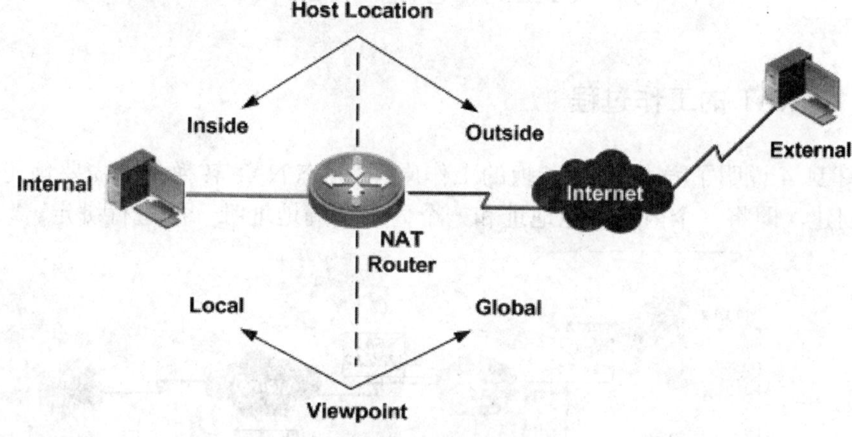

图 11-2　NAT 概念

NAT 能够让使用私有地址的网络连接到公共网络，如图 11-3 所示。使用私有地址的内部网络将报文发送到 NAT 路由器，后者将私有地址转换为合法的公共 IP 地址，让报文能够传输到公共网络，如 Internet。

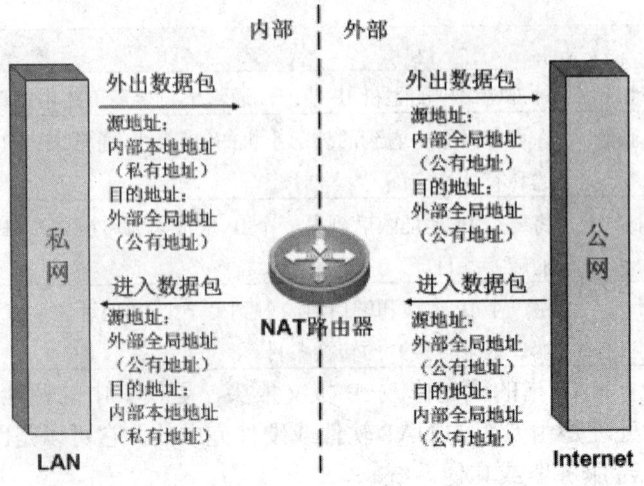

图 11-3　NAT 转换

NAT 转换包括多种不同类型，并可用于多种目的。

- 静态 NAT：按照一一对应的方式将每个内部 IP 地址转换为一个外部 IP 地址，这种方式经常用于企业网的内部设备需要能够被外部网络访问到时。
- 动态 NAT：将一个内部 IP 地址转换为一组外部 IP 地址（地址池）中的一个 IP 地址。
- 超载（Overloading）NAT：动态 NAT 的一种实现形式，利用不同端口号将多个内部 IP 地址转换为一个外部 IP 地址，也称为 PAT、NAPT 或端口复用 NAT。

11.2　配置 NAT

11.2.1　NAT 的工作过程

图 11-4 说明了静态 NAT 转换的工作原理。静态 NAT 转换条目需要预先手工进行创建，即将一个内部本地地址和一个内部全局地址唯一的进行绑定。

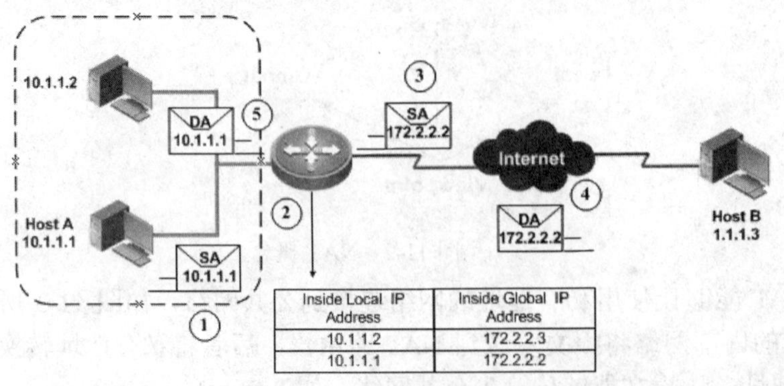

图 11-4　静态 NAT 转换

图 11-4 中静态 NAT 转换的步骤如下。

步骤 1　Host A 要与 Host B 进行通信，它使用私有地址 10.1.1.1 作为源地址向 Host B 发送报文。

步骤 2　NAT 路由器从 Host A 收到报文后检查 NAT 表，发现需要将该报文的源地址进行转换。

步骤 3　NAT 路由器根据 NAT 转换表将内部本地地址 10.1.1.1 转换为内部全局地址 172.2.2.2，然后转发报文。注意，虽然网络中内部全局地址通常是合法的公网地址，但是 NAT 并不强制要求全局地址为哪种类型的地址。

步骤 4　Host B 收到报文后，使用内部全局 IP 地址 172.2.2.2 作为目的地址来应答 Host A。

步骤 5　NAT 路由器收到 Host B 发回的报文后，再根据 NAT 转换表将该内部全局地址 172.2.2.2 转换回内部本地地址 10.1.1.1，并将报文转发给 Host A，后者收到报文后继续会话。

图 11-5 说明了动态 NAT 的工作原理。动态地址转换也是将内部本地地址与内部全局地址一对一的转换，但是动态地址转换是从内部全局地址池中动态地选择一个未被使用的地址对内部本地地址进行转换。动态地址转换条目是动态创建的，无需预先手工进行创建。

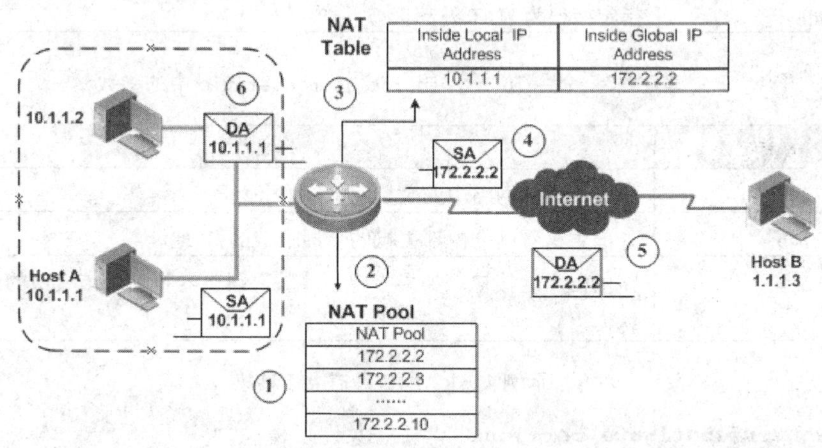

图 11-5　动态 NAT 转换

图 11-5 中动态 NAT 转换的步骤如下。

步骤 1　Host A 要与 Host B 进行通信，它使用私有地址 10.1.1.1 作为源地址向 Host B 发送报文。

步骤 2　NAT 路由器从 Host A 收到报文后，发现需要将该报文的源地址进行转换，并从地址池中选择一个未被使用的全局地址 172.2.2.2 用于转换。

步骤 3　NAT 路由器将内部本地地址 10.1.1.1 转换为内部全局地址 172.2.2.2，然后转发报文，并创建一条动态的 NAT 转换表项。

步骤 4　Host B 收到报文后，使用内部全局 IP 地址 172.2.2.2 作为目的地址来应答 HostA。

步骤 5　NAT 路由器收到 Host B 发回的报文后，再根据 NAT 转换表将该内部全局地址 172.2.2.2 转换回内部本地地址 10.1.1.1，并将报文转发给 Host A，后者收到报文后继续会话。

11.2.2 配置 NAT

1. 配置静态内部源地址转换

配置基本的静态 NAT 转换的步骤如下。

步骤 1 在路由器上配置 IP 路由选择和 IP 地址。

步骤 2 至少指定一个内部接口和一个外部接口，方法是进入接口配置模式下，执行命令 **ip nat** { **inside** | **outside** }，其参数如表 11-2 所示。这里指定内部和外部的目的是让路由器知道哪个是内部网络，哪个是外部网络，以便进行相应的地址转换。

步骤 3 使用全局命令 **ip nat inside source static** *local-ip* { **interface** *interface* | *global-ip* } 配置静态转换条目，其参数如表 11-3 所示。要删除静态转换条目，使用该命令的 **no** 格式。

示例 11-1 为配置静态 NAT 转换。

表 11-2 命令 ip nat { inside | out }中的参数

参数	描述
inside	指定接口为 NAT 内部接口
outside	指定接口为 NAT 外部接口

表 11-3 命令 ip nat inside source static 中的参数

参数	描述
local-ip	分配给内部网络中的主机的本地 IP 地址
global-ip	外部主机看到的内部主机的全局唯一的 IP 地址
interface	路由器本地接口。如果指定该参数，路由器将使用该接口的地址进行转换

示例 11-1 配置静态 NAT 转换

```
Router#configure terminal
Router(config)#ip nat inside source static 10.1.1.1 192.168.2.2
Router(config)#interface fastEthernet0/0
Router(config-if)#ip address 10.1.1.10 255.255.255.0
Router(config-if)#ip nat inside
Router(config-if)#interface Serial0/0
Router(config-if)#ip address 172.16.2.1 255.255.255.0
Router(config-if)#ip nat outside
```

静态 NAT 转换常用于将内部网络的主机发布到外部网络时使用。例如内部网络有一台对外提供 Web 服务的服务器，这时就可以使用静态 NAT 转换将 Web 服务器的地址与一个公有地址进行绑定，外部网络的主机通过访问该公有地址则可以实现对内部 Web 服务器的访问。

在图 11-6 所示的某企业网的拓扑中，内网中的一台服务器的地址为 172.16.8.5，Lan-router 的 F1/0 的地址是 172.16.8.1，申请到的公网地址是 200.1.8.7，网络管理员希望通过在路由器上配置静态 NAT 实现在外网中可以访问内网中的服务器。

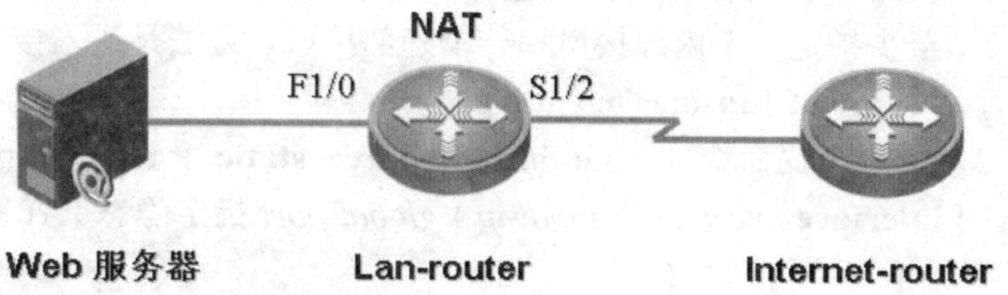

图 11-6 内网服务器提供服务

示例 11-2 给出了图 11-6 中实现外网访问内部网络中服务器的配置。

示例 11-2 实现内部服务器向外网提供服务配置

```
Lan-router(config)#interface fastEthernet 1/0
Lan-router(config-if)#ip address 172.16.8.1 255.255.255.0
Lan-router(config-if)#no shutdown
Lan-router(config-if)#exit
Lan-router(config)#interface serial 1/2
Lan-router(config-if)#ip address 200.1.8.7 255.255.255.0
Lan-router(config-if)#no shutdown
Lan-router(config-if)#exit
Lan-router(config)#ip route 0.0.0.0 0.0.0.0 serial 1/2
Lan-router(config)#interface fastEthernet 1/0
Lan-router(config-if)#ip nat inside
Lan-router(config-if)#exit
Lan-router(config)#interface serial 1/2
Lan-router(config-if)#ip nat outside
Lan-router(config-if)#exit
Lan-router(config)# ip nat inside source static tcp 172.16.8.5 80
200.1.8.7 80

Internet-router(config)#interface fastEthernet 1/0
Internet-router(config-if)#ip address 63.19.6.1 255.255.255.0
Internet-router(config-if)#no shutdown
Internet-router(config-if)#exit
Internet-router(config)#interface serial 1/2
Internet-router(config-if)#ip address 200.1.8.8 255.255.255.0
Internet-router(config-if)#clock rate 64000
Internet-router(config-if)#no shutdown
Internet-router(config-if)#end
```

2. 配置静态端口地址转换

配置静态端口地址转换（PAT）的步骤如下：

步骤 1　在路由器上配置 IP 路由选择和 IP 地址。

步骤 2　至少指定一个内部接口和一个外部接口，方法是进入接口配置模式下，并执行命令 **ip nat** { **inside** | **outside** }。

步骤 3　使用全局命令 **ip nat inside source static** { **tcp** | **udp** } *local-ip local-port* { **interface** *interface* | *global-ip* } *global-port* 指定静态 PAT 条目，其参数如表 11-4 所示。

示例 11-3 为配置静态 PDT 转换。

表 11-4　命令 ip nat inside source static { tcp | udp }中的参数

参数	描述
local-ip	分配给内部网络中的主机的本地 IP 地址
local-port	本地 TCP/UDP 端口号，取值范围为 1~65535
global-ip	外部主机看到的内部主机的全局唯一的 IP 地址
global-port	全局 TCP/UDP 端口号，取值范围为 1~65535
interface	路由器本地接口。如果指定该参数，路由器将使用该接口的地址进行转换

示例 11-3　配置静态 PAT 转换

```
Router#configure terminal
Router(config)#ip nat inside source static tcp 10.1.1.1 80
192.168.2.2 80
Router(config)#ip nat inside source static tcp 10.1.1.2 25
192.168.2.2 25
Router(config)#interface fastEthernet0/0
Router(config-if)#ip address 10.1.1.10 255.255.255.0
Router(config-if)#ip nat inside
Router(config-if)#interface Serial0/0
Router(config-if)#ip address 172.16.2.1 255.255.255.0
Router(config-if)#ip nat outside
```

与静态 NAT 转换一样，静态 PAT 也通常用于将内部主机发布到外部网络。但是静态 PAT 与静态 NAT 不同，静态 PAT 允许将内部网络的多个服务（一台主机或多台主机上的服务）发布到同一个地址上，并使用不同的端口来区别不同的内部服务。

例如内部网络中有一个 FTP 服务器和一个 Web 服务器，使用静态 PAT 我们可以将两个服务器都映射到一个公有地址（例如 192.0.1.1）上，并使用不同的端口号 21 和 80 进行区分，这样 192.0.1.1:20 将映射到内部 FTP 服务器，192.0.1.1:80 将映射到内部 Web 服务器。但是在静态 NAT 中，一个外部或公有地址只能用于发布一个内部主机，这样将产生的问题是没有足够的外部或公有地址用于发布。

3. 配置动态 NAT

配置动态 NAT 转换的步骤如下：

步骤 1　在路由器上配置 IP 路由选择和 IP 地址。

步骤 2　至少指定一个内部接口和一个外部接口，方法是进入接口配置模式下，并执行命令 **ip nat** { **inside** | **outside** }。仅当报文从内部接口转发到外部接口时，才转换其源地址。

步骤 3　使用命令 **access-list** *access-list-number* { **permit** | **deny** }定义 IP 访问控制列表，以明确哪些报文将被进行 NAT 转换。这里可以使用标准访问控制列表或扩展访问控制列表。

步骤 4　使用命令 **ip nat pool** *pool-name start-ip end-ip* { **netmask** *netmask* | **prefix-length** *prefix-length* } 定义一个地址池，用于转换地址，其参数如表 11-5 所示。

步骤 5　使用命令 **ip nat inside source list** *access-list-number* { **interface** *interface* | **pool** *pool-name* }将符合访问控制列表条件的内部本地地址转换到地址池中的内部全局地址，其参数如表 11-6 所示。

示例 11-4 为配置动态 NAT。配置动态外部源地址转换的步骤与前面介绍的步骤类似，只是第五步使用的是命令 **ip nat outside source list** *access-list-number* **pool** *pool-name* 。该命令将符合访问控制列表条件的外部全局地址映射到地址池中的外部本地地址。

表 11-5　命令 ip nat pool 中的参数

参数	描述
pool-name	地址池的名称
start-ip	全局地址池包含的地址范围中的第一个 IP 地址
end-ip	全局地址池包含的地址范围中的最后一个 IP 地址
netmask *netmask*	地址池中的地址所属网络的子网掩码。子网掩码指出地址中的哪些位属于网络和子网部分，哪些位属于主机部分
prefix-length *prefix-length*	一个数字，指出了地址池中的地址所属网络的子网掩码中有多少值为 1

表 11-6　命令 ip nat inside source list 中的参数

参数	描述
access-list-number	引用的访问控制列表的编号
pool-name	引用的地址池的名称
interface	路由器本地接口。如果指定该参数，路由器将使用该接口的地址进行转换

示例 11-4　配置动态 NAT

```
Router#configure terminal
Router(config)#access-list 10 permit 10.1.1.0 0.0.0.255
```

```
Router(config)#ip nat pool ruijie 192.168.2.1 192.168.2.254 netmask
255.255.255.0
Router(config)#ip nat inside source list 10 pool ruijie
Router(config)#interface fastEthernet0/0
Router(config-if)#ip address 10.1.1.10 255.255.255.0
Router(config-if)#ip nat inside
Router(config-if)#interface Serial0/0
Router(config-if)#ip address 172.16.2.1 255.255.255.0
Router(config-if)#ip nat outside
Router(config-if)#end
```

11.3 配置 NAPT

11.3.1 NAPT 的工作过程

NAPT 是动态 NAT 的一种实现形式，NAPT 利用不同的端口号将多个内部 IP 地址转换为一个外部 IP 地址，NAPT 也称为 PAT 或端口级复用 NAT。图 11-7 说明了 NAPT 的工作原理。

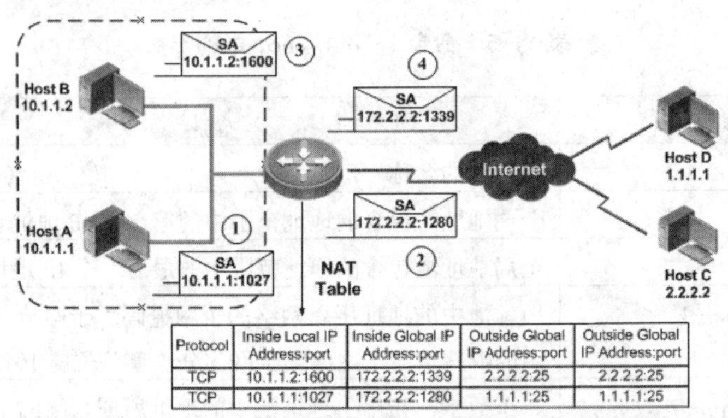

Protocol	Inside Local IP Address:port	Inside Global IP Address:port	Outside Global IP Address:port	Outside Global IP Address:port
TCP	10.1.1.2:1600	172.2.2.2:1339	2.2.2.2:25	2.2.2.2:25
TCP	10.1.1.1:1027	172.2.2.2:1280	1.1.1.1:25	1.1.1.1:25

图 11-7　NAPT 工作过程

上图中 NAPT 转换的步骤如下。

步骤 1　Host A 要与 Host D 进行通信，它使用私有地址 10.1.1.1 作为源地址向 Host D 发送报文，报文的源端口号为 1027，目的端口号为 25。

步骤 2　NAT 路由器从 Host A 收到报文后，发现需要将该报文的源地址进行转换，并使用外部接口的全局地址将报文的源地址转换为 172.2.2.2，同时将源端口转换为 1280，并创建动态转换表项。

步骤 3　Host B 要与 Host C 进行通信，它使用私有地址 10.1.1.2 作为源地址向 Host C 发送报文，报文的源端口号为 1600，目的端口号为 25。

步骤 4　NAT 路由器从 Host B 收到报文后，发现需要将该报文的源地址进行转换，并使用外部接口的全局地址将报文的源地址转换为 172.2.2.2，同时将源端口转换为与之前不同的一个端口号 1339，并创建动态转换表项。

从以上的步骤可以看出，在 NAPT 转换中，NAT 路由器同时将报文的源地址和源端口进行转换，并使用不同的源端口来唯一的标识一个内部主机。这种方式可以节省公有 IP 地址，对于中小型网络来说，只需要申请一个公有 IP 地址即可。NAPT 也是目前最为常用的转换方式。

11.3.2 配置 NAPT

配置 NAPT（PAT）的步骤。

步骤 1 在路由器上配置 IP 路由选择和 IP 地址。

步骤 2 至少指定一个内部接口和一个外部接口，方法是进入接口配置模式下，并执行命令 **ip nat** { **inside** | **outside** }。仅当报文从内部接口转发到外部接口时，才转换其源地址。

步骤 3 使用命令 **access-list** *access-list-number* { **permit** | **deny** }定义 IP 访问控制列表，以明确哪些报文将被进行 NAT 转换。这里可以使用标准访问控制列表或扩展访问控制列表。

步骤 4 使用命令 **ip nat pool** *pool-name start-ip end-ip* { **netmask** *netmask* | **prefix-length** *prefix-length* } 定义一个地址池，用于转换地址。

步骤 5 使用命令 **ip nat inside source list** *access-list-number* { **interface** *interface* | **pool** *pool-name* } **overload** 将符合访问控制列表条件的内部本地地址转换到地址池中的内部全局地址。在配置 NAPT 转换中，必须使用 overload 关键字，这样路由器才会将源端口也进行转换，已达到地址超载的目的。如果不指定 **overload**，路由器将执行动态 NAT 转换。

示例 11-5 配置 NAPT（PAT）。

示例 11-5 配置 NAPT（PAT）

```
Router#configure terminal
Router(config)#access-list 10 permit 10.1.1.0 0.0.0.255
Router(config)#ip nat pool ruijie 192.168.2.1 192.168.2.254 netmask
255.255.255.0
Router(config)#ip nat inside source list 10 pool ruijie overload
Router(config)#interface fastEthernet0/0
Router(config-if)#ip address 10.1.1.10 255.255.255.0
Router(config-if)#ip nat inside
Router(config-if)#interface Serial0/0
Router(config-if)#ip address 172.16.2.1 255.255.255.0
Router(config-if)#ip nat outside
Router(config-if)#end
RouterA(config)#access-list 10 permit 10.1.1.0 0.0.0.255
```

11.4 验证和诊断 NAT 转换

验证和诊断 NAT 转换的内容包括：

- ❑ 使用 **show** 命令查看 NAT 运行的状态。
- ❑ 使用 **debug** 命令对 NAT 的转换操作进行调试。
- ❑ 使用 **clear** 命令清楚特定的或所有的 NAT 转换条目。

表 11-7 验证和诊断 NAT 的命令

命令	描述
show ip nat translations [*access-list-number* | **icmp** | **tcp** | **udp**] [**verbose**]	显示活动的转换条目
show ip nat statistics	显示转换的统计信息
debug ip nat [**address** | **event** | **rule-match**]	对转换操作进行调试
clear ip nat translation *	清除所有的转换条目
clear ip nat statistics	清除 NAT 统计信息

11.5 NAT 的注意事项

NAT 通过内部网的私有化来节约合法的注册寻址方案。

NAT 增加了连接到公共网络的灵活性。多个地址池、备份地址池以及负载共享/均衡地址池的实现有助于保证可靠的公共网络连接。

网络的非私有化需要对现有的网络进行重新寻址，其代价与需要转变为新寻址方案的主机数量相关，NAT 允许保留现有方案，并同时支持私有网络以外的新的地址分配方案。

NAT 增加了延迟，采用 NAT 后，一个最主要的改变就是失去了端对端 IP 的 Traceability，也就是说，从此不能再经过 NAT 使用 Ping 和 Traceroute，其次就是一些 IP 对 IP 的程序不再可以正常运行，不易被观察到的缺点就是增加了网络延时。

NAT 可以支持大部分 IP 协议，但有几个协议需要注意，其中如下协议不支持：路由选择更新、DNS 区域传输、BOOTP、talk、ntalk、SNMP、netshow。

NAT 技术使用 NAT 设备维护一个地址转换表，用来把私有的 IP 地址映射到合法的 IP 地址上去。每个数据包的地址在 NAT 设备中都被翻译成正确的 IP 地址，这样一来解决了 IP 地址衰竭的问题，但是同时带来了安全隐患和路由更新的问题。NAT 技术只是 IPv4 向 IPv6 过渡时期的临时解决方案，NAT 技术带来的问题是业内的普遍问题，这些问题必将随着 IPv6 的发展与普及最终解决。

11.6 总　结

- ❑ 随着互联网的增长，主干互联网路由选择表中的 IP 路由数量也在增加，这就引发了路由选择算法的扩展问题。于是提出了 IP 扩展问题的解决方案。
- ❑ RFC1918 为私有网络分配 IP 地址提供了背景，它为那些想要部署 IP 但又不想与互联网完全连通的公司提供了实现指导方针。
- ❑ NAT 允许将私有地址转换为公共可用的地址，以便在互联网中使用。
- ❑ PAT 允许一组内部主机同外部主机通信，并共享 NAT 配置复用地址。

11.7 思考与练习

1. 选择题

（1）某公司维护它自己的公共 Web 服务器，并打算实现 NAT。应该为该 Web 服务器使用哪一种类型的 NAT？

A．动态

B．静态

C．PAT

D．不用使用 NAT

（2）NAT 不支持的流量类型是（　）？

A．ICMP

B．DNS 区域传输

C．BOOTP

D．FTP

（3）下列关于 NAT 缺点描述正确的是（ ）？

A．NAT 增加了延迟

B．失去了端对端 IP 的 Traceability

C．NAT 通过内部网的私有化来节约合法的注册寻址方案

D．NAT 技术使得 NAT 设备维护一个地址转换表，用来把私有的 IP 地址映射到合法的 IP 地址上去

2. 问答题

（1）在 NAT 中有哪四种地址？

（2）最常用的网络地址转换模式有哪几种？

（3）NAPT 与 NAT 的主要区别是什么？

第 12 章　无线局域网（WLAN）

本章重点

- 无线技术基础
- IEEE802.11
- WLAN 组件
- WLAN 拓扑
- WLAN 安全性

本章介绍 WLAN（Wireless Local Area Network，无线局域网）技术，WLAN 在网络中的应用日益增多，而且技术发展迅速。WLAN 技术中除了传统 LAN 技术的全部特点和优势外，还能够在移动性上提供巨大的便利，因此迅速获得使用者的亲睐。特别是在当前 WLAN 设备的价格进一步降低，同时速度进一步提高达到 54Mbps 后，WLAN 技术在各行各业，甚至是家庭中，都得到了广泛的应用。

12.1　无线技术基础

对于无线局域网（WLAN，Wireless Local Area Network）的定义，有很多种说法。我们先从字面上理解“无线局域网”，可以看出它包含了“无线”和“局域网”两个方面的涵义。“无线”定义了网络连接的方式，这种连接方式省去了有线局域网中的传输线缆，而是利用红外线、微波等无线技术进行信息传输。“局域网”定义了网络应用的范围，它是将小区域内的各种通信设备互连在一起的通信网络，是相对于“广域网”和“个人网”而言的，就其通信范围而言介于个人网和广域网之间，这个区域可以是一个房间、一个建筑物内，也可以是一个校园或者大至几千千米的广大区域。

12.1.1　WLAN 的发展历程

20 世纪 80 年代，鉴于市场的需求，各厂商开发了独立标准的 WLAN 技术，只能提供 1 Mbps~2 Mbps 的带宽。当时并无通用标准，各厂商设备也无法互通。尽管如此，由于无线技术极大的灵活性和自由性，这些无线技术还是在市场中得到一定程度的应用，例如，零售业中，使用无线射频（RF）设备以扫描条形码的方式对物品进行信息收集和统计，医院也可以使用 RF 设备对病人信息进行收集和传递。

随着计算机网络的普及，同时也由于这种无线技术可以避免复杂繁琐的布线所带来的成本，越来越多的厂商意识到将无线技术应用于计算机网络的巨大市场，所以无线厂商在 1991 年联合成立了 WECA（Wireless Ethernet Compatibility Alliance，无线以太网兼容性联盟），以建议和制定通用标准，WECA 后来更名为 Wi-Fi 联盟。此外，IEEE 也是 WLAN 技术的主要标准制定者。1997 年，IEEE 发布了无线局域网的 802.11 系列标准。紧接着，1999 年 IEEE 批准了 IEEE 802.11a（频段 5GHz，速度 54Mbps）标准和 IEEE 802.11b（频段 2.4 GHz，速度 11 Mbps）标准。2003 年 6 月，又批准了 IEEE 802.11g（频段 2.4 GHz，速度 54Mbps）标准，由于和 IEEE 802.11b 使用相同的频段，因此，IEEE 802.11g 能够向下兼容 802.11b。IEEE 802.11g 由于具有良好的兼容性，同时能提供更高的传输数率，因此采用 802.11g 标准的 WLAN 设备在当前网络中得到了广泛的应用。

目前 IEEE 802.11 系列的标准仍在补充当中，WLAN 技术的速率也从 1 Mbps 提高到 54 Mbps。而即将推出的 IEEE 802.11n 标准能将速度提升到 300 Mbps ~600 Mbps，覆盖范围可以达到数千米，使 WLAN 的移动性得到大大的增强。

IEEE（Institute of Electrical and Electronics Engineers，电子和电气工程师协会）是一个国际性的电子技术与信息科学工程师的协会，是世界上最大的专业技术组织之一，IEEE 一直致力于推动电工技术在理论方面的发展和应用方面的进步。

12.1.2 WLAN 技术分类

WLAN 是计算机网络与无线通信技术相结合的产物，使用无线通信技术将计算机设备互连起来，构成可以互相通信和实现资源共享的网络体系。WLAN 的本质特点是不再使用通信电缆将计算机与网络连接起来，而是通过无线的方式连接，从而使网络的构建和终端的移动更加灵活。

从专业角度讲，无线局域网利用了无线多址信道的一种有效方法来支持计算机之间的通信，并为通信的移动化、个性化和多媒体应用提供了可能。

图 12-1 所示为不同无线数据技术的传输距离以及数据速率的对比图。

3GPP（3rd Generation Partnership Project，第三代合作伙伴计划）是一个成立于 1998 年 12 月的标准化机构。目前其成员包括欧洲的 ETSI、日本的 ARIB 和 TTC、中国的 CCSA、韩国的 TTA 和北美的 ATIS。

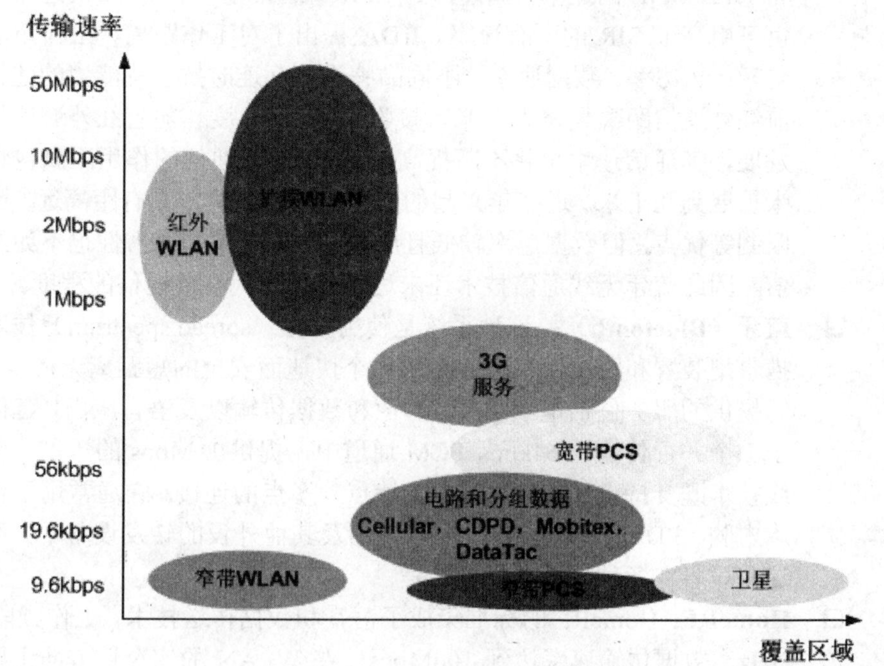

图 12-1　无线数据技术

12.1.3 WLAN 相关组织

WLAN 标准目前有两个组织在进行制定：IEEE 和 3GPP（3rd Generation Partnership Project，第三代合作伙伴计划）。

IEEE 在 WLAN 方面的工作只定义了 OSI 二层以下的协议，主要集中在安全性、AP（Access Point，无线访问点）之间的信令、频谱扩展等方面。

3GPP 把 WLAN 技术作为一种 3G 接入技术，主要工作是 WLAN 与 3G 结合的网络结构及信令交互。3GPP 的目标是在 ITU 的 IMT-2000 计划范围内制定和实现全球性的（第三代）移动电话系统规范。它致力于 GSM 到 UMTS（W-CDMA）的演化，虽然 GSM 到 W-CDMA 空中接口差别很大，但是其核心网采用了 GPRS 的框架，因此仍然保持一定的延续性。

12.1.4 WLAN 的主要技术

- **红外（Infrared）：**IrDA（Infrared Data Association，红外数据协会）是 1993 年 6 月成立的一个国际性组织，专门制定和推进能共同使用的低成本红外数据互连标准。由于标准的统一和应用的广泛，更多的公司开始开发和生产 IrDA 模块，技术的进步也使得 IrDA 模块的集成度越来越高，体积也越来越小。IrDA1.0 可支持最高 115.2kbps 的通信速率，而 IrDA1.1 可以支持的通信速率达到 4Mbps。IrDA 数据通信按发送速率分为 3 大类：SIR、MIR 和 FIR。串行红外（SIR）的速率覆盖了 RS-232 端口通常支持的速率（9.6 kbps～115.2 kbps）。MIR 可支持 0.576 Mbps 和 1.152Mbps 的速率；高速红外（FIR）通常用于 4 Mbps 的速率，有时也可用高于 SIR 的所有速率。IrDA 提出了对工作距离、工作角度（视角）、光功率、数据速率、不同品牌设备互连时抗干扰能力的建议。当前红外通信距离最长为 3 米，接收角度为 30 度。随着红外通信技术的发展，其通信速率也将不断提高。IrDA 红外通信的作用距离也将从 1 米扩展到几十米。近些年兴起的蓝牙无线通信技术具有距离远、无角度限制等优点，但数据速率较低且成本高，误码率和保密性也不如红外通信，因此蓝牙无线通信技术还未达到完全替代红外通信的程度。

HomeRF 工作组是由美国家用射频委员会领导、于 1997 年成立的，其主要工作任务是为家庭用户建立具有互操作性的话音和数据通信网。

- **蓝牙（Bluetooth）：**这种系统是使用扩频（spread spectrum）技术，在携带型装置和区域网络之间提供一个快速而安全的短距离无线电连接。它提供的服务包括电子邮件、影像和数据传输以及语音应用，延伸容纳于三个并行传输的 64kbps PCM 通道中，提供 1 Mbps 的流量。蓝牙无线技术既支持点到点连接，又支持点到多点的连接。它通常用于在笔记本电脑、PDA、蜂窝手机、PCS 电话及其他外设的转发设备中，可以使这些设备在各种环境中进行通信。
- **HomeRF：**HomeRF 的标准集成了语音和数据传送技术，工作频段为 10 GHz。数据传输速率达到 100Mbps，在 WLAN 的安全性方面主要考虑访问控制和加密技术。HomeRF 是对现有无线通信标准的综合和改进。当进行数据通信时，采用 IEEE 802.11 规范中的 TCP/IP 传输协议；当进行语音通信时，则采用数字增强型无绳通信标准。但是，该标准与802.11b 不兼容，并占据了与 802.11b 和 Bluetooth 相同的 2.4 GHz 频率段，所以在应用范围上会有很大的局限性，更多的是在家庭网络中使用。

- **IEEE 802.11**：1999 年最新版本的无线网络标准。IEEE 802.11 无线网络标准于 1997 年颁布，当时规定了一些诸如介质接入控制层功能、漫游功能、自动速率选择功能、电源消耗管理功能、保密功能等。1999 年无线网络国际标准的更新及完善，进一步规范了不同频段的产品及更高网络速率产品的开发和应用。

12.1.5 WLAN 的传输介质

无线信号是能够在空气中进行传播的电磁波，无线信号不需要任何物理介质，它在真空环境中也能够传输，就如同在办公室大楼的空气中传播一样。无线电波不仅能够穿透墙体，还能够覆盖较大的范围，所以无线技术成为一种组建网络的通用方法。图 12-2 展示了电磁波。

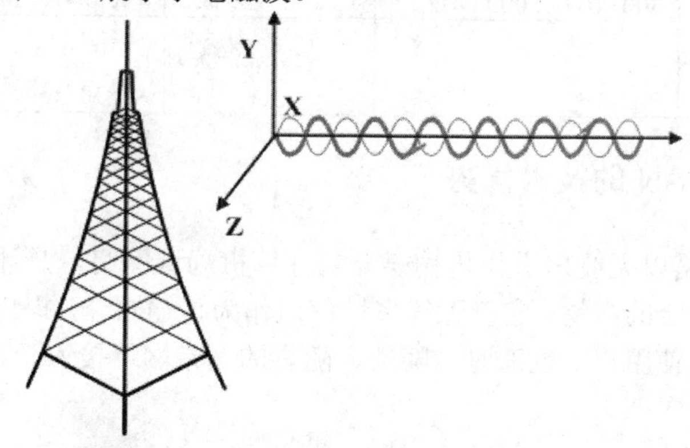

图 12-2 电磁波中的编码信号

图 12-3 展示了无线频谱图。

频谱就是频率的分布曲线，复杂振荡分解为振幅不同和频率不同的谐振荡，这些谐振荡的幅值按频率排列的的图形叫做频谱。广泛应用在声学、光学和无线电技术等方面。

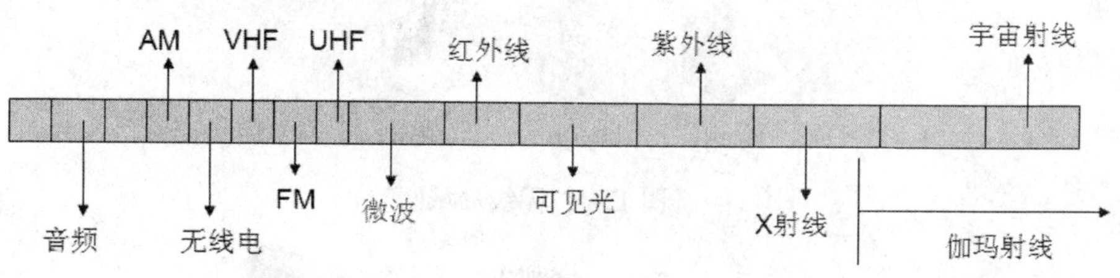

图 12-3 无线频谱

WLAN 运行在 2.4GHz~2.4835GHz 的微波频段上，所有的波都以光速传播，这个速度可以被精确地称为电磁波速度。所有的波都遵守公式：频率×波长＝速度。

各种电磁波之间的主要区别就是频率。如果电磁波频率低，那么它的波长就长；如果电磁波的频率高，那么它的波长就短。波长表示正弦波的两个相邻波峰之间的距离。

表 12-1 所示为无线通信使用的电磁波频率范围和波段。

表 12-1　无线通信使用的电磁波频率范围和波段

频段名称	频段范围	波段名称		波长范围
极低频（ELF）	3 Hz ~30 Hz	极长波		100 Mm ~10 Mm（10^8 m ~10^7 m）
超低频（SLF）	30 Hz ~300 Hz	超长波		10 Mm ~1 Mm（10^7 m ~10^6 m）
特低频（ULF）	300 Hz ~3000 Hz	特长波		1000 km ~100 km（10^6 m ~10^5 m）
甚低频（VLF）	3 kHz ~30 kHz	甚长波		100 km ~10 km（10^5 m ~10^6 m）
低频（LF）	30 kHz ~300 kHz	长波		10 km ~1 km（10^4 m ~10^3 m）
中频（MF）	300 kHz ~3000 kHz	中波		1000 m ~100 m（10^3 m ~10^2 m）
高频（HF）	3 MHz ~30 MHz	短波		100 m ~10 m（10^2 m ~10 m）
甚高频（VHF）	30 MHz ~300 MHz	超短波（米波）		10 m ~1 m
特高频（UHF）	300 MHz~3000 MHz	微波	分米波	1 m ~0.1 m（1 m ~10^{-1} m）
超高频（SHF）	3 GHz ~30 GHz	微波	厘米波	10 cm ~1 cm（10^{-1} m ~10^{-2} m）
极高频（EHF）	30 GHz ~300 GHz	微波	毫米波	10 mm ~1 mm（10^{-2} m ~10^{-3} m）
至高频（THF）	300 GHz ~3000 GHz	微波	亚毫米波	1 mm ~0.1 mm（10^{-3} m ~10^{-4} m）
		光波		3×10^{-3} mm ~3×10^{-5} mm（3×10^{-6} m ~3×10^{-8} m）

12.1.6　WLAN 的技术优势

WLAN 是以无线信道作传输媒介的计算机局域网络，是计算机网络与无线通信技术相结合的产物。它以无线多址信道作为传输媒介，提供传统有线局域网的功能，能够使用户实现随时、随地、随意的宽带网络接入，如图 12-4 所示。

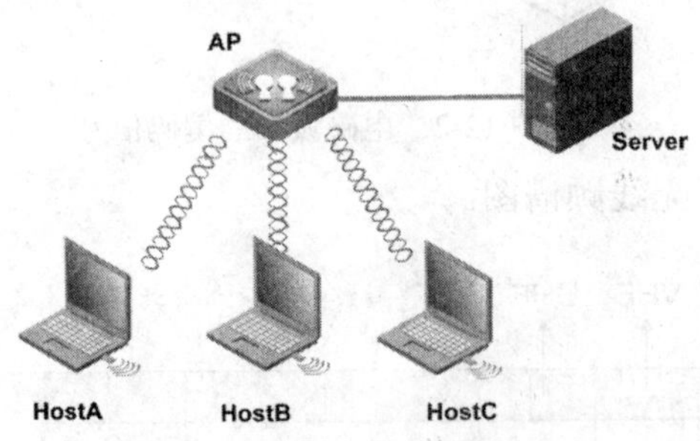

图 12-4　无线局域网

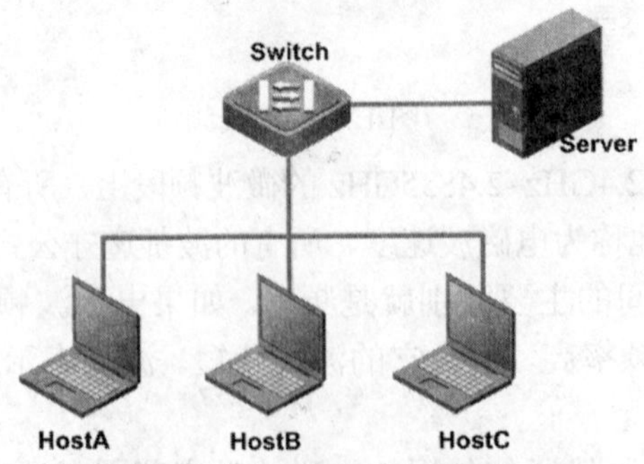

图 12-5　有线局域网

WLAN 利用电磁波在空气中发送和接收数据，而无需线缆介质。与有线网络（图 12-5）相比，WLAN 具有以下优点：

- **安装便捷：** WLAN 的安装工作简单，不需要布线或开挖沟槽。相比有线网络的安装时间，WLAN 的安装时间将少得多。
- **覆盖范围广：** 在有线网络中，网络设备的安放受网络信息点的位置限制。而无线局域网的通信范围，不受环境条件的限制，网络的传输范围大大拓宽，最大传输范围可达到几十公里。
- **经济节约：** 由于有线网络缺少灵活性，这就要求网络规划者尽可能地考虑未来发展的需要，所以往往导致预设了大量利用率较低的信息点。而一旦网络的发展超出了设计规划范围，又要花费较多费用进行网络改造。WLAN 不受布线接点位置的限制，具有传统局域网无法比拟的灵活性，可以避免或减少以上情况的发生。
- **易于扩展：** WLAN 有多种配置方式，能够根据需要灵活选择。这样，WLAN 就能胜任从只有几个用户的小型网络到上千用户的大型网络，并且能够提供像“漫游”（Roaming）等有线网络无法提供的服务。
- **传输速率高：** WLAN 的数据传输速率现在已经能够与以太网相媲美，而且传输距离可远至 20km 以上。

漫游是指无线工作站在不同 AP 覆盖的区域间移动而仍可正常接入无线网络。

由于 WLAN 具有多方面的优点，其发展十分迅速。在最近几年里，WLAN 已经在医院、商店、工厂和学校等不适合网络布线的场合得到了广泛的应用。

12.1.7 WLAN 的应用

无线技术给人们带来的影响是无可争议的。如今每天大约有数万人成为新的无线用户，全球范围内的无线用户数量目前已经超过 2 亿。

WLAN 的应用范围非常广泛，如果将其应用划分为室内和室外的话，室内应用包括大型办公室、车间、酒店宾馆、智能仓库、临时办公室、会议室、证券市场；室外应用包括城市建筑群间通信、学校校园网络、工矿企业厂区自动化控制与管理网络、银行金融证券城区网、矿山、水利、油田、港口、码头、江河湖坝区、野外勘测实验、军事流动网、公安流动网等。

1. WLAN 适用范围

- 在不能使用传统布线方式、传统布线方式困难、布线破坏性很大或因历时太久等原因不能布线的地方。
- 有水域或不易跨过的区域阻隔的地方。
- 需要临时建立通信的地方。
- 线路铺设环境可能导致线路损坏。
- 时间紧急，需要迅速建立通信，而使用有线不便、成本高或耗时长。
- 局域网的用户需要更大范围进行移动计算的地方。

2. 行业应用

- **企业应用：** 计算机网络推进了企业的管理方式和生产能力，但是网络布线成为了网络在企业中生长的棘手问题。企业网络化改造往往受到网络布线的限制，在一些生产场合，网络布线的代价甚高，甚至可能性很小，企业网络必须从烦琐的布线中解脱。无线网络产品在企业环境中的典型应用包括以下内容。

- **交通运输**：交通运输行业的重要特征之一就是流动性，包括行业中的承运管理方、承运的工具、流动的货物、流动的旅客等等。而迅速流动的特征及对象正是无线网络产品的主要针对市场，因为无线网络解决方案具有构建迅速、使用自由的重要特征，这些特征是任何基于线缆的网络产品无法比拟的。例如在空旷的码头、机场、货物集散中心等场合，利用无线网络产品可以在不依赖环境的情况下构建局域网络。无线网络不仅可以用于交通运输行业的生产和管理，而且还可以为网络时代的交通运输环境提供信息增殖服务。
- **零售行业**：零售行业大型化、集团化的趋势产生了对计算机管理系统的依赖性，大型的经营场地中计算机网络担任了重要的业务数据处理角色。然而经营场地的扩建、调整对计算机网络设计和建设却提出了相当高的要求，随着场地的扩充和信息点的迅速增长，网络系统的建设费用已经相当可观，况且还存在着无法预见的应用需求。无线网络产品空间自由的特征正是解决零售行业这一问题的便捷方案。如果大型商场的仓储管理、POS 结算受到网络线缆的约束，不仅会给经营者带来不便，对消费者同样也会有很大的影响。利用无线网络产品，商场经营的自由度将会得到前所未有的发展。
- **医疗行业**：无线网络产品的自由和便捷是对医疗行业最具有吸引力的特点。任何密集的网络线缆都无法满足医疗环境及业务特征的需求，突发、移动、清洁、便利等特性是用于医疗行业的计算机网络必须具有的。但是在无线网络产品出现之前，并没有一种性价比优秀的网络组网方案能够全方位地满足医疗卫生行业的需求。而摆脱了网络线缆束缚的无线网络产品为医疗卫生行业的应用提供了无可挑剔的行业解决方案。
- **教育行业**：教育行业是多媒体网络技术展现优势的大舞台，从幼儿园到高等院校，计算机网络建设正在迅速地开展之中。校园网络已经成为大多数校园的必要设施。无论是对于一个已经拥有宽带校园网络的，或是一个还未建设校园网络的教育单位，无线网络技术仍然是一个可以发挥巨大优势的新事物。利用无线网络技术和产品，可以迅速地建立一个校园网络，以满足学生和教师的连网需要。对于较为完善的校园信息系统，通过无线网络可以使得访问网上教育资源变得自由和轻松，无论在教室、宿舍、学术交流中心，甚至是充满绿意的校园草坪，无线网络将覆盖校园的任何地方。

12.2 IEEE 802.11

12.2.1 IEEE 802.11 简介

在 1997 年，IEEE 发布了 802.11 协议，这也是在无线局域网领域内的第一个国际上被认可的协议。该标准定义了物理层和媒体访问控制（MAC）协议的规范，允许无线局域网及无线设备制造商在一定范围内建立相互操作的网络设备。

在 1999 年 9 月，IEEE 又提出了 802.11b “High Rate” 协议，用来对 802.11 协议进行补充，802.11b 在 802.11 的 1Mbps 和 2Mbps 速率下又增加了 5.5Mbps 和 11Mbps 两个新的网络吞吐速率。利用 802.11b，移动用户能够获得同以太网一样的性能、网络吞吐率、可用性。这个基于标准的技术使得管理员可以根据环境选择合适的局域网技术来构造自己的网络，满足其商业用户和其他用户的需求。

802.11 协议主要工作在 ISO 协议的最低两层上，并在物理层上进行了一些改动，加入了高速数字传输的特性和连接的稳定性。

12.2.2 IEEE 802.11 标准

表 12-2 所示为 IEEE 802.11 中部分标准及其说明。

表 12-2 802.11 标准

IEEE 标准	说明
802.11	初期的规格采用 DSSS（Direct Sequence Spread Spectrum，直接序列扩频）技术或 FHSS （Frequency Hopping Spread Spectrum，跳频扩频）技术制定了在 RF 射频频段 2.4GHz 上的运用，并且提供了 1Mbps、2Mbps 和许多基础信号传输方式与服务的传输速率规格
802.11a	制定 5 GHz 波段上的物理层规范
802.11b	制定 2.4 GHz 波段上更高速率的物理层规范。在 2.4 GHz 频段上运用 DSSS 技术，且由于这个衍生标准的产生，将原来无线网路的传输速度提升至 11 Mbps 并可与以太网相媲美
802.11d	当前 802.11 标准中规定的操作仅在几个国家中是合法的，而制定该标准的目的是为了扩充 802.11 无线局域网在其他国家的应用
802.11e	该标准主要是为了改进和管理 WLAN 的服务质量（QoS），保证能在 802.11 无线网络上进行话音、音频、视频的传输等
802.11f	该标准是为了可以在多个厂商的无线局域网内实现访问互操作，保证网络内访问点之间信息的互换
802.11g	该标准是 802.11b 的扩充，目的是制定更高速率的物理层规范
802.11h	该标准主要是为了增强 5GHz 频段的 802.11 MAC 规范及 802.11a 高速物理层规范；增强信道能源测度和报告机制，以便改进频谱和传送功率管理
802.11i	增强 WLAN 的安全和鉴别机制
802.11j	日本所采用的等同于 802.11h 的协议
802.11k	无线电广播资源管理。通过部署此功能，服务运营商与企业客户将能更有效地管理无线设备和 AP 设备/网关之间的连接
802.11n	此规范将使得 802.11a/g 无线局域网的传输速率提升一倍

802.11n 应用 MIMO OFDM 技术，提高了无线传输质量，也使传输速率得到极大提升，是无线传输速率提高到 300Mbps ~ 600Mbps。

表 12-3 所示为各无线标准在工作频段、传输速率、传输距离等方面的对比。

表 12-3　线标准对比表

无线技术与标准	802.11	802.11a	802.11b	802.11g	802.11n	蓝牙
推出时间	1997 年	1999 年	1999 年	2002 年	2006 年	1994 年
工作频段	2.4 GHz	5 GHz	2.4 GHz	2.4 GHz	2.4 GHz 和 5 GHz	2.4 GHz
最高传输速率	2 Mbps	54 Mbps	11 Mbps	54 Mbps	108 Mbps 以上	2 Mbps
实际传输速率	低于 2 Mbps	31 Mbps	6 Mbps	20 Mbps	大于 30 Mbps	低于 1 Mbps
传输距离	100m	80m	100m	150m 以上	100Mm 以上	10Mm~30 Mm
主要业务	数据	数据、图像、语音	数据、图像	数据、图像、语音	数据、语音、高清图像	语音、数据
成本	高	低	低	低	低	低

1. EE 802.11a

802.11a 规定的频段为 5 GHz，用 OFDM（Orthogonal Frequency Division Multiplexing，正交频分复用）技术来调制数据流。OFDM 技术的最大优势是其无与伦比的多途径回声反射，因此，特别适合于室内及移动环境，最大传输速率为 54 Mbps。

2. EE 802.11b

802.11b 工作于 2.4 GHz 频段，其带宽最高可达 11 Mbps，传输速率是 802.11 标准的 5 倍，扩大了无线局域网的应用领域。另外，也可根据实际情况采用 5.5 Mbps、2 Mbps 和 1 Mbps 带宽，实际的工作速度在 5 Mbps 左右，与普通的 10Base-T 规格有线局域网几乎是处于同一水平。作为公司内部的设施，可以基本满足使用要求。IEEE 802.11b 使用的是开放的 2.4 GHz 频段，不需要申请就可使用。既可作为对有线网络的补充，也可独立组网，从而使网络用户摆脱网线的束缚，实现真正意义上的移动应用。

802.11b 无线局域网与我们熟悉的 IEEE 802.3 以太网的原理类似，它们都是采用载波侦听的方式来控制网络中信息的传送的。不同之处是以太网采用 CSMA/CD（载波侦听/冲突检测）技术，网络上所有工作站都侦听网络中有无信息发送，当发现网络空闲时即发出自己的信息，如同抢答一样，只能有一台工作站抢到发言权，而其余工作站需要继续等待。如果一旦有两台以上的工作站同时发出信息，则网络中会发生冲突，冲突后这些冲突信息都会丢失，各工作站则将继续抢夺发言权。而 802.11 无线局域网则引进了 CA（Collision Avoidance，冲突避免）技术，CSMA/CA 协议的工作流程是：一个工作站希望在无线网络中传送数据，如果没有探测到网络中正在传送数据，则附加等待一段时间，再随机选择一个时间片继续探测，如果无线网路中仍旧没有活动的话，就将数据发送出去。接受端的工作站如果收到发送端送出的完整的数据则回发一个 ACK 数据包，如果这个 ACK 数据包被接收端收到，则这个数据发送过程完成，如果发送端没有收到 ACK 数据包，则发送的数据没有被完整地收到，或者 ACK 信号的发送失败。

3. EE 802.11g

802.11g 标准从 2001 年 11 月就开始草拟，802.11g 可以提供与 802.11a 相同的 54Mbps 数据传输速率，但是它还可以提供一种重要的优势是对 802.11b 设备向后兼容。这意味着 802.11b 客户端可以与 802.11g 接入点配合使用，而 802.11g 客户端也可以与 802.11b 接入点配合使用。因为 802.11g 和 802.11b 都是工作在不需许可的 2.4GHz 频段，所以对于那些已经采用了 802.11b 无线基础设施的企业来说，移植到 802.11g 将是一种合理的选择。

需要指出的是，802.11b 产品无法“软件升级”到 802.11g，这是因为 802.11g 无线收发装置采用了一种与 802.11b 不同的芯片组，以提供更高的数据传输速率。但是，就像以太网和快速以太网的关系一样，802.11g 产品可以在同一个网络中与 802.11b 产品结合使用。由于 802.11g 与 802.11b 工作在同一个无需申请的频段，所以它需要共享 3 个相同的频段，这将会限制无线容量和可扩展性。

12.2.3 EEE 802.11 与 OSI

802.11 标准主要对无线局域网的物理层和媒介访问控制层做了规定，保证各厂商的产品在同一物理层上可以互操作，逻辑链路控制层是一致的，MAC 层以下对网络应用是透明的。

在 MAC 层以下，802.11 规定了 3 种发送及接收技术：扩频（Spread Spectrum）技术；红外（Infrared）技术；窄带（Narrow Band）技术。扩频分为直接序列（Direct Sequence,，DS）扩频和跳频（Frequency Hopping，FH）技术。直接扩频技术，通常又会结合码分多址 CDMA 技术。图 12-6 所示为 IEEE 802.11 与 ISO 模型。

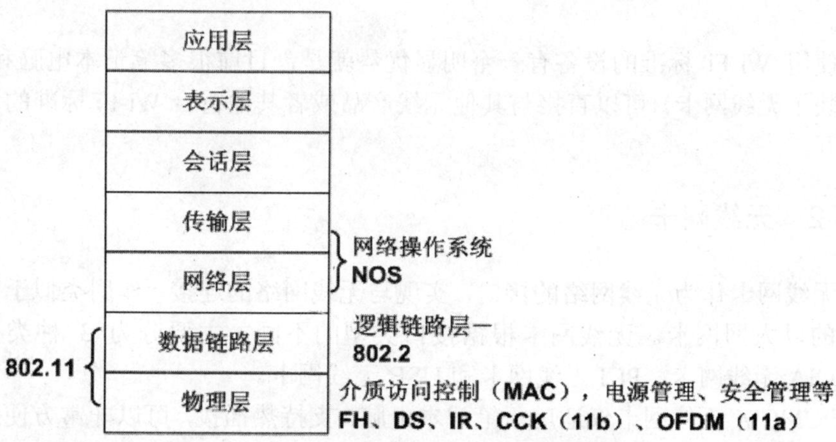

图 12-6 IEEE 80.11 与 OSI 模型

IEEE 802 LAN 定义了媒体访问控制（MAC）和物理层（PHY）的操作，如图 12-7 所示。

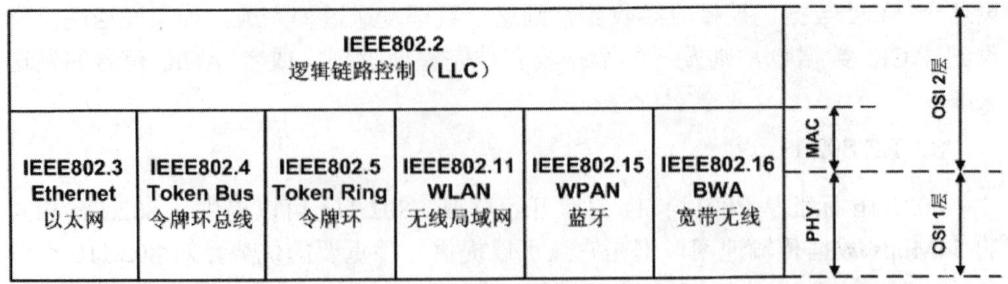

图 12-7 IEEE 802 LAN 标准系列

12.3 WLAN 组件

WLAN 可独立存在，也可与有线局域网共同存在并进行互连。在 WLAN 中最常见的组件如下。

- 笔记本电脑和工作站。
- 无线网卡。
- 无线接入点（AP）。
- 天线。

12.3.1 笔记本电脑和工作站

笔记本电脑和工作站作为无线网络的终端接入到网络中。笔记本电脑、掌上电脑、个人数字助理和其他小型计算设备正变得越来越普及，笔记本电脑和台式机最主要的区别是笔记本电脑的组件体积小，而且用 PCMCIA（个人计算机存储卡国际协会）插槽取代了扩展槽，从而可以接入无线网卡、调制解调器以及其他设备。

使用 Wi-Fi 标准的设备有一个明显优势就是，目前很多笔记本电脑和 PDA 都预装了无线网卡，可以直接与其他无线产品或者其他符合 Wi-Fi 标准的设备进行交互。

12.3.2 无线网卡

无线网卡作为无线网络的接口，实现与无线网络的连接，作用类似于有线网络中的以太网网卡。无线网卡根据接口类型的不同，主要分为 3 种类型，即 PCMCIA 无线网卡、PCI 无线网卡和 USB 无线网卡。

PCMCIA 无线网卡仅适用于笔记本电脑，支持热插拔，可以非常方便地实现移动式无线接入。PCI 接口无线网卡适用于台式计算机使用，安装起来相对要复杂些。USB 接口无线网卡适用于笔记本电脑和台式机，支持热插拔，而且安装简单，即插即用。目前 USB 接口的无线网卡得到了大量用户的青睐。

无线网卡的主要功能就是通过无线设备透明地传输数据包，工作在 OSI 参考模型的第 1 层和第 2 层。除了用无线连接取代线缆，这些适配器就像标准的网络适配器那样工作，不需要其他特别的无线网络功能。

RG-WG54U 是锐捷网络推出的基于标准 802.11g 协议的无线局域网外置 USB 接口网卡产品，如图 12-8 所示。

图 12-8　RG-WG54U 802.11g 无线局域网 USB 网卡

12.3.3　访问接入点（AP）

1. 什么是 AP

无线接入点（AP）的作用是提供无线终端的接入功能，类似于以太网中的集线器。当网络中增加一个无线 AP 之后，即可成倍地扩展网络覆盖直径。另外，也可使网络中容纳更多的网络设备。通常情况下，一个 AP 最多可以支持多达 30 台计算机的接入，推荐数量为 25 台以下。

在 WLAN 中，一组计算机设定相同的 BSS 名称（BSSID），即可自成一个 group。

无线 AP 基本上都拥有一个以太网接口，用于实现与有线网络的连接，从而使无线终端能够访问有线网络或 Internet 的资源。

无线 AP 主要用于宽带家庭、大楼内部以及园区内部，典型距离覆盖几十米至上百米。大多数无线 AP 还带有接入点客户端模式（AP client），可以和其他 AP 进行无线连接，延展网络的覆盖范围。

单纯性无线 AP 就是一个无线的交换机，仅仅是提供一个无线信号发射的功能。单纯性无线 AP 的工作原理是将网络信号通过双绞线传送过来，经过 AP 产品的编译，将电信号转换成为无线电信号发送出去。根据不同的功率，可以实现不同程度、不同范围的网络覆盖，一般无线 AP 的最大覆盖距离可达 300 米。此外，一些 AP 还具有更高级的功能以实现网络接入控制，例如 MAC 地址过滤、DHCP 服务器等。

2. AP 工作模式

WLAN 可以根据用户的不同网络环境的需求，实现不同的组网方式。AP 可支持以下六种组网方式。

- **AP 模式：** 又被称为基础架构（Infrastructure）模式，由 AP、无线工作站以及分布式系统（DSS）构成，覆盖的区域称为基本服务集（BSS）。其中 AP 用于在无线 STA 和有线网络之间接收、缓存和转发数据，所有的无线通信都经过 AP 完成。
- **点对点桥接模式：** 两个有线局域网间，通过两台 AP 将它们连接在一起，实现两个有线局域网之间通过无线方式的互连和资源共享，也可以实现有线网络的扩展。

- **点对多点桥接模式：**点对多点的无线网桥能够把多个离散的远程网络连成一体，通常以一个网络为中心点发送无线信号，其他接收点进行信号接收。
- **AP 客户端模式：**该模式看起来比较特别，中心的 AP 设置成为 AP 模式，可以提供中心有线局域网络的连接和自身无线覆盖区域的无线终端接入，远端有线局域网络或单台 PC 所连接的 AP 设置成 AP Client 客户端模式，远端无线局域网络便可访问中心 AP 所连接的局域网络了。
- **无线中继模式：**无线中继模式可以实现信号的中继和放大，从而延伸无线网络的覆盖范围。无线分布式系统（WDS）的无线中继模式，提供了全新的无线组网模式，可适用于那些场地开阔、不便于铺设以太网线的场所，像大型开放式办公区域、仓库、码头等。
- **无线混合模式：**无线分布式系统（WDS）的无线混合模式，可以支持在点对点、点对多点、中继应用模式下的 AP，同时工作在两种工作模式状态，即桥接模式+AP 模式。这种无线混合模式充分体现了灵活、简便的组网特点。

3. 胖 AP 与瘦 AP

- **胖 AP：**在无线交换机应用之前，WLAN 通过胖 AP 连接无线网络，使用安全软件、管理软件和其他数据来管理无线网络。这种胖 AP——或者称为"智能 AP"很复杂，安装困难，而且价格昂贵，并且需要的 AP 越多，管理费用就越高，价格也越贵。同时由于每个 AP 平均能够支持的用户数只有 10～20 个，大型企业如果要部署无线网络可能需要几百个 AP 来让无线网络覆盖所有的用户。总之，这种方案对于大部分用户来说，耗费巨大，单个 AP 覆盖范围太小。
- **瘦 AP：**自身不能单独配置或者使用的无线 AP 产品，这种产品仅仅是一个 WLAN 交换系统的一部分，它需要和其他组件一起工作，例如无线控制器。

表 12-4 是关于胖 AP 与瘦 AP 的主要区别。

表 12-4　胖 AP 与瘦 AP 的区别

区别	胖 AP	瘦 AP
安全性	单点安全，无整网统一安全能力	统一的安全防护体系，AP 与无线控制器间通过数字证书进行认证，支持二层、三层安全机制
配置管理	每个 AP 需要单独配置，管理复杂	AP 零配置管理，统一由无线控制器集中配置
自动 RF 调节	没有 RF 自动调节能力	通过自动的射频调整能力，自动调整包括信道、功率等无线参数，实现自动优化无线网络配置
网络恢复	网络无法自恢复，AP 故障会造成无线覆盖漏洞	无需人工干扰，网络具有自恢复能力，自动弥补无线漏洞，自动进行无线控制器切换
容量	容量小，每个 AP 独自工作	可支持最大 64 个无线控制器堆叠，最大支持 3600 个 AP 无缝漫游

续表

区别	胖 AP	瘦 AP
漫游能力	仅支持二层漫游功能，三层无缝漫游必须通过其他技术，如 Mobile IP 技术实现，实现复杂，客户端需要安装相应软件	支持二层、三层快速安全漫游，三层漫游通过基于瘦 AP 体系架构里的 CAPWAP 标准中的隧道技术实现
可扩展性	无扩展能力	方便扩展，对于新增 AP 无需任何配置管理
一体化网络	室内、室外 AP 产品需要分别单独部署，无统一配置管理能力	统一无线控制器、无线网管支持基于集中式无线网络架构的室内、室外 AP、MESH 产品
高级功能	对于基于 WiFi 的高级功能，如安全、语音等支持能力很差。	专门针对无线增值系统设计，支持丰富的无线高级功能，如安全、语音、位置业务、个性化页面推送、基于用户的业务/完全/服务质量控制等
网络管理能力	管理能力较弱，需要固定硬件支持	可视化的网管系统，可以实时监控无线网络 RF 状态，支持在网络部署之前模拟真实情况进行无线网络设计的工具

锐捷网络的自治型无线局域网接入点（AP）产品系列有以下几种类型。

(1) RG-WG54P 室内型无线局域网 AP

RG-WG54P 是锐捷网络推出的高增益、高性能无线局域网接入器产品，基于标准 802.11b/g 协议设计，其内建的高速加密引擎支持所有 TKIP 及 AES 协议且不会出现性能衰减。RG-WG54P 在提供高速无线通信的同时，还支持基于 802.3af 的以太网远程供电技术，可方便用户办公区域、公众运营环境快速构建无线接入网络。先进的 802.1q VLAN 划分技术，可快速实现用户分组，完成无线与有线的管理融合。同时，还具备快速实现漫游切换、广播风暴抑制、实时带宽管理等多项精细化功能，如图 12-9 所示。

图 12-9 RG-WG54P 室内型无线局域网 AP

(2) RG-P-720 双路双频三模室内型无线 AP

RG-P-720 是针对楼宇内部无线高速互连、大范围高穿墙能力的信号覆盖等需求而推出的运营级室内型无线 AP 产品。RG-P-720 采用了双路双频三模高速芯片组设计，同时提供双路硬件系统架构，可同时支持工作于 2.4GHz 和 5GHz 的 802.11a/b/g 标准协议，可以针对各种不同的网络组网需求提供灵活的解决方案。在支持覆盖模式和无线网桥模式时，均可以达到 108Mbps 高速传输，保证了高密度接入用户环境中的访问。

RG-P-720 采用了双路大功率内置型双向放大器设计，较大的发射功率配合内置或外接天线，可完全保障信号在楼宇内部的传输，并专门针对穿透障碍物能力进行了加强。同时，较低的噪声指数提高了接收灵敏度，更使得覆盖范围大大增加。符合 802.3af 的以太网供电系统，可通过远程网线同时传输数据与供电信号，更有效降低了部署成本，如图 12-10 所示。

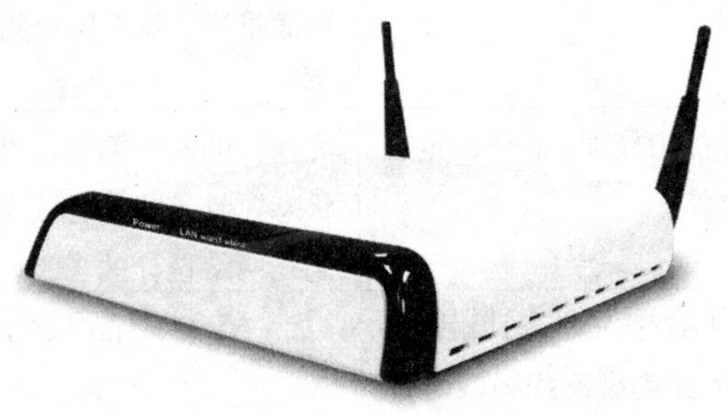

图 12-10 RG-P-720 双路双频三模室内型无线 AP

(3) RG-P-780 双路双频三模室外型无线 AP

RG-P-780 双路双频三模室外型无线 AP，如图 12-11 所示。

图 12-11 RG-P-780 双路双频三模室外型无线 AP

(4) RG-WGP500 室外大功率无线 AP

RG-WGP500 是针对室外大范围信号覆盖需求而量身设计的室外型大功率无线 AP 产品，工作在 2.4GHz 频段，支持 IEEE 802.11g 标准，采用了内置 500mW 双向功率放大器设计，可根据不同的室外环境和覆盖需求，配合相应的外接天线，为用户带来饱满的信号覆盖体验。

RG-WGP500 产品可完全保障信号在室内和户外的传输，并专门针对穿透障碍物能力进行了加强，较低的噪声指数提高了接收灵敏度，使得覆盖范围大大增加，并且内建高速加密引擎，可支持所有 TKIP 及 AES 协议，如图 12-12 所示。

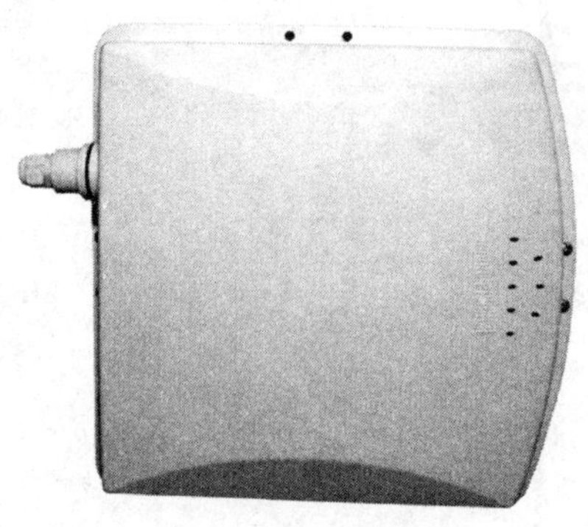

图 12-12　RG-WGP500 室外 802.11g 大功率无线 AP

12.3.4　天线

当无线工作站与无线 AP 或其他无线工作站相距较远时，随着信号的减弱，传输速率会明显下降，或者根本无法实现通讯。此时，就必须借助于天线对所接收或发送的信号进行增强。

无线天线有许多种类型，常见的有两种，一种是室内天线，一种是室外天线。室外天线的类型比较多，一种是锅状的定向天线，一种则是棒状的全向天线。

RG-A-811 双频定向板状天线是锐捷网络专为配合室内外型无线接入点/网桥产品实现大范围、高穿透力的信号传输效果而研发的一款高性能双频定向板状天线产品。该产品可工作于 2.4 GHz 和 5 GHz 频段范围内，协助客户轻松实现将数据从有线网连接到无线 AP 设备并与远程无线客户端通信。RG-A-811 可广泛应用于大型楼宇的楼道内覆盖、楼宇建筑墙体信号穿透覆盖、远距离无线网桥信号传输、复杂楼群无线信号中继等无线网络部署环境。可保证半径在 1km（视环境而定）内的无障碍传输，如图 12-13 所示。

图 12-13　RG-A-811 双频定向板状天线

其他一些天线产品如图 12-14 所示。

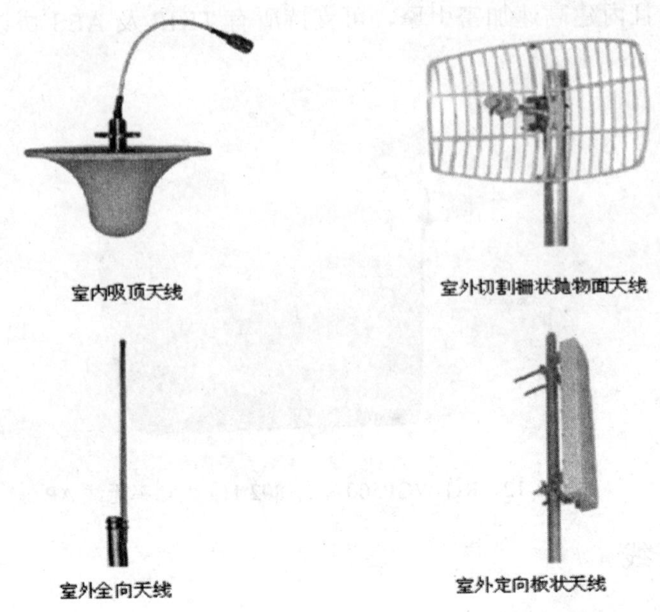

图 12-14　天线产品

12.4　WLAN 拓扑

WLAN 的拓扑结构只有两种，一种是类似于对等网的 Ad-Hoc 模式，另一种则是类似于有线局域网中星型结构的 Infrastructure 模式。

12.4.1　Ad-Hoc 模式

Ad-Hoc 模式是点对点的对等结构，相当于有线网络中的两台计算机直接通过网卡互连，中间没有集中接入设备（AP），信号是直接在两个通信端点对点传输的，如图 12-15 所示。

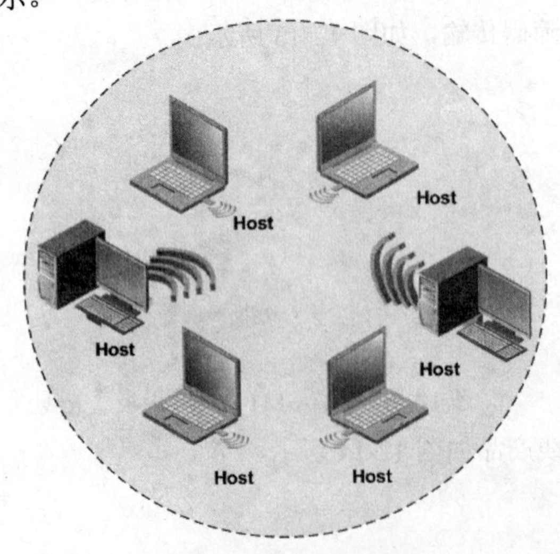

图 12-15　Ad-Hoc 模式

在有线网络中，因为每个连接都需要专门的传输介质，所以在多个计算机互连时，一台计算机可能要安装多块网卡。在 WLAN 中，没有物理传输介质，而是以电磁波的形式发散传播的，所以在 WLAN 中的对等连接模式中，各用户无须安装多块 WLAN 网卡，相比有线网络来说，组网方式要简单许多。

Ad-Hoc 对等结构网络通信中没有一个信号交换设备，网络通信效率较低，所以仅适用于数量较少的无线节点互连（通常是在 5 台主机以内）。同时由于这一模式没有中心管理单元，所以这种网络在可管理性和扩展性方面受到一定的限制，连接性能也不是很好。而且各无线节点之间只能单点通信，不能实现交换连接，就像有线网络中的对等网一样。这种无线网络模式通常只适用于临时的无线应用环境，如小型会议室，SOHO 家庭无线网络等。

此外，为了达到无线连接的最佳性能，所有主机最好都使用同一品牌、同一型号的无线网卡，并且要详细了解一下相应型号的网卡是否支持 Ad-Hoc 网络连接模式，因为有些无线网卡只支持下面将要介绍的基础结构（Infrastructure）模式，当然，绝大多数无线网卡是同时支持两种网络结构模式的。

12.4.2 Infrastructure 模式

Infrastructure（基础结构）模式与有线网络中的星型交换模式相似，也属于集中式结构，其中无线 AP 相当于有线网络中的交换机或集线器，起着集中连接无线节点和数据交换的作用。通常无线 AP 都提供了一个有线以太网接口，用于与有线网络设备的连接，例如以太网交换机。Infrastructure 模式网络如图 12-16 所示。

AP 和无线网卡会根据网络环境和信号强弱自动调整数率。

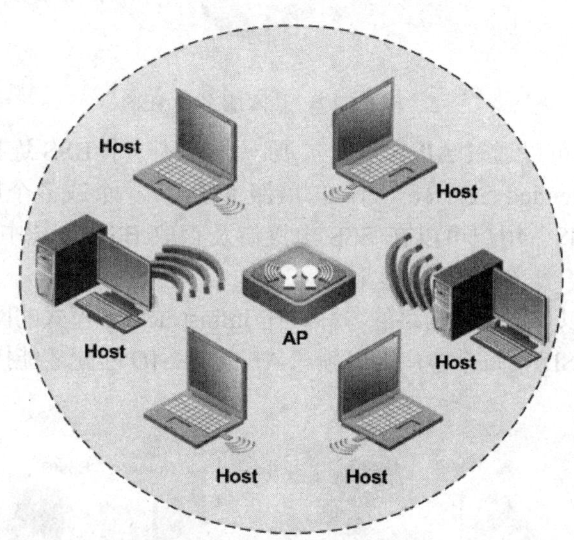

图 12-16　Infrastructure 模式

Infrastructure 模式的特点主要表现在网络易于扩展、便于集中管理、能提供用户身份验证等优势，另外，其数据传输性能也明显高于 Ad-Hoc 模式。在 Infrastructure 模式中，AP 和无线网卡还可针对具体的网络环境调整网络连接速率，如 11Mbps 的 IEEE 802.11b 的速率可以调整为 1Mbps、2Mbps、5.5Mbps 和 11Mbps；54Mbps 的 IEEE 802.11a 和 IEEE 802.11g 的则有 54Mbps、48Mbps、36

Mbps、24 Mbps、18 Mbps、12 Mbps、11 Mbps、9 Mbps、6 Mbps、5.5 Mbps、2 Mbps、1 Mbps 共 12 个不同速率可动态调整，以发挥其在相应网络环境下的最佳连接性能。

在实际的应用环境中，连接性能往往受到诸多方面因素的影响，所以实际连接速率要远低于理论速率。如上面所介绍的，AP 和无线网卡可针对特定的网络环境动态调整速率，原因就在于此。此外，根据不同场景、不同应用对带宽的要求，可以对连接 AP 的无线节点的数目进行控制。对于带宽要求较高的（如多媒体教学、电话会议和视频点播等），单个 AP 所连接的无线节点数要少些；对于带宽要求较低的，单个 AP 所连接的无线节点数可以适当多些。如果是支持 IEEE 802.11a 或 IEEE 802.11g 的 AP，因为它的速率可达到 54 Mbps，理论上单个 AP 的理论连接节点数在 100 个以上，但实际应用中所连接的用户数最好在 20 个以内。同时，要求单个 AP 所连接的无线节点要在其有效的覆盖范围内，这个距离通常为室内 100 米左右，室外则可达 300 米左右。

BSS（Basic Service Set，基本服务集）是一个 AP 提供的覆盖范围所组成的局域网，如图 12-17 所示。

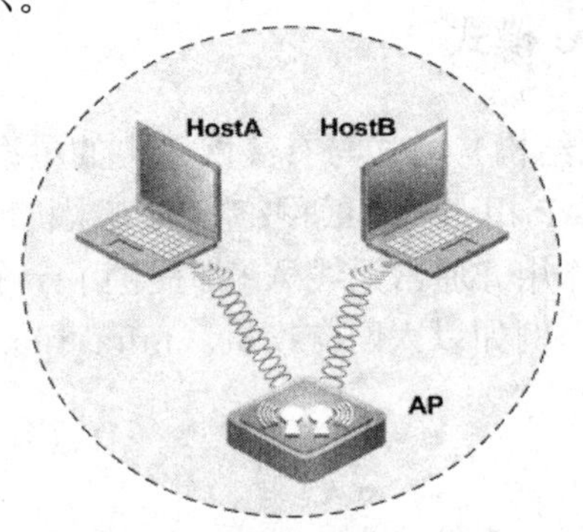

图 12-17　基本服务集 BSS

SSID（Service Set Identifier）也可以写为 ESSID，用来区分不同的网络，最多可以有 32 个字符，无线网卡设置不同的 SSID 就可以进入不同的网络，SSID 通常由 AP 或无线路由器广播出来。

一个 BSS 可以通过 AP 来进行扩展。当超过一个 BSS 连接到有线 LAN，就称为 ESS（Extended Service Set，扩展服务集），一个或多个以上的 BSS 即可被定义成一个 ESS。用户可以在 ESS 上漫游及存取 BSS 系统中的任何资源，如图 12-18 所示。

ESSID 可以称作无线网络的名称。在 Infrastructure 模式的网络中，每个 AP 必须配置一个 ESSID，每个客户端必须与 AP 的 ESSID 匹配才能接入到无线网络中。

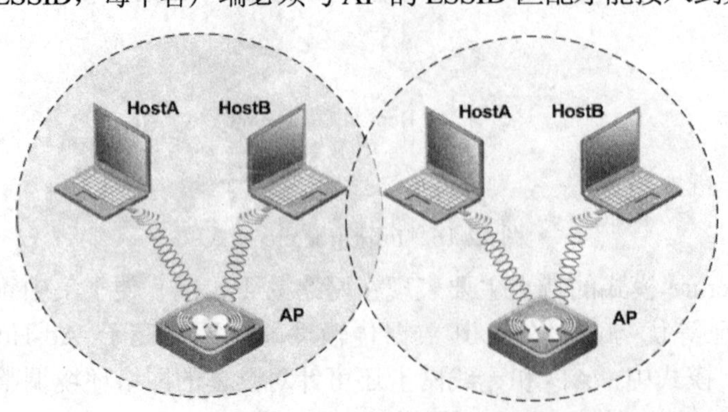

图 12-18　扩展服务集 ESS

如果单个 AP 不满足覆盖范围，可以增加任意多的单元来扩展，建议相互邻接的 BSS 单元存在 10%～15%的重叠，如图 12-19 所示，这样可以允许远程用户进行漫游而不丢失 RF 连接。为了确保最好的性能，位于边缘的单元应该使用不同的信道。

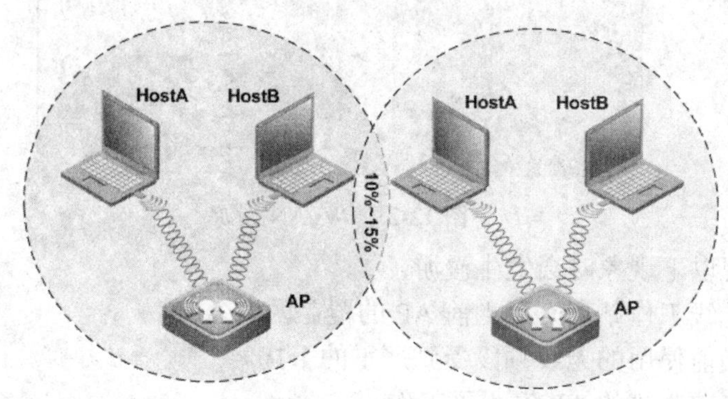

图 12-19　扩展服务集

另外，Infrastructure 模式的 WLAN 不仅可以应用于独立的无线局域网中，如小型办公室无线网络、SOHO 家庭无线网络，也可以以它为基本网络结构单元组建成庞大的 WLAN 系统，如 ISP 在“热点”位置为各移动办公用户提供的无线上网服务，在宾馆、酒店、机场为用户提供的无线上网区等。

如图 12-20 所示的是一家宾馆的无线网络方案，宾馆中各楼层的无线用户通过接入该楼层的并与有线网络相连接的无线 AP 实现与 Internet 的连接。

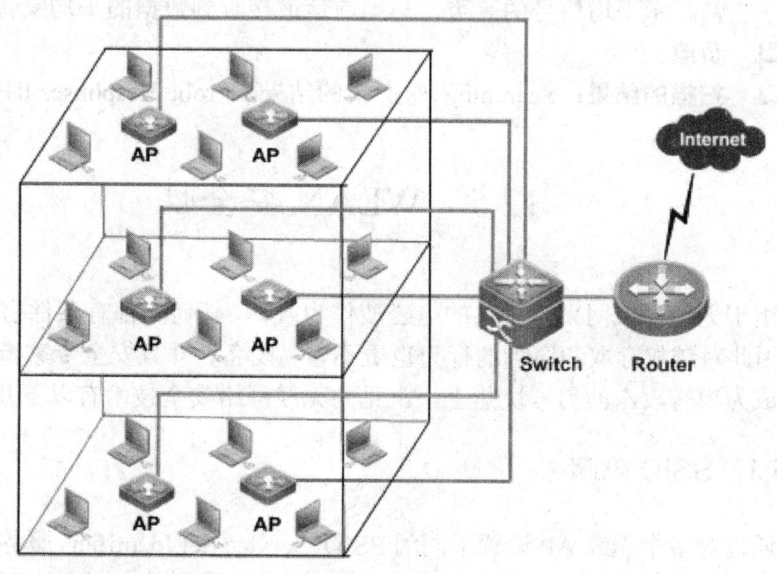

图 12-20　无线网络解决方案

12.4.3　漫游

在设计 WLAN 时，客户端能够在 AP 之间进行无缝漫游是非常重要的，如图 12-21 所示。

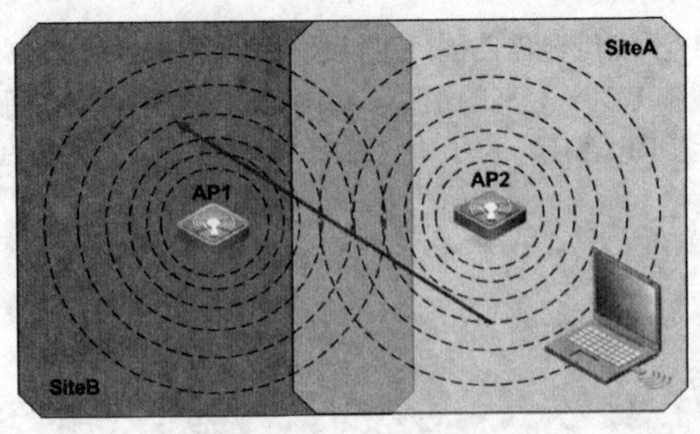

图 12-21 WLAN 漫游

当出现以下现象时会发生漫游：

- ❑ 无线工作站离开了当前 AP 的覆盖区。
- ❑ 当前使用的无线频段受到严重的干扰。
- ❑ 当前连接的 AP 停止了工作。
- ❑ 正在使用的频段非常繁忙，此时还有可选的负载较轻的频段。

在设计无缝漫游的 WLAN 时，需要考虑以下两个因素：

- ❑ 必须为整个路径提供充分的覆盖范围。
- ❑ 整个漫游路径中必须能够分配一个可用的 IP 地址。

无线工作站是基于 CCQL（Combined Communications-Quality & Load）条件决定是否发起漫游的改变，CCQL 数值基于以下参数计算。

- ❑ **SNR（Signal to Noise Ratio，信噪比）**：根据接收到的 Beacon（信标）帧显示平均信号的等级，与当前信道接收到数据的平均噪音的等级。
- ❑ **负载**。
- ❑ **扫描的结果**：Searching 时产生的结果，Probe Responses 的信噪比。

12.5 WLAN 安全性

IAPP 协议，即 802.11f，是在数据链路层解决无线局域网用户在 AP 间的切换问题，从而保证无线局域网用户在接入点之间顺利切换。

由于无线局域网采用公共的电磁波作为载体，任何人都有条件窃听或干扰信号，因此对越权存取和窃听的行为也更不容易防备，并且安全专家指出，无线网络将成为黑客攻击的另一块热土。常见的无线网络安全技术有以下几种。

12.5.1 SSID 隐藏

通过对多个无线 AP 设置不同的 SSID(Service Set Identifier，服务集标识符)，并要求无线工作站出示正确的 SSID 才能访问 AP，这样就可以允许不同群组的用户接入，并对资源访问的权限进行区别限制。因此可以认为 SSID 是一个简单的口令，从而提供一定的安全，但如果配置 AP 向外广播其 SSID，那么安全程度还将下降。由于一般情况下，用户自己配置客户端系统，所以很多人都知道该 SSID，很容易共享给非法用户。如果配置无线 AP 的 SSID 为不广播的模式，就能阻止外来人员随意访问该无线局域网。

12.5.2 MAC 地址过滤

由于每个无线工作站的无线网卡都有唯一的物理地址，因此可以在 AP 中手工维护一组允许访问的 MAC 地址列表，实现 MAC 地址过滤。这个方案要求 AP 中的 MAC 地址列表必需随时更新，手工对 MAC 地址列表进行添加和删除操作可扩展性差。而且 MAC 地址在理论上可以伪造，因此这也是较低级别的安全技术。MAC 地址过滤属于硬件认证，而不是用户认证，因此只适合于小型的无线网络。

12.5.3 WEP

WEP（Wired Equivalent Privacy，有线对等保密）在链路层采用 RC4 对称加密技术，用户的加密密钥必须与 AP 的密钥相同时才能接入到网络并访问网络资源。WEP 提供了 40 位（有时也称为 64 位）和 128 位长度的密钥机制，但是它仍然存在许多缺陷。例如一个服务区内的所有用户都共享同一个密钥，如果一个用户的密钥泄露将会影响到整个网络的安全性。而且 40 位的密钥在今天很容易被破解。WEP 中使用静态的密钥，需要手工维护，扩展能力差。为了提高安全性，建议采用 128 位的密钥。

WEP 是对在两台设备间传输的数据进行加密的方式，用以防止非法用户窃听或侵入无线网络。

12.5.4 WPA

WPA（Wi-Fi Protected Access，无线保护接入）继承了 WEP 基本原理而又解决了 WEP 缺点的一种新的安全技术。由于 WPA 加强了生成加密密钥的算法，因此即便收集到分组信息并对其进行解析，也几乎无法计算出通用密钥。WPA 使用动态密钥，其工作原理为根据通用密钥，配合表示电脑 MAC 地址和分组信息顺序号的编号，分别为每个分组信息生成不同的密钥。然后与 WEP 一样将此密钥用于 RC4 加密处理。通过这种处理，所有客户端所交换的数据将由不同的密钥加密而成。无论收集到多少数据，要想破解出原始的通用密钥几乎是不可能的。WPA 还追加了防止数据中途被篡改的功能。由于具备这些功能，此前 WEP 中倍受指责的缺点得以全部解决。WPA 是一种比 WEP 更为强大的安全机制。作为 802.11i 标准的子集，WPA 包含了认证、加密和数据完整性校验 3 个组成部分，是一个完整的安全性方案。

WPA 改变了密钥的生成方式，加强了密钥的生成算法，采用更频繁地变换密钥方式来获得更高的安全，因此 WPA 加密就有效地解决了 WEP 加密应用中的不足。

12.5.5 802.1x

802.1x 也是用于无线局域网的一种增强网络安全性的解决方案。当无线工作站与 AP 关联后，是否可以使用 AP 的服务要取决于 802.1x 的认证结果。如果认证通过，则 AP 为无线工作站打开这个逻辑端口，否则不允许用户访问网络资源。802.1x 要求无线工作站安装 802.1x 客户端软件，无线 AP 要支持 802.1x 认证代理，同时它还作为 RADIUS 客户端，将用户的认证信息转发给 RADIUS 服务器。802.1x 除了提供端口访问控制能力之外，还提供基于用户的认证及计费，特别适合于公共无线接入解决方案。

12.5.6 WLAN 安全防范措施

以下为在 WLAN 中推荐使用的安全技术及安全操作，通过采用以下安全措施，可以有效地增强 WLAN 的安全性，避免非法的用户接入网络并保护网络资源。虽然下面列出的操作不可能在一个网络中全部实施，但根据网络的自身需求以及实施这些技术的能力选择可行的措施也能够在一定程度上提高 WLAN 的安全性。

- 采用 802.1x 进行控制，防止非法用户接入和访问网络。
- 采用 128 位 WEP 加密技术，40 位的密钥容易遭到破解。
- 对于密度等级高的网络采用 VPN 进行连接。
- 对 AP 和无线网卡设置复杂的 SSID。
- 禁止 AP 向外广播其 SSID。
- 修改默认的 AP 管理密码。
- 布置 AP 的时候要在公司办公区域以外进行检查，防止 AP 的覆盖范围超出办公区域（难度较大）。
- 禁止用户私自安装 AP。通过扫描方式可以检测非法 AP 的存在。
- 配置设备检查非法进入网络的 2.4GHz 电磁波发生器，防止被干扰。
- 制定无线网络管理规定，规定员工不得把网络设置信息告诉传播给外部人员，禁止设置点对点的 Ad-hoc 模式。
- 跟踪无线网络技术，特别是安全技术（如 802.11i 对密钥管理进行了规定），对网络管理人员进行知识培训。

12.6 总 结

WLAN 是计算机网络与无线通信技术相结合的产物，使用无线通信技术将计算机设备互连起来，构成可以互相通信和实现资源共享的网络体系。WLAN 以无线信道作传输媒介，提供传统有线局域网的功能，能够使用户实现随时、随地、随意的宽带网络接入。

WLAN 具有安装便捷、覆盖范围广、经济节约、易于扩展、传输速率高等优点，适合在医院、商店、工厂和学校等不适合网络布线的场合部署。

IEEE 发布了 802.11 协议标准，这也是在无线局域网领域内的第一个国际上被认可的协议。该标准定义了物理层和媒体访问控制（MAC）协议的规范，允许无线局域网及无线设备制造商在一定范围内建立互操作网络设备。802.11a 使用 5 GHz 频段，利用 OFDM 调制技术，提供最大 54 Mbps 的传输速率。802.11b 工作于 2.4 GHz 频段，带宽最高可达 11 Mbps。802.11g 可以提供与 802.11a 相同的 54 Mbps 数据传输速率，但是它还可以提供一种重要的优势，是对 802.11b 设备向后兼容。

802.11 定义了两种模式，Infrastructure 模式和 Ad-hoc 模式。Ad-Hoc 模式是点对点的对等结构，相当于有线网络中的两台计算机直接通过网卡互连，中间没有集中接入设备（AP），信号是直接在两个通信端点对点传输的。Infrastructure

（基础结构）模式与有线网络中的星型交换模式相似，也属于集中式结构，其中无线AP相当于有线网络中的交换机或集线器，起着集中连接无线节点和数据交换的作用。

WLAN提供了开放性的接入机制，所以它的安全问题也倍受关注。WLAN通过使用SSID、MAC地址过滤、WEP、WPA、802.1x等技术阻止非法用户接入无线网络，以及防止数据在空气中传播的过程中被攻击者窃听。

12.7 思考与练习

1. 选择题

（1）802.11a、802.11b和802.11g的区别是什么？

A. 802.11a和802.11b都工作在2.4GHz频段，而802.11g工作在5GHz频段
B. 802.11a具有最大54Mbps带宽，而802.11b和802.11g只有11Mbps带宽
C. 802.11a的传输距离最远，其次是802.11b，传输距离最近的是802.11g
D. 802.11g可以兼容802.11b，但802.11a和802.11b不能兼容

（2）WLAN技术是采用哪种介质进行通信的？

A. 双绞线
B. 无线电波
C. 广播
D. 电缆

（3）在802.11g协议标准下，有多少个互不重叠的信道？

A. 2个
B. 3个
C. 4个
D. 没有

（4）下列协议标准中，哪个标准的传输速率是最快的？

A. 802.11a
B. 802.11g
C. 802.11n
D. 802.11b

（5）在无线局域网中，下列那种方式是用于对无线数据进行加密的？

A. SSID隐藏
B. MAC地址过滤
C. WEP
D. 802.1x

2. 简答题

（1）什么是WLAN？
（2）在WLAN的基础结构中，Ad-Hoc和Infrastructure有何区别？
（3）无线局域网中CSMA/CA机制与有线局域网中CSMA/CD机制有何区别？

第 13 章 网络规划与设计

本章重点

- 网络层次化结构设计
- 设计一个网络方案

当今网络非常复杂，且对实现组织目标至关重要，商业应用对网络带宽的可靠性及功能要求越来越高，网络设计人员面临使用新的协议和技术开发网络的挑战。

由于网络系统设计所需规划的项目非常多，面非常广，这就涉及到各具体项目之间的关联（即通常所说的“端口”问题）与综合考虑了。在网络系统设计中，不仅要考虑到当前系统的应用，还要考虑到与之关联的其他系统的应用与互连；不仅要考虑到网络应用需求，还要考虑到网络安全需求；不仅要考虑到当前的应用需求，还要考虑到在未来一段时间内的应用需求发展；不仅要考虑到关键应用性能需求，还要尽可能平衡各用户节点的性能；不仅要考虑到高性能，还要追求高的性价比，是一项综合的系统工程。正因如此，在进行网络系统设计时一定要有全局观念，否则很可能设计出来的网络系统局部，甚至全部不能满足用户的需求。因网络系统设计考虑不周而出现的各种网络问题是时有所见的。

ERP 是英文 Enterprise Resourse Planning 的缩写，中文意思是企业资源规划。它是一个以管理会计为核心的信息系统，识别和规划企业资源，从而获取客户订单，完成加工和交付，最后得到客户付款。

如果因为对网络的要求简单，又为了节省投资，就从市场中购买一些淘汰的二手设备，其结果是，尽管网络规模相当小，仍可能导致当前的一些基本的网络应用都无法顺利进行。同时也是一种对投资不负责任的态度，因为这些早已淘汰的设备在未来的网络应用中根本无法使用，这是对当前或未来一段时间内的主流网络应用需求考虑不周所致。还有些用户的网络虽然能正常连通，一般的文件和资源共享应用也没什么问题，但却在网络安全上考虑得不够，给网络中的服务器，甚至客户机带来极大的安全风险。也有些网络没有充分考虑到用户的发展需求，在经过了小规模的扩展后，因骨干层交换机端口带宽的不足，导致整个网络连接性能的大幅下降。还有些工程师在设计网络系统时没有充分考虑网络系统的升级与扩展，在需要升级时便发现有许多设备根本无法通过现有组件、模块，或者固件升级而实现，从而需要重新购买，浪费了大量的软、硬件投资。

木桶原理：一个木桶由许多块木板组成，如果组成木桶的这些木板长短不一，那么这个木桶的最大容量不取决于长的木板，而取决于最短的那块木板。

网络系统设计考虑不周到的另一个非常重要表现就是用户对路由器的选择了，有些用户在选择路由器时仅考虑到当前的广域网连接需求，没有充分考虑到企业未来的应用需求，如用户所选择的路由器所支持的 WAN 接入方式受限，只支持少数几种常见的方式，如 MODEM、 ISDN、ADSL（非对称数字用户线）等，对目前广域网连接的其他方式，如 FR（帧中继）、ATM（异步传输模式）、HDSL（高比特率数字用户线）、VDSL（甚高比特率数字用户线），以及各种网络连接方式中所需要的技术、支持的协议、设备、服务质量，以及网络管理等方面没有足够的认识。这样一来在企业应用需求发生变化时，花费巨资购买的路由器设备却派不上用场，或者没有起到应有的作用，造成设备投资的巨大浪费。

另外，如今的网络应用不再仅局限于单一局域网中，许多关键性的应用通常是涉及到多个局域网的互连（如通过 VPN 互连而实现的不同局域网系统数据库、ERP 系统互连等），或者与其他外部网络（如互联网）的连接，如电子商务。在这样一个彼此关联的网络系统中，网络应用所需的带宽和安全需求就成了重中之重。因为像网络连接性能和安全性能都严格遵循着木桶原理，最终的性能不是取决于网络中最好的那部分，而是取决于最差的那部分。

通常的局域网系统设计包括：机房规划、基本网络拓扑结构、综合布线结构、IP 地址规划、域系统结构、各种网络服务器（如 DNS 服务器、DHCP 服务器、WINS 服务器等）部署、服务器选型（包括服务器档次、服务器架构、所支持的磁盘阵列级别等）、服务器操作系统、客户端操作系统、OA 办公系统、打印系统、数据库系统、MIS（管理信息系统）、ERP 系统、电子商务、数据存储系统、数据备份与容灾系统、防火墙系统（包括 DMZ 区域部署）、病毒防护系统、入侵检测系统等。当然以上各方面并不要求在设计之初就全部到位，有些应用（如网络打印、 ERP、电子商务和入侵检测系统等）可能暂时没有部署的必要，也不是要求所有网络系统都需要设计以上各部分，特别是网络功能和应用系统部分，但在网络系统设计时最好兼顾考虑，这样就可以为日后的应用扩展打下良好的 基础。

如果是广域网系统设计，则要充分考虑的是：网络接入方式、网络中继传输方式和数据交换方式。当然在这些网络选型中一定要结合所支持的业务类型和成本综合考虑。另外，选择合适的 ISP（互联网服务提供商），或者 NSP（网络服务提供商）也是非常重要的。

以上这些局域网系统设计和广域网系统设计项目在具体实施前都需要建立在全面、详细的用户调查之上。前期调研与网络规划设计工作对于整个系统设计的关系重大，稍不谨慎，就可能导致最终付出了高昂代价的系统不能满足用户需求，甚至产生与用户之间的矛盾。

13.1 网络层次化结构设计

层次化网络模型是网络设计人员的工具，用于确保网络设计可扩展、可靠性高、可用性强、响应快、效率高、适应性强、灵活性高以及访问容易，同时安全性高，管理容易。

13.1.1 网络层次化的设计思路

层次型网络设计模型包括三层，如图 13-1 所示。

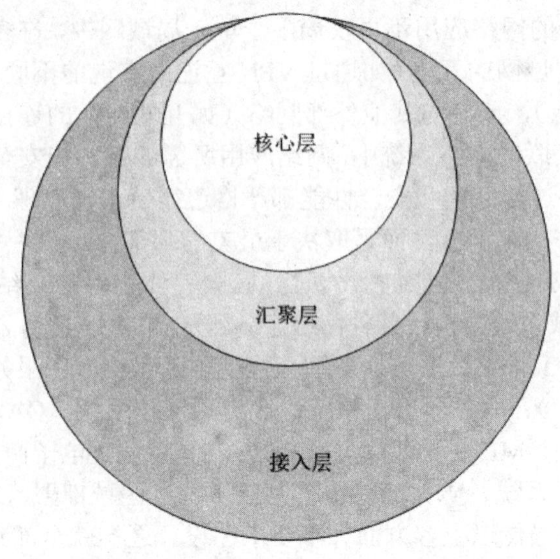

图 13-1 层次化模型的 3 层

- ❑ 接入层：提供本地与远程工作组和用户网络接入。
- ❑ 汇聚层：提供基于策略的连接。
- ❑ 核心层：提供高速传输满足连接性，同时传输汇聚层设备需要。

每一层都集中了特定的功能，从而使网络设计人员能够根据其在模型中的作用来选择合适的系统与功能，此方法有助于提供更精确的容量规划以及减少总费用。图 13-2 中给出的网络实例，说明了到层次化模型的三层映射。其实，没必要将各层作为不同的实体来实现，定义它们是为了成功地设计网络，指明网络中必要的功能，实际采取的方式取决于所设计网络的需要，每一层可用路由器或交换机实现，用物理媒介表示，或结合在单个设备中，可以完全省略某一层，然而，为了使性能最佳，需要维持层次化的结构。

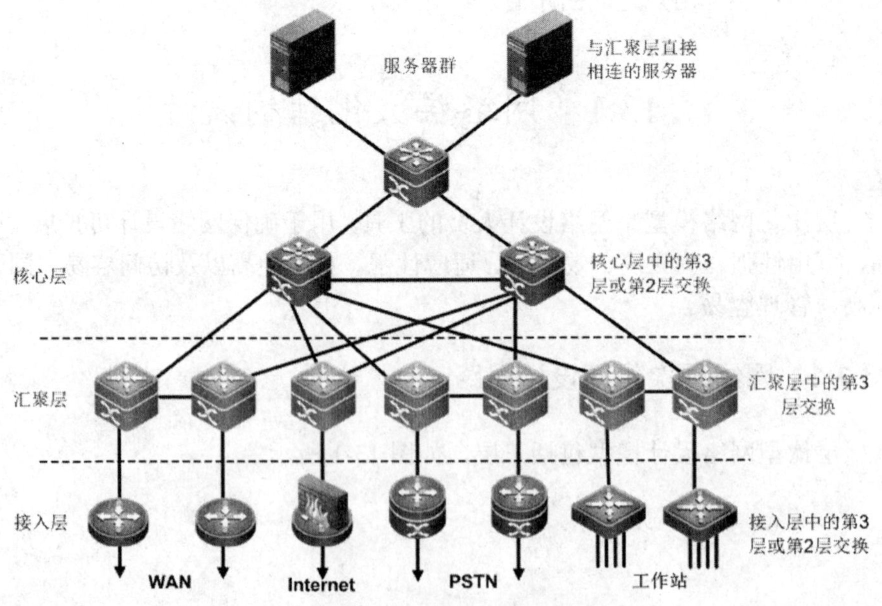

图 13-2 使用层次化模型设计的网络实例

13.1.2 接入层功能

接入层（access layer）是客户接入网络的集中点，接入层设备通过使本地设备接入请求来控制业务。

接入层的目的是允许用户访问网络资源，以下是接入层的特征。

- ❑ 在园区环境中，接入层将共享局域网、交换局域网或子网化交换局域网接入设备与工作站和服务器互连。
- ❑ 在广域网环境中，接入层可通过一些广域网技术将站点接入到公司网络，这些技术包括公共交换电话网（PSTN）、帧中继（FR）、异步传输模式（ATM）、综合业务数字网（ISDN）、租用线路，传统电话铜线或同轴电缆以及数字用户线（DSL）。
- ❑ 为了不影响网络的完整性，仅允许认证了的用户或设备（如带有物理地址或逻辑名认证的用户或设备）接入。例如，接入设备必须能够检测到拨入的远程用户是否合法，否则它们必须要求远程用户完成必要的认证步骤。

为终端用户提供接入有以下两种情况。

- ❑ 使用第 2 层技术：可以使用共享媒介局域网或交换媒介局域网接入到本地工作站和服务器，还可以使用 VLAN 对交换局域网进行划分，每个虚拟网络是一个单一的广播域，它们之间不能在二层通讯。
- ❑ 使用第 3 层技术：对于远程用户最常见的设计是使用路由器。第 3 层交换机或路由器是广播域的边界，用在广播域（包括 VLAN）间通信。接入路由器使用多种与第 3 层功能相结合的广域网技术为远程办公环境提供接入，这些第 3 层功能包括路由传播、分组过滤、认证、安全性、服务质量（QoS），等等，这些技术使网络能够最优化，以满足特定用户的需要。在拨号连接环境中，可以实现按需拨号路上选择（DDR）以及静态路由选择以控制费用。

在小型网络中，接入层功能常与汇聚层混合，也就是说，一台设备可能处理接入层和汇聚层的所有功能。

13.1.3 汇聚层功能

汇聚层（distribution layer）代表接入层与核心层间的分离以及多种接入站点与核心层间的连接点。汇聚层决定了部门或工作组接入。

其功能如下：

- ❑ 汇聚层设备控制对核心层上的可用资源的访问，因此必须有效地使用带宽。汇聚层通过将多条低速接入链路汇聚成一条高速核心链路，并使用第 2 层与第 3 层交换的组合来划分工作组以汇聚带宽，同时隔离网络问题以免影响核心层。
- ❑ 此层为接入设备提供冗余连接，冗余连接还可以平衡设备间的负载。
- ❑ 汇聚层表示接入层和核心层间的路由选择边界，路由选择与分组处理也在此处实现。

- 汇聚层允许核心层在连接多个站点的同时保持高性能，为了保持核心中的高性能，汇聚层可能在带宽密集型接入层路由选择协议和最优化核心路由选择协议间重新分配流量，路由过滤也在汇聚层上实现。
- 汇聚层可总结来自接入层的路由以提高路由选择协议性能，对有些网络，汇聚层为接入路由器提供了一条默认路由，并且仅在与核心路由器通信时才运行动态路由选择协议。
- 汇聚层将网络服务连接到接入层，实现安全性、业务负载以及路由选择方面的策略。
- 汇聚层通常是描述广播域的层，然而，它也可以工作在接入层。
- 该层提供所需的任何媒体转换（例如，以太网和 ATM 之间）。

图 13-3 显示了汇聚层的不同特征。

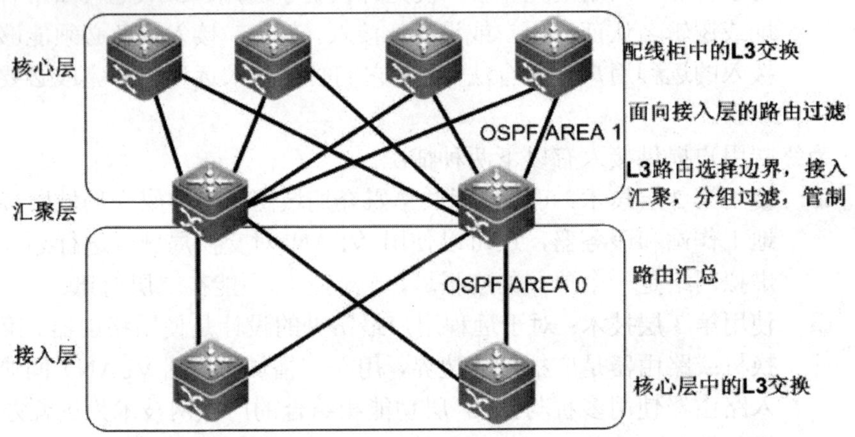

图 13-3　汇聚层特性实例

上图中所示的路由园区网络中汇聚层的特点如下：

- 第 3 层交换面向接入层。
- 第 3 层交换在汇聚层实现并向核心层延伸。
- 汇聚层执行路由的汇总，并设置 OSPF 特殊区域。
- 在面向接入层的端口上配置路由过滤。
- 在面向核心层的端口上配置路由汇总。
- 汇聚层包含高度冗余连接，同时面向接入层与核心层。

13.1.4　核心层功能

核心层的功能是提供快速高效的数据传输。特点如下：

- 核心层是高速骨干，应该设计使其尽可能快地交换分组以使网络中的通信传输达到最佳。
- 核心层对连接性来说很关键，因此核心层设备需要提供最大的可用性与可靠性，容错网络设计保证了故障对网络连接性的影响不会很大，核心层必须能通过重新路由业务并快速响应网络拓扑变化来处理故障。核心层必须提供高度冗余。强烈建议使用完全互连的结构，同时至少需要一个连接性很好的部分互连网络，以保障核心层具有来自各个设备的多条路径。

- ❑ 核心层不应该执行任何分组处理，例如检查访问列表以及过滤，这些将降低分组交换速度。
- ❑ 核心层必须易于管理。
- ❑ 核心设备必须能够实现可扩展协议和技术，备选路径，以及负载平衡。

网络设计人员面临的核心层中实现第 2 层交换还是第 3 层交换的决策，两种方法各有优缺点。

图 13-4 所示的实例说明了园区核心中的第 2 层交换。

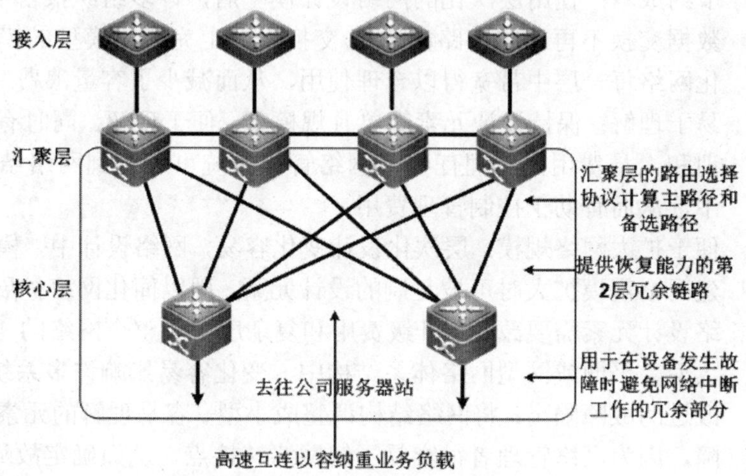

图 13-4　园区核心中的第 2 层交换

接入站点间典型分组按照下列步骤操作：

- ❑ 来自接入层的分组经过第 2 层交换后，转到汇聚层交换机。
- ❑ 汇聚层交换机实现面向核心端口的第 3 层交换。
- ❑ 分组在核心层经过第 2 层交换后，通过局域网核心。
- ❑ 接收该分组的汇聚层交换机执行第 3 层交换，发送到接入局域网。
- ❑ 分组经过第 2 层交换，通过接入局域网到达目的主机。

图 13-5 显示了局域网核心中的第 3 层交换。

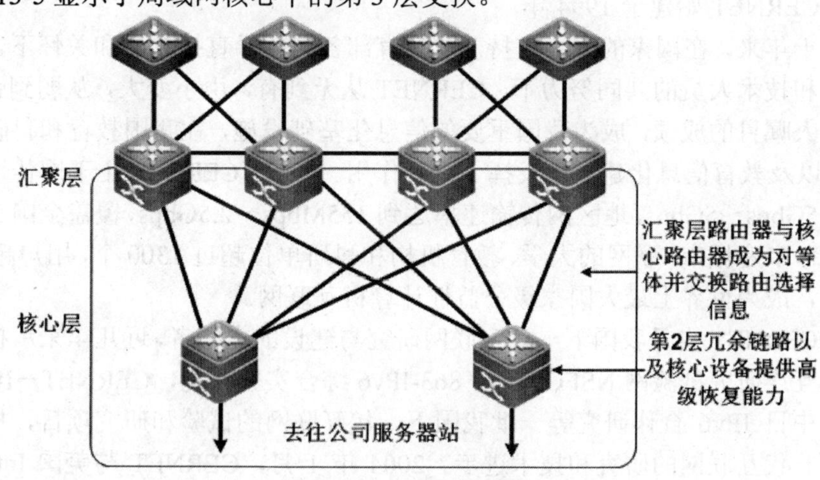

图 13-5　园区核心中的第 3 层交换

接入站点间的典型分组操作步骤和第 2 层交换时相同。

因为核心设备负责通过重新路由选择业务并快速响应网络拓扑变化处理故障，并且具有第3层交换机的核心路由选择功能，因此核心层更易于实现可扩展协议与技术、备选路径和负载平衡。

13.1.5 层次化网络设计模型的优点

使用层次化网络设计模型的许多优点如下：

- ❑ 节约成本：使用层次化的网络设计模型后，许多组织报告节省了成本，数据交换不再在同一路由选择/交换平台上完成，模型的模块化使层次化网络每一层中带宽得以合理使用，从而减少了容量浪费
- ❑ 易于理解：保持设计元素简单且规模小，便于理解，同时有助于控制培训和人员费用，管理任务和网络管理系统可划分到网络结构的不同层中，从而有助于控制管理费用。
- ❑ 便于扩大网络规模：层次化设计变化容易，网络设计中，模块化允许构建网络规模扩大时可被复制的设计元素，用以简化网络扩展，由于各网络设计元素需要改变，升级费用和复杂度限于整个网络的一小部分。在大型、平面或网型网络体系结构中，变化容易影响许多系统。
- ❑ 改进的故障隔离：将网络结构调整成小型、容易理解的元素便于隔离故障，因为网络管理者很容易了解网络转接点，从而确定故障点。

13.2 设计一个网络方案

13.2.1 用户背景描述

中国教育和科研计算机网 CERNET 是由国家投资建设，教育部负责管理，XXX 大学等高校承担规划、建设和运行管理的全国最大的公益性计算机互联网络。CERNET 始建于 1994 年。

十年来，在国家的大力支持下，教育部各届领导直接领导和关怀下，和一批专家和技术人员的共同努力下，CERNET 从无到有，由小变大，从弱到强，取得了令人瞩目的成绩，成为我国重要的信息化基础设施，在我国教育和科研事业发展，以及教育信息化建设中发挥了重要作用。目前，CERNET 主干网传输速率达到 2.5Gbps～5Gbps，地区网传输速率达到 155Mbps～2.5Gbps，覆盖全国 31 个省、市 200 多座城市，联网的大学、教育机构和科研单位超过 1300 个，用户超过 1800 万人，成为世界上最大国家级公益性计算机互联网。

CERNET 也是我国下一代互联网研究与建设的先行者，近几年来承担了中国高速互连研究试验网 NSFCNET，863-IPv6 综合实验环境，CERNET－IPv6 试验网，中日 IPv6 合作研究等一批我国下一代互联网的试验和研究项目，推动了我国下一代互联网的研究和技术进步。2004 年 1 月，CERNET 与美国 Internet2、欧盟 GEANT 等全球最大学术网共同宣布，开通全球 IPv6 下一代互联网服务。2004 年 3 月 19 日，连接北京、上海和广州的 CNGI 核心网 CERNET2 试验网开

通并开始提供服务。

13.2.2 需求分析

1. 校园网建网需求

高校校园宽带网用户集中且网络流量大，关注网络的可运营和可管理特性，校园网建网需求如下。

- 教学区、宿舍区用户对校园网、教育网、INTERNET 的访问有相应的路由策略和相应的计费策略。
- 校园网存在多个出口需求，校园网至少要提供中国教育科研网（CERNET）和 INTERNET 两个出口。
- 校园网安全性要求较高，要求设备能够实现用户识别和动态绑定功能如通过“IP+MAC+端口”三元组的动态绑定来识别用户。
- 校园网 Web 页面可实现以下功能：用户 Web 自助服务功能，用户可通过 Web 自助服务页面，进行个人资料的查询、密码修改、上网明细查询、缴费记录查询以及在线预注册和在线账号充值。
- 校园网用户能实现多 ISP 权限选择。用户可通过不同的账号或采用相同账号的不同域名进行认证，以获得不同的权限，不同的权限对应不同的计费策略。
- 校园网要求实现多种支持普通包月、包月限时长、包月限流量、计天、计时长和计量等多种计费策略。支持用户卡和充值卡，冲值卡配合用户卡以及提供的公用服务功能可以实现用户的完全自助管理。
- 校园网要求能对每个用户的使用情况能进行事后审计，能够定位到 IP 地址以及用户所连接的端口和登录的用户名，限定账号的使用端口。
- 校园网要求能实现对用户带宽的动态控制。
- 校园网要求实现组播业务。
- 校园网要求在学校规模不断扩大中，用户数在持续增加，要求网络具有很好的扩展性，能够根据需要逐步平滑升级到万兆的骨干连接。
- 网管平台实现网络资源的管理、网络安全访问的控制。并且在平台上能方便地开发所需网络应用。
- 采用流行的、支持设备面广、有良好图形界面的网管平台。网管系统能够管理到网络中的每一个智能设备及有关设备的每一个端口，即能够对远程设备进行设置、调试、网络流量监测和必要的重置。 能对网络故障及时发现并报警。

2. 校园网基本应用

作为校园网，需要连接多少个节点，怎样使用各种网络设备使分布在不同地理位置的节点连接到一个统一的网络中，怎样使整个网络上的节点相互连通，这些问题仅仅是校园网需要解决的问题中的一部分，更重要的问题是如何将这些资源有序地组织起来，需要实现什么功能，以满足现在和未来在教学、科研、管理、交流等方面的需求，形成在校园内部、校园与外部进行信息沟通的体系，建立满足教学、科研和管理需求的计算机环境，为学校各种人员提供充分的网络信息服务，在网络环境中进行教学、研究、收集信息等工作。

校园需要的基本功能有。

- 计算机教学，包括多媒体教学和远程教学。
- 网络下载、网络聊天等。
- 电子邮件系统：主要进行与同行交往、开展技术合作、学术交流等活动。
- 文件传输 FTP：主要利用 FTP 服务获取重要的科技资料和技术文档。
- INTERNET 服务：学校可以建立自己的主页，利用外部网页进行学校宣传，提供各类咨询信息等，利用内部网页进行管理，例如发布通知、收集学生意见等。
- 图书馆的访问系统，用于计算机查询、计算机检索、计算机阅读等。
- 其他应用，如大型分布式数据库系统、超性能计算资源共享、管理系统、视频会议等。

（1）宽带上网

在信息化的今天，人们已经把网络当成获取信息的重要源泉，而 Web 应用则起到了举足轻重的作用。绝大多数的人都是通过浏览 Web 页面来获取新知。校园网应该是宽带上网的前沿阵地，学生们可以通过网络获取丰富的知识，增加与其他学校学生，甚至其他国家学生交流的机会。宽带的网络相比窄带的拨号有着非常大的优势，通过宽带上网就能够真正能实现网上冲浪。

（2）远程教学

21 世纪的热点是远程教育，这已成为人们的共识。远程教育的发展正在引发教育的又一轮变革，民主的教育模式和信息技术手段已经被网校很好地利用，由此带来的教学内容改革和教法改革成为诸多网校吸引生源的法宝。某高校校园网全面建成后，完全可以建立远程教育体系，实现对社会的开放，让社会了解学校，让更多希望上学的人有接受远程教育的机会。

在已经建立起的较完善的校园网，极大地方便了学校之内以及学校与外界的交流。然而，在日常的教学工作中，单纯的互联网还是没法满足教学改革的要求。比如，学校经常要请一些国内外专家教授过来讲课，但即使是大课教室也只能容纳有限的几百人，无法满足所有学生的要求；同时，如果要请一些本地以外的教授过来，很不方便，不但学校要承担较高的差旅费，教授也要长途跋涉，把大量的时间浪费在路途中，从而也限制了学校与外界的交流。因此，校园网中必需有一套能够随时随地与任何人面对面沟通的视频会议系统。

（3）网络化教学

21 世纪，人类的文明史又有了一次大的飞跃，即由工业化社会进入到信息化社会，世界各国对当前信息技术在教育中的应用都给予了前所未有的关注。随着家用电脑的普及和网络技术的迅速发展，信息技术在教育中的应用越来越广泛，从前几年的课件制作、基件制作等最基本的多媒体应用技术到今天的信息技术与课程整合的网络化教学，信息技术的作用已不再是单纯的多媒体带给人们的视听效果，而是将信息科技和普通学科的教学相结合，把信息技术有机地融合在普通学科的学习中。

在教学中，充分利用计算机网络的优势向学生提供大量的信息资源，在使用计算机时，强调发挥计算机的特点，使计算机成为学习的工具。

13.2.3 设计原则

1. 网络设计的基本原则

校园网建设是一项大型网络工程，各个学校需要根据自身的实际情况来制定网络设计原则。该学校网络需要完成包括图书信息、学校行政办公等综合业务信息管理系统，为广大教职工、科研人员和学生提供一个在网络环境下进行教学和科研工作的先进平台。校园网覆盖整个学校校园，网络设计一般应遵循下列七个基本原则。

❑ 可靠性和高性能。

网络必须是可靠的，包括网元级的可靠性，如引擎、风扇、单板等；以及网络级的可靠性，如路由、交换的汇聚，链路冗余，负载均衡等。网络必须具有足够高的性能，满足业务的需要。

❑ 实用性和经济性。

由于学校的资金并不是很充足，不可能一步到位。另一方面，学校的计算机应用水平参差不齐，某些系统即使安装了也利用不起来，因此，在校园网的建设过程中，系统建设应始终贯彻面向应用、注重实效的方针，坚持实用、经济的原则。

❑ 可扩展性和可升级性。

系统要有可扩展性和可升级性，随着业务的增长和应用水平的提高，网络中的数据和信息流将按指数增长，需要网络有很好的可扩展性，并能随着技术的发展不断升级。设备应选用符合国际标准的系统和产品，以保证系统具有较长的生命力和扩展能力，满足将来系统升级的要求。

❑ 易管理、易维护。

由于校园骨干网络系统规模庞大，应用丰富而复杂，需要网络系统具有良好的可管理性，网管系统具有监测、故障诊断、故障隔离、过滤设置等功能，以便于系统的管理和维护。同时应尽可能选取集成度高、模块可通用的产品，以便于管理和维护。

❑ 先进性、成熟性。

当前计算机网络技术发展很快，设备更新淘汰也很快。这就要求校园网建设在系统设计时既要采用先进的概念、技术和方法，又要注意结构、设备、工具的相对成熟。只有采用当前符合国际标准的成熟先进的技术和设备，才能确保校园网络能够适应将来网络技术发展的需要，保证在未来若干年内占主导地位。

❑ 安全性、保密性。

网络系统应具有良好的安全性。由于校园骨干网络为多个用户内部网提供互连并支持多种业务，要求能进行灵活有效的安全控制，同时还应支持虚拟专网，以提供多层次的安全选择。 在系统设计中，既考虑信息资源的充分共享，更要注意信息的保护和隔离，因此系统应分别针对不同的应用和不同的网络通信环境，采取不同的措施，包括系统安全机制、数据存取的权限控制等。

❑ 灵活性、综合性。

通过采用结构化、模块化的设计形式，满足系统及用户的各种不同的需求，适应不断变革中的要求。以满足系统目标与功能为目标，保证总体方案的设计合理，满足用户的需求，同时便于系统使用过程中的维护，以及今后系统的二次开发与移植。

2. **模块化、层次化的设计原则**

锐捷网络的设计都是基于一个模块化，层次化的设计思想。这也是对大型网络进行高效管理的首选方法。

（1）模块化设计

所谓模块化就是将把整个网络按功能和安全需求分为若干个组件，这些组件之间有一定的安全边界，组件内部有完整的网络设计。模块化设计的好处在于。

- ❑ 解决各网络之间的冲突问题。
- ❑ 简化安装和后台设备管理。
- ❑ 易于故障检测和分离问题。
- ❑ 易于执行不同类型的服务和安全方针。
- ❑ 易于扩展和/或代替原来的技术。

一个完整的模块化设计如图 13-6 所示。

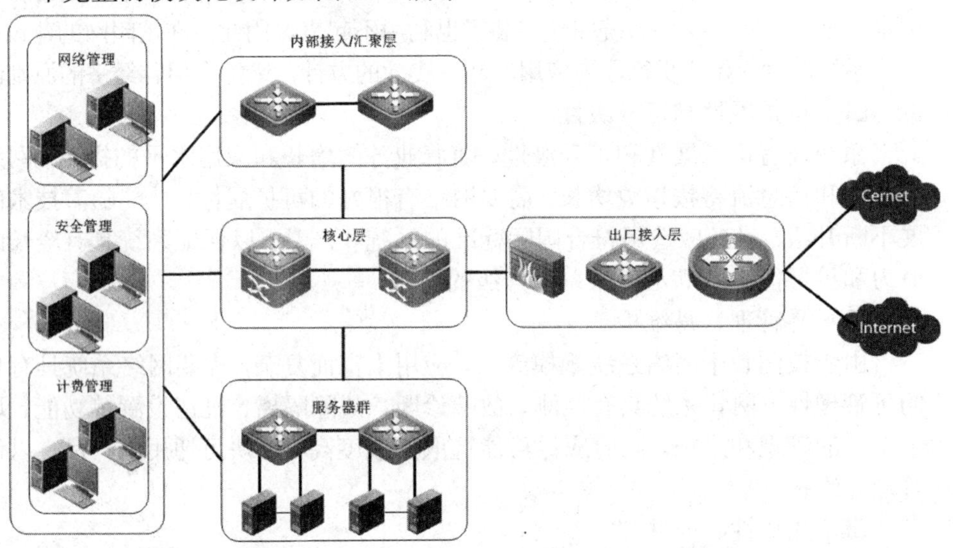

图 13-6　模块化设计示意图

校园网的设计可以借鉴这种思想，对各种不同种类，不同安全等级的业务进行模块划分，相互之间的访问将受到控制。当然，在实际情况中并不一定要求严格按照上述模块划分，而是根据实际情况灵活运用，做适当的裁减与调整。

（2）层次化的设计

1）设计模型。

对于大型网络，可以采用业界通用“核心层-汇聚层-接入层”层次化网络设计模型。

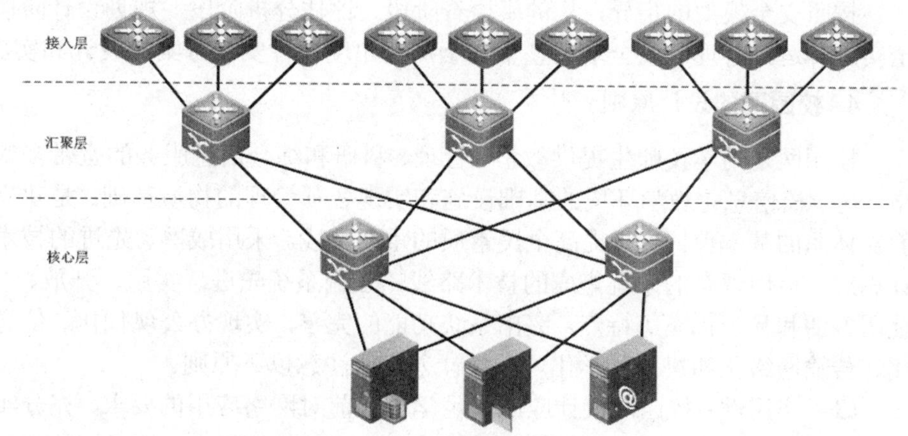

图 13-7 层次化设计模型

2）核心层。

核心层的主要提供不同网络模块之间优化传输服务，将分组尽可能快地从一个网络传到另一个网络，通常要保证核心层具有很高的可靠性、最佳的网络性能。汇聚层到核心层要具备冗余传输链路，任何单条链路断连不影响网络的可用性。作为所有网络流量的传输中枢，核心层除了要求高性能交换设备和高带宽传输链路外，还需考虑选用支持负载均衡或负载分担特性的设备实现负荷均衡。此外，为了避免网元故障对网络造成冲击，需要网络采用支持快速聚合的特性，一旦主用通路断开，可以很快的切换到备用通路。

3）汇聚层。

汇聚层顾名思义就是作为访问层到骨干层的汇聚，通常为访问层与骨干层实现基于策略的网络间连接。汇聚层主要由三层交换机组成，提供对网络流量模式控制、服务访问控制、QoS、定义路由路径度量（path metric）和路由协议网络通告控制。

4）接入层。

接入层作为各模块到交换骨干的连接，根据不同模块进行逻辑子网划分，并通过 VLAN 技术实现子网之间的隔离。访问层主要功能在于隔离模块间的广播流量，避免不同模块之间相互影响。访问层主要通过二层交换机组成。

（3）层次化网络设计模型的优点

“核心层-汇聚层-访问层”层次化网络设计模型有如下优点。

- 高可扩展性：遵循层次化模型网络比扁平式网络更具有伸缩性和可管理性，因为各功能网络通过模块化实现，潜在问题更易于识别。
- 易于实施：每一层的功能性清晰划分，简化每一层的实现。
- 易于故障排除：每一层的功能经过良好定义，网络更为简单，有助于故障的隔离。模块化设计也有效限制故障影响范围。
- 易于规划和管理：层次化的功能划分，整个网络规划和管理更为简单。

3. 标准化、规范化原则

锐捷网络作为国内率先通过 ISO9002/9001-2000 国际认证的 IT 厂商，始终将“品质第一、永续经营”作为贯彻整个生产经营过程的品质政策。

按照安全模型的指导，从健康检查阶段、评估分析阶段、规划设计阶段、安全实施、运维管理、安全培训整个安全周期角度进行安全方案的设计和实施。

4. 校园网的设计原则

校园网是为学校师生提供教学、管理、科研和综合信息服务的宽带多媒体网络；是学校信息化教学环境的基础设施和实现各项管理的物质基础；是建立远程教育体系的基本保证；是提高全民素质的重要手段。采用成熟、先进的技术和设计思想，运用现有的系统集成的技术路线，强调系统先进、实用、开放、安全、使用方便和易于扩充等特点，突出系统功能的完善，实现办公现代化、信息资源化、传输网络化和决策科学化。其设计方案应注意以下原则。

- 实用性：校园网设计应能满足学校目前对网络应用的要求，充分实现学校内部管理、教学和科研的网络化、信息化的要求，使网络的整体性能尽快得到充分的发挥，并且便于掌握。满足管理职能的需求，为提高管理决策的及时性和准确性提供高质量的信息服务，增强对运行的协调和监控能力。
- 先进性：在系统的开发过程中，既能满足当前院校对网络的应用需求，又可以在将来需要扩展的时候，能方便地扩展，保护目前的所有投资；设计的配置可以灵活变通，以便适应客户的其他要求。符合计算机技术发展趋势，采用先进成熟的技术，坚持技术的开放性，易于技术更新。
- 可扩充性：方便系统和支撑平台的升级，满足用户对信息需求不断变化的需要，以及系统投资建设的长期性效益。
- 灵活性：通过采用结构化、模块化的设计形式，满足系统及用户各种不同的需求，适应不断变革中的要求。
- 安全性：应能在可靠性的前提下，抵挡来自内部和外部的攻击；采用的安全措施有效、可信，能够在多层次上、以多种方式实现安全的控制。
- 可靠性：校园网的系统及网络结构较为复杂，同时在部分子系统中存在较高的技术性，因此必须保证系统的稳定、可靠和安全运行，具有很高的MTBF（平均无故障工作时间）和极低的MTTR（平均无故障率），提高容错设计，支持故障检测和恢复，可管理性强。
- 统一性：在系统的设计过程中，坚持“三统一”，即统一规划、统一标准、统一出口。
- 经济性：在充分满足以上要求的前提下，应充分考虑到学校的经济承受能力，尽可能地节约投资，花好每一分钱。
- 规范性：采用的技术标准要遵循国际标准和国家标准与规范，保证系统发展的延续和可靠性。
- 系统性：项目的开发必须按系统工程的管理方法，分阶段、有计划的统一组织实施。
- 综合性：以满足系统目标与功能为目标，保证总体方案的设计合理，满足用户的需求，同时便于系统使用过程中的维护，以及今后系统的二次开发与移植。

13.2.4 解决方案设计

1. 网络拓扑图

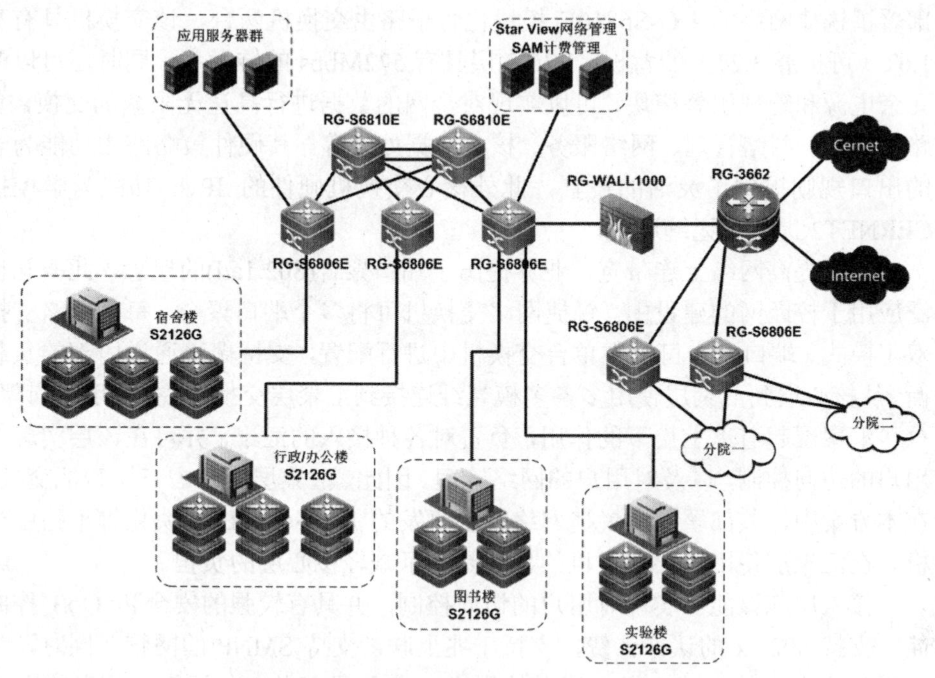

图 13-8 网络拓扑结构图

2. 方案说明

校园网网络系统从结构上分为核心层、汇聚层和接入层。核心层的功能主要是实现骨干网络之间的优化传输，骨干层设计任务的重点通常是冗余能力、可靠性和高速的传输。因学校存在大量的语音和视频传输。据此，考虑汇聚层对 QoS 有良好的支持并且能提供大的带宽。接入层设备是最终用户的最直接上联的设备，它应该具备即插即用特性以及易于维护的特点。根据学校建设要求与总体目标，骨干网采用三层结构，由核心层，汇聚层和接入层构成。在接入层面，通过定义相应的访问策略，实现访问控制，内外隔离和抗 IP 地址。

在网络结构上，采用成熟的千兆以太网技术（第 3 层交换）作为核心层，呈网状拓扑结构。以 TCP/IP 协议为主，并辅以 IP/SPX. NETTEUI 等其他流行通信协议坚持开放性和标准化，采用标准的通讯规程，以有利于不同厂家之间的互连，使不同系统间易于集成，兼顾其他标准的网络体系结构，网络能实现协议之间无缝连接。而公用服务器与每一台核心层交换机都可能具备连接。在网络硬件上采用高性能、高安全性的设备，此产品应该是具有运营商级容错能力的大型网络核心交换机，可实现冗余备份，从而提高核心层的可靠性。

整个网络通过汇聚层交换机 RG-S6806E 和核心交换机 RG-S6810E 之间的链路冗余备份和负载均衡提供安全可靠的网络构架（使用 OSPF、ECMP、WCMP 等技术），其安全保障技术提供一个全网概念的整体网络安全，而通过简单地增加万兆模块可以平滑升级到万兆骨干的校园网。

如拓扑图所示，作为学生宿舍网的核心，要求设备能够大容量、稳定可靠的高速路由转发，能够接入大量的汇聚节点并满足今后扩充的需要。同时，应完备的 QoS 保证机制，完备的业务控制、用户管理机制。同时，还应该考虑到与一期工程的网络设备之间的良好的兼容性、互通性。因此，在本方案的在核心层，部署了锐捷网络的 RG-S6810E 模块化骨干路由交换机两台，该交换机具有高达 1.6T（可扩展 3.2T）的背板，L2/L3 层具有 572Mbps 的转发率，同时还可以配置冗余电源和管理引擎模块，可以实现对全网的数据进行高速无阻塞的交换，负责路由管理、网络管理、网络服务、核心数据处理等。其硬件策略路由功能为学校的出口规则提供了灵活的设置，此外核心交换机硬件的 IPv6 功能为学校接入 CERNET2 提供了无缝连接。

为了提高网络上连带宽，业界提出了端口聚合(802.1ad)的概念，此概念也广泛应用于校园网的建设中。锐捷网络交换机可将多个端口聚合，每条干路支持全双工模式。端口聚合可以在单台交换机中进行配置，支持聚合通道内部的负载均衡。从核心层到汇聚层使用多条多模光纤连接到汇聚层交换机，并实现端口聚合。

汇聚层起着承上启下的作用，负责对各种接入的汇聚，并可在该层实现对于用户的访问控制，以及对用户的网络管理。因此，汇聚层应考虑三层智能交换机。在本方案中，共部署三台锐捷网络自主研发的 RG-S6806E 模块化骨干路由交换机。在汇聚层使用三层交换机的目的是为了减轻核心层的负担。

接入层应该能够实现对用户的访问控制，并具有较强的安全和 QoS 控制功能，支持 802.1x 的认证计费，支持千兆上联，支持 SMNP 的网管。同时，为满足学生宿舍网的高端口密度接入的需求，接入层应考虑二层智能型可堆叠交换机。因此，在接入层部署了锐捷网络的 STAR-S2126G/STAR-S2150G 智能型可堆叠交换机。

同时为了保证宿舍网内部网的安全，在内网和外网之间增加硬件防火墙，接在 INTERNET/CERNET 出口的位置，根据安全需求可将校园网分为内部网、外部网与 DMZ 区等，以保护校园网的安全，防止恶意用户的攻击。为了统一网络管理和监控，在网络中心配置 StarView 管理平台可以对设备进行集中的管理，包括网络拓扑发现、配置管理、性能管理、事件管理，实现全网设备的管理。

在网络中心两台核心交换机各通过两条千兆链路连接校园图书馆子网，两台核心交换机间业务量增大时，也可考虑通过上行双链路 Trunk 来连接。其中公寓干网以千兆链路下联至公寓楼宇交换机 STAR-S2126G/STAR-S2150G；同时网络中心通过千兆连接专项课题研究楼子网；在网络中心核心交换机通过千兆链路连接行政/教学楼子网交换机，以千兆链路下联至楼宇交换机 STAR-S2126G/STAR-S2150G；计算中心子网及应用服务器群另在网络中心通过千兆链路下行连接。实现百兆交换到桌面。

3. 用户上网方案

(1) 访问校园网

用户在连接到网络中时，首先获得是校园网的 IP 地址，此时用户只能访问校园网内部的资源，并且对用户不计费。

在该方案中，S6810E 和 S6806E 起到三层交换机的功能，校园网用户之间的互访都必须通过 S6810E 和 S6806E 进行。

(2) CERNet

用户需要访问 CERNet 时，使用 CERNet 的域名，获得 CERNet 的地址后，就可以访问。

(3) Internet

用户需要访问 Internet 时，使用 Internet 的域名，获得 Internet 的地址后就可以访问。

4. IP 地址规划和路由设计

(1) IP 地址规划

IP 地址规划是整个网络设计中的重要组成部分，地址规划的科学性和合理性将直接反应网络拓扑的设计思想，对网络的稳定起到至关重要的影响。好的地址规划同科学的分层网络拓扑设计相辅相承，共同形成整体的网络设计解决　　方案。

合理的网段划分结合灵活的 VLAN 规划，可以有效地降低网络风暴的产生，保证整个网络的稳定，同时也起到一定的网络安全功能。

(2) IP 地址规划目标

- 建立高效的网络路由。
- 有效利用有限的 IP 地址资源。
- 支持网络的扩展。
- 支持网络技术的演变和发展。

(3) IP 地址规划原则

- 简单性：地址的分配应该简单，避免在主干上采用复杂的掩码方式。
- 连续性：为同一个网络区域分配连续的网络地址，便于采用路由收敛(Summarization)及 CIDR(Classless Inter-Domain Routing)技术缩减路由表的表项，提高路由器的处理效率。
- 可扩充性：为一个网络区域分配的网络地址应该具有一定的容量，便于主机数量增加时仍然能够保持地址的连续性。
- 灵活性：地址分配不应该基于某个网络路由策略的优化方案，应该便于多数路由策略在该地址分配方案上实现优化。
- 可管理性：地址的分配应该有层次，某个局部的变动不要影响上层、全局。
- 安全性：网络内应按工作内容划分成不同网段即子网以便进行管理。

5. 校园网地址规划方案

(1) 校园网 IP 地址分配总则

- 校园网 IP 地址分为三大块。
- 校园网内部的私有 IP 地址，采用 RFC 中规定的地址段，不能访问 Internet 和 Cernet。
- Cernet 分配的多个 C 类公网 IP 地址，作为和国际互联网互连的地址，域名 xxx.edu.cn 就解析在这片地址上，主要供网络中心和图书馆、部分实验室专用。
- 运营商分配的公网 IP 地址，用于访问 Internet。

- 关键服务器拥有两个公网 IP，分别跨接在 Cernet 和 Internet 上。

(2) 校园网内部私网 IP 地址的分配

内部地址的分配原则是按建筑物进行的，根据用户的数量，按 1/4、1/2 或整个 C 类 IP 地址进行划分。为了安全考虑对所有的都采用静态分配 IP 地址，为防止地址盗用，采用 IP 地址、MAC 地址与端口绑定。

(3) IP 地址的分配

用户的计算机在连接到校园网上时，首先获得一个校园网内部的 IP 地址，此时该计算机只能访问校园网内部。

若用户需要访问 Cernet 和 Internet，就要使用账号登录，认证通过后才能进行访问。

6. 路由设计

校园网的路由设计。不使用默认路由，应使用策略路由，以防止从 Internet 访问校园网。

Internet 的路由设计。采用静态默认路由协议访问 Internet。

为了实现路由的备份，配置到 Internet 的两条默认路由，两条路由的优先级可以相同，也可以不同。如果优先级相同，则两条线路采取负载分担的方式；如果优先级不同，则是主备方式，其中，优先级高的称为主路由，优先级低的为备份路由。这样，在正常情况下，路由器采用主路由发送数据。当线路发生故障时，该路由自动隐藏，路由器会选择余下的优先级最高的备份路由作为数据发送的途径。这样，也就实现了主路由到备份路由的切换。当主路由恢复正常时，路由器恢复相应的路由，并重新选择路由。由于该路由的优先级最高，路由器选择主路由来发送数据。

- 采用源地址路由，让 Internet 地址访问 Internet。
- 采用 ACL，防止访问 Cernet 的流量通过 Internet。
- 采用 ACL，防止来自校园网的 Internet 地址。

7. 安全与流量控制

网络安全控制如下。

- 对端口 ARP 检查防止 ARP 攻击。
- 对端口安全：MAC 动态地址锁，MAC 地址静态绑定。
- 交换设备 BPDU Guard 功能，过滤非法 BPDU 报文，防止 STP 攻击交换机。
- 端口安全：端口静态绑定，自动绑定 IP 和 MAC 地址防止 DOS 攻击。
- 智能安全到边缘：多种 ACL，满足不同网络应用，过滤病毒。
- SSH 密文传输，限制管理 IP 等措施保证设备管理可靠。
- 对网络病毒的防范：采用设置 ACL，对病毒进行过滤；我们使用的汇聚、核心交换机都支持 SPOH，通过端口独立的 FFP 进行 ACL 处理，网络设备性能不受设置 ACL 数目影响。

8. VLAN 需求

默认时，交换机分隔冲突域；路由器分隔广播域。第 2 层交换式网络的最大好处是，它为插入到交换机每个端口的每台设备创建了各自的冲突域。但每一个新的改进通常都会引起新的问题——用户和设备的数量越大，每台交换机必须处理的广播和数据包就越多。

安全性也是一个问题，因为在典型的第 2 层交换式互联网络的内部，默认时所有用户都可以看见所有的设备。你不能让设备停止广播，也不能让用户不响应广播。连接到物理网络的任何人都可以访问位于物理 LAN 上的网络资源，用户只需将其工作站插入到现有的集线器中，就可以加入某个工作组。安全性选项只能限于在服务器和其他设备上设置口令。

通过创建虚拟局域网（VLAN），就可以在一个纯交换式的互联网络中，分隔广播域。VLAN 是两个部分的逻辑组合：一是网络用户；二是在管理上连接到交换机所定义端口的资源。

如果创建了 VLAN，情况就可以大大改善。在虚拟创建局域网时，可以将交换机上的不同端口分派到不同的子网中，这样就可以在第二层交换式互联网络中创建一些小的广播域。可以象对待单独的子网和广播域一样来对待 VLAN，这意味着网络上的广播域只在同一个 VLAN 内部的逻辑组的端口之间进行转发。

用 VLAN 来简化网络管理的方式有多种：

- ❑ 通过将某个端口配置到合适的 VLAN 中，就可以实现网络的添加、移动和改变。
- ❑ 将对安全性要求高的一组用户放入 VLAN 中，这样，VALN 外部的用户就无法与他们通信。
- ❑ 作为功能上的逻辑用户组，可以认为 VLAN 独立于它们的物理位置或地理位置。
- ❑ VLAN 可以增强网络安全性。
- ❑ VLAN 增加了广播域的数量，同时减少了广播域的范围。

使用 VLAN 具有以下优点。

- ❑ 控制广播风暴：一个 VLAN 就是一个逻辑广播域，通过对 VLAN 的创建，隔离了广播，缩小了广播范围，可以控制广播风暴的产生。
- ❑ 提高网络整体安全性：通过路由访问列表和 MAC 地址分配等 VLAN 划分原则，可以控制用户访问权限和逻辑网段大小，将不同用户群划分在不同 VLAN，从而提高交换式网络的整体性能和安全性。
- ❑ 网络管理简单、直观：对于交换式以太网，如果对某些用户重新进行网段分配，需要网络管理员对网络系统的物理结构重新进行调整，甚至需要追加网络设备，增大网络管理的工作量。而对于采用 VLAN 技术的网络来说，一个 VLAN 可以根据部门职能、对象组或者应用将不同地理位置的网络用户划分为一个逻辑网段。在不改动网络物理连接的情况下可以任意地将工作站在工作组或子网之间移动。利用虚拟网络技术，大大减轻了网络管理和维护工作的负担，降低了网络维护费用。在一个交换网络中，VLAN 提供了网段和机构的弹性组合机制。

9. VLAN 划分设计

VLAN（Virtual Local Area Network）又称虚拟局域网，是指在交换局域网的

基础上，采用网络管理软件构建的可跨越不同网段、不同网络的端到端的逻辑网络。一个 VLAN 组成一个逻辑子网，即一个逻辑广播域，它可以覆盖多个网络设备，允许处于不同地理位置的网络用户加入到一个逻辑子网中。

组建 VLAN 的条件 VLAN 是建立在物理网络基础上的一种逻辑子网，因此建立 VLAN 需要相应的支持 VLAN 技术的网络设备。当网络中的不同 VLAN 间进行相互通信时，需要路由的支持，这时就需要增加路由设备——要实现路由功能，既可采用路由器，也可采用三层交换机来完成。

划分 VLAN 的基本策略 从技术角度讲，VLAN 的划分可依据不同原则，一般有以下 3 种划分方法。

- 基于端口的 VLAN 划分：这种划分是把一个或多个交换机上的几个端口划分一个逻辑组，这是最简单、最有效的划分方法。该方法只需网络管理员对网络设备的交换端口进行重新分配即可，不用考虑该端口所连接的设备。
- 基于 MAC 地址的 VLAN 划分：MAC 地址其实就是指网卡的标识符，每一块网卡的 MAC 地址都是唯一且固化在网卡上的。MAC 地址由 12 位 16 进制数表示，前 8 位为厂商标识，后 4 位为网卡标识。网络管理员可按 MAC 地址把一些站点划分为一个逻辑子网。
- 基于路由的 VLAN 划分：路由协议工作在网络层，相应的工作设备有路由器和路由交换机（即三层交换机）。该方式允许一个 VLAN 跨越多个交换机，或一个端口位于多个 VLAN 中。

10. 流量监控与控制

校园网作为学校师生及管理人员所依托的重要资源，也是学校办学的一种重要基础设施，为学校师生及科研人员提供网络下载、视频点播、网络聊天、专项课题研究、网络化教学、办公自动化、计算机管理、资源共享及信息交流等全方位的服务。，学校要求网络具有高性能、高可用性和高安全性。学校规模在不断扩大中，用户数在持续增加，要求网络具有很好的扩展性。

现在的应用流量主要由 3 种类型的数据构成。

- 各种对传送时间非常敏感的数据，其中包括各类话音、视频和音频流量，例如跨越 Internet 进行传输的音频流量以及通过局域网基础网络实现互连的电话系统等。
- 各种关键性的业务数据，其中包括各种数据库事物处理流量以及在线交易过程数据等。
- 各种突发性的数据流量，包括电子邮件、文件传输协议（FTP）以及 Web 浏览等。

当以上这些不同类型的流量以同样的身份争用网络中有限的带宽的时候，网络将会很快地过载，进而导致网络对用户请求的响应时间变得非常漫长以及应用请求的超时，并且使用户变得焦躁烦恼。随着学校逐渐在网络之上加载越来越多类型的不同应用，这种因应用争用带宽而引起的瓶颈现象将会变得越来越严重。网络管理员需要的是能够提供更高带宽以及对应用数据进行更好地控制的解决方案。

解决方案：

凭借着其增加了全新的智能与控制功能的锐捷 68 系列交换机产品，赋予了校园网利用网络控制网络中应用的能力，并消除了应用控制网络的现象。通过为校园用户构建起一个具备服务质量（QoS，Quality of Services）特性的网络，网络管理员将有能力使其网络变得更加智能。通过对应用流量进行分类、标记以及为其分配不同的流量优先级别，一个具备 QoS 属性的网络系统将会给网络管理员带来控制其数据流量的能力。锐捷公司功能丰富、性能极高的锐捷 68 系列交换机能够在数据流经交换机各端口时保持其优先级别属性，从而实现了优异的 QoS 特性。作为锐捷公司的专业网络管理工具，锐捷 68 系列为用户实现了易于使用的软件界面，从而简化了为流量数据分配优先级别的过程，赋予了管理员对于应用流量的绝对控制能力。

1. 服务质量（QoS）与锐捷 68 系列交换机

利用内置于锐捷 68 系列交换机中的服务质量特性，用户能够对通过网络进行传输的应用流量优先级进行控制，消除网络中的瓶颈现象。锐捷公司的锐捷 68 系列交换机能够根据加载于其上的流量优先级别辨识出不同类型的应用流量，进而实现对关键性数据的更快转发。

为了进一步提高数据包的传递效率，锐捷基于已有交换机的第 2、第 3 和第 4 层技术，赋予了产品辨识、标记数据并为不同的数据流量赋予不同的优先级别的能力。在锐捷 68 系列交换机上得到进一步改进的应用分类功能包括：

- 在第 2 层技术方面，加入了对 IEEE 802.1p 标准的支持，从而在交换机上实现了简单的流量优先级划分。
- 在第 3 层技术方面，加入了对差别化业务编码点（Differential Services Code Point，DSCP）技术的支持。该技术可以支持对业务级别高达 64 种的划分。
- 在第 4 层技术方面，交换机可以对数据流量的目的 IP 地址与 TCP/IP 端口号的组合进行分析，并利用这一分析结果将 HTTP 流量与 FTP 流量或 POP3 邮件流量区分开，或者为了实现更高的 Internet 访问速度将用户的 Web 流量重新引导至一台 Web 缓存服务器上。

从接入层交换机到核心设备，全面覆盖端口速率限制，应用流分类识别，关键服务流量带宽保证等多层交换质量保证。 基于交换机时间、物理端口、MAC 地址、IP 地址、TCP/UDP 端口号的应用流分类识别和带宽限速机制，完成了高校全网端到端的 QoS 保证。

2. 锐捷 STAR–VIEW 网络管理软件

STAR-VIEW 软件为网络管理员实现了一套简单易用的用户界面，用来对流经网络的关键性数据流量进行辨别、优先级分配以及最大化。如同锐捷公司所有其他产品一样，STAR-VIEW 是一套易于配置的软件，并可以为用户实现当今高品质网络环境所需的丰富功能。

一旦 STAR-VIEW 工具为所要传输的数据包划分了流量优先级别，这些数据流量就会被通过网络传输出去，并且在它们流经锐捷 68 系列交换机的各端口时仍然保持其应用分类。利用这一特性，网络网络管理员得以能够为不同的应用流量分配优先级别，从而确保具备了最高的传送优先级别的应用能够以最低延迟地穿越网络进行传输。

3. 解决出口带宽小的问题

虽然最直接的办法是增加出口带宽，不过费用问题不允许增加带宽，那么锐捷 68 系列交换机能够在提供智能的流分类、完善的服务质量和组播应用管理特性的同时，基于用户 MAC 地址，交换机的物理端口，用户的 IP，TCP/UDP 应用端口带宽分配与限制速度。并可以根据完网络的实际使用环境，实施灵活多样的安全控制策略。

4. 流量整形、拥塞控制、队列调度及 CAR 等 QoS 保障

在网络设备上对用户接入的业务流进行匹配，对相应用户业务流按照约定的速率进行带宽限制，通过入口或出口的 CAR 和流量整形进行调整，保证重要业务流的带宽；进行拥塞设置，当流量超过缓存值时，路由器入口处就将该流量超过阀值的数据包丢弃，同时告诉数据源端的 TCP 应用减少窗口尺寸。

对于支持 VC Shaping 的 BRAS 设备来说还可以针接入用户的发送数据频率来进行控制；对不同的应用进行不同的队列优先级分配，当网络拥挤时，保证重要数据优先通过，从而实现队列调度。

5. 安全日志管理，流量监控

保证网络设备具备审计信息发送、查询、统计等功能；进行设备日志的配置，记录和观察网络的运行情况来进行信息跟踪。

对网络的拓扑、设备、流量等进行深入的分析，找出对网络影响最大的因素或找出网络流量、用户及业务增长的规律，在网络出现故障或者是在网络即将出现瓶颈之前给出科学的预测，对网络进行优化、升级或改造，以满足不断增长的用户和业务的需求。

通过流量监控，可以从上网行为上很容易地辨认（比如非包月用户长时间在线等），相应的可以采用流量计费的方式和资费政策使盗用的行为不能有效。

6. 网络异常流量监测技术

异常流量监测系统的智能化主要体现在以下三个方面。

- 流量自学习能力。通过对网络流量的监测，掌握网络正常流量模型。通过监测一段时间的网络流量，建立起一个基于时间的正常流量模型。该模型会在系统内数据库中，对监测网络的各个时间段内的各种协议流量建立一个动态流量基线。当某个时段，某个协议流量与当前基线不符时，会给出一个异常告警，并随着时间积累，会将告警逐步升级。因此，这种智能化的流量学习能力可以更加精确地掌握网络中实际的正常流量的情况，为判断异常流量提供有力的依据。
- 蠕虫攻击特征检测。网络蠕虫攻击一般在流量、协议、攻击端口以及攻击行为方面会具有一定的特征。因此，在对这类网络蠕虫攻击进行监测时可以根据其特征进行判断。一方面可以根据流量自学习功能掌握正常流量的基础，分析判断出一些异常流量，并提取这些流量特征，还为今后的分析判断提供参考和借鉴；另一方面，建立一套蠕虫攻击特征的分

发和收集系统，不断从其他监测点收集新的异常特征，又不断将这些特征分发到域内的监测系统中。因此，这种智能化的蠕虫攻击特征检测可以提高已知蠕虫特征的攻击监测准确性，也可以提高监测未知蠕虫攻击的能力。

- 攻击源的自动追溯。攻击源的自动追溯在发现攻击时，对攻击流量的源头进行反向信息跟踪，并将相关的流量信息进行关联分析，以判断攻击源的位置。在发现攻击时，根据端口信息、AS、BGP 路由等信息，最终将定位出最靠近攻击源的端口信息。因此，这种智能化的攻击源的自动追溯能力可以提高攻击源的定位效率，从而大大提高应急响应的速度。

异常流量监测系统与异常流量过滤系统进行联动，也可以通过宣告黑洞路由、提供 ACL 过滤策略等方式与路由设备进行交互来有效的处理异常流量。而网络应急响应体系的重要环节之一就是监测，尤其是对网络异常流量的监测工作。没有及时的发现安全问题，就谈不上高效的做出应急响应。因此，异常流量监测技术在整个网络安全应急响应体系中占有十分重要的地位。

7. 骨干网监测

考虑到骨干网流量大、范围广，因此骨干网监测主要采用分布式监测方式。监测的主要目的是通过异常流量监测系统和产品的流量自学习功能掌握正常流量模型，在此基础上，能够对分析和判断带宽型“垃圾”流量攻击，例如 SQLSlammer 蠕虫攻击等垃圾流量在大量占用骨干链路资源的情况。

8. 对核心层汇聚层监测

监测的主要目的是及时发现和定位来自网内部的蠕虫攻击、DDOS 攻击、网络滥用行为（如网络扫描）、垃圾邮件等安全问题。在部署异常流量监测系统的基础上，为了提高应急响应的效率和自动化程度，还部属流量过滤系统，与异常流量监测系统进行联动。一旦发现有异常流量，立即将异常流量引入流量过滤系统进行“清洗”，以保护重要系统或重要客户网络资源，降低异常流量对这些系统的冲击。

实施方法如下。

- 核心层，汇聚层管理员 PC 接入锐捷 68 系列交换机控制端口，进行参数配置，对骨干网络的网络状况进行监测，并对流量进行监控（分端口流量控制，对学生宿舍，教师宿舍，行政楼，教学楼，专项课题研究楼的流量按需求进行监测和控制设置）。设置防火墙 ACL 策略，对管道进行流量控制。
- 接入层，管理员的 PC 机接入锐捷 STAR-S2126G 和 STAR-S2150G 交换机控制端口，进行参数配置，对区域网络的网络状况进行监测，并对流量进行监控，对突发流量进行及时响应。由于这一层是终端 PC 机，因此要对学生用户、教师用户、课堂用户、行政用户和研究用户的端口流量进行细致的监测和控制。
- 对学生用户的流量分时段、分端口进行控制，在行科和办公时段，把学生用户的流量控制在最低限度，在其余时段则恢复正常的流量带宽。对部分占用较大带宽的应用（如 p2p 的 bt、在线电影等），要进行端口的流量限制。

- ❑ 对教师用户的流量，分端口进行控制，对部分占用较大带宽的应用（如 p2p 的 bt、在线电影等），要进行端口的流量限制。
- ❑ 其他类型的用户根据应用需求，对流量分优先级进行控制。

13.2.5 网络方案特点

1. 高带宽、高性能

2. 网络管理

- ❑ 对账号登录次数的限定。
- ❑ 完善的计费管理功能。
- ❑ 带宽的限定和业务优先级的设定。
- ❑ 访问时间的有效控制。
- ❑ 快捷实现全网管理。
- ❑ 强大的事件追查功能。
- ❑ 多校区远程管理功能。

3. 完善的安全机制

- ❑ 硬件实现端口与 MAC 地址和用户 IP 地址的绑定，严格限定端口上用户接入。
- ❑ 通过将端口设为保护端口即可简单方便地隔离用户之间信息互通，不必占用 VLAN 资源。
- ❑ 通过 Private VLAN 可以在交换机的同一 VLAN 中提供端口之间的通讯或安全隔离，确保数据流进入有效端口，而不会被发送到其他端口，即解决了因传统 802.1q VLAN 造成全网 VID 资源不够的问题，同时又无需利用安全规则资源即能达到隔离不同用户以及不同组用户之间通讯的功能，充分保护用户隐私。
- ❑ 通过锐捷 SAM 平台，可实现用户账号、MAC 地址、IP 地址、交换机 IP、交换机端口等 6 大元素之间的灵活任意绑定，有效确认用户的合法性和唯一性。
- ❑ 支持业界特有的 IGMP 源端口检查，有效杜绝非法组播源播放和大量占用大量网络带宽，提高网络安全性。
- ❑ 提供极为有效的 Port Blocking 功能，避免端口受到其他端口发送的广播包、多播包等报文的干扰，有效减轻端口负载负担，提高端口带宽，保护用户 PC 更高效安全地运行。
- ❑ 基于源 IP 地址控制的 Telnet 和 Web 设备访问控制，增强了设备网管的安全性，避免黑客恶意攻击和控制设备。
- ❑ 提供加密传输的 Secure Shell（SSH），保证管理设备信息的安全性，防止黑客攻击和控制设备。
- ❑ 可灵活控制二至七层数据包文，使得任何一个用户 PC 上的任何一种应用报文通过网络都能得到有效控制，充分保障了网络的安全和合理化使用。

4. **易维护**

锐捷网络交换机都经过独特设计具备防尘、防潮、防静电等多种适于在楼道安装和使用的特点。 而且具有强大的运行维护能力，能有效降低运营商的运维成本。支持 RS-232 本地管理口及 Telnet、Web、SNMP 代理，远程监控（RMON 1~3，9 组）可根据运营商的不同要求，使用不同的管理方案，支持 SNMP 协议的全网集中网管。交换机能够提供全中文菜单或图形配置方式，为交换机的管理和配置提供了极大的便利。提供了故障告警和日志功能，可通过机箱面板上指示灯直观地了解设备的运行状态。

5. **高可靠性**

锐捷网络产品均使用国际上主流的先进 ASIC 芯片进行设计，并率先采用 ISO9002 生产标准进行生产，确保了设备的稳定性。通过全国 180 余所大学的实际应用证明实达网络产品完全可胜任苛刻的宿舍网应用场合。

- 独有 EAPS，保证软件永续运行。
- 冗余引擎、电源、风扇。
- 30℃～70℃稳定工作。
- 140 伏～260 伏电压稳定工作。

6. **低成本、可扩展性强**

以太网交换技术历经长期发展，得到众多厂商的支持，以技术实现简单而获得极大的性能价格比。锐捷网络公司的以太网交换机全部基于标准的以太网交换技术，使用专用芯片技术，具有极高的性价比，保证了整个网络核心部分的稳定、可靠和高性能。

锐捷中心交换机采用模块式设计，用户只需简单地添加端口模块即可实现网络的扩容，完整保护用户投资。

锐捷 STAR-S2100 系列交换机支持弹性堆叠功能，可根据需要扩展堆叠从机；这样，当网络需扩容时，只需简单添加堆叠从机，不必再添加设备管理 IP；同时，网络速度不会受到影响。

7. **严格的 QoS 保证**

校园网络中心路由交换机 RG-S6810E 根据一套广泛的管理原则而制定的业务路由功能实现基于应用的过滤和转发功能。RG-S6810E 和 S2126G、S2150G 交换机都支持丰富的优先级调度，有利于在网上开展基于 IP 的视频、话音业务。配合网络的高转发性能，对不同类型的业务和不同类型的用户进行分类支持，为话音、视频等实时业务提供质量保证。对关键业务和非关键业务进行区分处理，保证关键业务畅通运行。

13.3 总 结

- 层次型网络设计模型包括 3 层：接入层、汇聚层、核心层。
- 接入层：提供本地与远程工作组和用户网络接入。

- ❑ 汇聚层：提供基于策略的连接。
- ❑ 核心层：提供高速传输满足连接性，同时传输汇聚层设备需要。
- ❑ 设计网络方案。

13.4 思考与练习

1. 问答题

（1）阐述层次型网络设计的原则及每层的功能？

（2）阐述层次型网络设计的优点？

（3）请设计一个网络方案？

第 14 章　常见网络故障分析与处理

本章重点

- ◆ 网络排错思路
- ◆ 物理层故障分析与处理
- ◆ 数据链路层故障分析与处理
- ◆ 网络层故障分析与处理
- ◆ 传输层与高层故障分析与处理

网络的"故障"往往是用户在某种应用不能正常实现时感知到的。在有些业务场合，需要迅速地找到故障并加以排除。除了设备在正常运行中出现故障的情况外；还有另外一种情形，当我们在实施某种应用，已经完成了配置，但却得不到预期的效果。对于从发现问题到解决问题过程中使用的技术，我们称为排错。显然，排除故障能力要求建立在掌握一定的网络基础以及设备配置技术上。

在目前的网络应用中，故障产生的原因是多样化、复杂化的。原因涉及到网络设备故障、应用服务故障、客户端 PC 操作系统故障、物理线缆故障等因素。在本章中，我们主要以网络设备故障为例，结合大量的网络故障排除案例，阐述网络故障排除的基本思路与方法，以及常用的网络故障排除工具与命令。

14.1　网络排错思路

一个系统化的故障处理思路是合理地一步一步找出故障原因并加以解决的过程，如何排除一些假象，从而定位导致偏差的真正原因。针对偏差列出的可能原因与真实情况越接近，对这个问题回答也越容易。这可以归纳出排错的流程图，如图 14-1 所示。

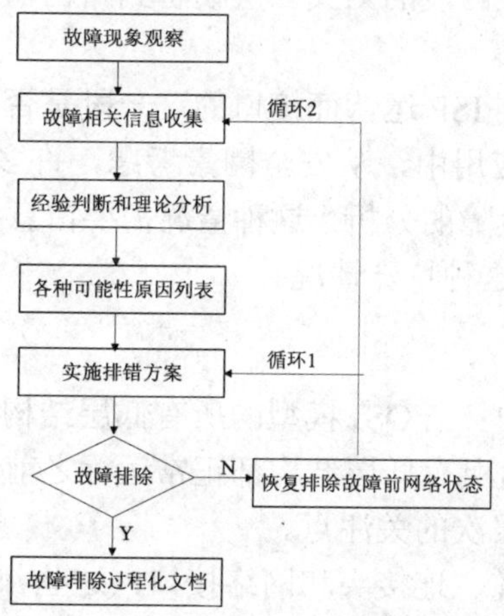

图 14-1　故障处理流程图

该处理流程是网络维护人员所能够采用的排错模型中的一种，如果工程师根据自己的经验总结了另外的排错模型并证明是行之有效的，请继续使用，因为网络故障解决的处理流程是可以变化的，但要遵循故障处理有序化的思维模式。

要想对网络故障做出准确的分析，首先应该了解故障表现出来的各种现象，因此工程师要向受影响的用户、网络人员或其他关键人员提出以下问题。

- 网络故障表现形式是怎样的？
- 网络结构或配置是否最近修改过，即问题出现是否与网络变化有关？
- 网络故障影响的用户范围？
- 根据故障描述性质，使用各种工具搜集网络情况，如网络管理系统、协议分析软件、相关网络命令等。
- 与网络正常情况下的记录进行比较。

故障处理系统化的基本思想是系统地将故障可能的原因所构成的一个大集合缩减（或隔离）成几个小的子集，从而使问题的复杂度迅速下降。因此我们利用收集到的数据，并根据自己以往的故障处理经验和所掌握的知识，确定一个排错范围。通过范围的划分，就只需注意某一故障或与故障情况相关的那一部分产品、介质和主机。

确定排错范围的常用处理方法有如下几类。

1. 分段法

在确认用户网络故障点时，分段故障处理法是工程师优先采用的方法，也是高效的方法，我们通常使用 Ping 命令来判定如下几个关键信息。

- 主机到自身所在网段的网关三层设备 LAN 接口的这一段是否可 Ping 通？
- 主机到出口路由器 LAN 接口的这一段是否可 Ping 通？
- 主机到出口路由器 WAN 接口的这一段是否可 Ping 通？
- 主机到 ISP 运营商接口的这一段是否可 Ping 通？
- 主机自身所在网段的网关三层设备到路由器 LAN 接口的这一段是否可 Ping 通？
- 主机自身所在网段的网关三层设备到路由器 WAN 接口的这一段是否可 Ping 通？
- 出口路由器到 ISP 运营商接口的这一段是否可 Ping 通？

注意：目前网络应用中，从安全因素考虑，许多网络设备启用了禁止 Ping 功能，此时会误导对故障的分析，这种情况需要留意！在本章的案例分析中，都不会考虑到禁止 Ping 这种特殊情况。

2. 分层法

分层法思想很简单：当 OSI 模型的所有低层结构工作正常时，它的高层结构才能正常工作。在确信所有低层结构都正常运行之前，解决高层结构问题完全是浪费时间。下面是各层次的关注点。

- 物理层：线缆、连接头和网络接口，这些都是可能导致接口处于 down 状态的因素。通常使用 show interfaces 命令初步判断物理层的状态。
- 数据链路层：数据链路层负责在网络层与物理层之间进行信息传输。封装不一致是导致数据链路层故障的最常见原因。可以使用 show interfaces 命令初步判断数据链路层是否存在故障，此外，在 PPPoE 封装的以太网接口上，接口 MTU 值配置错误也会导致网络层或应用层的异常。

- 网络层：地址错误和子网掩码错误是引起网络层故障最常见的原因；网络中的地址重复是网络故障的另一个可能原因；在目前 ARP 病毒高发区域，ARP 信息学习错误也是造成网络异常的重要原因。另外，路由协议是网络层的一部分，在较复杂的网络中是排错重点关注的内容。可使用 show ip interface 命令初步判断路由口的状态；show interface vlan 命令初步判断 SVI 的状态；show ip route 命令初步判断路由表的状态。
- 传输层：NAT 工作是否正常、应用使用的 TCP/UDP 接口是否受到屏蔽。

分层法排除故障案例：在一个封装 PPPoE 的以太网接口上，由于物理层的不稳定，PPPoE 连接总是出现反复失去连接的问题，这个问题的直接表象是到达远程端点的路由总是出现间歇性中断。这使得维护工程师第一反应是路由协议出问题了，然后凭借着这个感觉来对路由协议进行大量故障诊断和配置，其结果是可想而知的。如果能够从 OSI 模型的底层逐步向上来探究原因的话，工程师将不会做出这个错误的假设，并能够迅速定位和排除问题。

3、分块法

锐捷网络设备配置的组织结构，是以全局配置、物理接口配置、逻辑接口配置、路由配置等方式编排的。可以以此作为故障定位的一个原始框架，当出现一个故障现象时，可以把它归入上述某一类或某几类中，从而有助于缩减故障定位范围。

- 管理部分：设备名称、口令、服务、日志等。
- 接口部分：地址、封装、速率/双工模式等。
- 路由协议部分：静态路由、浮动路由等。
- 接入部分：主控制台、Telnet 登录或拨号等。
- 其他应用部分：NAT 配置、VPN 配置、安全配置等。

分块法案例：当使用 show ip route 命令，结果只显示出了直连路由，那么问题可能发生在哪里呢？根据上述的分块，我们发现有 3 部分可能引起该故障：路由协议、策略、接口。如果没有配置路由协议或配置不当，路由表就可能为空；如果访问列表配置错误，就可能妨碍路由的更新；如果接口的地址、掩码或认证配置错误，也可能导致路由表错误。

4、替换法

这是在检查硬件是否存在问题时最常用的方法。例如：当怀疑是网线问题时，更换一根确定是好的网线试一试；当怀疑是用户 PC 问题时，更换一台确定是好的 PC 试一试；当怀疑是接口模块有问题时，更换一个其他接口的模块试一试。

在实际故障排查中，可根据实际情况灵活使用各种排查方法，使用各种排查方法将故障可能的原因所构成的一个大集合缩减（或隔离）成几个小的子集，从而使问题的复杂度迅速下降。

通过上述的几种方法，可以把常见网络故障细化为四类故障。

- 用户终端问题：网络参数配置错误、网卡异常，系统异常，应用程序工作异常等。

  故障现象：故障只发生在单个用户处。

  判断方法：使用替换法，将故障 PC 所使用网线连接到测试 PC 上（确定配置正确的网络参数），故障现象不会重现；线路还原到故障 PC 上，故障现象立即重现。
- 服务器问题：网络参数配置错误、网卡异常，系统异常，应用程序工作异常等。

  故障现象：所有用户无法访问服务器，或者无法访问服务器的某个应用。

  判断方法：对本地服务器，使用替换法，将一台测试 PC 与服务器直接通过双绞线（确定网线完好）连接，如果此时故障依然存在，说明服务器存在问题。对异地服务器，通常使用分段法与分层法：在多处（非本网络内部）ping 该服务器的 IP 地址不通或丢包严重，或者也无法访问该服务器提供的应用。
- 网络设备问题：硬件故障、网络设备软件故障、配置问题等。
- 外界因素：出口带宽、病毒攻击、静电、网络运营商互连互通等。

14.2 物理层故障分析与处理

14.2.1 本地故障

在进行硬件故障查找以前，要确认其他用户也不能到这台机器上，这就排除了用户账号的错误。对一个单一的站点来说，典型的故障多发生在坏的电缆、坏的网卡、驱动软件、或是工作站设置不正确等问题上。

当去访问一个网络时，发现网络无法到达，首先考虑到是不是因为本地的路由故障引起的，如下示例说明了这一点。

故障起因：

某管理员所在单位经常要进行网络调试，最近公司对外发布了一个网站需要调试访问的连通性。管理员用笔记本在公司服务器群中做了调试并修改 IP 地址为 221.108.11.29，被访问的网站地址为 221.108.11.1，域名为 www.nettest.com。

经过调试发现在单位可以正常访问，之后管理员回到家中通过 ADSL 访问，由于 ADSL 是 PPPoE 拨号不用事先修改 IP 地址就可以正常上网，所以笔者并没有修改在公司设置的 IP 地址就草草拨号，上其他网站例如 SOHU，SINA 都没有任何问题，QQ 和 MSN 也可以正常登录，唯独公司的 221.108.11.1 这个服务器不能访问，出现的是“该页无法显示”的信息，管理员又通过域名访问故障依旧。

排除故障：

网络故障的解决方法和硬件故障解决方法类似，即替换法。为了能够找到问题真正所在，管理员马上打电话给同事，让同事在家通过 ADSL 访问公司服务器的地址，结果不管是通过 IP 地址还是域名都可以正常访问。至此本人将故障定位在本地计算机。

步骤 1　由于公司使用了防火墙所以用 PING IP 的方法是得不到反馈信息的，于是采取 tracert 命令。在命令行窗口中输入 tracert 221.108.11.1。发现在第一跳就出现了 Request timed out。这说明发向 221.108.11.1 的数据包没有到达第一个路由设备。在第一跳存在问题。

步骤 2　继续查询 DNS 是否出现问题，在命令行模式下输入 nslookup，再输入 www.nettest.com 后回车发现 DNS 服务器可以正确的解析出 IP 地址 221.108.11.1 来。说明问题不在 DNS 上。

步骤 3　尝试对临近的 IP 地址进行追踪，即在命令行模式下输入 tracert 221.108.10.1。结果发现数据包可以根据获得的路由信息通过 5 个路由设备。

步骤 4　为什么 IP 地址临近在路由路径方面却出现这么大的差别呢?管理员在无奈的情况下输入了 IPCONFIG，结果发现当前本地计算机的 IP 地址仍然是在公司时设置的 221.108.1129，子网掩码 255.255.255.0。会不会是这个的问题呢?马上将 IP 地址选为自动获得。重新拨号上网后故障解决，可以在家中正常访问单位的服务器了。

故障分析:

管理员马上把 IP 地址又设置回 221.108.11.29，故障再次出现。在命令行模式下输入 route print 来查询本机路由，才发现这个故障的根源所在。

原来由于本地计算机设置 IP 地址为 221.108.11.29，所以在访问 221.108.11.0 这个网段时都会直接把数据包发向 221.108.11.29，而不是发向默认的网关地址 61.51.199.192，自然无法找到正确的路由信息，这也是为什么跟踪 221.108.10.1 时可以发现正确路由的原因，因为 221.108.10.1 不属于 221.108.11.0/255.255.255.0 这个网段。

14.2.2　线缆故障

目测连接性：检查连接性常用的方法就是检查交换机、收发器以及网卡上的状态灯。

受损的电缆或连接部件：在检查物理层的问题时，要注意受损的电缆、当前任务使用的电缆方式（必须正确地使用交叉连接、全反连接以及直通连接方式的电缆）电缆的终接方式是否不对、未打好的 RJ-45 水晶头或未按牢的 BNC 头。没有接上电缆，电缆链接到了错误的接口上等。对怀疑有问题的电缆可以用一般的电缆测试仪进行测试。

- 劣质网线导致工作站无法接通。

为了降低信号的干扰，双绞线电缆中的每一线对都是由两根绝缘的通道线相互扭绕而成，而且同一电缆中的不同线对扭绕的圈数也不一样。在绕线方向上标准双绞线电缆中的线对是按逆时针方向扭绕的。不合标准的线缆将会引起双绞线之间的相互干扰，从而使传输距离达不到要求。

- 不正确的网线线序造成上网不正常。

按照 568B 标准制作网线对电磁干扰的屏蔽更好，这种接法也称为 100M 接法，是指它能满足 100 Mbps 带宽的通信速率。100 Mbps 网线未按照 568B 标准制作网线接头，网线的外皮与水晶头没有紧密衔接，线缆松散，造成传输的数据帧出错上网不正常。

- 五类双绞线强行运行在千兆以太网从而影响联通性。

理论上五类双绞线可以运行在千兆以太网上的。但实际上在五类双绞线运行千兆以太网经常出现断续或连接不上。说明千兆以太网对五类双绞线的参数要求更为严格。如需要在五类双绞线上运行千兆以太网（将 100 Mbps 以太网升级为千兆以太网，又不想重新布线），则必须对五类双绞线进行严格的测试（按国际 cat-5n 标准），如果测试合格，可以在五类双绞线运行千兆以太网。否则必须使用超五类双绞线来运行千兆以太网。

- 双绞线的连接距离。

双绞线的标准连接长度一直被确定为 100m，但在五类和超五类双绞线出现后，一些网络设备制造商在自己的产品宣传资料中称自己的双绞线实际的连接距离可以超过 100m，一般能够达到 130m～150m 左右。虽然有这种产品可以达到，但值得注意的是，即使一些双绞线能够在大于 100m 的状态下工作，但通信能力将会大打折扣，甚至可能会影响网络的稳定性。一定要慎用。

14.3 数据链路层故障分析与处理

1. 检查链路层的问题

碰撞问题：如果平均碰撞率大于 10%或者观察到非常高的碰撞，就需要进一步的测试了。如果可能，试着通过减少网段规模（将网络分成小块）并随时检测碰撞的变化以隔离出发生问题的区域。为了追踪碰撞情况，就必须知道网络的流量。可以使用背景流量发生器来加入适当的流量（100 帧/秒，100 字节长的流量），并同时观察网络的统计显示。某些与介质有关的故障是与流量的大小成正比的。这种做法要特别小心，因为很容易给网络加入很重的流量。解决与碰撞有关的问题常常是很费劲的，因为测试的情况在很大程度上取决于观察的位置。也许在同一网段相距几尺远的不同观察点看到的情况就不同，要多找几个点来观察并留意所发生的变化。

如果碰撞和流量成正比，或碰撞几乎是 100%，或几乎没有正常的流量，则可能是布线系统出了问题。对于 UTP 布线，可以在交换机上断开电缆然后进行电缆测试。对于同轴电缆就要进行阻抗测量，可以使用数字表或其他仪表的直流通断功能进行测试。如果电缆两端都有端接器，从 T 型接头应测的大约 25Ω，如果从电缆的一端将会测的 50Ω。

帧级错误：如果出现帧级错误，就要运行错误统计测试，并通过详细功能把有问题的工作站的 MAC 地址找出，然后经过测试把故障确定下来。可以试着重新安装网卡驱动，要确认各项配置安全。如果这一切仍不奏效，可以试着把有疑问的网卡换掉。

利用率过高：如果利用率过高（平均值大于 40%，瞬间峰值高于 60%），那么网段负荷就过重了。应当考虑安装网桥和路由器以减少在网段中的流量或把网段分成若干小的网段。

2. 有故障时首先检查网卡

在局域网中，网络不通的现象是常有发生，一旦遇到类似这样的问题时，我们首先应该认真检查各连入网络的机器中，网卡设置是否正常。检查时，我们可以用鼠标依次打开“控制面板—系统—设备管理—网络适配器”设置窗口，在该窗口中检查一下有无中断号及I/O地址冲突（最好将各台机器的中断设为相同，以便于对比），直到网络适配器的属性中出现“该设备运转正常”，并且在“网上邻居”中至少能找到自己，说明网卡的配置没有问题。

3. 确认网线和网络设备工作正常

当检查网卡没有问题时，此时可以通过网上邻居来看看网络中的其他计算机，如果还不能看到网络中的其他机器，这种情况说明可能是由于网络连线中断的问题。网络连线故障通常包括网络线内部断裂、双绞线、RJ-45水晶头接触不良，或者网络连接设备本身质量有问题，或者连接有问题。这时，我们可以使用测线仪来检测一下线路是否断裂，然后用替代的方法来测试一下网络设备的质量是否有问题。在网线和网卡本身都没有问题的情况下，我们再看一看是不是软件设置方面的原因，例如如果中断号不正确也有可能导致故障出现。

4. 检查驱动程序是否完好

对硬件进行了检查和确认后，再检查驱动程序本身是否损坏，如果没有损坏，看看安装是否正确。如果这些可以判断正常，设备也没有冲突，就是不能连入网络，这时候可以将网络适配器在系统配置中删除，然后重新启动计算机，系统就会检测到新硬件的存在，然后自动寻找驱动程序再进行安装。

5. 正确对网卡进行设置

在确定网络介质没有问题，但还是不能接通的情况下，再返回网卡设置中。看看是否有设备资源冲突，有许多时候冲突也不是都有提示的。可能发生的设备资源冲突有：NE2000兼容网卡和COM2有冲突，都使用IRQ3，（Realtek RT8029）PCI Ethernet 网卡和显示卡都“喜欢”IRQ10。为了解决这种设备的冲突，可以按照如下操作步骤来进行设置：首先在设置窗口中将 COM2 屏蔽，并强行将网卡中断设为3；如果遇到PCI接口的网卡和显卡发生冲突时，可以采用不分配IRQ给显示卡的办法来解决，就是将 CMOS 中的 Assign IRQ for VGA 一项设置为Disable。

14.4 网络层故障分析与处理

网络层常见的故障包括：

- ❑ 没有启用路由选择协议，或路由选择协议配置不正确。
- ❑ 不正确的网络IP地址。
- ❑ 不正确的子网掩码。

- ❑ DNS 和 IP 的不正确地绑定。

对于以上问题，应首先检查并校正本机的 IP 地址和子网掩码、DNS 设置，然后检测本机与网关的连通性、本机与其他网络的连通性，如果不能与其他网络连通，则应检查并纠正路由协议的配置。

14.5 传输层与高层故障分析与处理

14.5.1 协议故障

协议故障通常表现为以下几种情况：

- ❑ 电脑无法登录到服务器。
- ❑ 电脑在“网上邻居”中既看不到自己，也无法在网络中访问其他电脑。
- ❑ 电脑在“网上邻居”中能看到自己和其他成员，但无法访问其他电脑。
- ❑ 电脑无法通过局域网接入 Internet。

故障原因分析：

- ❑ 协议未安装 实现局域网通信，需安装 NetBEUI 协议。
- ❑ 协议配置不正确 TCP/IP 协议涉及到的基本参数有 IP 地址、子网掩码、DNS、网关，任何一个设置错误，都会导致故障发生。

排除步骤：

- ❑ 检查电脑是否安装 TCP/IP 和 NetBEUI 协议，如果没有，建议安装这两个协议，并把 TCP/IP 参数配置好，然后重新启动电脑。
- ❑ 在“控制面板”的“网络”属性中，单击“文件及打印共享”按钮，在弹出的“文件及打印共享”对话框中检查一下，看看是否选中了“允许其他用户访问我的文件”和“允许其他电脑使用我的打印机”复选框，或者其中一个。如果没有，全部选中或选中其中一个，否则将无法使用共享文件夹。
- ❑ 系统重新启动后，双击“网上邻居”，将显示网络中的其他电脑和共享资源。如果仍看不到其他电脑，可以使用“查找”命令，能找到其他电脑就可以了。
- ❑ 在“网络”属性的“标识”中重新为该电脑命名，使其在网络中具有唯一性。

14.5.2 配置故障

配置错误也是导致故障发生的重要原因之一。网络管理员对服务器、路由器等的不当设置自然会导致网络故障，电脑的使用者对电脑设置的修改，也往往会产生一些令人意想不到的访问错误。

配置故障排错：首先检查发生故障电脑的相关配置。如果发现错误，修改后再测试相应的网络服务能否实现。如果没有发现错误，则测试系统内的其他电脑是否有类似的故障，如果有同样的故障，说明问题出在网络设备上，如交换机。

反之，对该访问电脑所提供的服务作认真的检查。

故障：不能访问服务器或某项服务。在这里设定服务器或某项服务以前是正常的，并且已经做过如下的工作。

- ❑ 重新冷启动 PC 机（热启动不能复位全部的适配卡）。
- ❑ 确认 PC 机没有本身的硬件故障。
- ❑ 确认所有的网络电缆都连接正确。
- ❑ 确认所有的网卡驱动软件都正常的装入，没有报告错误。
- ❑ 确认服务器或服务没有改变，例如重新配置增加硬件或软件。

要测试一下这一故障是否只影响该工作站（本地故障）还是会影响其他站点（大范围故障），可以通过其他工作站装入服务器或服务来证明这一点。这些工作站要在同一网段或交换机上。如果故障在同一网段或交换机上的其他的站点也存在，就试着从其他的网段或 HUB 上的站点进行测试。

14.5.3 操作系统故障

操作系统故障也是导致故障发生的原因之一。用户对计算机设置的修改或删除，也往往会产生一些令人意想不到的访问错误。

- ❑ 许多机器出现可以成功登录网页，但没法浏览信息，或者总是出现“该页无法显示”。

首先应检查 TCP/IP 协议是否已安装，还有其设置是否正确。打开“控制面板”→“网络”项，双击 TCP/IP 的属性，检查 IP 地址、DNS、配置、网关等是否设置正确。接着检查 IE 浏览器的“连接”一项，不要设置为“用代理服务器连接”，如果这么做之后，还是无法浏览网页，那肯定是操作系统有问题，这时可以考虑重新安装或修复操作系统和 IE 浏览器。

- ❑ 所有电脑都有“网上邻居”图标，但是打开“网上邻居”后，什么也没有。

这种问题多发生在自己的电脑上，此时可以检查“设备管理器”中的“网络适配器”属性中的驱动程序是否正常。

- ❑ 服务器或服务的可达性。

如果使用协议分析仪，就要捕获 3 分钟～4 分钟的数据包来分析。看一下是否有从服务器发出的延时请求，并找出是哪个服务器发出的，如果有延时请求，则表明服务器不能完全处理所加载的任务，每一个延时请求作废一个任务请求。

14.5.4 蠕虫病毒

蠕虫病毒对网络速度的影响越来越严重。大部分此类病毒会导致被感染的用户只要一连上网就不停地往外发邮件，病毒选择用户个人电脑中的随机文档附加在用户机子上的通信簿的随机地址进行邮件发送。造成网络瘫痪，个人电脑无法使用，严重将破坏计算机操作系统。因此，我们应时常注意各种新病毒通告，了解各种病毒特征；及时升级所有杀毒软件。计算机也要及时升级、安装系统补丁程序，以提高系统的安全性和可靠性。

14.6 总　结

- ❑ 网络应用中，故障产生的原因是多样化、复杂化的，确定排错范围的常用处理方法有分段法、分层法、分块法、替换法等。
- ❑ 物理层故障有本地故障、线缆故障等，网络层故障与路由选择协议、网络 IP 地址等多方面有关。

14.7 思考与练习

1. 问答题

（1）如何判断故障发生在物理层？
（2）如何判断故障发生在数据链路层？
（3）如何判断故障发生在网络层？

附录A 术语表

ACK	TCP首部中的确认（ACKnowledgment）标志
ANSI	American National Standards Institute，美国国家标准协会
API	Application Programming Interface，应用编程接口
ARP	Address Resolution Protocol，地址解析协议
ARPANET	Advanced Research Projects Agency NETwork，远景研究规划局（美国国防部）网
AS	Autonomous System，自治系统
ASCII	American Standard Code for Information Interchange，美国信息交换标准代码
BGP	Border Gateway Protocol，边界网关协议
BIND	Berkeley Internet Name Domain，伯克利Internet域名
BOOTP	BOOTstrap Protocol，引导程序协议
BSD	Berkeley Software Distribution，伯克利软件发布
CIDR	Classless InterDomain Routing，无类型域间选路
CIX	Commercial Internet Exchange，商业互联网交换
CLNP	ConnectionLess Network Protocol，无连接网络协议
CRC	Cyclic Redundancy Check，循环冗余检验
CSLIP	Compressed SLIP，压缩的SLIP
CSMA	Carrier Sense Multiple Access，载波侦听多路访问
DCE	Data Circuit-terminating Equipment，数据电路端接设备
DDN	Defense Data Network，国防数据网
DF	TCP首部中的不分段（Don't Fragment）标志
DHCP	Dynamic Host Configuration Protocol，动态主机配置协议
DLPI	Data Link Provider Interface，数据链路提供者接口
DNS	Domain Name System，域名系统
DSAP	Destination Service Access Point，目的服务访问点
DSLAM	DSL Access Multiplexer，数字用户线接入复用器
DSSS	Direct Sequence Spread Spectrum，直接序列扩频
DTS	Distributed Time Service，分布式时间服务
DVMRP	Distance Vector Multicast Routing Protocol，距离向量多播选路协议
EOL	End of Option List，选项表结束
EGP	External Gateway Protocol，外部网关协议
EIA	Electronic Industries Association，美国电子工业协会
FAQ	Frequently Asked Question，经常提出的问题

FCS	Frame Check Sequence，帧检验序列
FDDI	Fiber Distributed Data Interface，光纤分布式数据接口
FIFO	First In, First Out，先进先出
FIN	TCP首部中的终止（FINish）标志
FQDN	Full Qualified Domain Name，完全合格的域名
FTP	File Transfer Protocol，文件传送协议
GIF	Graphics Interchange Format，图形交换格式
HDLC	High-level Data Link Control，高级数据链路控制
HELLO	选路协议
HTML	Hyper Text Markup Language，超文本置标语言
HTTP	Hyper Text Transfer Protocol，超文本传送协议
IAB	Internet Architecture Board，Internet体系结构委员会
IANA	Internet Assigned Numbers Authority，Internet号分配机构
ICMP	Internet Control Message Protocol，因特网控制报文协议
IDRP	InterDomain Routing Protocol，域间选路协议
IEEE	Institute of Electrical and Electronics Engineers，电气和电子工程师学会（美国）
IESG	Internet Engineering Steering Group，Internet工程指导小组
IETF	Internet Engineering Task Force，Internet工程任务小组
IGMP	Internet Group Management Protocol，Internet组管理协议
IGP	Interior Gateway Protocol，内部网关协议
IMAP	Internet Message Access Protocol，Internet报文存取协议
INN	InterNet News，因特网新闻
IP	Internet Protocol，网际协议
IPC	InterProcess Communication，进程间通信
IRTF	Internet Research Task Force，Internet研究专门小组
IRTP	Internet Reliable Transaction Protocol，因特网可靠事务协议
IS-IS	Intermediate System to Intermediate System Protocol，中间系统到中间系统协议
ISN	Initial Sequence Number，初始序号
ISO	International Organization for Standardization，国际标准化组织
ISOC	Internet SOCiety，Internet协会
ISS	Initial Send Sequence number，初始发送序号
JPEG	Joint Photographic Experts Group,联合图片专家组
LAN	Local Area Network，局域网
LCP	Link Control Protocol，链路控制协议
LF	Line Feed，换行
LIFO	Last In, First Out，后进先出
LLC	Logical Link Control，逻辑链路控制
LSRR	Loose Source and Record Route，宽松的源站及记录路由
MAN	Metropolitan Area Network，城域网

MBONE	Multicast Backbone On the InterNEt，Internet上的多播主干网
MIB	Management Information Base，管理信息库
MILNET	MILitary NETwork，军用网
MIME	Multipurpose Internet Mail Extensions，通用因特网邮件扩充
MSL	Maximum Segment Lifetime，报文段最大生存时间
MSS	Maximum Segment Size，报文段最大长度
MTA	Message Transfer Agent，报文传送代理
MTU	Maximum Transmission Unit，最大传输单元
NCP	Network Control Protocol，网络控制协议
NCSA	National Center for Supercomputing Applications，国家超级计算中心（美国）
NFS	Network File System，网络文件系统
NIC	Network Information Center，网络信息中心
NIT	Network Interface Tap，网络接口栓（Sun公司的一个程序）
NNRP	Network News Reading Protocol，网络新闻读取协议
NNTP	Network News Transfer Protocol，网络新闻传送协议
NOP	No Operation，无操作
NSFNET	National Science Foundation NETwork，国家科学基金网络
NSI	NASA Science Internet，（美国）国家宇航局Internet
NTP	Network Time Protocol，网络时间协议
NVT	Network Virtual Terminal，网络虚拟终端
OSF	Open Software Foundation，开放软件基金
OSI	Open Systems Interconnection，开放系统互连
OSPF	Open Shortest Path First，开放最短通路优先
PCB	Protocol Control Block，协议控制块
PDU	Protocol Data Unit，协议数据单元
PNG	Portable Network Graphics，可携式网络图像
POSIX	Portable Operation System Interface，可移植操作系统接口
PPP	Point-to-Point Protocol，点对点协议
PSH	TCP首部中的急迫（PuSH）标志
RARP	Reverse Address Resolution Protocol，逆地址解析协议
RDP	Reliable Datagram Protocol，可靠数据报
RFC	Request For Comment，是Internet的文档，意思是“请提意见”
RIP	Routing Information Protocol，路由信息协议
RPC	Remote Procedure Call，远程过程调用
RST	TCP首部中的重建（ReSeT）标志
RTO	Retransmission Time Out，重传超时
RTT	Round-Trip Time，往返时间
SACK	Selective ACKnowledgment，有选择的确认
SLIP	Serial Line Internet Protocol，串行线路因特网协议
SMI	Structure of Management Information，管理信息结构

SMTP Simple Mail Transfer Protocol，简单邮件传送协议
SNMP Simple Network Management Protocol，简单网络管理协议
SPT Server Processing Time，服务器处理时间
SSAP Source Service Access Point，源服务访问点
SSRR Strict Source and Record Route，严格的源站及记录路由
SVR4 System V Release 4，系统版本4
SYN TCP首部中的序号同步（SYNchronous sequence number）标志
TAO TCP Accelerated Open，TCP加速打开
TCP Transmission Control Protocol，传输控制协议
TFTP Trivial File Transfer Protocol，简单文件传送协议
TLI Transport Layer Interface，运输层接口
TTL Time-To-Live，寿命，或生存时间
Telnet 远程登录协议
UA User Agent，用户代理
UDP User Datagram Protocol，用户数据报协议
URG TCP首部中的紧急（URGent）指针
URI Universal Resource Identifier，通用资源标识符
URL Uniform Resource Locator，统一资源定位符
URN Uniform Resource Name，统一资源名字
UTC Coordinated Universal Time，协调的统一时间
VMTP Versatile Message Transaction Protocol，通用报文事务协议
WAN Wide Area Network，广域网
WWW World Wide Web，万维网
XDR eXternal Data Representation，外部数据表示
XID transaction ID，事务标识符

附录 B　锐捷职业认证体系

锐捷职业认证是 IT 领域的一项网络专业技能认证，拥有锐捷职业认证资格的专业人士将具有专业的网络知识和网络技能，并且能为雇佣他们的管理者、组织、企业带来巨大的价值和报酬。

锐捷认证体系包括通用技术认证和专项技术认证。通用技术认证包括网络工程方向及网络安全方向，专项技术认证包括 IPv6、存储、无线和 IP 通信方向。其中通用技术认证是目前国内外需求量最大，考取人数最多的认证。

一、锐捷职业认证体系概述

1. 通用技术认证

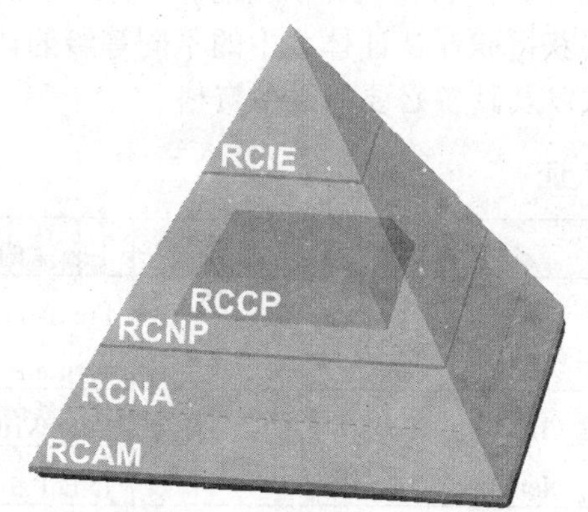

锐捷在通用技术认证中的网络工程方向提供了 5 个认证等级，它们所代表的专业水平逐级提升：网络管理员、网络工程师、调试工程师、资深网络工程师和互联网专家。

- **网络管理员（RCAM）**：锐捷职业认证的第一步首先从网络管理员级别开始，其代表网络技术的入门等级，适用于网络技术的初学者。
- **网络工程师（RCNA）**：网络工程领域的初级资格认证，获得 RCNA 资格的人员可以搭建和维护 100 个以下节点的中小型网络。
- **调试工程师（RCCP）**：网络工程领域的中级资格认证。获得 RCCP 资格的人员具备丰富的网络知识和实践操作技能，能够熟练地配置和调试多种网络设备。具有 RCCP 认证的工程师能够设计和构建超过 100 个节点的大中型园区网络。
- **资深网络工程师（RCNP）**：网络工程领域的高级资格认证。获得 RCNP 认证的人员能够驾驭路由器、交换机、WLAN 等产品，熟练的对其各种功能和特性进行配置和调试，并在网络中部署高级的路由选择协议和各种安全特性、冗余机制、优化技术等。具有 RCNP 认证的工程师能够设计和构建超过 500 个节点的大中型园区网络。

- **互联网专家（RCIE）**：网络工程领域的顶级认证。获得 RCIE 认证的人员作为网络技术领域的专家，不仅具有丰富的网络理论知识和实践操作技能，并能够对网络中出现的故障和疑难问题进行分析及排错。获得 RCIE 认证的人员将具备实施大型网络中所需要的各种技能。

2. 专项技术认证

锐捷职业认证还提供了多个专项技术认证，以考察相关人员在特定的技术领域方面具备的知识和技能。锐捷专项技术认证包括 IPv6、存储、无线和 IP 通信。通过四门专项认证课程的学习，学习者能够在 IPv6、存储、无线及 IP 通信技术领域具有专家级的知识和技能，并拥有驾驭相关产品的能力。

二、锐捷职业认证和途径

锐捷认证面向的是锐捷合作伙伴、经销商、网络技术专业人士以及对网络技术感兴趣的人群。要获得职业认证体系中的不同等级的认证，都需要通过一些必须的笔试、Lab 考试以及具备必要的必备资格。

1. 通用技术认证

认证	认证课程	必需的考试	必备资格
RCAM	网络基础 Fundamental	Fundamental Written	—
RCNA	网络设备互连（IND） Interconnecting Networking Devices	IND Written IND Lab	—
RCCP	设备调试与网络优化（DOND） Debugging and Optimizing Networking Devices	DOND Written DOND Lab	—
RCNP	构建高级的路由互联网络（BARI） Building Advanced Routing Internetworks	BARI Written BARI Lab	具有生效的 RCNA 或 RCCP 证书
	构建高级的交换网络（BASN） Building Advanced Switched Networks	BASN Written BASN Lab	
	构建优化的互联网络（BOI） Building Optimized Internetworks	BOI Written BOI Lab	
	网络服务架构的设计与实施（DINSA） Designing and Implementing Network Service Architectures	DINSA Written DINSA Lab	
RCIE	—	RCIE Written RCIE Lab	—

2. 专项技术认证

认证	认证课程	必需的考试
IPv6 Specialist	部署 IPv6 网络 Deploying IPv6 Networks	IPv6 Written IPv6 Lab
Storage Specialist	构建存储网络 Building Storage Networks	Storage Written Storage Lab
WLAN Specialist	无线局域网的设计与实施 Designing and Implementing Wireless LAN	WLAN Written WLAN Lab
IP Communication Specialist	IP 通信技术 IP Communication Technology	IP Communication Written IP Communication Lab

注：对于锐捷专项技术认证，不需要考生预先具有任何认证证书，只需要通过相应的专项技术考试即可。

锐捷网络大学

参 考 文 献

1 RFC 网站 http://www.ietf.org/
2 IEEE 网站 http://www.ietf.org/
3 锐捷网络网站 http://www.ruijie.com.cn/
4 史蒂文斯著. TCP/IP 详解. 卷 1. 范建华等译. 北京：机械工业出版社，2000
5 锐捷网络编. 网络互联与实现. 北京：北京希望电子出版社，2005